华章程序员书库

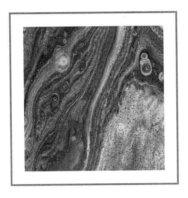

U0221811

C Recipes
A Problem-Solution Approach

C编程技巧

117个问题解决方案示例

[印] 希里什·查万（Shirish Chavan） 著

卢涛 译

机械工业出版社
China Machine Press

图书在版编目（CIP）数据

C 编程技巧：117 个问题解决方案示例 /（印）希里什·查万（Shirish Chavan）著；卢涛译 .
—北京：机械工业出版社，2019.4
（华章程序员书库）
书名原文：C Recipes: A Problem-Solution Approach

ISBN 978-7-111-62249-9

I. C… II. ① 希… ② 卢… III. C 语言 – 程序设计 IV. TP312.8

中国版本图书馆 CIP 数据核字（2019）第 049237 号

本书版权登记号：图字 01-2018-8098

C 编程技巧：117 个问题解决方案示例

出版发行：机械工业出版社（北京市西城区百万庄大街 22 号　邮政编码：100037）
责任编辑：卢　璐　　　　　　　　　　　　　　责任校对：殷　虹
印　　刷：北京诚信伟业印刷有限公司　　　　　版　　次：2019 年 4 月第 1 版第 1 次印刷
开　　本：186mm×240mm　1/16　　　　　　　印　　张：22.5
书　　号：ISBN 978-7-111-62249-9　　　　　　定　　价：99.00 元

Preface 前　　言

本书包含了适合从初级到高级的各种读者的大量 C 语言技巧。本书按照"问题－解决方案"的体例编写，以便你可以快速找到所需问题的解决方案。本书每个解决方案都附带适当的代码和对该代码的简要讨论，力求在 C 的理论和实践之间取得完美的平衡。

C 语言于 1972 年首次亮相。对于高级计算机语言而言，它现在处于退休年龄。但是，尽管 C 语言已有 40 多年的历史，它仍然很强大。C 是十种最受欢迎的计算机语言之一，至少在接下来的 20 年内仍将如此。因此，你在 C 中获得的任何专业知识都不会很快过时，并且会使你在未来几年内继续保持高效。本书将帮助你解决 C 语言中的问题，并使你成为 C 语言的专家。

本书适用对象

本书主要面向在职专业人士。但是，它也适用于学生、教师、研究人员、代码测试人员和程序员。期望你具备 C 语言和编程的实际知识。

本书组织结构

本书由 11 章组成。第 1 章总览 C 语言。第 2 章涉及控制语句。第 3～5 章涉及函数、数组、指针和结构。在这些章节中，你将找到程序员在实际工作中面临的问题。

第 6 章处理数据文件，包含大量涉及保存文件到磁盘和从所保存的文件中获取数据的技巧。第 7～9 章涉及数据结构的广泛主题，这些章节涵盖了具有实用性的数据结构。第 10 章介绍了各种密码系统。C 和密码学的组合是一个非常强大且有趣的组合。在本章中，你将体验到这种组合的强大功能。

第 11 章是本书的最后一章，讨论数值方法。计算机是作为数值计算机器被发明的，但随着时间的推移，它们已经成为了数据处理机器。然而，即使在今天，数值计算仍是计算机执行的最重要的工作之一。本章为你提供了许多用于数值计算实用程序的技巧。

我真诚地希望本书对广大读者有用。

致 谢 *Acknowledgements*

感谢 Apress 促成本书问世的每位工作人员。特别感谢编辑 Celestin Suresh John 先生和 Prachi Mehta 女士的耐心和指导。

很多技术朋友在本书的技术问题上帮助了我。其中包括：位于 Nagpur 的 Cryptex Technologies 公司（www.cryptextechnologies.com）的首席执行官 Ajay Dhande 先生；位于 Satara 的 Harsh 计算机研究所的 Shivajirao Salunkhe 教授和 Manisha Salunkhe 教授；位于 Satara 的 Arvind Gavali 工程学院（www.agce.sets.edu.in）的校长 Vilas Pharande 博士；位于 Satara Wai 的 Kalasagar Academy 公司（www.kalasagaracademy.in）的 Sachin Pratapure 教授 和 Vishal Khade 教授；位于 Satara 的 Yashoda 工程学院的 Anant Bodas 教授和 Vikas Dhane 教授；位于 Amravati 的 Shrikant 计算机培训中心（https://www.sctcamravati.com）的 Sanjay Adhau 教授；位于 Amravati 的 PRMIT&R（mitra.ac.in）的校长 Mir Sadique Ali 博士；位于 Pune 的 Aphron Infotech 公司（www.aphroninfotech.in）的首席执行官 Nikhil Kumbhar 先生。 我还要感谢运营 Coding Alpha 网站（www.codingalpha.com）的 Tushar Soni 先生和 Ajay Sawant 先生，以及运营 The Crazy Programmer 网站（www.thecrazyprogrammer.com）的 Neeraj Mishra 先生。他们都为本书的创作提供了宝贵的帮助。

Vijay Bhatkar 博士是著名的计算机科学家，也是印度超级计算机 PARAM 10000 之父，他一直是我的灵感源泉。很感谢他鼓舞我。

最后但同样重要的是，感谢 Jarron 先生和 John Borges 先生及其在 Pune 的技术图书服务团队。

谢谢你们一起让这本书成为可能。最后说明一下：Pune、Nagpur 和 Satara 都是印度马哈拉施特拉邦的城市。

Contents 目　　录

前言

致谢

第1章　欢迎学习 C 语言 ················· 1

1.1　程序、软件和操作系统 ··········· 2

1.2　机器语言和汇编语言 ············· 2

1.3　过程式语言 ····················· 3

1.4　面向对象的语言 ················· 3

1.5　计算机术语 ····················· 4

1.6　编译和解释语言 ················· 4

1.7　第一个 C 程序 ················· 5

1.8　C 的突出特点 ················· 6

1.9　隐式类型转换 ················· 7

1.10　显式类型转换 ················· 9

第2章　控制语句 ················· 10

2.1　求 1 到 N 的整数的总和 ········· 10

2.2　计算数字的阶乘 ··············· 12

2.3　生成斐波那契数列 ············· 14

2.4　确定给定数字是否为质数 ········· 17

2.5　计算正弦函数 ················· 20

2.6　计算余弦函数 ················· 21

2.7　计算二次方程的根 ··········· 23

2.8　计算整数的反转数 ··········· 25

2.9　使用嵌套循环打印几何图案 ··· 26

2.10　生成终值利息系数表 ········· 28

第3章　函数和数组 ············· 31

3.1　确定圆周率 π 的值 ··········· 32

3.2　从数字列表中选择质数 ······· 34

3.3　使用递归进行数字求和 ······· 37

3.4　使用递归计算斐波那契数列 ··· 39

3.5　使用递归计算数字的阶乘 ····· 40

3.6　搜索整数数组中的最大元素 ··· 42

3.7　解决经典的汉诺塔问题 ······· 43

3.8　解决八皇后问题 ············· 46

3.9　计算给定对象集的排列和组合 ··· 48

3.10　对两个矩阵求和 ··········· 50

3.11　计算矩阵的转置 ··········· 53

3.12　计算矩阵的乘积 ··········· 55

第4章　指针和数组 ············· 59

4.1　从包含 int 类型数据的数组中

获取数据 ················· 59

4.2　使用数组名称从数组中获取数据··· 61

4.3 从包含 char 和 double 类型数据的
数组中获取数据 ················ 62

4.4 访问越界数组元素 ············· 64

4.5 存储字符串 ··················· 66

4.6 存储字符串而不进行初始化 ······ 68

4.7 在交互式会话中存储字符串 ······ 70

4.8 获取二维数组中元素的地址 ······ 71

4.9 获取二维数组中行的基址 ········ 73

4.10 从二维数组中获取数据 ········· 74

4.11 使用数组名称从二维数组中获取
数据 ······················ 76

4.12 使用指针数组从数组中获取
数据 ······················ 78

4.13 物理交换字符串 ·············· 80

4.14 逻辑交换字符串 ·············· 82

4.15 以交互方式存储字符串 ········· 85

4.16 将命令行参数传递给程序 ······· 87

4.17 使用指向指针的指针获取存储
的字符串 ··················· 90

第 5 章 利用指针使用函数和结构 ··· 94

5.1 通过引用传递函数参数 ········· 94

5.2 显示嵌套结构中存储的数据 ······ 96

5.3 使用函数构建结构 ············ 102

5.4 通过将结构传递给函数来修改
结构中的数据 ··············· 103

5.5 通过将指向结构的指针传递给
函数来修改结构中的数据 ········ 105

5.6 使用结构数组存储和获取数据 ···· 107

5.7 在交互模式下使用结构数组存储
和获取数据 ················ 110

5.8 使用函数指针调用函数 ········ 113

5.9 实现基于文本的菜单系统 ········ 115

第 6 章 数据文件 ················ 118

6.1 逐个字符地读取文本文件 ······· 118

6.2 文件打开失败时处理错误 ········ 122

6.3 以批处理模式写入文本文件 ······ 125

6.4 以交互模式写入文本文件 ········ 127

6.5 逐个字符串地读取文本文件 ······ 130

6.6 逐个字符地写入文本文件 ········ 132

6.7 将整数写入文本文件 ··········· 134

6.8 将结构写入文本文件 ··········· 136

6.9 读取存储在文本文件中的整数 ···· 139

6.10 读取存储在文本文件中的结构 ···· 141

6.11 将整数写入二进制文件 ········· 143

6.12 将结构写入二进制文件 ········· 145

6.13 读取写入二进制文件的整数 ····· 147

6.14 读取写入二进制文件的结构 ····· 149

6.15 重命名文件 ················· 151

6.16 删除文件 ··················· 152

6.17 复制文本文件 ··············· 153

6.18 复制二进制文件 ·············· 155

6.19 写入文件并读取该文件 ········· 157

6.20 将文本文件定位到所需字符 ····· 159

6.21 从键盘设备文件中读取 ········· 165

6.22 将文本写入显示器设备文件 ····· 167

6.23 从键盘设备文件读取文本并
将其写入显示器设备文件 ······· 169

第 7 章　自引用结构 …………………… 171

7.1　以交互方式生成数字列表 ………171

7.2　使用匿名变量创建链表 ………173

7.3　从链表中删除组件 …………177

7.4　将组件插入链表 …………181

7.5　在交互式会话中创建链表 ………187

7.6　处理线性链表 …………191

7.7　创建具备前向和后向遍历功能的
线性链表 …………200

第 8 章　栈和队列 …………203

8.1　将栈实现为数组 …………204

8.2　将栈实现为链表 …………207

8.3　将中缀表达式转换为后缀
表达式 …………212

8.4　将中缀表达式转换为前缀
表达式 …………215

8.5　将循环队列实现为数组 …………218

第 9 章　搜索和排序 …………223

9.1　使用线性搜索查找数据元素 ………224

9.2　使用二分搜索查找数据元素 ………226

9.3　使用冒泡排序对给定的数字列表
进行排序 …………228

9.4　使用插入排序对给定的数字列表
进行排序 …………231

9.5　使用选择排序对给定的数字列表
进行排序 …………233

9.6　使用归并排序对给定的数字列表
进行排序 …………235

9.7　使用希尔排序对给定的数字列表
进行排序 …………238

9.8　使用快速排序对给定的数字列表
进行排序 …………240

第 10 章　密码系统 …………243

10.1　使用反向密码方法 …………245

10.2　使用恺撒密码方法 …………248

10.3　使用转置密码方法 …………251

10.4　使用乘法密码方法 …………255

10.5　使用仿射密码方法 …………259

10.6　使用简单替换密码方法 …………263

10.7　使用 Vigenère 密码方法 …………268

10.8　使用一次性密钥密码方法 …………273

10.9　使用 RSA 密码方法 …………277

第 11 章　数值方法 …………283

11.1　用对分法求方程的根 …………284

11.2　用试位法求方程的根 …………286

11.3　用穆勒法求方程的根 …………289

11.4　用牛顿拉夫森迭代法求方程
的根 …………292

11.5　用牛顿前向插值法构造新的
数据点 …………294

11.6　用牛顿后向插值法构造新的
数据点 …………296

11.7　用高斯前向插值法构造新的
数据点 …………299

11.8　用高斯后向插值法构造新的
数据点 …………301

11.9 用斯特林插值法构造新的
数据点 ……………………… 304

11.10 用贝塞尔插值法构造新的
数据点 ……………………… 306

11.11 用拉普拉斯 – 埃弗雷特插值法
构造新的数据点 …………… 309

11.12 用拉格朗日插值法构造新的
数据点 ……………………… 312

11.13 用梯形数值积分法计算积分值 …314

11.14 用辛普森的 3/8 数值积分法
计算积分值 ………………… 316

11.15 用辛普森的 1/3 数值积分法
计算积分值 ………………… 318

11.16 用修正的欧拉方法求解微分
方程 ………………………… 320

11.17 用龙格 – 库塔方法求解微分
方程 ………………………… 322

附录 A　参考表 ……………………… 325

附录 B　库函数 ……………………… 334

附录 C　C 习惯用法 ………………… 338

附录 D　术语表 ……………………… 347

欢迎学习 C 语言

C 是一门过程式编程语言。C 的早期历史与 UNIX 非常接近。这是因为 C 是专门为编写 UNIX 操作系统而开发的，UNIX 操作系统由贝尔实验室于 1969 年推出，用来取代 PDP-7 计算机的 Multics 操作系统。UNIX 的原始版本是用汇编语言编写的，但用汇编语言编写的程序比用高级语言编写的程序可移植性差。因此，AT&T 的人们决定用高级语言重写此操作系统。做出这个决定之后，他们开始寻找合适的语言，但是当时没有合适的允许位级编程的高级语言。

在同一时期（1970 年），Kenneth Thompson 开发了一种系统编程语言，按照其母语言 BCPL（由 Martin Richards 于 1967 年开发）命名为 B 语言。1972 年，C 语言作为 B 语言的改进版本首次亮相。C 语言由 Dennis Ritchie 开发，其名字来自 B（即字母表中，字母 C 跟着字母 B，并且在 BCPL 的名字中，字母 C 也跟着字母 B）。

Ritchie 和贝尔实验室的一组研究人员一起为 C 语言创建了一个编译器。与 B 语言不同，C 语言配备了大量标准类型。1973 年，新版本的 UNIX 发布了，其中 90％ 以上的 UNIX 源代码都是用 C 语言重写的，这增强了它的可移植性。随着这个新版本 UNIX 的到来，计算社区意识到了 C 语言的强大功能。随着 Brian Kernighan 和 Dennis Ritchie 在 1978 年的《C 程序设计语言》⊖一书的出版，C 语言一举成名。

1983 年，美国国家标准协会（ANSI）成立了一个名为 X3J11 的委员会，以创建 C 语言的标准规格说明。1989 年，该标准被批准为 ANSI X3.159—1989 "Programming Language C"。这个版本的 C 语言通常称为 ANSI C、标准 C 或 C89。1990 年，国际标准化组织（ISO）采纳 ANSI C 标准（稍作修改），把它作为 ISO/IEC 8999:1990 发布。这个

⊖　本书中文版、影印版已由机械工业出版社引进出版。——编辑注

版本通常称为 C90。1995 年，X3J11 委员会修改了 C89，并增加了一个国际字符集。1999年，它被进一步修改并发布为 ISO 9899:1999。该标准通常称为 C99。2000 年，它被采纳为 ANSI 标准。

1.1 程序、软件和操作系统

在继续之前，先来解释**计算机程序**一词的含义（以下简称**程序**）。程序只不过是要送到计算机上的一组指令，这样计算机就可以完成一些人们需要它完成的工作。程序和软件之间的关系可以表示如下：

程序 + 可移植性 + 文档 + 维护＝软件

可移植性是指程序在不同平台（例如 Windows 平台、UNIX 平台等）上运行的能力。文档表示用户手册和插入程序中的注释。维护意味着根据用户的请求调试和修改程序。

Microsoft Windows 是一种**操作系统**。它包含一个图形用户界面（GUI）。**图形**意味着图像，**界面**意味着中间人，因此 GUI 是用户和帮助用户的计算机的内部机器（意味着计算机用户）之间的图像中间人。在酒店，服务员接受你的订单，走进厨房，收集你点的菜肴，并为你服务。同样，操作系统接受你的命令，接近计算机的内部机器，然后为你服务。

1.2 机器语言和汇编语言

微处理器可以恰当地描述为个人计算机的大脑。微处理器只不过是一个芯片。有各种微处理器可供选择。微处理器和中央处理单元（CPU）是同义词。微处理器包含一个称为**算术逻辑单元**（ALU）的重要组件，它执行所有计算。ALU 的一个显著特征是它只能理解机器语言，而机器语言又只包含两个字母，即 0 和 1（相比之下英语由 26 个字母组成）。这是典型的机器语言指令：

```
10111100010110
```

几十年前，程序员确实使用机器语言来编写程序。键盘只包含两个键，标着 0 和 1。编写一个机器语言程序，然后在计算机中键入它是一项费力而乏味的工作。之后出现了汇编语言，它减轻了程序员的负担。汇编语言是低级语言。以下是典型的汇编语言语句（执行两个数字的乘法运算），这肯定比前面给出的机器语言指令更具可读性：

```
MUL X, Y
```

如果机器语言程序包含 50 个语句，那么相应的汇编语言程序也将包含大约 50 个语句。由于 ALU 仅理解机器语言，因此人们开发了专用软件（称为汇编器），以将汇编语言程序转换为机器语言程序。

1.3　过程式语言

典型的过程式语言比汇编语言更接近英语。例如，下面是过程式语言 Pascal 中的语句：

If (rollNumber = 147) Then Write ('Entry denied.');

这个语句的含义非常明显：如果 rollNumber 的值为 147，则在屏幕上显示消息" Entry denied."。为了将过程式语言程序翻译成机器语言程序，人们使用称为**编译器**的软件。过程式语言是高级语言。

程序员将过程式语言与结构化编程技术结合使用。什么是结构化编程？从广义上讲，**结构化编程**这一术语指的是将编程艺术转化为理性科学的运动。这一切都始于 Edsger Dijkstra 在 1968 年 3 月出版的《Communications of the ACM》期刊上发表的" Go To Statement Considered Harmful"（Go To 语句是有害的）。结构化编程依赖于以下基石：

❑ **模块化**：不是编写一个大程序，而是将程序拆分为多个子程序或模块。

❑ **信息隐藏**：模块的接口应仅显示尽可能少的信息。例如，考虑一个计算数字平方根的模块。该模块的接口将接受一个数字并返回此数字的平方根。此模块的详细信息将对此模块的用户隐藏。

❑ **抽象**：抽象是隐藏细节的过程，以便于理解复杂的系统。在某种程度上，抽象与信息隐藏有关。

然而，随着程序越来越大，很明显结构化编程技术虽然是必要的，但还不够。因此，计算机科学家转向面向对象编程，以便管理更复杂的项目。

1.4　面向对象的语言

我们使用计算机程序来解决现实问题。结构化范式的问题在于，无法使用它方便地在计算机上模拟实际问题。在结构化范式中，使用数据结构来模拟现实生活中的对象，但这些数据结构在模拟真实对象方面远远不够。汽车、房屋、狗和树是现实生活中对象的例子，我们期望编程语言能够模拟这些对象以解决现实生活中的问题。面向对象的范式简单地通过提供软件对象来模拟现实生活中的对象，从根本上解决了这个问题。面向对象范式提供的对象是类的实例，并拥有像现实生活中的对象那样的身份、属性和行为。例如，如果 Bird（鸟）是一个类，那么 parrot、peacock、sparrow 和 eagle（鹦鹉、孔雀、麻雀和鹰）就是对象或 Bird 类的实例。此外，如果 Mammal（哺乳动物）是一个类，那么 cat、dog、lion 和 tiger（猫、狗、狮子和老虎）是对象或 Mammal 类的实例。与结构化范式相比，面向对象范式更能够重用现有代码。**代码**是指程序或其中的一部分。

面向对象的范式与结构化范式一样古老。结构化范式的运动开始于 1968 年 Dijkstra 的著名的文章" Go To Statement Considered Harmful"，而面向对象范式自己的编程语言 SIMULA 67 出现于 1967 年，然而，SIMULA 67 的面向对象能力不是很强。第一个真正面向对象的语言是 Smalltalk。事实上，**面向对象**这个术语正是通过 Smalltalk 文献创造的。C 不是面向对象的语言，它只是一种过程式语言。1983 年，Bjarne Stroustrup 为 C 语言添加了面向对象的功能，并将这种新语言命名为 C++，这是计算机行业广泛使用和重视的第一种面向对象语言。今天，最流行的面向对象语言是 Java。面向对象语言是高级语言。

1.5　计算机术语

在几乎所有科学中，术语都源自希腊语或拉丁语等语言。为什么？如果你从英语中导出术语，则存在技术含义与该术语的当前用法之间出现混淆的风险。然而，计算机科学中的术语源自英语，这会使初学者混淆。诸如**树**（tree）、**内存**（memory）、**核心**（core）、**根**（root）、**文件夹**（folder）、**文件**（file）、**目录**（directory）、**病毒**（virus）、**蠕虫**（worm）、**垃圾**（garbage）等英语单词被用作计算机领域中的技术术语。你可能不知道除了当前的非技术含义之外，特定术语还附带了一些技术含义。为避免混淆，请始终在桌面上备一本好的计算机词典。无论何时有疑问，都请查词典。

1.6　编译和解释语言

当计算机科学家设计新的编程语言时，主要问题是在各种平台上实现该语言。实现语言有两种基本方法：
- ❑ **编译**：高级语言的代码被翻译成低级语言。创建一个文件来存储编译或翻译后的代码。然后，你需要通过提供适当的命令来执行已编译的代码。
- ❑ **解释**：代码中的指令由虚拟机（或解释器）逐条解释（执行）。不创建文件。

现在详细讨论这两种方法。

编译

在编译方法中，高级语言的源代码被翻译成实际机器的机器语言。FORTRAN、Pascal、Ada、PL/1、COBOL、C 和 C++ 都是编译语言。例如，考虑一个在屏幕上显示文本"Hello"的 C 程序。假设 hello.c 是包含此程序源代码的文件（C 源代码文件的扩展名为 .c）。C 编译器**编译**（或翻译）源代码并生成可执行文件 hello.exe。文件 hello.exe 包含实际机器的机器语言指令。你现在需要通过提供适当的命令来执行文件 hello.exe，并且执行文件 hello.exe 不是编译过程的一部分。在 Windows 平台上准备的可执行文件 hello.exe 只能在 Windows 平台上执行，根本无法在 UNIX 平台或 Linux 平台上执行此文件。但是，可以使用适用于所有平台的 C 编译器。因此，可以在 UNIX 或 Linux 平台上加载适当的 C 编译器编译文件 hello.c，以生成可执行文件 hello.exe ⊖，然后在该平台上执行它。

⊖　UNIX 或 Linux 平台的可执行文件通常不用 .exe 扩展名。——译者注

编译语言的主要好处是编译程序的执行速度很快。编译语言的主要缺点是程序的可执行版本依赖于平台。

解释

在解释方法中，通过添加期望数量的软件层来创建虚拟机，使得高级语言的源代码是该虚拟机的"机器语言代码"。例如，BASIC 语言是一种解释语言。考虑一个在屏幕上显示文本"Hello"的 BASIC 程序。假设此程序的源代码存储在 hello.bas 文件中。hello.bas 中的源代码被送到 BASIC 虚拟机，并且 BASIC 虚拟机逐条解释（执行)hello.bas 中的指令。另请注意，hello.bas 中的编程语句是 BASIC 虚拟机的机器语言指令。在解释过程中不会创建新文件。

解释语言的主要好处是程序与平台无关。解释语言的主要缺点是程序的解释（执行）很慢。BASIC、LISP、SNOBOL4、APL 和 Java 都是解释语言。

在实践中，很少使用纯粹的解释，如 BASIC 的情况。在几乎所有解释语言（例如 Java）中，都使用编译和解释的组合。首先，使用编译器将高级语言中的源代码转换为中间级代码。其次，创建虚拟机，使得上述中间级代码是该虚拟机的机器语言代码。然后将中间级代码送到虚拟机以进行解释（执行）。最后，请注意所有脚本语言（例如 Perl、JavaScript、VBScript、AppleScript 等）都是纯粹的解释语言。

1.7　第一个 C 程序

作为一种传统，典型的 C 编程书中的第一个程序通常是"Hello, world"程序。我们遵循这一传统，创建并运行（执行）第一个程序。此程序将在屏幕上显示"Hello, world"文本。在 C 文件中键入以下文本（程序）并将其保存在文件夹 C:\Code 中名为 hello.c 的文件中：

```c
#include <stdio.h>
main()
{
  printf("Hello, world\n") ;
  return(0) ;
}
```

编译并执行此程序，屏幕上会显示以下文本：

```
Hello, world
```

如果语言的编译器或解释器区分大写和小写字母，则称该语言为**区分大小写的**。Pascal 和 BASIC 不是区分大小写的语言。C 和 C++ 是区分大小写的语言。

❑ C 是区分大小写的语言，因此不应混淆大写和小写字母。例如，如果键入 Main 而不是 main，则会导致错误。

❑ 不要混淆文件名和程序名。这里，hello.c 是包含程序源代码的文件的名称，而 hello
  是程序名称。

为了解释这个程序（或者任何其他程序）是如何工作的，需要引用这个程序中的代码行
（LOC），因此，需要对代码行进行编号。我重写了程序 hello，其中添加了行号作为注释（这
些是多行注释），如下所示。此程序产生与程序 hello 相同的输出。

```
/* 此程序将产生与程序 hello 相同的输出。唯一的区别是此程序包含注释。注释仅为
   程序员提供方便。编译器直接忽略这些注释。*/
                                                        /* BL    */
#include <stdio.h>                                      /* LOC 1 */
                                                        /* BL    */
main()                                                  /* LOC 2 */
{                                                       /* LOC 3 */
  printf("Hello, world\n");                             /* LOC 4 */
  return(0);                                            /* LOC 5 */
}                                                       /* LOC 6 */
```

C 中有两种类型的注释：多行注释（也称为**块注释**）和单行注释（也称为**行注释**）。单
行注释来自 C++，自 C99 起正式引入 C 语言。

现在注意用插入单行注释重写的程序 hello，如下所示。此程序产生与程序 hello 相同
的输出。

```
// 此程序将生成与程序 hello 相同的输出。唯一区别在于该
// 程序包含注释。注释仅为程序员提供方便。
// 编译器直接忽略这些注释。
                                                        // BL
#include <stdio.h>                                      // LOC 1
                                                        // BL
main()                                                  // LOC 2
{                                                       // LOC 3
  printf("Hello, world\n");                             // LOC 4
  return(0);                                            // LOC 5
}                                                       // LOC 6
```

传统上，C 语言教科书仅使用多行注释并避免单行注释。我将在本书中遵循这一惯例。

1.8 C 的突出特点

C 是一种流行语言。它大受欢迎归功于以下功能：

❑ C 是一种小型语言。它只有 32 个关键字。因此，可以很快学会它。
❑ 它具有强大的内置函数库。
❑ 它是一种可移植的语言。为一种平台（例如，Windows）编写的 C 程序可以移植到
  另一种具有微小变化的平台（例如，Solaris）。
❑ C 程序执行速度快。因此，C 程序用在效率很重要的地方。

- ❑ 结构化编程所需的所有构造都可以在 C 中获得。
- ❑ C 语言中提供了低级编程所需的大量构造，因此 C 可用于系统编程。
- ❑ C 语言中提供指针，这增强了它的功能。
- ❑ 在 C 中递归功能可用于解决棘手的问题。
- ❑ C 具有扩展自身的能力。程序员可以将自己编写的函数添加到函数库中。
- ❑ C 几乎是一种强类型语言。

1.9 隐式类型转换

在赋值语句中，右侧显示的量称为**右值**（r-value），左侧显示的量称为**左值**（l-value）。在每个赋值语句中，都要确保左值的数据类型与右值的数据类型相同。有关示例请参阅此处给出的赋值语句（假设 intN 为 int 变量）：

```
intN = 350;                    /* L1, 现在intN的值是350 */
```

这里，L1 表示 LOC 1，为了节省空间，我使用字母 L 来表示代码中的 LOC。在 LOC 1 中，左值为 intN，右值为 350，它们的数据类型是相同的：int。当编译器编译这样的语句时，它从不会忘记检查赋值语句两边的类型。编译器的这个任务称为**类型检查**（typechecking）。如果双方的类型不一样会怎样？会发生类型转换！在类型转换中，右侧的值的类型在赋值之前被更改为左侧的值的类型。类型转换可以分为两类。

- ❑ 隐式或自动类型转换
- ❑ 显式类型转换

注意这里给出的 LOC（假设 dblN 是 double 变量）：

```
dblN = 35;                     /* L2, 好的, 现在dblN的值是35.000000 */
```

在此 LOC 中，dblN 的类型为 double，数值常量 35 的类型为 int。这里，编译器将数据类型 35 从 int（源类型）提升为 double（目标类型），然后将 double 类型常量 35.000000 赋给 dblN。这称为**隐式类型转换或自动类型转换**。在隐式（或自动）类型转换中，类型转换是自动发生的。

在类型转换中，右值的类型称为**源类型**，左值的类型称为**目标类型**。如果目标类型的范围宽于源类型的范围，则此类型的转换称为**扩大类型转换**。如果目标类型的范围窄于源类型的范围，则此类型的转换称为**缩小类型转换**。LOC 2 中的类型转换是扩大类型转换，因为 double（目标类型）的范围比 int（源类型）的范围宽。

这是隐式类型转换的另一个例子（假设 intN 是 int 变量）：

```
intN = 14.85;                  /* L3, 好的, 现在intN的值是14 */
```

在此 LOC 中，数字常量 14.85 的类型是 double，intN 的类型是 int。这里，编译器将 14.85 的数据类型从 double 降级为 int，它截断并丢弃其小数部分，然后将整数部分 14 赋值给 intN。LOC 3 中的类型转换是缩小类型转换。

这是隐式类型转换的另一个例子：

```
dblN = 2/4.0;                          /* L4，好的，现在dblN的值是0.500000 */
```

在此 LOC 中，右值是一个表达式，该表达式又由数值常量 2 除以数值常量 4.0 组成。但是数值常量 2 的类型是 int，而数值常量 4.0 的类型是 double。这里，编译器将数值常量 2 的类型从 int 提升为 double，然后执行浮点数 2.0 / 4.0 的除法。结果 0.5 被赋值给 dblN。

> **■注意** 在表达式或赋值语句中混合使用不同类型时，编译器会在计算表达式或赋值时执行自动类型转换。在执行类型转换时，编译器会尽力防止信息丢失。但有时候信息丢失是不可避免的。

例如，在 LOC 3 中，存在信息丢失（double 类型数值常量 14.85 转换为 int 类型数值常量 14）。在扩大类型转换中没有信息丢失，但在缩小类型转换时存在一些信息丢失。编译器总是允许扩大类型转换。编译器也允许缩小类型转换，但有时编译器会显示警告。不允许无意义的转换。某些类型转换在编译期间允许，但在运行期间会报告错误。例如，请注意这里给出的代码段：

```
double dblN1 = 1.7e+300;               /* LOC K */
float fltN1;                           /* LOC L */
fltN1 = dblN1;                         /* LOC M */
printf("Value of fltN1  %e\n", fltN1); /* LOC N */
```

编译器成功编译了这段代码，没有任何警告。但是，当你执行这段代码时，屏幕上会显示以下文本行而不是预期的输出：

```
Floating point error: Overflow.
Abnormal program termination
```

程序在执行 LOC M 期间"崩溃"，这行代码尝试缩小类型转换。当一个程序在运行时突然终止时，我们用程序员的语言说程序崩溃了。

不同的语言允许将类型混合到不同的程度。允许不受限制地混合不同类型的语言称为**弱类型的**（weakly typed）语言或具有**弱类型**的语言。不允许混合不同类型的语言称为**强类型的**（strongly typed）语言或具有**强类型**的语言。

> **■注意** C 几乎是一种强类型语言。

C 的强类型检查在函数调用中很明显。如果函数需要一个 int 类型参数，并且将一个字符串作为参数（而不是 int 类型参数）传递给该函数，那么编译器会报告错误并停止编译程序，这证实了 C 是一种强类型语言。

请注意，前面使用了**几乎**这个术语，因为在某种程度上，C 语言中允许隐式类型转换，这使得 C 成为"几乎"强类型的语言，而不是完全强类型的语言。

1.10　显式类型转换

你可以显式执行类型转换，而不是让类型转换完全依赖编译器。此操作称为**显式类型转换**、**强制转换**或**强制**。强制转换中使用的运算符称为强制转换运算符。注意这里给出的 LOC（假设 intN 是一个 int 变量）：

```
intN = (int)14.85;                 /* L1, 好的, 执行强制转换操作*/
```

在此 LOC 中，对数值常量 14.85 执行强制转换操作。强制转换运算符是"(int)"。在此操作中，14.85 的类型从 double 被更改为 int，其小数部分被截断并丢弃，整数部分 14 作为 int 类型的数值常量返回，而 int 又被赋值给 intN。以下是强制转换操作或显式类型转换的通用语法：

```
(desiredType) 表达式
```

这里，desiredType 是任何有效的类型，如 char、short int、int、long int、float、double 等。在这种语法中，强制转换运算符是"(desiredType)"。请注意，括号是必需的，并且是转换运算符的一部分。此转换操作的效果是将表达式的类型更改为 desiredType。

在 LOC 1 中，强制转换操作对数值常量执行，但是它也可以对变量执行。注意这里给出的代码片段：

```
int intN;                                          /* L2 */
double dblN = 3.7;                                 /* L3 */
intN = (int)dblN;                                  /* L4 */
printf("Value of intN is: %d\n", intN);            /* L5 */
printf("Value of dblN is: %lf\n", dblN);           /* L6 */
printf("Value of dbln with cast (int) is: %d\n", (int)dblN);  /* L7 */
```

执行后，这段代码在屏幕上显示以下文本行：

```
Value of intN is: 3
Value of dblN is: 3.700000
Value of dbln with cast (int) is: 3
```

在这段代码中，对变量 dblN 执行了两次强制转换操作，第一次在 LOC 4 中执行，第二次在 LOC 7 中执行。请注意，在 dblN 上执行转换操作后，dblN 的值不受影响。实际上，强制转换操作不在 dblN 上执行，存储在 dblN 中的值被获取，然后对该获取的值（即在数值常量 3.7 上）执行强制转换操作。也因此，在 LOC 4 中使用运算符"(int)"对 dblN 执行强制转换操作后，变量 dblN 在执行 LOC 6 后仍然不受影响。LOC 6 的执行将 dblN 的值显示为 3.7。在 LOC 7 中，printf() 函数的参数不是变量而是表达式，如下所示：

```
(int)dblN
```

在这一章里，我们讨论了与 C 语言相关的各种问题。在本书的其余章节中，你将看到所有的 C 技巧。本书的目的是为你提供现成的解决方案，在本书中，你还可以找到满足各种水平读者需求的现成解决方案。

控 制 语 句

本章介绍利用控制语句的功能来解决问题的方法。C 包含种类丰富的控制语句。C 中的控制语句大致可分为三类。

❑ 选择语句：选择语句用于在几个计算机控制流中选择其一。选择语句有两种：if-else 和 switch。

❑ 迭代语句：迭代语句用于有限次地重复执行一组语句。迭代语句有三种：while、do-while 和 for。

❑ 跳转语句：跳转语句有四种，即 break、continue、goto 和 return。通常，计算机控制从源代码中前面的语句顺序流到下一个语句。当你需要绕过此顺序流，并让计算机控制从一个语句跳转到另一个语句（不一定是连续语句）时，可以使用跳转语句。

goto 语句用于跳转到同一函数中的另一个语句。continue 语句仅用于迭代语句中。break 语句仅用于迭代或 switch 语句中。return 语句用于函数中。

2.1　求 1 到 N 的整数的总和

问题

你希望开发一个以交互方式计算 1 到 N 的整数的总和的程序。

解决方案

编写一个 C 程序，使用以下规格说明计算 1 到 N 的整数的总和：

❑ 程序使用 for 循环执行 1 到 N 的整数的总和。for 循环没有什么特殊的，你也可以使用 while 循环或 do-while 循环，但在这些类型的程序中，for 循环是优选的。

❑ 程序要求用户输入数字 N（$0<N<30\ 000$）。如果用户输入该范围之外的数字 N，则

程序要求用户重新输入数字。

❑ 当计算的总和显示在屏幕上时，程序会询问用户是否要计算另一个总和或退出。

代码

以下是使用这些规格说明编写的 C 程序的代码。在文本编辑器中键入以下 C 程序并将其保存在 C:\Code 文件夹下名为 sum.c 的文件中：

```
/* 此程序使用 for 语句以交互方式计算 1 到 N 的整数的总和。*/
                                                        /* BL */
#include <stdio.h>                                      /* L1 */
                                                        /* BL */
main()                                                  /* L2 */
{                                                       /* L3 */
 int intN, intCounter, flag;                            /* L4 */
 unsigned long int ulngSum;                             /* L5 */
 char ch;                                               /* L6 */
                                                        /* BL */
 do {                        /* outer do-while loop begins */  /* L7 */
                                                        /* BL */
  do {                       /* inner do-while loop begins */  /* L8 */
   flag = 0;                                            /* L9 */
   printf("Enter a number (0 < N < 30000): ");          /* L10 */
   scanf("%d", &intN);                                  /* L11 */
   if ((intN <=0) || (intN > 30000))                    /* L12 */
     flag = 1;                                          /* L13 */
  } while (flag);            /* inner do-while loop ends */  /* L14 */
                                                        /* BL */
  ulngSum = 0;                                          /* L15 */
                                                        /* BL */
  for (intCounter = 1; intCounter <= intN; intCounter++) {  /* L16 */
   ulngSum = ulngSum + intCounter;                      /* L17 */
  }                                                     /* L18 */
                                                        /* BL */
  printf("Required sum is: %lu\n", ulngSum);            /* L19 */
  printf("Do you want to continue? (Y/N) : ");          /* L20 */
     scanf(" %c", &ch);                                 /* L21 */
 } while ((ch == 'y') || (ch == 'Y'));  /* outer do-while loop ends */  /* L22 */
                                                        /* BL */
 printf("Thank you.\n");                                /* L23 */
 return(0);                                             /* L24 */
}                                                       /* L25 */
```

编译并执行此程序。此程序的一次运行结果如下所示：

```
Enter a number (0 < N < 30000): 10000    ↵
Required sum is: 50005000
Do you want to continue? (Y/N) : y    ↵
Enter a number (0 < N < 30000): 31000    ↵
Enter a number (0 < N < 30000): 25000    ↵
Required sum is: 312512500
Do you want to continue? (Y/N) : n    ↵
Thank you.
```

工作原理

包含在 LOC 16～18 中的 for 循环执行 1～N 的整数的求和。在此程序中使用具有两层嵌套的 do-while 循环。只要用户未能在指定范围内输入数字 N，内部 do-while 循环就会将用户保持在循环内。只要用户想要再次执行求和，外部 do-while 循环就会将用户保持在循环内。内部 do-while 循环增加了此程序的稳健性。

除了 for 循环之外，还可以使用 while 或 do-while 循环来执行求和。要使用 while 循环执行求和，请使用以下代码行替换 LOC 16～18：

```
intCounter = 0;
while (intCounter < intN) {
    intCounter = intCounter + 1;
    ulngSum = ulngSum + intCounter;
}
```

要使用 do-while 循环执行求和，请将 LOC 16～18 替换为以下代码行：

```
intCounter = 0;
do {
    intCounter = intCounter + 1;
    ulngSum = ulngSum + intCounter;
} while (intCounter < 100);
```

编写循环的终止条件时要小心。轻率地编写循环的终止条件是 bug 的发源地。

■**注意**　bug 围绕边界值"游荡"。

例如，查看此处给出的 for 循环：

```
for (intCounter = 1; intCounter < 100; intCounter++) {
    /*  some code here */
}
```

乍一看，你可能认为这个 for 循环执行 100 次迭代，但实际上，它只执行 99 次迭代。因此，在处理边界值时要小心。

源代码中的错误是 bug。发现和纠正源代码中的错误的过程称为**调试**（debug）。

编程专家能够创建具有最少数量的可能 bug 的程序，并且还知道如何调试程序。编写一个完全没有 bug 的小程序是可能的，但是由数千代码行组成的专业程序永远不会没有 bug。

2.2　计算数字的阶乘

问题

你想要开发一个程序来计算数字的阶乘。

解决方案

正整数 n 的阶乘由 $n!$ 表示，它的定义如下：

$$n! = 1 \times 2 \times \cdots \times n$$

这里给出了一些数字的阶乘：

$$0! = 1 \text{（根据定义）}$$
$$1! = 1$$
$$2! = 1 \times 2 = 2$$
$$3! = 1 \times 2 \times 3 = 6$$

编写具有以下规格说明的 C 程序：

❑ 程序使用 for 循环计算 N 的阶乘。

❑ 程序要求用户输入数字 N（$0 < N \leqslant 12$）。如果用户输入该范围之外的数字 N，则程序要求用户重新输入数字。

❑ 当计算的阶乘显示在屏幕上时，程序会询问用户是否想要计算另一个阶乘或退出。

代码

以下是使用这些规格说明编写的 C 程序的代码。在文本编辑器中键入以下 C 程序并将其保存在文件夹 C:\Code 中，文件名为 fact.c：

```
/* 此程序以交互方式计算数字 N 的阶乘。 */          /* BL */
                                                    /* L1 */
#include <stdio.h>                                  /* BL */
                                                    /* L2 */
main()                                              /* L3 */
{                                                   /* L4 */
 int intN, intCounter, flag;                        /* L5 */
 unsigned long int ulngFact;                        /* L6 */
 char ch;                                           /* BL */
                                                    /* L7 */
 do {                   /* outer do-while loop begins */  /* BL */
                                                    /* L8 */
  do {                  /* inner do-while loop begins */  /* L9 */
   flag = 0;                                        /* L10 */
   printf("Enter a number (0 < N <= 12): ");        /* L11 */
   scanf("%d", &intN);                              /* L12 */
   if ((intN <=0) || (intN > 12))                   /* L13 */
     flag = 1;                                      /* L14 */
  } while (flag);        /* inner do-while loop ends */  /* BL */
                                                    /* L15 */
 ulngFact = 1;                                      /* BL */
                                                    /* L16 */
  for (intCounter = 1; intCounter <= intN; intCounter++) {  /* L17 */
  ulngFact = ulngFact * intCounter;                 /* L18 */
  }                                                 /* BL */
                                                    /* L19 */
  printf("Required factorial is: %lu\n", ulngFact); /* L20 */
  printf("Do you want to continue? (Y/N) : ");
```

```
    scanf(" %c", &ch);                                        /* L21 */
  } while ((ch == 'y') ||(ch == 'Y')); /* outer do-while loop ends */  /* L22 */
                                                              /* BL */
  printf("Thank you.\n");                                    /* L23 */
  return(0);                                                 /* L24 */
}                                                            /* L25 */
```

编译并执行此程序。此程序的一次运行结果如下所示：

```
Enter a number (0 < N <= 12): 6  ↵
Required factorial is: 720
Do you want to continue? (Y/N) : y  ↵
Enter a number (0 < N <= 12): 20  ↵
Enter a number (0 < N <= 12): 12  ↵
Required factorial is: 479001600
Do you want to continue? (Y/N) : n  ↵
Thank you.
```

工作原理

LOC 16～18 中包含的 for 循环计算数 N 的阶乘。在此程序中使用具有两层嵌套的 do-while 循环。只要用户未能在指定范围内输入数字 N，内部 do-while 循环就会将用户保持在循环内。只要用户想要再次计算阶乘，外部 do-while 循环就会将用户保持在循环内。内部 do-while 循环增加了此程序的稳健性。除了 for 循环之外，还可以使用 while 或 do-while 循环来计算数字 N 的阶乘。

2.3 生成斐波那契数列

问题

你想开发一个程序来生成斐波那契数列。

解决方案

Leonardo Fibonacci（1180—1250），也被称为比萨的莱昂纳多，是一位意大利数学家。他撰写了许多关于数学的优秀论文，如 "Liber Abaci" "Practica Geometriae" "Flos" 和 "Liber Quadratorum"。斐波那契数列以其发明人命名并在 "Liber Abaci" 中提及，从 0 和 1 开始，每个连续项都是前两个项的和。根据定义，第一项为 0，第二项为 1。前几项列于此处：

第一项	根据定义	0
第二项	根据定义	1
第三项	0 + 1 =	1
第四项	1 + 1 =	2
第五项	1 + 2 =	3
第六项	2 + 3 =	5

斐波那契数列中的项也称为斐波那契数。这里给出了一个可以生成斐波那契数的例程的伪代码：

```
declare four int variables a, b, c, and d
a = 0;                            /* by definition */
b = 1;                            /* by definition */
/* ############# loop begins ################# */
print the values of a and b
c = a + b;                        /* compute the next Fibonacci number */
d = b + c;                        /* compute the next Fibonacci number */
a = c;                            /* reset the value of a */
b = d;                            /* reset the value of b */
/* ############# loop ends  ################# */
```

编写具有以下规格说明的 C 程序：
- ❏ 程序使用 for 循环计算斐波那契数。
- ❏ 程序要求用户输入数字 N（0<N≤45）。如果用户在此范围之外输入数字 N，则程序会要求用户重新输入此数字。然后程序生成 N 个斐波那契数。
- ❏ 当计算出的斐波那契数显示在屏幕上时，程序会询问用户是否想要计算另一个斐波那契数或退出。

代码

以下是使用这些规格说明编写的 C 程序的代码。在 C 文件中键入以下文本（程序）并将其保存在文件夹 C:\Code 下名为 fibona.c 的文件中：

```
/* 此程序以交互方式生成 N 个斐波那契数。*/
                                                    /* BL */
#include <stdio.h>                                  /* L1 */
                                                    /* BL */
main()                                              /* L2 */
{                                                   /* L3 */
 int intN, intK, flag;                              /* L4 */
 long int lngA, lngB, lngC, lngD;                   /* L5 */
 char ch;                                           /* L6 */
                                                    /* BL */
 do {              /* outer do-while loop begins    /* L7 */
                                                    /* BL */
  do {             /* inner do-while loop begins */ /* L8 */
   flag = 0;                                        /* L9 */
   printf("Enter a number (0 < N <= 45): ");        /* L10 */
   scanf("%d", &intN);                              /* L11 */
   if ((intN <=0) || (intN > 45))                   /* L12 */
     flag = 1;                                      /* L13 */
  } while (flag);      /* inner do-while loop ends */ /* L14 */
                                                    /* BL  */
  lngA = 0;                                         /* L15 */
  lngB = 1;                                         /* L16 */
  printf("Fibonacci Sequence:\n");                  /* L17 */
```

```
  for (intK = 1; intK <= intN; intK++) {                      /* L18 */
   printf("%d th term is : %ld\n", ((intK * 2) - 1), lngA);   /* L19 */
   if (((intK *2) - 1) == intN) break;                        /* L20 */
   printf("%d th term is : %ld\n", (intK * 2), lngB);         /* L21 */
   if ((intK * 2) == intN) break;                             /* L22 */
   lngC = lngA + lngB;                                        /* L23 */
   lngD = lngB + lngC;                                        /* L24 */
   lngA = lngC;                                               /* L25 */
   lngB = lngD;                                               /* L26 */
   }                                                          /* L27 */
                                                              /* BL  */
  printf("Do you want to continue? (Y/N) : ");                /* L28 */
     scanf(" %c", &ch);                                       /* L29 */
 } while ((ch == 'y') || (ch == 'Y')); /* outer do-while loop ends */  /* L30 */
                                                              /* BL  */
 printf("Thank you.\n");                                      /* L31 */
 return(0);                                                   /* L32 */
}                                                             /* L33 */
```

编译并执行此程序。此程序的一次运行结果如下所示：

```
Enter a number (0 < N <= 45): 1      ↵
Fibonacci Sequence:
1 th term is : 0
Do you want to continue? (Y/N) : y      ↵
Enter a number (0 < N <= 45): 50      ↵
Enter a number (0 < N <= 45): 6      ↵
Fibonacci Sequence:
1 th term is : 0
2 th term is : 1
3 th term is : 1
4 th term is : 2
5 th term is : 3
6 th term is : 5
Do you want to continue? (Y/N) : n      ↵
Thank you.
```

工作原理

LOC 18～27 中包含的 for 循环完成了大部分工作。LOC 23～26 中包含的代码计算斐波那契数。LOC 19 和 LOC 21 中包含的代码在屏幕上显示计算出的斐波那契数。在此程序中使用具有两层嵌套的 do-while 循环。只要用户未能在指定范围内输入数字 N，内部 do-while 循环就会将用户保持在循环内。只要用户想要再次计算斐波那契数，外部 do-while 循环就会将用户保持在循环内。内部 do-while 循环增加了此程序的稳健性。除了 for 循环之外，还可以使用 while 或 do-while 循环来计算斐波那契数。斐波那契数列在植物学、电网理论、搜索和排序中有应用。

2.4 确定给定数字是否为质数

问题

你希望开发一个程序来确定给定的数字是否为质数。

解决方案

质数是一个正整数，只能被 1 和它本身整除。前几个质数如下：2, 3, 5, 7, 11, 13, 17, 19。除了 2 之外，所有质数都是奇数。你将开发一个程序来确定给定的数字是否为质数。

程序执行开始时，系统会要求你输入 2～2 000 000 000 范围内的数字。键入此范围内的任何整数，程序将告诉你此数字是否为质数。另外，输入 0 以终止程序。显然，要确定数字 N 是否为质数，必须将它除以 2～(N−1) 之间的所有数字并检查余数。如果每个除法的余数都不为零，则数 N 是质数，否则，它不是质数。但是，实际上可以将 N 的数字除以 2～$\sqrt{N}$（N 的平方根）之间的所有数字并检查余数。如果 N 不能被 2～$\sqrt{N}$ 之间的任何数字完全整除，那么它肯定不能被 2～(N−1) 之间的任何数字整除。

此处给出了一个例程，用于确定给定数字 lngN 是否为质数。这里，isPrime 是一个 int 变量，lngN、lngM 和 i 是 long int 变量，lngN 的值为 3 或更大，并且 isPrime 设置为 1（被解释为真）。

```
isPrime = 1;                          /* L1 */
lngM = ceil(sqrt(lngN));              /* L2 */
for (i = 2; i <= lngM; i++) {         /* L3 */
  if ((lngN % i) == 0) {              /* L4 */
    isPrime = 0;                      /* L5 */
    break;                            /* L6 */
  }                                   /* L7, if statement ends */
}                                     /* L8, for loop ends */
```

在此例程的 LOC 2 中，通过隐式类型转换将 lngN 的值转换为 double 类型，然后将其传入 sqrt() 以计算其平方根。sqrt() 返回的结果被传到 ceil() 以将其转换为较大的最接近的整数。在隐式类型转换后，ceil() 返回的结果将赋值给 lngM。

接下来，lngN 将除以 2 到 lngM 之间的所有数字。如果在所有这些除法中余数都为非零，那么 lngN 是质数，否则不是。这是在 LOC 3～8 的 for 循环中完成的。实际除法在 LOC 4 中执行，并检查余数的值（是否为零）。如果余数为零，则执行 LOC 5 和 6。在 LOC 5 中，int 变量 isPrime 的值设置为零。在 LOC 6 中，执行 break 语句以终止 for 循环。注意 isPrime 的值，结果显示在屏幕上。如果 isPrime 为 1（真），则 lngN 为质数；如果 isPrime 为 0（假），则 lngN 不是质数。

编写具有以下规格说明的 C 程序：

❏ 程序使用 for 循环检查数字的素性。

❏ 程序要求用户输入数字 N（2≤N≤2 000 000 000），以确定此数字是否为质数。如果用户输入该范围之外的数字 N，则程序要求用户重新输入此数字。然后程序检查此数字的素性。如果用户输入 0，则程序终止。

代码

以下是使用这些规格说明编写的 C 程序的代码。在 C 文件中键入以下文本（程序）并将其保存在文件夹 C:\Code 中，文件名为 prime.c：

```
/ * 此程序确定给定数字是否为质数。* /          /* BL */

#include <stdio.h>                              /* L1 */
#include <math.h>                               /* L2 */
                                                /* BL */
main()                                          /* L3 */
{                                               /* L4 */
 int flag, isPrime;                             /* L5 */
 long int lngN, lngM, i;                        /* L6 */
                                                /* BL */
 do{                                            /* L7 */
                                                /* BL */
  do {                                          /* L8 */
   flag = 0;                                    /* L9 */
   printf("Enter 0 to discontinue.\n");         /* L10 */
   printf("Enter a number N (2 <= N <= 2000000000)\n"); /* L11 */
   printf("to find whether it is prime or not: "); /* L12 */
   scanf("%ld", &lngN);                         /* L13 */
   if (lngN == 0) break;                        /* L14 */
   if ((lngN < 2) || (lngN > 2000000000))       /* L15 */
     flag = 1;                                  /* L16 */
  } while (flag);                               /* L17 */
                                                /* BL */
  if (lngN == 0) break;                         /* L18 */
                                                /* BL */
  if (lngN == 2) {                              /* L19 */
   printf("\n2 is a prime number\n\n");         /* L20 */
   continue;                                    /* L21 */
  }                                             /* L22 */
                                                /* BL */
  isPrime = 1;                                  /* L23 */
  lngM = ceil(sqrt(lngN));                      /* L24 */
    for (i = 2; i <= lngM; i++) {               /* L25 */
     if ((lngN % i) == 0) {                     /* L26 */
       isPrime = 0;                             /* L27 */
       break;                                   /* L28 */
     }                                          /* L29 */
    }                                           /* L30 */
                                                /* BL */
  if (isPrime)                                  /* L31 */
    printf("\n%ld is a prime number\n\n", lngN); /* L32 */
  else                                          /* L33 */
    printf("\n%ld is not a prime number\n\n", lngN); /* L34 */
                                                /* BL */
 } while (1);                                   /* L35 */
                                                /* BL */
 printf("\nThank you.\n");                      /* L36 */
 return(0);                                     /* L37 */
}                                               /* L38 */
```

编译并执行此程序。此程序的一次运行结果如下所示：

```
Enter 0 to discontinue.
Enter a number in the range (2 <= N <= 2000000000)
to find whether it is prime or not: 17    ↵
17 is a prime number
Enter 0 to discontinue.
Enter a number in the range (2 <= N <= 2000000000)
to find whether it is prime or not: 1999999997    ↵
1999999997 is not a prime number
Enter 0 to discontinue.
Enter a number in the range (2 <= N <= 2000000000)
to find whether it is prime or not: 0    ↵
Thank you.
```

工作原理

LOC 25～30 中包含的 for 循环完成了检查数字的素性的大部分工作。LOC 31～34 中的代码显示结果。在此程序中使用具有两层嵌套的 do-while 循环。只要用户未能在指定范围内输入数字 N，内部 do-while 循环就会将用户保持在循环内。只要用户想要检查新数字的素性，外部 do-while 循环就会将用户保持在循环内。内部 do-while 循环增加了此程序的稳健性。请注意 LOC 35，此处摘录以供你快速参考：

```
} while (1);                                    /* L35 */
```

这似乎是一个无限循环，因为括号中没有比较语句。但是，在 LOC 18 中提供了终止循环的规定，这里也摘录以供你快速参考：

```
If (lngN == 0) break;                           /* L18 */
```

当 lngN 的值为零时，此循环的执行将成功终止。

库函数 ceil() 和 sqrt() 在 LOC 24 中使用，这里也摘录以供你快速参考：

```
lngM = ceil(sqrt(lngN));                        /* L24 */
```

库函数 ceil() 和 sqrt() 是数学函数，这就是通过 LOC 2 将头文件 math.h 包含在这个程序中的原因。术语 sqrt 代表"平方根"，术语 ceil 代表"上取整"，这反过来意味着上限。以下是使用库函数 sqrt() 的语句的通用语法：

```
dblX = sqrt(dblY);
```

这里，dblY 是一个表达式，其计算结果为 double 类型的常量，而 dblX 是 double 类型的变量。函数 sqrt() 计算 dblY 的平方根并返回结果，该结果赋值给变量 dblX。

函数 ceil() 将 double 值（作为参数传递）转换为较大的最接近的整数值并返回结果。以下是使用函数 ceil() 的语句的通用语法：

```
dblX = ceil(dblY);
```

这里，dblY 是一个表达式，其计算结果为 double 类型的常量，而 dblX 是一个 double 变量。

2.5 计算正弦函数

问题

你想使用无穷级数展开计算角度 x 的正弦值。

解决方案

这里给出了无穷级数展开的公式：

$$\sin x = x - x^3 / 3! + x^5 / 5! - x^7 / 7! + \cdots$$

这里，x 是以弧度表示的角度，它的取值范围为 $-1 \leqslant x \leqslant 1$。可以看到连续项的值持续迅速减小。因此，仅包括前十项就足够了。如果 x 的值为 1，则第十项的贡献约为 2E-20，而第 40 项的贡献约为 1.7E-121。

编写具有以下规格说明的 C 程序：

❏ 程序使用 for 循环计算角度 x 的正弦值。

❏ 程序要求用户输入角度 x（$-1 \leqslant x \leqslant 1$）。如果用户在此范围之外输入角度 x，则程序会要求用户重新输入。

❏ 当屏幕上显示角度 x 的正弦值时，程序会询问用户是否要计算另一个角度的正弦值或退出。

代码

以下是使用这些规格说明编写的 C 程序的代码。在 C 文件中键入以下文本（程序）并将其保存在文件夹 C:\Code 中，文件名为 sine.c：

```
/* 此程序计算以弧度表示的角度的正弦值 */
/* 范围为 -1 <= X <= 1。 */
                                                /* BL */
#include <stdio.h>                              /* L1 */
                                                /* BL */
main()                                          /* L2 */
{                                               /* L3 */
 double dblSine, dblTerm, dblX, dblZ;           /* L4 */
 int intK, i, flag;                             /* L5 */
 char ch;                                       /* L6 */
                                                /* BL */
 do {                   /* outer do-while loop begins */  /* L7 */
                                                /* BL */
  do {                  /* inner do-while loop begins */  /* L8 */
   flag = 0;                                    /* L9 */
   printf("Enter angle in radians (-1 <= X <= 1): ");  /* L10 */
   scanf("%lf", &dblX);                         /* L11 */
   if ((dblX < -1) || (dblX > 1))               /* L12 */
     flag = 1;                                  /* L13 */
  } while (flag);       /* inner do-while loop ends */   /* L14 */
                                                /* BL */
  dblTerm = dblX;                               /* L15 */
  dblSine = dblX;                               /* L16 */
  intK = 1;                                     /* L17 */
```

```
    dblZ = dblX * dblX;                              /* L18 */
                                                     /* BL  */
    for (i = 1; i <= 10; i++) {                      /* L19 */
      intK = intK + 2;                               /* L20 */
      dblTerm = -dblTerm * dblZ /(intK * (intK - 1));/* L21 */
      dblSine = dblSine + dblTerm;                    /* L22 */
    }                                                /* L23 */
                                                     /* BL  */
    printf("Sine of %lf is %lf\n", dblX, dblSine);   /* L24 */
    printf("Do you want to continue? (Y/N) : ");     /* L25 */
      scanf(" %c", &ch);                             /* L26 */
  } while ((ch == 'y') || (ch == 'Y')); /* outer do-while ends */  /* L27 */
                                                     /* BL  */
  printf("Thank you.\n");                            /* L28 */
  return(0);                                         /* L29 */
}                                                    /* L30 */
```

编译并执行此程序。此程序的一次运行结果如下所示：

```
Enter angle in radians (-1 <= X <= 1): 0.5   ↵
Sine of 0.500000 is 0.479426
Do you want to continue? (Y/N) : y   ↵
Enter angle in radians (-1 <= X <= 1): 0   ↵
Sine of 0.000000 is 0.000000
Do you want to continue? (Y/N) : y   ↵
Enter angle in radians (-1 <= X <= 1): 0.707   ↵
Sine of 0.707000 is 0.649556
Do you want to continue? (Y/N) : n   ↵
Thank you.
```

工作原理

LOC 19～23 中包含的 for 循环计算角度 x 的正弦值。LOC 24 中的代码显示结果。在此程序中使用具有两层嵌套的 do-while 循环。只要用户未能在指定范围内输入角度 x，内部 do-while 循环就会将用户保持在循环内。只要用户想要计算另一个角度的正弦值，外部 do-while 循环就会将用户保持在循环内。内部 do-while 循环增加了此程序的稳健性。

2.6 计算余弦函数

问题

你想使用无穷级数展开计算角度 x 的余弦值。

解决方案

这里给出了无穷级数展开的公式：

$$\cos x = 1 - x^2 / 2! + x^4 / 4! - x^6 / 6! + \cdots$$

这里，x 是弧度，它的取值范围为 $-1 \leqslant x \leqslant 1$。可以看到连续项的值持续迅速减小。因此，仅包括前十项就足够了，如前面所讨论的那样。

编写具有以下规格说明的 C 程序：

❑ 程序使用 for 循环计算角度 x 的余弦值。

❑ 程序要求用户输入角度 x（$-1 \leqslant x \leqslant 1$）。如果用户在此范围之外输入角度 x，则程序会要求用户重新输入。

❑ 当屏幕上显示角度 x 的余弦值时，程序会询问用户是否要计算另一个角度的余弦值或退出。

代码

以下是使用这些规格说明编写的 C 程序的代码。但是，这次使用的编码算法与前面相比略有不同。在 C 文件中键入以下文本（程序）并将其保存在文件夹 C:\Code 中，文件名为 cosine.c：

```
/* 这个程序计算以弧度表示的角度的余弦 */
/* 范围为 -1 <= X <= 1。* /
                                                      /* BL */
#include <stdio.h>                                    /* L1 */
                                                      /* BL */
main()                                                /* L2 */
{                                                     /* L3 */
 double dblCosine, dblX, dblZ;                        /* L4 */
 int i, j, q, flag, factorial, sign;                 /* L5 */
 char ch;                                             /* L6 */
                                                      /* BL */
 do {                    /* outer do-while loop begins */   /* L7 */
                                                      /* BL */
  do {                   /* inner do-while loop begins */   /* L8 */
   flag = 0;                                          /* L9 */
   printf("Enter angle in radians (-1 <= X <= 1): ");  /* L10 */
   scanf("%lf", &dblX);                               /* L11 */
   if ((dblX < -1) || (dblX > 1))                     /* L12 */
     flag = 1;                                        /* L13 */
  } while (flag);          /* inner do-while loop ends */   /* L14 */
                                                      /* BL */
dblCosine = 0;                                        /* L15 */
sign = -1;                                            /* L16 */
for (i = 2; i <= 10; i += 2)                          /* L17 */
   {                                                  /* L18 */
       dblZ = 1;                                      /* L19 */
       factorial = 1;                                 /* L20 */
                                                      /* BL */
       for (j = 1; j <= i; j++)                       /* L21 */
                                                      /* L22 */
           dblZ = dblZ * dblX;                        /* L23 */
           factorial = factorial * j;                 /* L24 */
                                                      /* L25 */
                                                      /* BL */
       dblCosine += sign * dblZ / factorial;          /* L26 */
       sign = - 1 * sign;                             /* L27 */
   }                                                  /* L28 */
 dblCosine = 1 + dblCosine;                           /* L29 */
```

```
                                                          /* BL  */
  printf("Cosine of %lf is %lf\n", dblX, dblCosine);      /* L30 */
  printf("Do you want to continue? (Y/N) : ");            /* L31 */
    scanf(" %c", &ch);                                    /* L32 */
} while ((ch == 'y') || (ch == 'Y')); /* outer do-while ends */ /* L33 */
                                                          /* BL  */
 printf("Thank you.\n");                                  /* L34 */
 return(0);                                               /* L35 */
}                                                         /* L36 */
```

编译并执行此程序。此程序的一次运行结果如下所示：

```
Enter angle in radians (-1 <= X <= 1): 0.5   ↵
Cosine of 0.500000 is 0.8775826
Do you want to continue? (Y/N) : y   ↵
Enter angle in radians (-1 <= X <= 1): 0   ↵
Cosine of 0.000000 is 1.000000
Do you want to continue? (Y/N) : y   ↵
Enter angle in radians (-1 <= X <= 1): 0.707   ↵
Cosine of 0.707000 is 0.760309
Do you want to continue? (Y/N) : n   ↵
Thank you.
```

工作原理

两层嵌套的 for 循环用于计算角度 x 的余弦值。LOC 30 显示结果。在此程序中使用具有两层嵌套的 do-while 循环。只要用户未能在指定范围内输入角度 x，内部 do-while 循环就会将用户保持在循环内。只要用户想要计算另一个角度的余弦，外部 do-while 循环就会将用户保持在循环内。内部 do-while 循环增加了此程序的稳健性。

2.7 计算二次方程的根

问题

你想要计算二次方程的根。

解决方案

你想要计算二次方程 $ax^2 + bx + c = 0$ 的根。这些根由以下公式给出：

$$(-b + \sqrt{b^2 - 4ac})/2a \qquad 和 \qquad (-b - \sqrt{b^2 - 4ac})/2a$$

根据 a、b 和 c 的值，根可能是实数或虚数。

编写具有以下规格说明的 C 程序：

❏ 程序要求用户输入 a、b 和 c 的值，可以是整数或浮点数。

❏ 程序使用前面给出的公式计算根并在屏幕上显示结果。

❏ 当在屏幕上显示二次方程的根时，程序会询问用户是否想要计算另一个二次方程的根或退出。

代码

以下是使用这些规格说明编写的 C 程序的代码。在 C 文件中键入以下文本（程序）并将其保存在文件夹 C:\Code 中，文件名为 roots.c：

```
/* 这个程序计算二次方程的根。*/
                                                     /* BL */
#include <stdio.h>                                   /* L1 */
#include <math.h>                                    /* L2 */
                                                     /* BL */
main()                                               /* L3 */
{                                                    /* L4 */
    double dblA, dblB, dblC, dblD, dblRt1, dblRt2;   /* L5 */
    char ch;                                         /* L6 */
    do {                 /* do-while loop begins */  /* L7 */
                                                     /* BL */
    printf("Enter the values of a, b and c : ");     /* L8 */
    scanf("%lf %lf %lf", &dblA, &dblB, &dblC);       /* L9 */
                                                     /* BL */
    dblD = dblB * dblB - 4 * dblA * dblC;            /* L10 */
    if (dblD == 0)                                   /* L11 */
    {                                                /* L12 */
        dblRt1 = ( - dblB) / (2 * dblA);             /* L13 */
        dblRt2 = dblRt1;                             /* L14 */
        printf("Roots are real & equal\n");          /* L15 */
        printf("Root1 = %f, Root2 = %f\n", dblRt1, dblRt2); /* L16 */
    }                                                /* L17 */
    else if (dblD > 0)                               /* L18 */
    {                                                /* L19 */
        dblRt1 =  - (dblB + sqrt(dblD)) / (2 * dblA); /* L20 */
        dblRt2 =  - (dblB - sqrt(dblD)) / (2 * dblA); /* L21 */
        printf("Roots are real & distinct\n");       /* L22 */
        printf("Root1 = %f, Root2 = %f\n", dblRt1, dblRt2); /* L23 */
    }                                                /* L24 */
    else                                             /* L25 */
    {                                                /* L26 */
        printf("Roots are imaginary\n");             /* L27 */
    }                                                /* L28 */
    printf("Do you want to continue? (Y/N) : ");     /* L29 */
    scanf(" %c", &ch);                               /* L30 */
} while ((ch == 'y') || (ch == 'Y')); /* do-while loop ends */ /* L31 */
    printf("Thank you.\n");                          /* L32 */
                                                     /* BL */
    return 0;                                        /* L33 */
}                                                    /* L34 */
```

编译并执行此程序。此程序的一次运行结果如下所示：

```
Enter the values of a, b and c : 10  200  -30  ↵
Roots are real and distinct
Root1 = -20.148892,  Root2 = 0.148892
Do you want to continue? (Y/N) : y   ↵
Enter the values of a, b and c : 40  20  15   ↵
Roots are imaginary
```

```
Do you want to continue? (Y/N) : n    ↵
Thank you.
```

工作原理

执行简单的数学运算以计算二次方程的根。取决于系数 a、b 和 c 的值，根可能是实数或虚数。因此，我们规定要测试根是实的还是虚的。只要用户想要计算另一个二次方程的根，do-while 循环就会将用户保持在循环内。

2.8 计算整数的反转数

问题

你想要计算整数的反转数。

解决方案

例如，如果给定的整数是 12345，那么它的反转数是 54321。

编写具有以下规格说明的 C 程序：

❏ 程序要求用户输入整数 N（$0 < N \leqslant 30\ 000$）。如果用户输入该范围之外的整数 N，则程序要求用户重新输入整数。

❏ 程序计算整数的反转数并在屏幕上显示结果。

❏ 然后程序询问用户是否想要计算另一个整数的反转数或退出。

代码

以下是使用这些规格说明编写的 C 程序的代码。在 C 文件中键入以下文本（程序）并将其保存在文件夹 C:\Code 中，文件名为 reverse.c：

```
/* 此程序计算整数的反转数。*/
                                                        /* BL */
#include <stdio.h>                                      /* L1 */
                                                        /* BL */
main()                                                  /* L2 */
{                                                       /* L3 */
    long int intN, intTemp, intRemainder, intReverse;   /* L4 */
    char ch;                                            /* L5 */
    do {                    /* outer do-while loop begins */  /* L6 */
      do {                  /* inner do-while loop begins */  /* L7 */
        printf("Enter a number (0 < N <= 30000): ");    /* L8 */
        scanf("%ld", &intN);                            /* L9 */
      } while ((intN <= 0) || (intN > 30000));
        /* inner do-while loop ends */                  /* L10 */
                                                        /* BL  */
      intTemp = intN;                                   /* L11 */
      intReverse = 0;                                   /* L12 */
                                                        /* BL3 */
      while (intTemp > 0)                               /* L14 */
        {                                               /* L15 */
```

```
      intRemainder = intTemp % 10;                                  /* L16 */
      intReverse = intReverse * 10 + intRemainder;                  /* L17 */
      intTemp /= 10;                                                /* L18 */
    }                                                               /* L19 */
                                                                    /* BL  */
    printf("The reverse of %ld is %ld.\n", intN, intReverse);       /* L20 */
    printf("Do you want to continue? (Y/N) : ");                    /* L21 */
    scanf(" %c", &ch);                                              /* L22 */
  } while ((ch == 'y') || (ch == 'Y'));                             /* L23 */
    /* outer do-while loop ends */                                  /* L24 */
  printf("Thank you.\n");                                           
                                                                    /* BL  */
  return 0;                                                         /* L25 */
}                                                                   /* L26 */
```

编译并执行此程序。此程序的一次运行结果如下所示：

```
Enter a number (0 < N <= 30000): 12345  ↵
The reverse of 12345 is 54321.
Do you want to continue? (Y/N): y  ↵
Enter a number (0 < N <= 30000): 45678  ↵
Enter a number (0 < N <= 30000): 2593  ↵
The reverse of 2593 is 3952.
Do you want to continue? (Y/N): n  ↵
Thank you.
```

工作原理

执行简单的数学运算以计算整数的反转数。在此程序中使用具有两层嵌套的 do-while 循环。只要用户输入的不是在指定范围内的整数 N，内部 do-while 循环就会将用户保持在循环内。只要用户还想要计算另一个整数的反转数，外部 do-while 循环就会将用户保持在循环内。内部 do-while 循环增加了此程序的稳健性。

2.9 使用嵌套循环打印几何图案

问题

你希望使用嵌套循环（而不是使用 5 个 printf() 语句）在屏幕上生成和打印以下几何图案：

```
    1
   212
  32123
 4321234
543212345
```

这个图案的秩是 5，即它由 5 行组成。你希望生成从 1 到 9 的任何秩的图案。

解决方案

可以使用两层嵌套的 for 循环以编程方式打印此图案。编写具有以下规格说明的 C

程序：

- ❑ 程序要求用户输入图案的秩（$1 \leqslant N \leqslant 9$）。如果用户输入该范围之外的 N，则程序要求用户重新输入 N。
- ❑ 程序使用两层嵌套的 for 循环打印所需的图案。但是，此程序中将有 4 个 for 循环。
- ❑ 然后程序询问用户是否要打印其他图案或退出。

代码

以下是使用这些规格说明编写的 C 程序的代码。在 C 文件中键入以下文本（程序）并将其保存在文件夹 C:\Code 中，文件名为 pattern.c：

```
/* 此程序在屏幕上打印几何图案。*/                                          /* BL */

#include <stdio.h>                                                    /* L1 */
                                                                     /* BL */
main()                                                               /* L2 */
{                                                                    /* L3 */
    int intI, intJ, intK, intL, intOrd;                              /* L4 */
    char ch;                                                         /* L5 */
    do {                        /* do-while loop begins */           /* L6 */
      do {                      /* do-while loop begins */           /* L7 */
        printf("Enter the order of pattern (0 < N < 10): ");         /* L8 */
        scanf("%d", &intOrd);                                        /* L9 */
      } while ((intOrd <= 0) || (intOrd >= 10));                     /* L10 */
        /* do-while loop ends */                                     /* BL */
                                                                     /* L11 */
      for (intI = 1; intI <= intOrd; intI++)                         /* L12 */
        {                                                            /* L13 */
          for (intJ = intOrd; intJ > intI; intJ--)                   /* L14 */
          {                                                          /* L15 */
              printf(" ");                                           /* L16 */
          }                                                          /* L17 */
          for (intK = intI; intK >= 1; intK--)                       /* L18 */
          {                                                          /* L19 */
              printf("%d", intK);                                    /* L20 */
          }                                                          /* L21 */
          for (intL = 2; intL <= intI; intL++)                       /* L22 */
          {                                                          /* L23 */
              printf("%d", intL);                                    /* L24 */
          }                                                          /* L25 */
          printf("\n");                                              /* L26 */
        }                                                            /* L27 */
        printf("Do you want to continue? (Y/N) : ");                 /* L28 */
        scanf(" %c", &ch);
    } while ((ch == 'y') || (ch == 'Y')); /* do-while loop ends */   /* L29 */
    printf("Thank you\n");                                           /* L30 */
                                                                     /* BL */
    return 0;                                                        /* L31 */
}                                                                    /* L32 */
```

编译并执行此程序。此程序的一次运行结果如下所示：

```
Enter the order of pattern (0 < N < 10): 5  ↵
    1
   212
  32123
 4321234
543212345
Do you want to continue? (Y/N) : n  ↵
Thank you.
```

工作原理

for 循环的正确组合生成所需的图案。在此程序中使用具有两层嵌套的 do-while 循环。只要用户输入的不是在指定范围内的整数 N，内部 do-while 循环就会将用户保持在循环内。只要用户还想要生成不同秩的另一个图案，外部 do-while 循环就会将用户保持在循环内。内部 do-while 循环增加了此程序的稳健性。

2.10 生成终值利息系数表

问题

你希望生成一个终值利息系数表（FVIF）并将其打印在屏幕上。

解决方案

可以使用两层嵌套的 for 循环以编程方式生成和打印此表。编写具有以下规格说明的 C 程序：

❑ 此程序生成 FVIF 表，利率从 1% 到 6% 不等，期限从 1 年到 10 年不等。

❑ FVIF 值应精确到小数点后三位。

代码

以下是使用这些规格说明编写的 C 程序的代码。在 C 文件中键入以下文本（程序）并将其保存在文件夹 C:\Code 中，文件名为 interest.c：

```
/* 此程序计算 FVIF，即终值利息系数表。*/
                                                      /* BL */
#include <stdio.h>                                    /* L1 */
#include <math.h>                                     /* L2 */
                                                      /* BL */
#define  MAX_INTEREST  6                              /* L3 */
#define  MAX_PERIOD  10                               /* L4 */
                                                      /* BL */
main()                                                /* L5 */
{                                                     /* L6 */
  int i, interest, years;                             /* L7 */
  float fvif;                                         /* L8 */
  printf("\nTable of FVIF (Future Value Interest Factors)."); /* L9 */
  printf("\nRate of interest varies from 1% to 6%.");  /* L10 */
  printf("\nPeriod varies from 1 year to 10 years.");  /* L11 */
  printf("\n\n                    Interest Rate ");    /* L12 */
```

```
printf("\n\t --------------------------------------------"); /* L13 */
printf("\nPeriod");                                           /* L14 */
for (i=1; i<= MAX_INTEREST; i++)                              /* L15 */
  printf("\t   %d%", i);                                      /* L16 */
printf("\n--------------------------------------------\n");   /* L17 */
for(years=1; years <= MAX_PERIOD; years++) {                  /* L18 */
  printf("%d\t", years);                                      /* L19 */
  for(interest=1; interest <= MAX_INTEREST; interest++) {     /* L20 */
    fvif = pow((1+interest*0.01), years);                     /* L21 */
    printf("%6.3f\t", fvif);                                  /* L22 */
  }                                                           /* L23 */
  printf("\n");                                               /* L24 */
}                                                             /* L25 */
printf("--------------------------------------------\n");     /* L26 */
printf("Thank you.\n");                                       /* L27 */
return 0;                                                     /* L28 */
}                                                             /* L29 */
```

编译并执行此程序。此程序的一次运行结果如下所示：

```
Table of FVIF (Future Value Interest Factors).
Rate of Interest varies from 1% to 6%.
Period varies from 1 year to 10 years.
```

			Interest Rate			
Period	1%	2%	3%	4%	5%	6%
1	1.010	1.020	1.030	1.040	1.050	1.060
2	1.020	1.040	1.061	1.082	1.102	1.124
3	1.030	1.061	1.093	1.125	1.158	1.191
4	1.041	1.082	1.126	1.170	1.216	1.262
5	1.051	1.104	1.159	1.217	1.276	1.338
6	1.062	1.126	1.194	1.265	1.340	1.419
7	1.072	1.149	1.230	1.316	1.407	1.504
8	1.083	1.172	1.267	1.369	1.477	1.594
9	1.094	1.195	1.305	1.423	1.551	1.689
10	1.105	1.219	1.344	1.480	1.629	1.791

```
Thank you.
```

工作原理

FVIF 表可用于计算货币的未来价值。n 年后本金额（P_0）的未来价值（FV_n）（每年的利率为 $i\%$）由下列公式给出：

$$FV_n = P_0 * (1 + i)^n = P_0 * FVIF$$

这里，$FVIF = (1 + i)^n$。

假设本金额为 200 美元，利率为每年 6%，期限为 8 年，从上表中可以看出相应的 FVIF 是 1.594（第 8 行最后一列）。该金额的未来价值如下：

$$FV_n = 200 \text{ 美元} * 1.594 = 318.80 \text{ 美元}$$

在此程序中，LOC 1 和 2 由 include 语句组成。LOC 3 和 4 由 define 语句组成。LOC 5～29 包含 main() 函数的定义。在 LOC 7 和 8 中，声明了一些变量。LOC 9～11 由三个 printf() 语句组成，这些语句打印有关 FVIF 表的信息。LOC 12～17 打印 FVIF 表的标题。LOC 18～25 由嵌套的 for 循环组成，在这些嵌套循环中计算并打印 FVIF 表。LOC 26 打印 FVIF 表的底线。

函数和数组

除基本类型外，C 还包含派生类型。图 3-1 显示了 C 中基本类型和派生类型的图形表示。基本类型与派生类型的关系好比是砖与墙的关系。派生类型使用一个或多个基本类型作为构建块构建。函数和数组都是 C 中的派生类型。

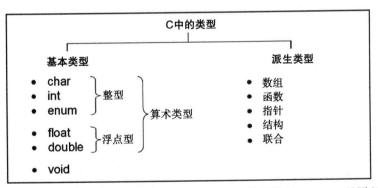

图 3-1　C 中的基本和派生数据类型。类型 type 和数据类型 data type 是同义词

在 C 中，可以通过多种方式解释函数的概念。这里有些例子：

❏ 函数是子程序。它允许你将大型计算任务分解为较小的计算任务。

❏ 函数是由大括号分隔的一段代码，它执行一些明确定义的任务并返回一个值。

❏ 函数是程序的构建块。它有助于使现有代码可重用。

❏ 函数也被视为 C 中的派生类型。请参见图 3-1。

❏ 函数是扩展 C 语言库的一种方法。

每个函数都需要编写。编写函数意味着编写该函数的程序语句。C 中的函数可以分为三类：main() 函数、库函数和用户定义函数。在此简要描述这些类别：

❑ **main() 函数**：C 程序中此函数必不可少。每个 C 程序中都会有一个（也是唯一一个）main() 函数。当操作系统执行 C 程序时，它实际上执行的是 main() 函数。main() 函数根据要求调用库函数和用户定义的函数。程序员需要编写 main() 函数的代码。

❑ **库函数**：这些函数也称为**系统定义函数**或**内置**函数。例如，printf() 和 scanf() 是库函数。库函数在 C 程序中是可选的。但是，构建一个没有库函数的有用程序几乎是不可能的。程序员不需要编写库函数代码。编译器开发人员对库函数进行编码，编译它们，并将它们放在库中供你使用。

❑ **用户定义函数**：用户定义函数在 C 程序中是可选的。用户定义函数根据要求调用其他用户定义函数或库函数。程序员需要对用户定义函数进行编写。

从技术上讲，main() 函数也是用户定义函数，因为程序员（即用户）需要编写（即定义）该函数。但是在程序可能包含的所有函数中，函数 main() 享有特殊的状态。实际上，函数 main() 代表一个完整的 C 程序。当操作系统执行 C 程序时，它实际上执行的是 main() 函数。没有其他函数可以调用 main() 函数。另一方面，main() 函数当然可以调用其他函数。main() 函数在 C 程序中是必需的，而其他函数都是可选的。这证明了 main() 函数的类别是单独的。

❑ **数组**：数组是具有相同数据类型和名称，但下标或索引不同的项目列表。数组可以是一维的或多维的。一维数组可以图形方式表示为列表。二维数组可以图形方式表示为表格。三维数组可以图形方式表示为方块或立方体。对于四维和更高维数组，不能进行图形表示。

3.1 确定圆周率 π 的值

问题

你想确定数学常数 π 的值。

解决方案

编写一个 C 程序，使用蒙特卡洛方法确定数学常数 π 的值，使用以下规格说明：

❑ 程序要求用户输入投掷次数为 N（$2 \leqslant N \leqslant 5000$）。如果用户输入该范围之外的数字 N，则程序要求用户重新输入此数字。

❑ 每次投掷都会生成一对坐标 x 和 y，范围为 $0 \leqslant x, y \leqslant 1$，用来表示一个点。然后测试它以确定产生的点是否位于圆内。

程序使用图 3-2 中所示的标准公式，计算 π 的值。

代码

以下是使用这些规格说明编写的 C 程序的代码。在文本编辑器中键入以下 C 程序，并将其保存在文件夹 C:\Code 中，文件名为 monte.c：

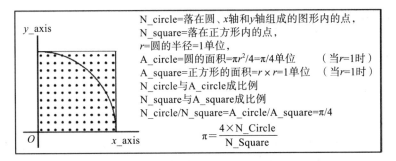

图 3-2　用蒙特卡洛方法确定 π 值

```
/* 此程序使用蒙特卡洛方法确定 π 的值。*/
                                                              /* BL */
#include <stdio.h>                                            /* L1 */
#include <stdlib.h>                                           /* L2 */
#include <math.h>                                             /* L3 */
                                                              /* BL */
main()                                                        /* L4 */
{                                                             /* L5 */
 int intP, intCircle, intSquare, intToss, intRM, i;           /* L6 */
 float  fltPi, fltX, fltY, fltR;                              /* L7 */
 char ch;                                                     /* L8 */
 intRM = RAND_MAX;                                            /* L9 */
 do {          /* outer do-while loop begins */              /* L10 */
     intCircle = 0;                                           /* L11 */
     do {          /* inner do-while loop beginss */         /* L12 */
       printf("Enter the number of tosses (2 <= N <= 5000) : ");  /* L13 */
       scanf("%d", &intToss);                                 /* L14 */
     } while ((intToss < 2) || (intToss > 5000)); /* inner do-wh loop ends */  /* L15 */
     intSquare = intToss;                                     /* L16 */
     for (i = 0; i < intToss; i++) {                          /* L17 */
     intP = rand();                                           /* L18 */
     fltX = ((float)intP)/intRM;                              /* L19 */
     intP = rand();                                           /* L20 */
     fltY = ((float)intP)/intRM;                              /* L21 */
     fltR = sqrt((fltX * fltX) + (fltY * fltY));              /* L22 */
     if (fltR <= 1)                                           /* L23 */
       intCircle = intCircle + 1;                             /* L24 */
     }                                                        /* L25 */
   fltPi = 4 * ((float) intCircle) / intSquare ;              /* L26 */
   printf("\nThe value of pi is : %f\n", fltPi);              /* L27 */
  printf("Do you want to continue? (Y/N) : ");                /* L28 */
     scanf(" %c", &ch);                                       /* L29 */
 } while ((ch == 'y') || (ch == 'Y'));    /* outer do-while loop ends */  /* L30 */
                                                              /* BL */
 printf("Thank you\n");                                       /* L31 */
 return(0);                                                   /* L32 */
}                                                             /* L33 */
```

编译并执行此程序。这个程序的运行结果在这里给出：

```
Enter the number of tosses (2 <= N <= 5000) : 500  ↵
The value of pi is : 3.112000
Do you want to continue? (Y/N) : y  ↵
Enter the number of tosses (2 <= N <= 5000) : 1000  ↵
The value of pi is : 3.148000
Do you want to continue? (Y/N) : n  ↵
Thank you.
```

工作原理

π（pi）的准确值是 3.141 59。阻止你接近此准确值的最重要因素是 C 编译器生成的随机值不是真正随机的。尽管有这个缺点，此程序已经足够准确地确定了 π 的值。如果使用函数 srand()，则可以向此函数输入种子值，然后生成的随机值将更随机。

蒙特卡洛市位于摩纳哥，以赌博和赌场而闻名。蒙特卡洛方法基于简单的概率定律，其工作原理如下：想象一个边长为 2r 的正方形和半径为 r 的圆，两者都与坐标系的原点 O 同心。为简单起见，你只考虑第一象限中这些图形的四分之一部分，如图 3-2 所示。如果你随机在正方形内的任何地方生成大量的点，那么这些点将几乎均匀地占据所有可用空间。在此程序中，你最多可以生成 5 000 个点。

在 LOC 18~21 中，创建一对坐标（fltX 和 fltY），其值在 0~1 的范围内（包括边界值），并且这对坐标定义位于正方形某处的点（如图 3-2 所示）。函数 rand() 创建一个 0~RAND_MAX 范围内的随机整数，其中 RAND_MAX 是编译器定义的常量。在 LOC 22 中，计算原点与产生的点之间的距离 fltR。生成的每个点都会增加 intSquare 的值，但是，如果该点的 fltR 值等于或小于 1，那么该点也会增加 intCircle 的值。在图 3-2 中，变量 intCircle 和 intSquare 分别由项 N_Circle 和 N_Square 表示。

跨越 LOC 17~25 的 for 循环迭代 intToss 次。程序在 LOC 26 中计算 π 的值。在 LOC 27 中，将该值显示在屏幕上。

3.2 从数字列表中选择质数

问题

你想从序列号列表中选择质数，例如 1 到 1000。

解决方案

编写一个 C 程序，使用埃拉托斯特尼的筛法从 1 到 N 的整数列表中选择质数，具有以下规格说明：

- ❏ 程序生成从 1 到 N 的整数列表。
- ❏ 程序删除列表中的第一个数字 1，因为根据定义，1 不是质数。然后程序删除列表中 2 的倍数，但不删除 2，因为 2 是质数。
- ❏ 程序删除列表中 3 的倍数（3 表示 2 之后的下一个未删除数字），然后是 5 的倍数（5 表示 3 之后的下一个未删除数字），然后是下一个未删除数（最多为 N 的平方根）

的倍数。

最后，你将获得一个质数列表。

代码

以下是使用这些规格说明编写的 C 程序的代码。在文本编辑器中键入以下 C 程序并将
其保存在文件夹 C:\Code 中，文件名为 erato.c：

```
/* 此程序从序列号列表中选择质数，范围为 1 到 1000 */          /* BL */
                                                            /* L1 */
#include <stdio.h>                                          /* L2 */
#include <math.h>                                           /* L3 */
#define SIZE 1000                                           /* BL */
                                                            /* L4 */
int status[SIZE];                                           /* BL */
                                                            /* L5 */
void sieve()                                                /* L6 */
{                                                           /* L7 */
 int i, j, sq;                                              /* L8 */
 for(i = 0; i < SIZE; i++) {                                /* L9 */
 status[i] = 0;                                             /* L10 */
 }                                                          /* BL */
                                                            /* L11 */
 sq = sqrt(SIZE);                                           /* BL */
                                                            /* L12 */
 for(i=4;i<=SIZE;i+=2) {                                    /* L13 */
    status[i] = 1;                                          /* L14 */
 }                                                          /* BL */
                                                            /* L15 */
 for(i = 3; i <= sq; i += 2)                                /* L16 */
 {                                                          /* L17 */
    if(status[i] == 0)                                      /* L18 */
      {                                                     /* L19 */
        for(j = 2*i; j <= SIZE; j += i)                     /* L20 */
            status[j] = 1;                                  /* L21 */
      }                                                     /* L22 */
 }                                                          /* L23 */
 status[1] = 1;                                             /* L24 */
}                                                           /* BL */
                                                            /* L25 */
main()                                                      /* L26 */
{                                                           /* L27 */
 int i, intN;                                               /* L28 */
 sieve();                                                   /* L29 */
 do {                                                       /* L30 */
   printf("\n\nEnter the number (1 <= N <= 1000) : ");      /* L31 */
   scanf("%d",&intN);                                       /* L32 */
 } while ((intN < 1) || (intN > 1000));
 printf("\nFollowing numbers are prime in the range:
                              1 to %d :\n", intN);          /* L33 */
 for (i = 1; i < intN; i++)                                 /* L34 */
   if(status[i]==0) printf("%d\t", i);                      /* L35 */
 printf("\nThank you.\n");                                  /* L36 */
```

```
  return 0;                                                    /* BL  */
}                                                              /* L37 */
                                                               /* L38 */
```

编译并执行此程序。这个程序的运行结果在这里给出：

```
Enter the number (1 <= N <= 1000) :  ↵
Following numbers are prime in the range: 1 to 30 :
2 3 5 7 11 13 17 19 23 29
Thank you.
```

工作原理

埃拉托斯特尼筛法的工作原理很简单。当你想要计算前 N 个质数时，此方法特别有用。在这种方法中，简单地从 1 到 N 的序列号列表中逐个删除非质数，最后，在 1 到 N 的序列号列表中只留下质数。图 3-3 说明了埃拉托斯特尼筛法的工作原理。

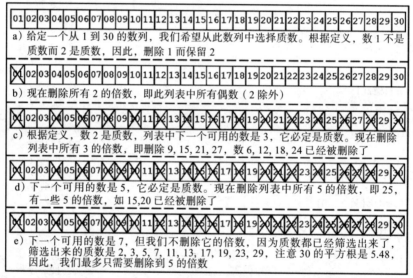

图 3-3　使用埃拉托斯特尼筛法从数列中挑选质数

在 LOC 5～24 中定义的函数 sieve() 执行筛选数字和选择质数的任务。在 LOC 4 中定义了一个名为 status 大小为 SIZE 的 int 类型数组，SIZE 定义为 1000。此数组中的所有单元格都将填充 1 或 0。这些 1 和 0 是状态指示器，0 表示质数，1 表示非质数。例如，单元格 status[17] 将填充 0，表示 17 是质数；单元格 status[20] 将填充 1，表示 20 是非质数，等等。

在 LOC 8 和 9 中，借助于 for 循环，该数组填充 0。你忽略此数组中的第一个单元格，即 status[0]。根据定义，数 1 不是质数，因此，在 LOC 23 中，程序将整数 1 置于单元格 status[1] 中。你知道数字 2 和 3 是质数，因此不会影响相应单元格的状态，因为这些单元格中已经填充了 0。

在 LOC 12～14 中，程序在 for 循环的帮助下删除列表中的所有偶数（2 除外）。实际上，程序用状态指示符 1 填充相应的单元格。在 LOC 15～22 中，程序删除列表中剩余的非质数。实际上，程序用状态指示符 1 填充相应的单元格。

　　在 LOC 28 中调用函数 sieve()，并使用所需的状态指示符填充数组 status。当 LOC 28 执行完成时，质数列表已经在机器的存储器中准备好了。LOC 30 要求你输入数字 N，范围为 1～1000。在 LOC 34～35 中，在屏幕上显示数字 1 到 N 范围内的质数。

3.3　使用递归进行数字求和

问题

你希望使用递归来进行数字求和。

解决方案

首先，你必须以递归形式表达此问题。如果符号 Σ 表示求和，则表示递归形式中 n 个数的求和问题如下：

$$\Sigma n = n + \Sigma\,(n-1)$$

每次递归调用，计算 Σn 的问题都会简化到计算 $\Sigma(n-1)$ 的问题。随着每次递归调用 n 的值减 1，递归将以有限数量的步骤终止（递归调用）。

　　根据以下规格说明编写一个使用递归执行数字求和的 C 程序：

❑ 程序使用名为 summation() 的用户定义函数来执行数字求和。

❑ 函数 summation() 调用自身来执行求和。

代码

以下是使用这些规格说明编写的 C 程序的代码。在文本编辑器中键入以下 C 程序，并将其保存在文件夹 C:\Code 中，文件名为 sum2.c：

```
/* 此程序使用递归执行数字 1～4 的求和。*/          /* BL */

#include <stdio.h>                                /* L1 */
                                                  /* BL */
int summation (int intM);                         /* L2 */
                                                  /* BL */
main()                                            /* L3 */
{                                                 /* L4 */
  int intN = 4, intR;                             /* L5 */
  intR = summation(intN);                         /* L6 */
  printf("Sum : 1 + 2 + 3 + 4 = %d\n", intR);     /* L7 */
  return(0);                                      /* L8 */
  }                                               /* L9 */
                                                  /* BL */
int summation(int intM)                           /* L10 */
{                                                 /* L11 */
 if (intM == 1)                                   /* L12 */
    return 1;                                     /* l13 */
 else                                             /* L14 */
    return (intM + summation(intM - 1));          /* L15 */
  }                                               /* L16 */
```

编译并执行此程序。这个程序的运行结果在这里给出：

```
Sum : 1 + 2 + 3 + 4 = 10
```

工作原理

在这个程序中，LOC 3～9 包含 main() 函数的定义。LOC 10～16 由 summation() 函数的定义组成。在 LOC 6 中，调用函数 summation()，并将整数值 4 作为参数传递给该函数。这是函数 summation() 的第一次调用。参数的值（即 4）被赋值给参数 intM，它作为函数 summation() 内的局部变量。函数 summation() 由两个 return 语句组成：如果 intM 的值为 1，则返回值 1，否则，返回一个由函数调用组成的表达式（参见 LOC 15）。因为 intM 的值是 4，所以执行 LOC 15，它想要返回以下值：

```
4 + summation(3)
```
表达式A

为了计算该表达式的值，计算机再次使用参数 3 调用函数 summation()。这是对 summation() 的第二次调用。summation() 中的局部变量在第一次执行时的值存储在堆栈中而不会被丢弃。在 summation() 的第二次执行期间，intM 的值为 3，因此，再次执行 LOC 15，现在想要返回以下值：

```
3 + summation(2)
```
表达式B

要计算此表达式的值，计算机再次使用参数 2 调用函数 summation()。这是对 summation() 的第三次调用。summation() 中的局部变量在第二次执行期间的值存储在堆栈中而不会被丢弃。在 summation() 的第三次执行期间，M 的值为 2，因此，再次执行 LOC 15，现在想要返回以下值：

```
2 + summation(1)
```
表达式C

为了计算该表达式的值，计算机再次使用参数 1 调用函数 summation()。这是对 summation() 的第四次调用。summation() 中的局部变量在第三次执行期间的值存储在堆栈中而不会被丢弃。在 summation() 的第四次执行期间，intM 的值为 1，因此，此时执行 LOC 13（而不是 LOC 15）。LOC 13 由 return 语句组成，执行此 return 语句并返回整数值 1。随着 return 语句的执行，summation() 的第四次执行也变得完整。

现在计算机控制被转移回 summation() 的第三次执行。回想一下，在计算表达式 C 时（即在 summation() 的第三次执行期间）对第四次执行 summation() 进行了调用。第四次执行 summation() 返回的值只是 1，而这是 summation(1) 的值。在表达式 C 中插入此值，如下所示：

```
2 + summation (1) = 2 + 1 = 3
```

因此，表达式 C 的值为 3，这是 summation() 的第三次执行。计算机执行 return 语句并返回值 3 以完成 LOC 15 的执行以及 summation() 的第三次执行。

现在计算机控制被转移回 summation() 的第二次执行。回想一下，在计算表达式 B 时

（即在第二次执行 summation() 期间），调用了 summation() 的第三次执行。第三次执行 summation() 返回的值只是 3，这是 summation(2) 的值。在表达式 B 中插入此值，如下所示：

```
3 + summation(2) = 3 + 3 = 6
```

因此，表达式 B 的值变为 6，这是 summation() 的第二次执行。计算机执行 return 语句并返回值 6，以便完成 LOC 15 的执行以及 summation() 的第二次执行。

现在计算机控制被转移回 summation() 的第一次执行。回想一下，在计算表达式 A 时（即在第一次执行 summation() 期间），调用了第二次执行 summation()。第二次执行 summation() 返回的值只是 6，而这是 summation(3) 的值。在表达式 A 中插入此值，如下所示：

```
4 + summation(3) = 4 + 6 = 10
```

因此，表达式 A 的值变为 10，这是 summation() 的第一次执行。计算机执行 return 语句并返回值 10 以完成 LOC 15 的执行以及 summation() 的第一次执行。第一次执行 summation() 的调用是在 LOC 6 中完成的。第一次执行 summation() 返回的值（现在只有 10）现在被赋值给 intR（参见 LOC 6）。这是整数 1 到 4 的求和的结果。在执行 LOC 7 之后，在屏幕上显示该结果。

3.4 使用递归计算斐波那契数列

问题

你想使用递归计算斐波那契数列。

解决方案

编写一个 C 程序，使用具有以下规格说明的递归计算斐波那契数列：

❑ 程序应计算前 N 个斐波那契数。

❑ 程序由一个名为 fib() 的用户定义函数组成，该函数递归调用自身以计算斐波那契数。

❑ 在屏幕上显示计算出的斐波那契数。

代码

以下是使用这些规格说明编写的 C 程序的代码。在文本编辑器中键入以下 C 程序，并将其保存在文件夹 C:\Code 中，文件名为 fibona2.c：

```
/* 此程序使用递归计算斐波那契数列。*/          /* BL */

#include <stdio.h>                            /* L1 */
                                              /* BL */
int fib(int);                                 /* L2 */
                                              /* BL */
```

```
main()                                              /* L3 */
{                                                   /* L4 */
   int intK, intN;                                  /* L5 */
   do {                                             /* L6 */
     printf("Enter a suitable number: 1 <= N <= 24: ");  /* L7 */
     scanf("%d", &intN);                            /* L8 */
   } while (intN < 1 || intN > 24);                 /* L9 */
                                                    /* BL */
   printf("The first %d Fibonacci numbers are:\n", intN);  /* L10 */
   for (intK = 0; intK < intN; intK++)              /* L11 */
   {                                                /* L12 */
       printf("\t%d ", fib(intK));                  /* L13 */
       if (((intK+1) % 6) == 0) printf("\n");       /* L14 */
   }                                                /* L15 */
   printf("\nThank you.\n");                        /* L16 */
   return 0;                                        /* L17 */
}                                                   /* L18 */
                                                    /* LBL */
int fib(int intP)                                   /* L19 */
{                                                   /* L20 */
   if (intP <= 0)                                   /* L21 */
      return 0;                                     /* L22 */
   else if (intP == 1)                              /* L23 */
      return 1;                                     /* L24 */
   else                                             /* L25 */
      return fib(intP - 1) + fib(intP - 2);         /* L26 */
}                                                   /* L27 */
```

编译并执行此程序。这个程序的运行结果在这里给出：

```
Enter a suitable number : 1 <= N <= 24: 12   ↵
The first 12 Fibonacci numbers are:
        0       1       1       2       3       5
        8      13      21      34      55      89
Thank you.
```

工作原理

此程序计算前 N 个斐波那契数。跨越 LOC 6～9 的 do-while 循环接受数字 N 的值，并将其赋值给 int 类型变量 intN。跨越 LOC 11～15 的 for 循环计算 N 个斐波那契数。LOC 13 在屏幕上显示计算出的斐波那契数。LOC 13 还使用输入参数 intK 调用函数 fib()。函数 fib() 在 LOC 19～27 中定义。在 LOC 26 中，对该函数进行两次递归调用。在第一次递归调用中，输入参数的值减 1，而在第二次递归调用中，输入参数的值减少 2，在连续的递归调用中，输入参数的值继续减小，并且当它变为 0 或 1 时，返回第一和第二个斐波那契数的标准值，如 LOC 21～24 所示。

3.5 使用递归计算数字的阶乘

问题

你希望使用递归计算数字的阶乘。

解决方案

编写一个 C 程序，使用具有以下规格说明的递归计算数字的阶乘：

❑ 程序要求用户输入数字 N（1≤N≤12）。如果输入 0，则程序停止。

❑ 程序定义了函数 fact()。程序使用递归计算数字的阶乘。它以递归方式调用函数 fact() 来进行此计算。

❑ 在屏幕上显示计算结果。

代码

以下是使用这些规格说明编写的 C 程序的代码。在文本编辑器中键入以下 C 程序，并将其保存在 C:\Code 文件夹中，文件名为 fact2.c：

```
/* 此程序使用递归计算数字的阶乘。*/
                                              /* BL */
#include <stdio.h>                            /* L1 */
                                              /* BL */
unsigned long int fact(int intM);             /* L2 */
                                              /* BL */
main()                                        /* L3 */
{                                             /* L4 */
  int intN;                                   /* L5 */
  unsigned long int lngN;                     /* L6 */
  do {                                        /* L7 */
      printf("Enter 0 to discontinue\n");     /* L8 */
      printf("Enter a suitable number: 1 <= N <= 12: ");  /* L9 */
      scanf("%d", &intN);                     /* L10 */
      if (intN == 0)                          /* L11 */
         break;                               /* L12 */
      lngN = fact(intN);                      /* L13 */
      printf("%d! = %ld\n", intN, lngN);      /* L14 */
  } while (1);                                /* L15 */
  printf("Thank you.\n");                     /* L16 */
  return(0);                                  /* L17 */
 }                                            /* L18 */
                                              /* BL */
unsigned long int fact(int intM)              /* L19 */
{                                             /* L20 */
  if (intM == 1)                              /* L21 */
    return 1;                                 /* L22 */
  else                                        /* L23 */
    return (intM * fact(intM - 1));           /* L24 */
}                                             /* L25 */
```

编译并执行此程序。这个程序的运行结果在这里给出：

```
Enter 0 to discontinue
Enter a suitable number: 1 <= N <= 12: 6  ↵
6! = 720
Enter 0 to discontinue
Enter a suitable number: 1 <= N <= 12: 12  ↵
12! = 479001600
```

```
Enter 0 to discontinue
Enter a suitable number: 1 <= N <= 12: 0  ↵
Thank you.
```

工作原理

在 LOC 10 中，用户输入的数字 N 被程序接受并赋值给变量 intN。在 LOC 13 中，通过调用函数 fact() 来计算 intN 的阶乘。函数 fact() 在 LOC 19～25 中定义。在此函数中，在 LOC 24 中，函数 fact() 以递归方式调用自身。每次调用时，输入参数的值减 1。当输入参数的值为 1 时，返回值 1，如 LOC 21～22 所示。

3.6 搜索整数数组中的最大元素

问题

你希望使用递归搜索整数数组中的最大元素。

解决方案

编写一个 C 程序，使用以下规格说明搜索整数数组中的最大元素：

❏ 程序要求用户输入数组 N 的大小（2≤N≤14）。程序然后要求用户输入 N 个整数。

❏ 定义名为 largest() 的函数，该函数递归调用自身并计算整数数组中的最大元素。

❏ 程序在屏幕上显示搜索出的最大元素的值。

代码

以下是使用这些规格说明编写的 C 程序的代码。在文本编辑器中键入以下 C 程序并将其保存在文件夹 C:\Code 中，文件名为 maxnum.c：

```
/* 此程序在整数数组中找出最大元素。*/
                                                          /* BL */
#include <stdio.h>                                        /* L1 */
                                                          /* BL */
int largest(int xList[], int low, int up);               /* L2 */
                                                          /* BL */
main()                                                    /* L3 */
{                                                         /* L4 */
   int intN, i, myList[15];                               /* L5 */
   do {                          /* do-while loop begins */ /* L6 */
     printf("Enter the length of array (2 <= N <= 14) : "); /* L7 */
     scanf("%d", &intN);                                 /* L8 */
   } while ((intN < 2) || (intN > 14)); /* do-while   loop ends */ /* L9 */
   printf("Enter %d Elements : ", intN);                 /* L10 */
   for (i = 0; i < intN; i++)                            /* L11 */
     scanf("%d", &myList[i]);                            /* L12 */
   printf("The largest element in array: %d",
   largest(myList, 0, (intN-1)));                        /* L13 */
   printf("\nThank you.\n");                             /* L14 */
   return 0;                                             /* L15 */
}                                                         /* L16 */
```

```
                                                        /* BL  */
int largest(int xList[], int low, int up)               /* L17 */
{                                                       /* L18 */
    int max;                                            /* L19 */
    if (low == up)                                      /* L20 */
        return xList[low];                              /* L21 */
    else                                                /* L22 */
    {                                                   /* L23 */
        max = largest(xList, low + 1, up);              /* L24 */
        if (xList[low] >= max)                          /* L25 */
            return xList[low];                          /* L26 */
        else                                            /* L27 */
            return max;                                 /* L28 */
    }                                                   /* L29 */
}                                                       /* L30 */
```

编译并执行此程序。这个程序的运行结果在这里给出：

```
Enter the length of array (2 <= N <= 14) : 8  ↵
Enter 8 Elements : 22  13  256  5  74  8  4  926  ↵
The largest element in array: 926
Thank you.
```

工作原理

LOC 6～9 由一个 do-while 循环组成，它接受用户输入的数组的长度。LOC 11～12 由一个 for 循环组成，它接受用户输入的数组元素（它们都是整数）。LOC 13 显示数组中最大元素的值，并且它还调用函数 largest()。LOC 17～30 包含函数 largest() 的定义，它通过递归调用自身来搜索数组的最大元素，然后返回这个最大的元素。LOC 13 使用函数 largest() 返回的值，借助函数 printf() 将其显示在屏幕上。

3.7 解决经典的汉诺塔问题

你想用递归的方法解决汉诺塔的经典问题。

解决方案

编写一个 C 程序，按照以下规格说明使用递归方法解决汉诺塔的经典问题：

❑ 程序要求用户输入圆盘数 n（$1 \leqslant n \leqslant 10$）。

❑ 程序定义了函数 move()，它以递归方式调用自身来解决问题。

❑ 程序在屏幕上显示计算结果。

代码

以下是使用这些规格说明编写的 C 程序的代码。在文本编辑器中键入以下 C 程序，并将其保存在文件夹 C:\Code 中，文件名为 Hnoi.c：

```
/* 这个程序使用递归方法解决汉诺塔的经典问题。*/
                                                        /* BL */
#include <stdio.h>                                      /* L1 */
```

```
                                                                      /* BL */
    void move(int N, char chrFrom, char chrTo, char chrTemp);         /* L2 */
                                                                      /* BL */
    main()                                                            /* L3 */
    {                                                                 /* L4 */
      int intN;                                                       /* L5 */
      do {                                                            /* L6 */
        printf("\nEnter 0 to discontinue\n");                         /* L7 */
        do {                                                          /* L8 */
          printf("Enter a number (1 <= n <= 10): ");                  /* L9 */
          scanf("%d", &intN);                                         /* L10 */
        } while ((intN < 0) || (intN> 10));                           /* L11 */
        if (intN == 0)                                                /* L12 */
          break;                                                      /* L13 */
        move(intN, 'L', 'R', 'C');                                    /* L14 */
      } while (1);                                                    /* L15 */
      printf("Thank you.\n");                                         /* L16 */
      return(0);                                                      /* L17 */
    }                                                                 /* L18 */
                                                                      /* BL */
    void move(int N, char chrFrom, char chrTo, char chrTemp)          /* L19 */
    {                                                                 /* L20 */
      if (N > 0) {                                                    /* L21 */
        move(N-1, chrFrom, chrTemp, chrTo);                           /* L22 */
        printf("Move disk %d from %c to %c\n", N, chrFrom, chrTo );   /* L23 */
        move(N-1, chrTemp, chrTo, chrFrom);                           /* L24 */
      }                                                               /* L25 */
      return;                                                         /* L26 */
    }                                                                 /* L27 */
```

编译并执行此程序。这个程序的运行结果在这里给出：

```
Enter 0 to discontinue
Enter a number (1 <= n <= 10): 3   ↵
Move disk 1 from L to R
Move disk 2 from L to C
Move disk 1 from R to C
Move disk 3 from L to R
Move disk 1 from C to L
Move disk 2 from C to R
Move disk 1 from L to R

Enter 0 to discontinue
Enter a number (1 <= n <= 10): 0   ↵
Thank you.
```

工作原理

传说汉诺塔位于汉诺城的一座寺庙中，该地位于亚洲。有三个如图 3-4 所示的立柱，此外，还有 64 个金盘，所有金盘的半径都不同。每个圆盘在中心都有一个孔，这样圆盘可以堆叠在任何立柱上，从而形成一个塔，就像一堆堆成纺锤形的 CD。首先，圆盘按照从上到下逐渐增加的半径的顺序堆叠在左立柱上（参见图 3-4，但该图仅显示了四个圆盘）。寺庙中的僧侣试图将所有 64 个圆盘都移动到右立柱。中间的立柱可用于临时存放。他们的行为受到以下条件的限制：

❑ 应一次移动一个圆盘。

❑ 从立柱上取下的圆盘不能放在地上。它必须放在三个立柱中的一个上面。

❑ 较大的圆盘不能放在较小的圆盘上面。你当然可以将较小的圆盘放在较大的圆盘上面。

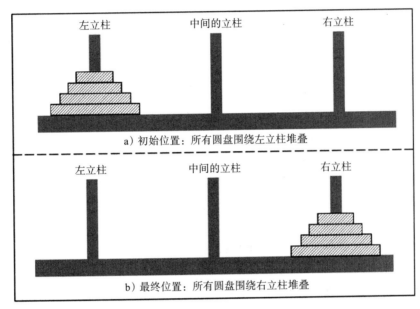

图 3-4　在递归过程中可以成功解决经典的汉诺塔问题

人们相信，当完成分配给僧侣的任务时，世界将会终结。计算机科学家对这个问题表现出浓厚的兴趣，因为它显示了递归的效用，而不是因为他们对世界末日的可能性感到担忧。使用递归，可以通过编写一个简单的程序来解决这个问题。虽然你也可以简单地利用迭代而不使用递归来解决这个问题，但程序会变得非常复杂。

出于编程目的，你可以假设左立柱周围堆叠了 n 个圆盘，其中 n 是整数变量。圆盘从上到下依次编号，最上面的圆盘编号为 1，最下面的圆盘编号为 n。让我们开发一个程序，用于将 n 个圆盘从左立柱移动到右立柱，而不违反前面提到的三个条件中的任何一个。问题可以用递归形式表示如下：

1. 使用右立柱来临时存放，将顶部的（$n-1$）个圆盘从左立柱移动到中间立柱。

2. 将第 n 个圆盘（最大的圆盘，因此也是最下面的圆盘）从左立柱移动到右立柱。

3. 使用左立柱来临时存放，将（$n-1$）个圆盘从中间立柱移动到右立柱。

所有这三个步骤准确无误地出现在 LOC 19～25 中定义的递归函数 move() 中。对于每次递归调用，n 的值减 1，因此递归在有限数量的调用之后停止。此外，$n=0$ 是此程序的停止条件。

3.8 解决八皇后问题

问题

你想利用回溯法来解决八皇后问题。

解决方案

回溯法是一种通用算法，用于查找计算问题的一些或所有可能的解决方案。在回溯中，首先考虑所有可能的候选者（可能成功），然后丢弃无法成功的候选者。最后，只剩下那些成功解决问题的候选人。在国际象棋棋盘上，八个皇后的排列方式使得没有皇后可以攻击另一个皇后。一个成功的解决方案要求没有两个皇后在相同的行、列或对角线上。编写一个 C 程序，依照以下规格说明使用递归来解决八皇后问题：

❑ 定义名为 queen() 的函数。两个 int 值将作为输入参数传递给此函数：棋盘上的行号和棋盘上的皇后数（在本例中为 8）。

❑ 函数 queen() 以递归方式调用函数 print()、函数 place() 以及函数 queen() 本身。

❑ 函数 place() 检查将皇后放置在棋盘上方格的可能性。如果一切正常，则返回 1，否则，它返回 0。

❑ 函数 print() 在屏幕上显示皇后的成功位置。

以下是使用这些规格说明编写的 C 程序的代码。在文本编辑器中键入以下 C 程序，并将其保存在文件夹 C:\Code 中，文件名为 queens.c：

```
/* 这个程序使用回溯法解决经典的 8 皇后问题。*/
                                                             /* BL */
#include<stdio.h>                                            /* L1 */
#include<math.h>                                             /* L2 */
                                                             /* BL */
void queen(int row, int p);                                  /* L3 */
int chess[8],count;                                          /* L4 */
                                                             /* BL */
main()                                                       /* L5 */
{                                                            /* L6 */
 int p = 8;                                                  /* L7 */
 queen(1,p);                                                 /* L8 */
 return 0;                                                   /* L9 */
}                                                            /* L10 */
                                                             /* BL */
void print(int p)                                            /* L11 */
{                                                            /* L12 */
 int i,j;                                                    /* L13 */
 char ch;                                                    /* L14 */
 printf("\n\nThis is Solution no. %d:\n\n",++count);         /* L15 */
 for(i=1;i<=p;++i)                                           /* L16 */
```

```
  printf("\t%d",i);                                          /* L17 */
                                                             /* BL */
  for(i=1;i<=p;++i)                                          /* L18 */
  {                                                          /* L19 */
   printf("\n\n%d",i);                                       /* L20 */
   for(j=1;j<=p;++j)                                         /* L21 */
   {                                                         /* L22 */
    if(chess[i]==j)                                          /* L23 */
     printf("\tQ");                                          /* L24 */
    else                                                     /* L25 */
     printf("\t-");                                          /* L26 */
   }                                                         /* L27 */
  }                                                          /* L28 */
  printf("\n\n\nThere are total 92 solutions for 8-queens problem.");  /* L29 */
  printf("\nStrike Enter key to continue : ");               /* L30 */
  scanf("%c", &ch);                                          /* L31 */
}                                                            /* L32 */
                                                             /* BL */
int place(int row,int column)                                /* L33 */
{                                                            /* L34 */
 int i;                                                      /* L35 */
 for(i=1;i<=row-1;++i)                                       /* L36 */
 {                                                           /* L37 */
  if(chess[i]==column)                                       /* L38 */
   return 0;                                                 /* L39 */
  else                                                       /* L40 */
   if(abs(chess[i]-column)==abs(i-row))                      /* L41 */
    return 0;                                                /* L42 */
 }                                                           /* L43 */
                                                             /* BL */
 return 1;                                                   /* L44 */
}                                                            /* L45 */
                                                             /* L46 */
void queen(int row,int p)                                    /* L47 */
{                                                            /* L48 */
 int column;                                                 /* L49 */
 for(column=1;column<=p;++column)                            /* L50 */
 {                                                           /* L51 */
  if(place(row,column))                                      /* L52 */
  {                                                          /* L53 */
   chess[row]=column;                                        /* L54 */
   if(row==p)                                                /* L55 */
    print(p);                                                /* L56 */
   else                                                      /* L57 */
    queen(row+1,p);                                          /* L58 */
  }                                                          /* L59 */
 }                                                           /* L60 */
}                                                            /* L61 */
```

编译并执行此程序。请注意，这个问题有 92 种成功的解决方案。执行开始时，屏幕上会显示解决方案 1，如此处所示。按 Enter 键，然后屏幕上显示解决方案 2。如果你对查看所有 92 种解决方案不感兴趣，只需按住 Enter 键并保持几秒钟即可。

这个程序的运行结果在这里给出：

```
This is Solution no. 1:

      1      2      3      4      5      6      7      8
1     Q      -      -      -      -      -      -      -
2     -      -      -      -      Q      -      -      -
3     -      -      -      -      -      -      -      Q
4     -      -      -      -      -      Q      -      -
5     -      -      Q      -      -      -      -      -
6     -      -      -      -      -      -      Q      -
7     -      2      -      -      -      -      -      -
8     -      -      -      Q      -      -      -      -

There are total 92 solutions for 8-queens problem.
Strike Enter key to continue:
```

工作原理

LOC 5～10 定义 main() 函数。在 LOC 7 中，int 变量 p 的值设置为 8，因为棋盘上的皇后数是 8。在 LOC 8 中，调用函数 queen()。queen() 的第一个参数是 int 值 1，它表示第 1 行，queen() 的第二个参数是 int 变量 p，p 的值设置为 int 值 8（即棋盘上的皇后个数）。LOC 47～61 定义了函数 queen()。函数 queen() 调用函数 place() 来检查放置情况（正在考虑中）对于皇后是否安全。如果一切正常，则 place() 返回 1，一旦找到了皇后的一种成功放置情况，那么函数 queen() 调用函数 print() 来在屏幕上显示成功的放置情况，如 LOC 56 所示。在 LOC 58 中，函数 queen() 递归调用自己，进一步调查正在考虑的放置情况。

3.9 计算给定对象集的排列和组合

问题

你想要计算给定对象集的排列和组合。

解决方案

编写一个 C 程序，用以下规格说明计算给定对象集的排列和组合：

❑ 程序使用图 3-5 中所示的公式，并计算从 n 个对象中一次取 r 个对象的排列和组合。

a）从总共 n 个对象一次取 r 个对象的排列的公式

b）从总共 n 个对象一次取 r 个对象的组合的公式

$$P(n, r) = \frac{n!}{(n-r)!} \qquad C(n, r) = \frac{n!}{(n-r)!\, r!}$$

a）从总共 n 个对象一次取 r 个对象的排列的公式 　 b）从总共 n 个对象一次取 r 个对象的排列和组合的公式

图 3-5　从总共 n 个对象一次取 r 个对象的排列和组合的公式

❏ 程序在屏幕上显示计算结果，并询问用户是否要继续。

代码

以下是使用这些规格说明编写的 C 程序的代码。在文本编辑器中键入以下 C 程序，并将其保存在文件夹 C:\Code 中，文件名为 p&c.c：

```
/* 此程序计算给定对象集的排列和组合。*/
                                                              /* BL */
#include <stdio.h>                                            /* L1 */
                                                              /* BL */
int fact(int);                                                /* L2 */
int combination(int, int);                                    /* L3 */
int permutation(int, int);                                    /* L4 */
                                                              /* BL */
int main()                                                    /* L5 */
{                                                             /* L6 */
    int intN, intR, intC, intP;                               /* L7 */
    char ch;                                                  /* L8 */
    do {                                                      /* L9 */
      do {                                                    /* L10 */
        printf("Enter the total no. of objects (1 <= n <= 7) :"); /* L11 */
        scanf("%d", &intN);                                   /* L12 */
      } while ((intN < 1) || (intN > 7));                     /* L13 */
                                                              /* L14 */
      do {                                                    /* L15 */
        printf("Enter the no. of objects to be picked at a time "); /* L16 */
        printf("(1 <= r <= %d) :", intN);                     /* L17 */
        scanf("%d", &intR);                                   /* L18 */
      } while ((intR < 1) || (intR > intN));                  /* L19 */
                                                              /* BL */
      intC = combination(intN, intR);                         /* L20 */
      intP = permutation(intR, intR);                         /* L21 */
                                                              /* BL */
     printf("\nCombinations : %d", intC);                     /* L22 */
     printf("\nPermutations : %d", intP);                     /* L23 */
     fflush(stdin);                                           /* L24 */
     printf("\nDo you want to continue? (Y/N) : ");           /* L25 */
     scanf("%c", &ch);                                        /* L26 */
    } while ((ch == 'Y') || (ch == 'y'));                     /* L27 */
    printf("\nThank you.\n");                                 /* L28 */
                                                              /* BL */
    return 0;                                                 /* L29 */
}                                                             /* L30 */
                                                              /* BL */
int combination(int intN, int intR)                           /* L31 */
{                                                             /* L32 */
    int intC;                                                 /* L33 */
    intC = fact(intN) / (fact(intR) * fact(intN - intR));     /* L34 */
    return intC;                                              /* L35 */
}                                                             /* L36 */
                                                              /* BL */
int permutation(int intN, int intR)                           /* L37 */
```

```
{                                              /* L38 */
    int intP;                                  /* L39 */
    intP = fact(intN) / fact(intN - intR);     /* L40 */
    return intP;                               /* L41 */
}                                              /* L42 */
                                               /* BL */
int fact(int intN)                             /* L43 */
{                                              /* L44 */
    int i;                                     /* L45 */
    int facto = 1;                             /* L46 */
    for (i = 1; i <= intN; i++)                /* L47 */
    {                                          /* L48 */
        facto = facto * i;                     /* L49 */
    }                                          /* L50 */
    return facto;                              /* L51 */
}                                              /* L52 */
```

编译并执行此程序。这个程序的运行结果在这里给出：

```
Enter the total no. of objects (1 <= n <=) : 7  ↵
Enter the no. of objects to be picked at a time (1 <= r <=) : 4  ↵
Combinations : 35
Permutations : 24
Do you want to continue? (Y/N) : n
Thank you.
```

工作原理

此程序包含两个 do-while 循环。第一个 do-while 循环跨越 LOC 9～13。此循环接受 n（对象总数）的整数值，范围为 $1 \leqslant n \leqslant 7$。第二个 do-while 循环跨越 LOC 15～19。此循环接受 r 的整数值（一次取出的对象数目），范围为 $1 \leqslant r \leqslant n$。函数 combination() 在 LOC 31～36 中定义。函数 permutation() 在 LOC 37～42 中定义。函数 fact() 在 LOC 43～52 中定义。在 LOC 20～21 中调用函数 combination() 和 permutation()。LOC 22～23 在屏幕上显示计算出的组合和排列的值。

3.10 对两个矩阵求和

问题

你想要对两个矩阵求和。

解决方案

图 3-6 说明了矩阵的加法。编写一个 C 程序，求两个矩阵 A 和 B 的和，使得 $A+B=C$（C 也是一个矩阵），使用以下规格说明：

❑ 程序要求用户输入矩阵的秩（即矩阵中的行数和列数）。

❑ 程序接受两个矩阵 A 和 B 的数据。只要矩阵具有相同的行数和列数，就可以相互相加或相减。

❑ 在程序中，定义三个函数：input()，output() 和 add()。函数 input() 接受来自键盘的数据，用于矩阵 *A* 和 *B*。函数 output() 在屏幕上显示矩阵 *A*、*B* 和 *C*。函数 add() 执行矩阵 *A* 和 *B* 的求和并填充矩阵 *C* 中的值。

设矩阵 *A*，*B*，*C* 的大小相同，设 $A+B=C$

$$A = \begin{bmatrix} a & b & c \\ d & e & f \end{bmatrix} \qquad B = \begin{bmatrix} g & h & i \\ j & k & l \end{bmatrix} \qquad A+B=C = \begin{bmatrix} a+g & b+h & c+i \\ d+j & e+k & f+l \end{bmatrix}$$

图 3-6 矩阵加法

代码

以下是使用这些规格说明编写的 C 程序的代码。在文本编辑器中键入以下 C 程序，并将其保存在文件夹 C:\Code 中，文件名为 summat.c：

```
/* 此程序执行两个矩阵的求和。*/                                        /* BL */
                                                                       /* L1 */
#include <stdio.h>                                                     /* BL */
                                                                       /* BL */
void input(int mat[][12], int, int);                                  /* L2 */
void output(int mat[][12], int, int);                                 /* L3 */
void add(int matA[][12], int matB[][12], int matC[][12], int, int);   /* L4 */
                                                                       /* BL */
int main()                                                            /* L5 */
{                                                                     /* L6 */
    int row, col;                                                     /* L7 */
    int A[12][12], B[12][12], C[12][12];                              /* L8 */
                                                                       /* BL */
    do {                                                              /* L9 */
        printf("Enter number of rows (1 <= M <= 12) :");              /* L10 */
        scanf("%d", &row);                                            /* L11 */
    } while ((row < 1) || (row > 12));                                /* L12 */
                                                                       /* BL */
    do {                                                              /* L13 */
        printf("Enter number of columns (0 < N <= 12) :");            /* L14 */
        scanf("%d", &col);                                            /* L15 */
    } while ((col < 1) || (col > 12));                                /* L16 */
                                                                       /* BL */
    printf("\nEnter Data for Matrix A :\n");                          /* L17 */
    input(A, row, col);                                               /* L18 */
    printf("\n");                                                     /* L19 */
    printf("\nMatrix A Entered by you :\n");                          /* L20 */
    output(A, row, col);                                              /* L21 */
                                                                       /* BL */
    printf("\nEnter Data for Matrix B :\n");                          /* L22 */
    input(B, row, col);                                               /* L23 */
    printf("\n");                                                     /* L24 */
    printf("\nMatrix B Entered by you :\n");                          /* L25 */
    output(B, row, col);                                              /* L26 */
                                                                       /* BL */
    add(A, B, C, row, col);                                           /* L27 */
```

```
        printf("\nMatirx A + Matrix B = Matrix C. \n");        /* L28 */
        printf("Matrix C :\n");                                /* L29 */
        output(C, row, col);                                   /* L30 */
        printf("\nThank you. \n");                             /* L31 */
                                                               /* BL */
        return 0;                                              /* L32 */
}                                                              /* L33 */
                                                               /* BL */
void input(int mat[][12], int row, int col)                   /* L34 */
{                                                              /* L35 */
    int i, j;                                                  /* L36 */
    for (i = 0; i < row; i++)                                  /* L37 */
    {                                                          /* L38 */
        printf("Enter %d values for row no. %d : ", col, i);   /* L39 */
        for (j = 0; j < col; j++)                              /* L40 */
            scanf("%d", &mat[i][j]);                           /* L41 */
    }                                                          /* L42 */
}                                                              /* L43 */
                                                               /* BL */
void output(int mat[][12], int row, int col)                  /* L44 */
{                                                              /* L45 */
    int i, j;                                                  /* L46 */
    for (i = 0; i < row; i++)                                  /* L47 */
    {                                                          /* L48 */
        for (j = 0; j < col; j++)                              /* L49 */
        {                                                      /* L50 */
            printf("%d\t", mat[i][j]);                         /* L51 */
        }                                                      /* L52 */
        printf("\n");                                          /* L53 */
    }                                                          /* L54 */
}                                                              /* L55 */
                                                               /* BL */
void add(int matA[][12], int matB[][12], int matC[][12], int m, int n) /* L56 */
{                                                              /* L57 */
    int i, j;                                                  /* L58 */
    for (i = 0; i < m; i++)                                    /* L59 */
    {                                                          /* L60 */
        for (j = 0; j < n; j++)                                /* L61 */
        {                                                      /* L62 */
            matC[i][j] = matA[i][j] + matB[i][j];              /* L63 */
        }                                                      /* L64 */
    }                                                          /* L65 */
}                                                              /* L66 */
```

编译并执行此程序。这个程序的运行结果在这里给出：

```
Enter number of ros (1 <= M <= 12) : 3      ↵
Enter number of columns (0 <= N <= 12) : 5  ↵

Enter Data for Matrix A :
Enter 5 values for row no. 0 : 10 11 12 13 14    ↵
Enter 5 values for row no. 1 : 11 12 13 14 15    ↵
Enter 5 values for row no. 2 : 12 13 14 15 16    ↵
```

```
Matrix A Entered by you :
10  11  12  13  14
11  12  13  14  15
12  13  14  15  16

Enter Data for Matrix B :
Enter 5 values for row no. 0 : 14 15 16 17 18   ↵
Enter 5 values for row no. 1 : 15 16 17 18 19   ↵
Enter 5 values for row no. 2 : 16 17 18 19 20   ↵

Matrix B Entered by you :
14  15  16  17  18
15  16  17  18  19
16  17  18  19  20

Matrix A + Matrix B = Matrix C.
Matrix C :
24  26  28  30  32
26  28  30  32  34
28  30  32  34  36

Thank you.
```

工作原理

此程序包含两个 do-while 循环。第一个 do-while 循环接受行数的整数值，范围为 $1 \leqslant M \leqslant 12$。第二个 do-while 循环接受列数的整数值，范围为 $1 \leqslant N \leqslant 12$。LOC 18 和 23 分别调用函数 input() 并接受矩阵 A 和 B 的数据。LOC 21 和 26 分别调用函数 output() 并在屏幕上显示矩阵 A 和 B。LOC 27 调用函数 add()，执行矩阵 A 和 B 的求和，并填充矩阵 C 中的值。LOC 30 调用函数 output() 并在屏幕上显示矩阵 C。LOC 34～43 定义了函数 input()。LOC 44～55 定义了函数 output()。LOC 56～66 定义了函数 add()。

3.11　计算矩阵的转置

问题

你想要计算矩阵的转置。

解决方案

编写一个 C 程序，计算矩阵 A 的转置，使 A 的转置＝B（B 也是矩阵，见图 3-7），使用以下规格说明：

❏　程序要求用户输入矩阵的顺序（即矩阵中的行数和列数）。

❏　程序接受矩阵 A 的数据。它计算矩阵 A 的转置并在屏幕上显示结果矩阵 B。

代码

以下是使用这些规格说明编写的 C 程序的代码。在文本编辑器中键入以下 C 程序并将其保存在文件夹 C:\Code 中，文件名为 transp.c：

设矩阵 **A** 和 **B**，设 **B** 是 **A** 的转置

$$B = \begin{bmatrix} a & b & c \\ d & e & f \end{bmatrix} \qquad\qquad A \text{ 的转置} = B = \begin{bmatrix} a & d \\ b & e \\ c & f \end{bmatrix}$$

图 3-7　矩阵转置

```
/* 这个程序计算矩阵 A 的转置。*/                          /* BL */
                                                        /* L1 */
#include <stdio.h>                                      /* BL */
                                                        /* L2 */
main()                                                  /* L3 */
{                                                       /* L4 */
    int mat[12][12], transpose[12][12];                 /* L5 */
    int i, j, row, col;                                 /* BL */
                                                        /* L6 */
    do{                                                 /* L7 */
      printf("Enter number of rows R (0 < R < 13): ");  /* L8 */
      scanf("%d", &row);                                /* L9 */
    } while ((row < 1) || (row > 12));                  /* BL */
                                                        /* L10 */
    do{                                                 /* L11 */
      printf("Enter number of columns C (0 < C < 13): ");/* L12 */
      scanf("%d", &col);                                /* L13 */
    } while ((col < 1) || (col > 12));                  /* BL */
                                                        /* L14 */
    for (i = 0; i < row; i++)                           /* L15 */
    {                                                   /* L16 */
        printf("Enter %d values for row no. %d : ", col, i);/* L17 */
        for (j = 0; j < col; j++)                       /* L18 */
            scanf("%d", &mat[i][j]);                    /* L19 */
    }                                                   /* BL */
                                                        /* L20 */
    printf("\nMatrix A:\n");                            /* L21 */
    for (i = 0; i < row; i++)                           /* L22 */
    {                                                   /* L23 */
        for (j = 0; j < col; j++)                       /* L24 */
        {                                               /* L25 */
            printf("%d\t", mat[i][j]);                  /* L26 */
        }                                               /* L27 */
        printf("\n");                                   /* L28 */
    }                                                   /* BL */
                                                        /* L29 */
    for (i = 0; i < row; i++)                           /* L30 */
    {                                                   /* L31 */
        for (j = 0; j < col; j++)                       /* L32 */
        {                                               /* L33 */
            transpose[j][i] = mat[i][j];                /* L34 */
        }                                               /* L35 */
    }                                                   /* BL */
                                                        /* L36 */
    printf("\nTranspose of matrix A: \n");              /* L37 */
    for (i = 0; i < col; i++)
```

```
{                                               /* L38 */
    for (j = 0; j < row; j++)                   /* L39 */
    {                                           /* L40 */
        printf("%d\t", transpose[i][j]);        /* L41 */
    }                                           /* L42 */
    printf("\n");                               /* L43 */
}                                               /* L44 */
                                                /* BL  */
printf("\nThank you.\n");                       /* L45 */
return 0;                                        /* L46 */
}                                               /* L47 */
```

编译并执行此程序。这个程序的运行结果在这里给出：

```
Enter number of rows R (0 < R < 13): 2 ↵
Enter number of columns C (0 < C < 13): 3 ↵
Enter 3 values for row no. 0 : 1  2  3 ↵
Enter 3 values for row no. 1 : 4  5  6 ↵
Matrix A:
1       2       3
4       5       6

Transpose of matrix A:
1       4
2       5
3       6

Thank you.
```

工作原理

此程序包含两个 do-while 循环。第一个 do-while 循环接受矩阵 *A* 的行数的整数值，范围为 0<R<13。第二个 do-while 循环接受矩阵 *A* 的列数的整数值，范围为 0<C<13。LOC 14～19 由 for 循环组成，它接受矩阵 *A* 的数据。LOC 21～28 由 for 循环组成，在屏幕上显示矩阵 *A*。LOC 29～35 由 for 循环组成，它计算矩阵 *A* 的转置。LOC 37～44 由 for 循环组成，它在屏幕上显示矩阵 *A* 的转置。图 3-7 说明了矩阵转置的概念。

3.12   计算矩阵的乘积

问题

你想要计算矩阵 *A* 和 *B* 的乘积。

解决方案

编写一个 C 程序，计算矩阵 *A* 和 *B* 的乘积，使得 *A*×*B*＝*C*（*C* 也是矩阵，见图 3-8），使用以下规格说明：

❑ 程序要求用户输入矩阵 *A* 的秩和矩阵 *B* 中的列数。程序还在屏幕上显示矩阵 *A* 和 *B*。

❑ 程序包含三个函数：input()、output() 和 product()。函数 input() 接受来自键盘的数据，函数 output() 在屏幕上显示矩阵，函数 product() 计算矩阵 *A* 和 *B* 的乘积并填充矩阵 *C* 中的数据值。

❑ 程序计算矩阵 *A* 和 *B* 的乘积，并在屏幕上显示结果。

如果矩阵 *A* 的列数等于矩阵 *B* 的行数，就可以计算 *A* × *B*

$$A_{mn} \times B_{np} = C_{np}$$

要计算元素 c_{ij}，从 *A* 取出第 *i* 行，并从 *B* 取出第 *j* 列，计算方法如下：

$$C_{ij} = a_{i1}b_{1j} + a_{i2}b_{2j} + \cdots + a_{ip}b_{pj}$$

图 3-8　矩阵 *A* 和 *B* 的乘积，使得 *A* × *B* = *C*

代码

以下是使用这些规格说明编写的 C 程序的代码。在文本编辑器中键入以下 C 程序，并将其保存在文件夹 C:\Code 中，文件名为 promat.c：

```
/* 此程序计算两个矩阵 A 和 B 的乘积。*/
                                                          /* BL */
#include <stdio.h>                                        /* L1 */
                                                          /* BL */
void input(int mat[][8], int, int);                       /* L2 */
void output(int mat[][8], int, int);                      /* L3 */
void product(int matA[][8], int matB[][8], int matC[][8], int, int, int); /* L4 */
                                                          /* BL */
int main()                                                /* L5 */
{                                                         /* L6 */
    int rowA, colA, rowB, colB;                           /* L7 */
    int matA[8][8], matB[8][8], matC[8][8];               /* L8 */
                                                          /* BL */
    printf("This program performs product of matrices A and B (A x B).\n"); /* L9 */
    do{                                                   /* L10 */
      printf("Enter number of rows in matrix A (1 <= M <= 8): "); /* L11 */
      scanf("%d", &rowA);                                 /* L12 */
    } while ((rowA < 1) || (rowA > 8));                   /* L13 */
                                                          /* BL */
    do{                                                   /* L14 */
      printf("Enter number of columns in matrix A (1 <= N <= 8): "); /* L15 */
      scanf("%d", &colA);                                 /* L16 */
    } while ((colA < 1) || (colA > 8));                   /* L17 */
                                                          /* BL */
    printf("\nNumber of rows in matrix B is equal ");     /* L18 */
    printf("to number of columns in matirx A:\n");        /* L19 */
    rowB = colA;                                          /* L20 */
                                                          /* BL */
    do {                                                  /* L21 */
      printf("Enter number of columns in matrix B (1 <= P <= 8):"); /* L22 */
      scanf("%d", &colB);                                 /* L23 */
```

```
    } while ((colB < 1) || (colB > 8));                          /* L24 */
                                                                 /* BL  */
    printf("\nEnter data for matrix A :\n");                     /* L25 */
    input(matA, rowA, colA);                                     /* L26 */
    printf("\n");                                                /* L27 */
    printf("Matrix A: \n");                                      /* L28 */
    output(matA, rowA, colA);                                    /* L29 */
    printf("\n");                                                /* L30 */
                                                                 /* BL  */
    printf("\nEnter data for matrix B :\n");                     /* L31 */
    input(matB, rowB, colB);                                     /* L32 */
    printf("\n");                                                /* L33 */
    printf("Matrix B: \n");                                      /* L34 */
    output(matB, rowB, colB);                                    /* L35 */
    printf("\n");                                                /* L36 */
                                                                 /* BL  */
    product(matA, matB, matC, rowA, colA, colB);                 /* L37 */
    printf("Matrix C (matrix A x matrix B = matrix C) : \n");    /* L38 */
    output(matC, rowA, colB);                                    /* L39 */
                                                                 /* L40 */
    printf("\nThank you.\n");                                    /* L41 */
    return 0;                                                    /* L42 */
}                                                                /* L43 */
                                                                 /* BL  */
void input(int mat[][8], int row, int col)                       /* L44 */
{                                                                /* L45 */
    int i, j;                                                    /* L46 */
    for (i = 0; i < row; i++)                                    /* L47 */
    {                                                            /* L48 */
      printf("Enter %d values for row no. %d : ", col, i);       /* L49 */
        for (j = 0; j < col; j++)                                /* L50 */
            scanf("%d", &mat[i][j]);                             /* L51 */
    }                                                            /* L52 */
}                                                                /* L53 */
                                                                 /* BL  */
void output(int mat[][8], int row, int col)                      /* L54 */
{                                                                /* L55 */
    int i, j;                                                    /* L56 */
    for (i = 0; i < row; i++)                                    /* L57 */
    {                                                            /* L58 */
      for (j = 0; j < col; j++)                                  /* L59 */
        {                                                        /* L60 */
            printf("%d\t", mat[i][j]);                           /* L61 */
        }                                                        /* L62 */
        printf("\n");                                            /* L63 */
    }                                                            /* L64 */
}                                                                /* L65 */
                                                                 /* BL  */
void product(int matA[][8], int matB[][8],
int matC[][8], int m1, int n1, int n2)                           /* L66 */
{                                                                /* L67 */
    int i, j, t;                                                 /* L68 */
    for (i = 0; i < m1; i++)                                     /* L69 */
    {                                                            /* L70 */
      for (j = 0; j < n2; j++)                                   /* L71 */
        {                                                        /* L72 */
```

```
        matC[i][j] = 0;                                    /* L73 */
        for (t = 0; t < n1; t++)                           /* L74 */
         {                                                 /* L75 */
           matC[i][j] += matA[i][t] * matB[t][j];          /* L76 */
         }                                                 /* L77 */
       }                                                   /* L78 */
     }                                                     /* L79 */
  }                                                        /* L80 */
```

编译并执行此程序。这个程序的运行结果在这里给出：

```
This program performs product of matrices A axnd B (A x B).
Enter number of rows in matrix A: 3  ↵
Enter number of columns in matrix A: 2  ↵

Number of rows in matrix B is equal to number of columns in matrix A:
Enter number of columns in matrix B: 4  ↵

Enter data for matrix A:
Enter 2 values for row no. 0: 1 2  ↵
Enter 2 values for row no. 1: 3 4  ↵
Enter 2 values for row no. 2: 5 6  ↵

Matrix A:
1       2
3       4
5       6

Enter data for matrix B:
Enter 4 values for row no. 0: 1 2 3 4  ↵
Enter 4 values for row no. 1: 5 6 7 8  ↵

Matrix B:
1       2       3       4
5       6       7       8
Matrix B (matrix A x matrix B = matrix C):
11      14      17      20
23      30      37      44
35      46      57      68

Thank you.
```

工作原理

此程序包含三个 do-while 循环。第一个 do-while 循环接受矩阵 A 的行数的整数值，范围为 $1 \leq M \leq 8$。第二个 do-while 循环接受矩阵 A 的列数的整数值，范围为 $1 \leq N \leq 8$。第三个 do-while 循环接受矩阵 B 的列数的整数值，范围为 $1 \leq P \leq 8$。LOC 26 和 32 分别调用函数 input() 并接受矩阵 A 和 B 的数据。LOC 29 和 35 分别调用函数 output() 并在屏幕上显示矩阵 A 和 B。LOC 37 调用函数 product()，执行矩阵 A 和 B 的乘积，并填充矩阵 C 中的值。LOC 39 调用函数 output() 并在屏幕上显示矩阵 C。LOC 44~53 定义了函数 input()。LOC 54~65 定义了函数 output()。LOC 66~80 定义了函数 product()。

第 4 章 *Chapter 4*

指针和数组

指针是 C 语言最强大的功能之一。指针允许你在 C 中创建非常高效的程序。但是，这些程序背后的逻辑可能非常棘手。"在 C 中，指针和数组之间存在着很强的关系，强到足以使指针和数组被同时讨论" Kernighan 和 Ritchie 在他们的标志性著作《 C 程序设计语言》中写道。指针被认为是 C 中的派生类型（参见第 3 章中的图 3-1）。在本章中，你将学习利用指针和数组的技巧。

4.1 从包含 int 类型数据的数组中获取数据

问题

你想使用指针从包含 int 类型数据的数组中获取数据。

解决方案

编写一个 C 程序，使用指针获取存储在 int 类型数组元素中的值，它具有以下规格说明：

- ❏ 程序包含一个名为 marks 的 int 类型数组，该数组使用少量（例如 5 个）合适的 int 值进行初始化。
- ❏ 程序包含一个 for 循环，用于在指针的帮助下获取存储在数组 marks 中的值，并在屏幕上显示获取到的值。
- ❏ 程序还会获取数组名称 marks 的值。

代码

以下是使用这些规格说明编写的 C 程序的代码。在文本编辑器中键入以下 C 程序并将其保存在文件夹 C:\Code 中，文件名为 point1.c：

```c
/*   这个程序使用指针来获取存储在 */
/*   一维 int 类型数组元素中的值。*/                          /* BL */
                                                            /* L1 */
#include <stdio.h>                                          /* BL */
                                                            /* L2 */
main()                                                      /* L3 */
{                                                           /* L4 */
 int marks [] = {72, 56, 50, 80, 92};                       /* L5 */
 int i, *ptr;                                               /* L6 */
 ptr = &marks[0];                                           /* L7 */
 for (i = 0; i < 5; i++)                                    /* L8 */
  printf("Element no %d, value: %d\n", i+1, *(ptr+i)) ;     /* L9 */
  printf("Value of array name marks is: %u\n", marks);      /* L10 */
 return(0);                                                 /* L11 */
}
```

编译并执行此程序，屏幕上会出现如下文本行：

```
Element no 1, value: 72
Element no 2, value: 56
Element no 3, value: 50
Element no 4, value: 80
Element no 5, value: 92
Value of array name marks is: 65516
```

工作原理

在 LOC 4 中，声明了一个名为 marks 的 int 类型数组，并使用合适的 int 值进行初始化。在 LOC 5 中，声明了指向 int 的指针，即 ptr。在 LOC 6 中，指针 ptr 被指向数组的第一个元素，marks[0]。当指针 ptr 增加到 (ptr + 1) 时，它指向下一个元素，marks[1]，以此类推（见图 4-1）。当使用运算符 * 解除引用 ptr 时，它返回第一个元素的值 marks[0]。当使用运算符 * 解除引用 (ptr + 1) 时，它返回第二个元素的值 marks[1]，以此类推。跨越 LOC 7～8 的 for 循环获取存储在名为 marks 的数组中的 int 值，并在屏幕上显示它们。在 LOC 9 中，在屏幕上显示名为 marks 的数组的值。请注意以下几点：

❑ 名为 marks 的数组的值为 65516，它只是数组 marks 的基址。这意味着，与某个指针一样，名为 marks 的数组指向内存单元 65516。

❑ 在 LOC 6 中，指针 ptr 指向 marks[0]，因此，与名为 marks 的数组一样，它也指向内存单元 65516。

❑ 在此程序中，使用指针变量 ptr 获取元素或数组中的值。但是，由于指针变量 ptr 和名为 marks 的数组指向同一个内存单元，因此可以使用数组名 marks 而不是指针变量 ptr 来获取元素中的值。

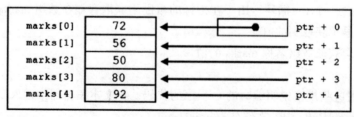

图 4-1　使用名为 ptr 的指向 int 的指针变量来访问名为 marks 的 int 类型数组的元素

4.2 使用数组名称从数组中获取数据

问题

你想使用数组名称从一维数组中获取数据。

解决方案

编写一个 C 程序, 使用数组名称获取存储在一维数组元素中的值, 它具有以下规格说明:

❑ 程序包含一个名为 marks 的 int 类型数组, 该数组使用少量 (例如 5 个) 合适的 int 值进行初始化。

❑ 程序包含一个 for 循环, 它使用数组名称标记和解除引用运算符 * 获取存储在名为 marks 的数组中的值, 并在屏幕上显示获取到的值。

❑ 程序还获取数组 marks 的元素的地址。

代码

以下是使用这些规格说明编写的 C 程序的代码。在文本编辑器中键入以下 C 程序并将其保存在文件夹 C:\Code 中, 文件名为 point2.c:

```
/* 此程序使用数组名称和解除引用运算符 * 来获取 */
/* 在一维数组的元素中存储的值。 */
                                                          /* BL */
#include <stdio.h>                                        /* L1 */
                                                          /* BL */
main()                                                    /* L2 */
{                                                         /* L3 */
 int marks [] = {72, 56, 50, 80, 92};                     /* L4 */
 int i ;                                                  /* L5 */
 printf("Values stored in array elements.\n");            /* L6 */
 for (i = 0; i < 5; i++)                                  /* L7 */
  printf("Element no. %d, value: %d\n", i+1, *(marks+i)); /* L8 */
                                                          /* BL */
 printf("\nValue of array-name marks: %u\n\n", marks);    /* L9 */
                                                          /* BL */
 printf("Addresses of array elements:\n");                /* L10 */
 for (i = 0; i < 5; i++)                                  /* L11 */
  printf("Address of element marks[%d] : %u\n", i, &marks[i]); /* L12 */
 return(0);                                               /* L13 */
}                                                         /* L14 */
```

编译并执行此程序, 屏幕上会出现如下文本行:

```
Values stored in array elements.
Element no. 1, value: 72
Element no. 2, value: 56
Element no. 3, value: 50
Element no. 4, value: 80
Element no. 5, value: 92

Value of array-name marks: 65516

Addresses of array elements:
```

```
Address of element marks[0] : 65516
Address of element marks[1] : 65518
Address of element marks[2] : 65520
Address of element marks[3] : 65522
Address of element marks[4] : 65524
```

工作原理

在 LOC 4 中，声明了一个名为 marks 的 int 类型数组，并使用合适的 int 值进行初始化。跨越 LOC 7～8 的 for 循环中使用数组名称和解除引用运算符 * 获取存储在数组 marks 元素中的值。在 LOC 9 中，在屏幕上显示名为 marks 的数组的值。跨越 LOC 11～12 的 for 循环获取并在屏幕上显示数组 marks 的元素的地址。

将此程序中的 LOC 8 与前一程序（point1）中的 LOC 8 进行比较，你会注意到表达式 *(ptr + i) 现在被替换为表达式 *(marks + i)。请注意，不需要声明像 ptr 这样的指针，因为名为 marks 的数组可以用于相同的目的。

LOC 8 中使用的表达式 *(marks + i) 完全等同于表达式 marks[i]。实际上，每当编译器遇到形式为 marks[i] 的表达式时，前者立即将后者转换为 *(marks + i) 形式。

> ■**注意**　每当编译器遇到 arrayName[subscript] 形式的表达式时，前者立即将后者转换为 *[arrayName + subscript] 形式。因此，使用指针处理数组的程序比与它对应的非指针程序更有效。⊖

你已使用数组名 marks 代替指向 int 变量的指针 ptr 成功获取了存储在数组 marks 元素中的值。这并不意味着数组名 marks 和指向 int 变量的指针 ptr 完全等效。注意数组名和指针变量之间有如下差异：

❑ 由于 ptr 是指向 int 类型的变量，因此可以为其指定任何 int 变量的地址。但是，你无法将任何变量的地址分配给数组名 marks。例如，注意这里给出的 LOC（假设 n 是一个 int 变量）：

```
ptr = &n;                          /* OK */
marks = &n;                        /* ERROR */
```

❑ 由于 ptr 是指向 int 类型的变量，因此可以将它加上（减去）一个整数。但是，你不能对数组名 marks 加上（减去）一个整数以更改其值。例如，请注意这里给出的 LOC：

```
ptr = ptr + 1;                     /* OK */
marks = marks + 1;                 /* ERROR */
```

4.3　从包含 char 和 double 类型数据的数组中获取数据

问题

你想要从包含一维 char 和 double 类型数据的数组中获取数据。

⊖　既然编译后的代码相同，程序执行效率应该也相同，只不过下标在编译时需要转换。——译者注

解决方案

编写一个 C 程序，获取存储在一维 char 和 double 类型数组的元素中的值，它具有以下规格说明：

❑ 程序包含一个 char 类型数组 text 和一个 double 类型数组 num，使用适当的值初始化它们。

❑ 程序包含一个 for 循环，循环使用数组名称和解除引用运算符 * 获取存储在这些数组中的值。

❑ 程序还获取这些数组元素的地址。

代码

以下是使用这些规格说明编写的 C 程序的代码。在文本编辑器中键入以下 C 程序并将其保存在文件夹 C:\Code 中，文件名为 point3.c：

```
/* 此程序使用指针获取存储在一维 char 和 double 类型 */
/* 数组中的数据。 */
                                                       /* BL */
#include <stdio.h>                                     /* L1 */
                                                       /* BL */
main()                                                 /* L2 */
{                                                      /* L3 */
 char text[] = "Hello";                                /* L4 */
 double num[] = {2.4, 5.7, 9.1, 4.5, 8.2};             /* L5 */
 int i ;                                               /* L6 */
 printf("Values stored in elements of array text.\n"); /* L7 */
 for (i = 0; i < 5; i++)                               /* L8 */
  printf("Element no. %d, value: %c\n", i+1, *(text+i)); /* L9 */
                                                       /* BL */
 printf("\nValues stored in elements of array num.\n"); /* L10 */
 for (i = 0; i < 5; i++)                               /* L11 */
  printf("Element no. %d, value: %.1f\n", i+1, *(num+i)); /* L12 */
                                                       /* BL */
 printf("\nValue of array-name text: %u\n\n", text);   /* L13 */
                                                       /* BL */
 printf("Addresses of elements of array text:\n");     /* L14 */
 for (i = 0; i < 5; i++)                               /* L15 */
  printf("Address of element text[%d] : %u\n", i, &text[i]); /* L16 */
                                                       /* BL */
 printf("\nValue of array-name num: %u\n\n", num);     /* L17 */
                                                       /* BL */
 printf("Addresses of elements of array num:\n");      /* L18 */
 for (i = 0; i < 5; i++)                               /* L19 */
  printf("Address of element num[%d] : %u\n", i, &num[i]); /* L20 */
                                                       /* BL */
 return(0);                                            /* L21 */
}                                                      /* L22 */
```

编译并执行此程序，屏幕上会出现如下文本行：

```
Values stored in elements of array text.
Element no. 1, value: H
Element no. 2, value: e
```

```
Element no. 3, value: l
Element no. 4, value: l
Element no. 5, value: o

Values stored in elements of array num.
Element no. 1, value: 2.4
Element no. 2, value: 5.7
Element no. 3, value: 9.1
Element no. 4, value: 4.5
Element no. 5, value: 8.2

Value of array-name text: 65520

Addresses of elements of array text:
Address of element text[0] : 65520
Address of element text[1] : 65521
Address of element text[2] : 65522
Address of element text[3] : 65523
Address of element text[4] : 65524

Value of array-name num: 65480

Addresses of elements of array num:
Address of element num[0] : 65480
Address of element num[1] : 65488
Address of element num[2] : 65496
Address of element num[3] : 65504
Address of element num[4] : 65512
```

工作原理

在 LOC 4 中，创建了一个名为 text 的 char 类型数组，并使用合适的数据进行初始化。

在 LOC 5 中，创建了一个名为 num 的 double 类型数组，并使用合适的数据进行初始化。跨越 LOC 8～9 的 for 循环使用数组名称显示存储在数组 text 中的数据。跨越 LOC 11～12 的 for 循环使用数组名称显示存储在数组 num 中的数据。LOC 13 中，在屏幕上显示数组名 text 的值。跨越 LOC 15～16 的 for 循环显示数组 text 的元素的地址。LOC 17 中，在屏幕上显示数组名 num 的值。跨越 LOC 19～20 的 for 循环在屏幕上显示数组 num 的元素的地址。

此程序与前一个程序类似。请注意，当把 text 加 1 时，结果表达式 (text + 1) 指向 text 数组中的下一个元素。表达式 (text + i) 指向文本数组中的第 (i+1) 个元素。此外，当把 num 加 1 时，结果表达式 (num + 1) 指向 num 数组中的下一个元素。表达式 (num + i) 指向 num 数组中的第 (i+1) 个元素。text 数组中的一个元素占用一个存储单元，而 num 数组中的一个元素占用 8 个存储单元。

4.4　访问越界数组元素

问题

你想要访问越界数组元素。

解决方案

编写一个访问越界的数组元素的 C 程序，它具有以下规格说明：

❑ 程序创建一个名为 num 的 int 类型数组，并使用合适的数据对其进行初始化。

❑ 程序声明了两个指向 int 类型变量的指针。

❑ 程序在指针的帮助下访问越界的数组元素。

代码

以下是使用这些规格说明编写的 C 程序的代码。在文本编辑器中键入以下 C 程序并将其保存在文件夹 C:\Code 中，文件名为 point4.c：

```
/* 此程序访问越界的数组元素。 */
                                                        /* BL */
#include <stdio.h>                                       /* L1 */
                                                        /* BL */
main()                                                   /* L2 */
{                                                        /* L3 */
 int num[] = {12, 23, 45, 65, 27, 83, 32, 93, 62, 74, 41}; /* L4 */
 int *ipt1, *ipt2;                                       /* L5 */
                                                        /* BL */
 ipt1 = &num[5];                                         /* L6 */
 ipt2 = &num[6];                                         /* L7 */
                                                        /* BL */
 printf("Current value of *ipt1: %d\n", *ipt1);          /* L8 */
 printf("Current value of *ipt2: %d\n", *ipt2);          /* L9 */
                                                        /* BL */
 ipt1 = ipt1 - 2;                                        /* L10 */
 ipt2 = ipt2 + 3;                                        /* L11 */
                                                        /* BL */
 printf("Now current value of *ipt1: %d\n", *ipt1);      /* L12 */
 printf("Now current value of *ipt2: %d\n", *ipt2);      /* L13 */
                                                        /* BL */
 ipt1 = ipt1 - 15;                                       /* L14 */
 ipt2 = ipt2 + 22;                                       /* L15 */
                                                        /* BL */
 printf("Now current value of *ipt1: %d\n", *ipt1);      /* L16 */
 printf("Now current value of *ipt2: %d\n", *ipt2);      /* L17 */
                                                        /* BL */
 return(0);                                              /* L18 */
}                                                        /* L19 */
```

编译并执行此程序，屏幕上会出现如下文本行：

```
Current value of *ipt1: 83
Current value of *ipt2: 32
Now current value of *ipt1: 65
Now current value of *ipt2: 74
Now current value of *ipt1: -44
Now current value of *ipt2: 12601
```

工作原理

在 LOC 4 中，创建名为 num 的 int 类型数组，并使用适当的数据进行初始化。在 LOC

5 中，声明了两个指向 int 的指针变量，即 ipt1 和 ipt2。在 LOC 6～7 中，ipt1 和 ipt2 被设置为指向数组 num 的界内元素。LOC 8～9 在屏幕上显示 ipt1 和 ipt2 指向的元素的值。在 LOC 10～13 中重复类似的过程。

在此复制 LOC 14 和 15 的内容，以供你快速参考：

```
ipt1 = ipt1 - 15;              /* L14, 合法但不道德 */
ipt2 = ipt2 + 22;              /* L15, 合法但不道德 */
```

在这些 LOC 中，两个指针都指向超出数组 num 范围的数据值。在 LOC 16 和 17 中，获取这些指针所引用的数据值并将其显示在屏幕上。你可以成功编译和执行此程序，尽管你已获取超出数组 num 范围的数据值，编译器也不会抱怨。因此，你可以将 LOC 14～17 称为合法但不道德的。在 LOC 16 和 17 中输出的数据值是 –44 和 12601。不要想象操作系统将这些整数值存储在各自的位置。你不能对存储在这些位置的数据做出任何假设。也许那里没有任何数据，只有可执行代码。在这里，你刚刚从越界位置获取了数据值。如果你尝试在这些越界位置存储一些任意值，会发生什么？程序可能会崩溃，计算机可能会挂起。

> ■ **注意** 避免操作数组的越界元素。这种操作仅在别无选择时才是合理的。如果你尝试在越界位置存储一些任意值，那么你的程序可能会崩溃并且计算机可能会挂起。

4.5 存储字符串

问题
你想存储字符串。

解决方案
编写一个存储字符串的 C 程序，它具有以下规格说明：
- ❏ 程序声明一个名为 name 的 char 类型数组，并使用合适的字符串对其进行初始化。
- ❏ 程序声明一个名为 pname 的指向 char 的指针变量，并使其指向内存中的字符串。
- ❏ 程序在屏幕上显示这两个字符串。

代码
以下是使用这些规格说明编写的 C 程序的代码。在文本编辑器中键入以下 C 程序并将其保存在文件夹 C:\Code 中，文件名为 point5.c：

```
/* 此程序使用指向 char 的指针和 char 类型数组存储字符串。 */
                                              /* BL */
#include <stdio.h>                            /* L1 */
                                              /* BL */
main()                                        /* L2 */
```

```
{                                              /* L3 */
 int i;                                         /* L4 */
 char name[] = "Shirish";                       /* L5 */
 char *pname = "Shirish";                        /* L6 */
                                                /* BL */
 printf("name: %s\n", name);                    /* L7 */
 printf("pname: %s\n", pname);                   /* L8 */
                                                /* BL */
 strcpy(name, "Dick");                          /* L9 */
 pname = "Dick";                                /* L10 */
                                                /* BL  */
 printf("name: %s\n", name);                    /* L11 */
 printf("pname: %s\n", pname);                   /* L12 */
                                                /* BL  */
 printf("name (all eight bytes):  ");           /* L13 */
 for(i = 0; i < 8; i++) {                        /* L14 */
  printf("%c ", name[i]);                        /* L15 */
 }                                              /* L16 */
                                                /* BL  */
 printf("\npname (all eight bytes):  ");         /* L17 */
 for(i = 0; i < 8; i++) {                        /* L18 */
  printf("%c ", *(pname + i));                    /* L19 */
 }                                              /* L20 */
                                                /* BL  */
 return(0);                                     /* L21 */
}                                              /* L22 */
```

编译并执行此程序，屏幕上会出现如下文本行：

```
name: Shirish
pname: Shirish
name: Dick
pname: Dick
name (all eight bytes):  D i c k   s h
pname (all eight bytes):  D i c k   n a m
```

工作原理

在 LOC 5 中，声明了一个名为 name 的 char 类型数组，并使用字符串常量 "Shirish" 进行初始化。图 4-2a 显示了执行 LOC 5 后在内存级别发生的事情。如图 4-2a 所示，创建了 char 类型数组 name，长度为 8 个字节，字符串常量 "Shirish" 存储在其中。

在 LOC 6 中，声明了指向 char 的指针变量 pname，并将其设置为指向字符串常量 "Shirish" 的第一个字符。请注意，在 LOC 5 和 6 中创建的字符串常量是不同的。图 4-2b 显示了执行 LOC 6 后在内存级别发生的事情。如图 4-2b 所示，字符串常量 "Shirish" 被放置在一个 8 字节长的内存块中，创建指向 char 的变量 pname，并将其设置为指向字符串常量 "Shirish" 的第一个字符。

在 LOC 7 和 8 中，程序在屏幕上显示与 name 和 pname 相关联的字符串。

在 LOC 9 中，字符串常量 "Dick" 被复制到 char 数组 name。图 4-2c 显示了执行 LOC 9 后在内存级别发生的事情。如图 4-2c 所示，字符串常量 "Dick"（长度为 5 个字节）覆盖了

现有的字符串常量 "Shirish"（长度为 8 个字节）。因此，数组 name 中的最后 3 个字节仍包含旧数据（'s', 'h' 和 '\0'）。请注意，char 数组 name 的 8 个字节被保留，操作系统不会回收未使用的字节。

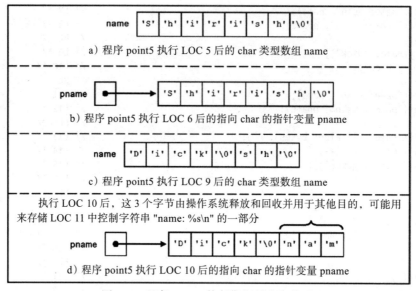

图 4-2　程序 point5 执行期间的内存快照

在 LOC 10 中，字符串常量 "Dick" 被分配给 pname。图 4-2d 显示了执行 LOC 10 后在内存级别发生的事情。如图 4-2d 所示，字符串常量 "Dick"（长度为 5 个字节）覆盖在现有的字符串常量 "Shirish"（长度为 8 个字节）上。内存块中未使用的 3 个字节由操作系统回收并用于其他目的。请注意，最后 3 个未使用的字节现在包含字符 'n', 'a' 和 'm'。操作系统可能会使用这 3 个字节来存储 LOC 11 中控制字符串 "name: %s\n" 的一部分。与 char 数组 name 不同，pname 指向的字节块不是保留字节块。因此，操作系统会立即回收未使用的字节。请注意日常生活中的一个例子。假设有四名乘客坐在孟买当地火车的长凳上。其中一名乘客走开了。剩下的三名乘客改变位置，重新占据了板凳上的空位并舒适地坐着。

在 LOC 11 和 12 中，在屏幕上显示与 name 和 pname 相关联的字符串常量。这个字符串即为 "Dick"。

在 LOC 14～16 中，使用 for 循环显示为 char 数组 name 保留的 8 个字节的内容。在 LOC 18～20 中，使用 for 循环显示 pname 指向的 8 个字节的内存块的内容。

4.6　存储字符串而不进行初始化

问题
你希望存储字符串而不进行初始化。

解决方案

编写一个存储字符串而不进行初始化的 C 程序，它具有以下规格说明：

- 程序声明一个名为 name 的 char 类型数组和一个名为 pname 的指向 char 的指针变量。但是不进行初始化。
- 程序将合适的字符串复制到数组 name，并将指针 pname 设置为指向合适的字符串。
- 程序在屏幕上显示两个字符串。

代码

以下是使用这些规格说明编写的 C 程序的代码。在文本编辑器中键入以下 C 程序并将其保存在文件夹 C:\Code 中，文件名为 point6.c：

```
/* 这个程序使用指向 char 和 char 数组的指针存储字符串，*/
/* 没有初始化。*/
                                              /* BL */
#include <stdio.h>                            /* L1 */
                                              /* BL */
main()                                        /* L2 */
{                                             /* L3 */
 int i;                                       /* L4 */
 char name[8] ;                               /* L5 */
 char *pname ;                                /* L6 */
                                              /* BL */
 strcpy(name, "Shirish");                     /* L7 */
 pname = "Shirish";                           /* L8 */
                                              /* BL */
 printf("\nname: %s\n", name);                /* L9 */
 printf("pname: %s\n", pname);                /* L10 */
                                              /* BL */
 strcpy(name, "Dick");                        /* L11 */
 pname = "Dick";                              /* L12 */
                                              /* BL */
 printf("name: %s\n", name);                  /* L13 */
 printf("pname: %s\n", pname);                /* L14 */
                                              /* BL */
 printf("name (all eight bytes):  ");         /* L15 */
 for(i = 0; i < 8; i++) {                      /* L16 */
  printf("%c ", name[i]);                     /* L17 */
 }                                            /* L18 */
                                              /* BL */
 printf("\npname (all eight bytes):  ");      /* L19 */
 for(i = 0; i < 8; i++) {                      /* L20 */
  printf("%c ", *(pname + i));                /* L21 */
 }                                            /* L22 */
                                              /* BL */
 return(0);                                   /* L23 */
}                                             /* L24 */
```

编译并执行此程序，屏幕上会显示以下文本行：

```
name: Shirish
pname: Shirish
name: Dick
pname: Dick
name (all eight bytes): D i c k   s h
pname (all eight bytes): D i c k   n a m
```

工作原理

此程序的输出与前一个程序的输出相同。但是这次没有初始化 name 和 pname。

在执行 LOC 5 之后，创建一个名为 name 的 char 类型数组，其长度为 8 个字节。它不包含任何东西，见图 4-3a。在执行 LOC 7 之后，字符串常量 "Shirish" 被放置在该数组中，如图 4-3a 所示。

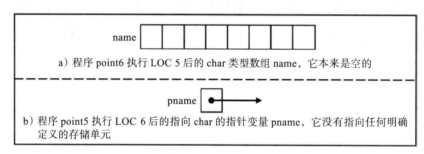

图 4-3　程序 point6 执行期间的内存快照

在执行 LOC 6 之后，创建了一个名为 pname 的指向 char 的变量。由于没有初始化，它内部包含垃圾。这意味着 pname 没有指向任何明确定义的存储单元，见图 4-3b。

在 LOC 7 中，字符串常量 "Shirish" 被复制到数组 name。在 LOC 8 中，指针 pname 指向另一个字符串常量 "Shirish"。在 LOC 8 之后，此程序与前面的程序的效果一样。

4.7　在交互式会话中存储字符串

问题

你希望在交互式会话中存储字符串。

解决方案

编写一个 C 程序，在交互式会话中存储字符串，它具有以下规格说明：

❑ 程序声明一个名为 name 的 char 类型数组和一个指向 char 的变量 pname。但是不进行初始化。

❑ 程序接收从键盘键入的两个字符串。第一个字符串分配给数组 name。指针 pname 设置为指向第二个字符串。

❑ 程序在屏幕上显示两个字符串。

代码

以下是使用这些规格说明编写的 C 程序的代码。在文本编辑器中键入以下 C 程序并将其保存在文件夹 C:\Code 中，文件名为 point7.c：

```
/* 此程序使用指向 char 类型的指针和 char 数组在交互式会话中 */
/* 存储字符串。 */                              /* BL */
                                              /* L1 */
#include <stdio.h>                            /* BL */
                                              /* L2 */
main()                                        /* L3 */
{                                             /* L4 */
 int i;                                       /* L5 */
 char name[8] ;                               /* L6 */
 char *pname;                                 /* BL */
                                              /* L7 */
 printf("\nEnter name: ");                    /* L8 */
 scanf(" %[^\n]", name);                      /* L9 */
 printf("Enter name again: ");                /* L10 */
 scanf(" %[^\n]", pname);                     /* BL */
                                              /* L11 */
 printf("name: %s\n", name);                  /* L12 */
 printf("pname: %s\n", pname);                /* BL */
                                              /* L13 */
 return(0);                                   /* L14 */
}
```

编译并执行此程序。程序的一次运行显示如下：

```
Enter name: Shirish      ↵
Enter name again: Shirish      ↵
name: Shirish
pname: Shirish
```

工作原理

在 LOC 5 中，指定 char 数组的长度应为 8 个字节。因此，作为对 "Enter name:" 请求的响应，你键入的名称最多应包含 7 个字符。在编译期间，编译器知道该字符串的长度为 8 个字节。

在 LOC 6 中，声明了一个名为 pname 的指向 char 的变量，但是，程序没有提到 pname 将指向的字符串的长度。在编译期间，编译器不知道此字符串的长度。因此，默认情况下，典型的编译器允许你从键盘输入 127 个字符的字符串以分配给 pname。你还可以在此程序中使用 malloc() 函数为与 pname 关联的字符串动态分配内存。

在 LOC 11～12 中，在屏幕上显示这些字符串。

4.8 获取二维数组中元素的地址

问题

你想要获取二维数组中元素的地址。

解决方案

编写一个 C 程序，获取二维数组中元素的地址，它具有以下规格说明：

❏ 程序声明一个名为 num 的二维 int 类型数组，并使用合适的数据对其进行初始化。

❏ 程序使用带有两层嵌套的嵌套 for 循环获取元素的地址并在屏幕上显示。

代码

以下是使用这些规格说明编写的 C 程序的代码。在文本编辑器中键入以下 C 程序并将其保存在文件夹 C:\Code 中，文件名为 point8.c：

```c
/* 在屏幕显示二维数组的所有元素的地址。 */
                                                        /* BL */
#include <stdio.h>                                      /* L1 */
                                                        /* BL */
main()                                                  /* L2 */
{                                                       /* L3 */
 int r, c;                                              /* L4 */
 int num[3][2] = {                                      /* L5 */
                   {14, 457},                           /* L6 */
                   {24, 382},                           /* L7 */
                   {72, 624}                            /* L8 */
                 };                                     /* L9 */
                                                        /* BL */
 for(r = 0; r < 3; r++) {                               /* L10 */
  for(c = 0; c < 2; c++)                                /* L11 */
   printf("Address of num[%d][%d]: %u \n", r, c, &num[r][c]); /* L12 */
 }                                                      /* L13 */
                                                        /* BL */
 return(0);                                             /* L14 */
}                                                       /* L15 */
```

编译并执行此程序，屏幕上会显示以下文本行：

```
Address of num[0][0]: 65514
Address of num[0][1]: 65516
Address of num[1][0]: 65518
Address of num[1][1]: 65520
Address of num[2][0]: 65522
Address of num[2][1]: 65524
```

工作原理

在 LOC 4 中，声明了两个 int 变量来表示二维数组中的行和列。在 LOC 5～9 中，声明了一个名为 num 的二维 int 类型数组，并使用适当的数据进行初始化。LOC 10～13 包括两层嵌套的 for 循环，在屏幕上显示数组 num 的所有元素的地址。

图 4-4 显示了名为 num 的二维数组的地址的图形表示。由于内存结构就像一个列表，地址总是像列表一样存储。数组 num 的基址是 65514。另外，请注意，14、24 和 72 的基址代表第一行、第二行和第三行 num 的基址（参见 LOC 6～8），它们分别为 65514、65518 和 65522。

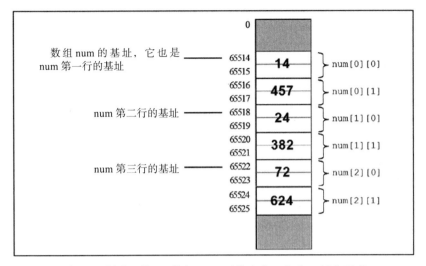

图 4-4 创建二维 int 数组 num 后的内存，包含三行和两列

4.9 获取二维数组中行的基址

问题

你想要获取二维数组中行的基址。

解决方案

编写一个 C 程序，用于获取二维数组中行的基址，它具有以下规格说明：

❑ 程序声明一个名为 num 的二维 int 类型数组，并使用合适的数据对其进行初始化。

❑ 程序获取并在屏幕上显示 num 行的基址。

代码

以下是使用这些规格说明编写的 C 程序的代码。在文本编辑器中键入以下 C 程序并将其保存在文件夹 C:\Code 中，文件名为 point9.c：

```
/* 此程序在屏幕上显示二维数组的行的基址。*/        /* BL */

#include <stdio.h>                                /* L1 */
                                                 /* BL */
main()                                           /* L2 */
{                                                /* L3 */
 int r;                                          /* L4 */
 int num[3][2] = {                               /* L5 */
                 {14, 457},                      /* L6 */
                 {24, 382},                      /* L7 */
                 {72, 624}                       /* L8 */
                };                               /* L9 */
                                                 /* BL */
   for(r = 0; r < 3; r++)                        /* L10 */
     printf("Base address of row %d is: %u \n", r+1, num[r]);   /* L11 */
```

```
                                                            /* BL  */
    return(0);                                              /* L12 */
}                                                           /* L13 */
```

编译并执行此程序，屏幕上会显示以下文本行：

```
Base address of row 1 is: 65514
Base address of row 2 is: 65518
Base address of row 3 is: 65522
```

工作原理

在 LOC 4 中，int 变量 r 被声明为表示一行的行号。在 LOC 5～9 中，声明二维数组 num 并用适当的数据初始化。跨越 LOC 10～11 的 for 循环显示二维数组 num 的行的基址。

请注意，num[r] 返回行号 (r + 1) 的地址。你还可以将 num[i] 返回的值分配给指向 int 的指针变量，如下所示（设 ptrInt 为指向 int 的指针变量）：

```
ptrInt = num[0];                                            /* L14 */
```

现在 ptrInt 指向第一行的第一个元素。你可以使用此处给出的代码行显示存储在 ptrInt 中的地址以及 ptrInt 指向的元素的值：

```
printf("Address: %u \n", ptrInt);
printf("Value of element: %d \n", *ptrInt);
```

执行这些代码行后在屏幕上显示以下文本行：

```
Address: 65514
Value of element: 14
```

在 LOC 11 中，你可以将地址运算符 & 应用于 num[r]，如下所示：

```
printf("Base address of row %d is: %u \n", r+1, &num[r]);   /* L15 */
```

你可以使用 LOC 15 替换此程序中的 LOC 11，并仍然可以成功编译和执行程序。但是，在 LOC 14 中，如果将地址运算符 & 应用于 num[0]，如下所示：

```
ptrInt = &num[0];                    /* L16, compiler issues a warning  */
```

并将其编译，编译器会发出一个警告，其中包含以下词语：

“Suspicious pointer conversion.”（可疑指针转换。）

与指针相关的变量包含很多信息。如果进行与指针相关的变量为右值的赋值，且编译器怀疑此右值中的所有信息都不会传递给左值，则编译器会发出警告，例如非可移植式（nonportable）指针转换或可疑指针转换。你可以任意地忽略该警告，但建议避免这种编码。

4.10 从二维数组中获取数据

问题

你希望开发一个程序来获取二维数组的元素值。

解决方案

编写一个 C 程序，用于获取二维数组元素的值，它具有以下规格说明：

❑ 程序创建一个名为 num 的二维 int 类型数组，其中填充了数据值。

❑ 程序使用指向数组的指针来获取存储 num 的数据，并在屏幕上显示它们。

代码

以下是使用这些规格说明编写的 C 程序的代码。在文本编辑器中键入以下 C 程序并将其保存在文件夹 C:\Code 中，文件名为 point10.c：

```c
/* 此程序使用指向数组的指针来获取 */        /* BL */
/* 一个二维数组的元素值。 */                /* L1 */
                                         /* BL */
#include <stdio.h>                        /* L2 */
                                         /* L3 */
main()                                    /* L5 */
{                                         /* L6 */
 int num[3][2] = {                        /* L7 */
                   {14, 457},             /* L8 */
                   {24, 382},             /* L9 */
                   {72, 624}             /* L10 */
                 };                       /* L11 */
 int (*ptrArray) [2];                     /* L12 */
 int row, col, *ptrInt;                   /* L13 */
   for(row = 0; row < 3; row++){          /* L14 */
    ptrArray = &num[row];                 /* L15 */
    ptrInt = (int *) ptrArray;            /* L16 */
    for(col = 0; col < 2; col++)          /* L17 */
     printf("%d    ", *(ptrInt + col));   /* L18 */
    printf("\n");                         /* BL */
   }                                      /* L19 */
                                         /* L20 */
 return(0);
}
```

编译并执行此程序，屏幕上会显示以下文本行：

```
14    457
24    382
72    624
```

工作原理

在 LOC 5～9 中，声明了名为 num 的二维 int 类型数组，并且它也填充了合适的 int 值。

你可以声明指向数组变量的指针。该指针指向数组的基址。在 LOC 10 中，声明了一个名为 ptrArray 的指向 int 数组的指针变量。问题中的数组包含两个元素。请注意，在 LOC 10 中未声明指针数组，但声明了指向数组的指针。此外，*ptrArray 周围的括号是必需的。在 LOC 11 中，声明了一个名为 ptrInt 的指向 int 的指针变量。

在 LOC 13 中，num 中行的地址被分配给 ptrArray。在此引用供你快速参考：

```
    ptrArray = &num[row];                              /* L13 */
```

ptrArray 和 ptrInt 都是指针，但它们彼此不同。ptrArray 是一个指向数组的指针，而 ptrInt 是一个指向 int 的指针。因为为了获取数组元素中的值，你需要解除引用 ptrInt，你想将 ptrArray 赋值给 ptrInt。但由于它们是不同类型的指针，因此你无法进行直接赋值，如下所示：

```
    ptrInt = ptrArray;                /*  避免此行为。编译器发出警告！ */
```

要进行此类赋值，首先需要将 ptrArray 转换为 int* 类型（即指向 int 的指针），并且在 LOC 14 中完成此转换，此处引用以供你快速参考：

```
    ptrInt = (int *) ptrArray;                         /* OK, L14 */
```

现在可以在将其加上适当的整数值后解除引用 ptrInt。例如，注意这里给出的代码行（设 intN1 和 intN2 为 int 变量）：

```
    intN1 = *(ptrInt + 0);            /*  现在intN1包含值14 */
    intN2 = *(ptrInt + 1);            /*  现在intN2包含值457 */
```

跨越 LOC 12～18 的 for 循环获取存储在二维数组 num 中的 int 值，并在屏幕上显示这些值。

4.11　使用数组名称从二维数组中获取数据

问题
你希望使用数组名称获取存储在二维数组中的数据。

解决方案
编写一个 C 程序，使用数组名称获取存储在二维数组中的数据，它具有以下规格说明：

❏　程序创建三个名为 t1、t2 和 t3 的二维数组。然后程序用适当的数据值填充 t1 和 t2。

❏　程序使用矩阵加法规则通过对 t1 和 t2 中的数据值做加法来填充 t3 中的数据值。

❏　程序通过解除引用数组名称来获取存储在 t1、t2 和 t3 中的数据值，并将其显示在屏幕上。此程序使用不同类型的解除引用。

代码
以下是使用这些规格说明编写的 C 程序的代码。在文本编辑器中键入以下 C 程序并将其保存在文件夹 C:\Code 中，文件名为 point11.c：

```
/*  此程序对两个数字表格做加法，并在第三个表中输入结果，然后 */
/*  使用指针以三种不同的方法在屏幕上显示它。 */
                                                        /* BL */
#include <stdio.h>                                      /* L1 */
                                                        /* BL */
main()                                                  /* L2 */
```

```
{                                                              /* L3  */
  int i, j, *p1, *p2, *p3;                                     /* L4  */
  int t1 [][4] = {                                             /* L5  */
                              {12, 14, 16, 18},                /* L6  */
                              {22, 24, 26, 28},                /* L7  */
                              {32, 34, 36, 38}                 /* L8  */
                      };                                       /* L9  */
  int t2 [3][4] = {                                            /* L10 */
                              {13, 15, 17, 19},                /* L11 */
                              {23, 25, 27, 29},                /* L12 */
                              {33, 35, 37, 39}                 /* L13 */
                      };                                       /* L14 */
  int t3 [3][4];                                               /* L15 */
                                                               /* BL  */
  printf("\nTable t3 is computed and displayed:\n\n");         /* L16 */
                                                               /* BL  */
  for(i = 0; i < 3; i++) {                                     /* L17 */
   for(j = 0; j < 4; j++) {                                    /* L18 */
     *(t3[i] + j) = *(t1[i] + j) + *(t2[i] + j);               /* L19 */
       printf("%d  ", *(t3[i] + j));                           /* L20 */
   }                                                           /* L21 */
   printf("\n");                                               /* L22 */
  }                                                            /* L23 */
                                                               /* BL  */
  printf("\n\nTable t3 is computed and displayed again:\n\n"); /* L24 */
                                                               /* BL  */
  for(i = 0; i < 3; i++) {                                     /* L25 */
   for(j = 0; j < 4; j++) {                                    /* L26 */
     *(*(t3 + i) + j) = *(*(t1 + i) + j) + *(*(t2 + i) + j);   /* L27 */
     printf("%d  ", t3[i][j]);                                 /* L28 */
   }                                                           /* L29 */
     printf("\n");                                             /* L30 */
  }                                                            /* L31 */
                                                               /* BL  */
  p1 = (int *) t1;                                             /* L32 */
  p2 = (int *) t2;                                             /* L33 */
  p3 = (int *) t3;                                             /* L34 */
  printf("\n\nTable t3 is computed and displayed again:\n\n"); /* L35 */
                                                               /* BL  */
  for(i = 0; i < 3; i++) {                                     /* L36 */
   for(j = 0; j < 4; j++) {                                    /* L37 */
     *(p3 + i * 4 + j) = *(p1 + i * 4 + j) + *(p2 + i * 4 + j);/* L38 */
       printf("%d  ", *(p3 + i * 4 + j));                      /* L39 */
   }                                                           /* L40 */
   printf("\n");                                               /* L41 */
  }                                                            /* L42 */
                                                               /* BL  */
  return(0);                                                   /* L43 */
}                                                              /* L44 */
```

编译并执行此程序，屏幕上会显示以下文本行：

```
Table t3 is computed and displayed:
25  29  33  37
45  49  53  57
65  69  73  77

Table t3 is computed and displayed again:
25  29  33  37
45  49  53  57
65  69  73  77

Table t3 is computed and displayed again:
25  29  33  37
45  49  53  57
65  69  73  77
```

工作原理

使用以下表达式获取二维数组中的单个元素：

arrayName[row][col]   表达式A

但是，每当编译器遇到 arrayName[k] 形式的表达式时，前者立即将后者转换为 *(arrayName + k) 形式。假设此表达式中的 k 就是表达式 A 中的 col，则可以按如下方式重写先前给定的表达式：

*(arrayName[row] + col)   表达式B

现在再次假设表达式 B 中的 row 就是表达式 arrayName[k] 中的 k，你可以重写先前给定的表达式，如下所示：

((arrayName + row) + col)   表达式C

除了这三个表达式之外，还有一个表达式用于元素的获取，在这里给出：

ptr = (int *) arrayName;
*(ptr + row * COL + col)   表达式D

这里，COL 是二维数组中的总列数，ptr 是指向 int 的指针变量。请注意，表达式 A、B、C 和 D 完全等效。

此程序使用表达式 B、C 和 D 来获取二维数组的元素。在跨越 LOC 17～23 的代码块中，使用表达式 B 来访问二维数组 t1、t2 和 t3 的元素。在跨越 LOC 25～31 的代码块中，使用表达式 C 来访问二维数组 t1、t2 和 t3 的元素。在跨越 LOC 36～42 的代码块中，使用表达式 D 来访问二维数组 t1、t2 和 t3 的元素。

4.12　使用指针数组从数组中获取数据

问题

你希望使用指针数组从数组中获取数据。

解决方案

编写一个 C 程序，使用指针数组从数组中获取数据，它具有以下规格说明：

❑ 程序声明一个名为 intArray 的 int 类型数组。此程序还声明了一个名为 ptrArray 的指向 int 的指针数组。

❑ 程序在数组 intArray 中填充合适的数据值，然后程序在 ptrArray 中设置指向数组 intArray 中的单元格的指针。

❑ 程序在 ptrArray 的帮助下获取存储在 intArray 中的数据值，并在屏幕上显示获取到的值。

代码

以下是使用这些规格说明编写的 C 程序的代码。在文本编辑器中键入以下 C 程序并将其保存在文件夹 C:\Code 中，文件名为 point12.c：

```
/* 这个程序使用指向 int 的指针数组。*/          /* BL */

#include <stdio.h>                               /* L1 */
                                                /* BL */
main()                                          /* L2 */
{                                               /* L3 */
  int i, intArray[6];                           /* L4 */
  int *ptrArray[6];                             /* L5 */
                                                /* BL */
 for(i = 0; i < 6; i++) {                        /* L6 */
  intArray[i] = (i + 2) * 100;                   /* L7 */
  ptrArray[i] = &intArray[i ];                   /* L8 */
 }                                              /* L9 */
                                                /* BL */
 for(i = 0; i < 6; i++)                          /* L10 */
  printf("intArray[%d], Value: %d, Address: %u\n", /* L11 */
                         i, *(ptrArray[i]), ptrArray[i]); /* L12 */
                                                /* BL */
  return(0);                                    /* L13 */
}                                               /* L14 */
```

编译并执行此程序，屏幕上会显示以下文本行：

```
intArray[0], Value: 200, Address: 65514
intArray[1], Value: 300, Address: 65516
intArray[2], Value: 400, Address: 65518
intArray[3], Value: 500, Address: 65520
intArray[4], Value: 600, Address: 65522
intArray[5], Value: 700, Address: 65524
```

工作原理

在 LOC 4 中，你声明了一个名为 intArray 的整数数组。在 LOC 5 中，你声明了一个名为 ptrArray 的指向 int 的指针数组。LOC 6～9 由 for 循环组成。在这个循环中，intArray 的所有元素都根据 LOC 7 中的任意公式填充值。在 LOC 8 中，ptrArray 中的每个元素都被设置为指向 intArray 中的相应元素，如图 4-5 所示。

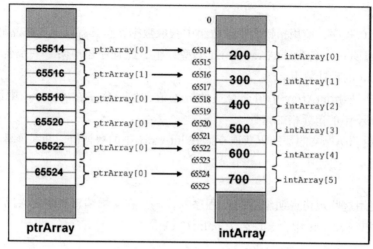

图 4-5　指针数组 ptrArray 和整数数组 intArray

LOC 10～12 由另一个 for 循环组成。这个 for 循环的主体只包含一个语句，它占用两个 LOC（11 和 12），因为它很长。此语句将输出发送到屏幕。此 for 循环在屏幕上显示存储在数组 intArray 中的值，以及 intArray 的单元格的地址。

4.13　物理交换字符串

问题
你想要物理交换字符串。

解决方案
编写一个物理交换字符串的 C 程序，它具有以下规格说明：

❑ 程序创建一个名为 friends 的二维字符数组，并在其中存储合适的字符串。程序在屏幕上显示字符串（交换前）。

❑ 程序使用 for 循环物理交换字符串。交换后，程序在屏幕上显示字符串。

代码
以下是使用这些规格说明编写的 C 程序的代码。在文本编辑器中键入以下 C 程序，并将其保存在文件夹 C:\Code 中，文件名为 point13.c：

```
/* 这个程序将字符串换成二维字符数组。 */
                                          /* BL */
#include <stdio.h>                        /* L1 */
                                          /* BL */
main()                                    /* L2 */
{                                         /* L3 */
  int i;                                  /* L4 */
  char temp;                              /* L5 */
```

```
char friends [5][10] = {                      /* L6 */
                    "Kernighan",              /* L7 */
                    "Camarda",                /* L8 */
                    "Ford",                   /* L9 */
                    "Nixon",                  /* L10 */
                    "Wu"                      /* L11 */
                };                            /* L12 */
                                              /* BL */
printf("Strings before swapping:\n");         /* L13 */
for(i = 0; i < 5; i++)                        /* L14 */
 printf("Friend no. %d : %s\n", i+1, friends[i]); /* L15 */
                                              /* BL */
for(i = 0; i < 10; i++) {                     /* L16 */
  temp = friends[0][i];                       /* L17 */
  friends[0][i] = friends[1][i];              /* L18 */
  friends[1][i] = temp;                       /* L19 */
}                                             /* L20 */
                                              /* BL */
printf("\nStrings after swapping:\n");        /* L21 */
for(i = 0; i < 5; i++)                        /* L22 */
 printf("Friend no. %d : %s\n", i+1, friends[i]); /* L23 */
                                              /* BL */
return(0);                                    /* L24 */
}                                             /* L25 */
```

编译并执行此程序，屏幕上会显示以下文本行：

```
Strings before swapping:
Friend no. 1 : Kernighan
Friend no. 2 : Camarda
Friend no. 3 : Ford
Friend no. 4 : Nixon
Friend no. 5 : Wu

Strings after swapping:
Friend no. 1 : Camarda
Friend no. 2 : Kernighan
Friend no. 3 : Ford
Friend no. 4 : Nixon
Friend no. 5 : Wu
```

工作原理

跨越 LOC 6～12 的代码块创建了一个名为 friends 的二维 char 数组，并在其中存储了五个字符串，如图 4-6 所示。存储在数组 friends 中的字符串如下：

❑ "Kernighan"

❑ "Camarda"

❑ "Ford"

❑ "Nixon"

❑ "Wu"

friends[0]	'K'	'e'	'r'	'n'	'i'	'g'	'h'	'a'	'n'	'\0'
friends[1]	'C'	'a'	'm'	'a'	'r'	'd'	'a'	'\0'		
friends[2]	'F'	'o'	'r'	'd'	'\0'					
friends[3]	'N'	'i'	'x'	'o'	'n'	'\0'				
friends[4]	'W'	'u'	'\0'							

图 4-6 二维数组 friends。它的大小是 50 个字节，在这个数组中有 18 个字节没有被使用，
这表示浪费了内存

程序打算交换前两个字符串 "Kernighan" 和 "Camarda"，这样在交换之后，第一个字符串将是 "Camarda"，第二个字符串将是 "Kernighan"。

跨越 LOC 14～15 的 for 循环在屏幕上显示存储在 friends 中的字符串。跨越 LOC 16～20 的 for 循环交换存储在 friends 中的前两个字符串。在这个循环中，每个字符在第一个字符串和第二个字符串之间交换，过程中借助一个名为 temp 的 char 变量临时存储字符。图 4-7 显示了交换后内存中的字符串。跨越 LOC 22～23 的 for 循环在屏幕上显示交换后的字符串。

friends[0]	'C'	'a'	'm'	'a'	'r'	'd'	'a'	'\0'		
friends[1]	'K'	'e'	'r'	'n'	'i'	'g'	'h'	'a'	'n'	'\0'
friends[2]	'F'	'o'	'r'	'd'	'\0'					
friends[3]	'N'	'i'	'x'	'o'	'n'	'\0'				
friends[4]	'W'	'u'	'\0'							

图 4-7 存储在 friends[0] 和 friends[1] 中的字符串被交换。每个字符都需要被取出并单独处理

下面是这个程序的缺点：

❑ 数组 friends 消耗 50 个字节的内存用于存储字符串，其中 18 个字节的内存被浪费掉。

❑ 在交换期间，字符串会被物理移动，字符串的这种物理移动非常耗时并且会降低程序的性能。

因此，此程序是高代价的，因为它以浪费的方式消耗空间（即内存）和时间（即计算时间）。

尽管存在这些缺点，但程序员在字符串数量较少时可以采用此方法，因为此程序采用的逻辑非常简单。当字符串数量不大时，所提到的浪费可以忽略不计。

4.14 逻辑交换字符串

问题

你想逻辑地交换字符串。

解决方案

编写一个逻辑交换字符串的 C 程序，它具有以下规格说明：

❑ 程序创建一个指针数组。此程序在内存中创建字符串。程序设置指向字符串的指针
（在数组中），如图 4-8 所示。

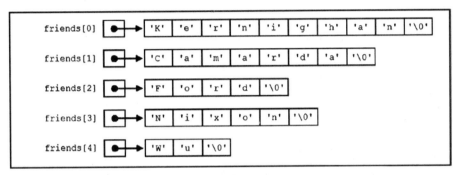

图 4-8 名为 friends 的指向的字符串的指针数组。将此箭头与图 4-6 中所示的箭头进行比
较。内存浪费得以避免

❑ 程序在屏幕上显示字符串（交换前）。程序只需交换指向前两个字符串的指针即可交
换这些字符串，如图 4-9 所示。

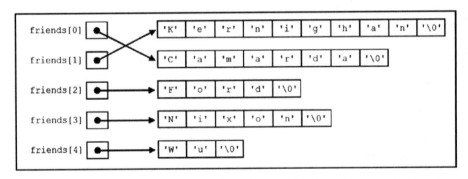

图 4-9 指针 friends[0] 和 friends[1] 被交换。字符串不会移动。此过程可确保更好的性能

❑ 程序在屏幕上显示字符串（交换后）。

代码

以下是使用这些规格说明编写的 C 程序的代码。在文本编辑器中键入以下 C 程序并将
其保存在文件夹 C:\Code 中，文件名为 point14.c：

```
/* 此程序使用指向字符串的指针数组交换字符串。 */          /* BL */
                                                      /* L1 */
#include <stdio.h>                                    /* BL */

main()                                                /* L2 */
{                                                     /* L3 */
  int i;                                              /* L4 */
```

```
    char *temporary;                                        /* L5 */
    char *friends [5] = {                                   /* L6 */
                        "Kernighan",                        /* L7 */
                        "Camarda",                          /* L8 */
                        "Ford",                             /* L9 */
                        "Nixon",                            /* L10 */
                        "Wu"                                /* L11 */
                        };                                  /* L12 */
                                                            /* BL */
    printf("Strings before swapping:\n");                   /* L13 */
    for(i = 0; i < 5; i++)                                  /* L14 */
     printf("Friend no. %d : %s\n", i+1, friends[i]);       /* L15 */
                                                            /* BL */
    temporary = friends[1];                                 /* L16 */
    friends[1] = friends[0];                                /* L17 */
    friends[0] = temporary;                                 /* L18 */
                                                            /* BL */
    printf("\nStrings after swapping:\n");                  /* L19 */
    for(i = 0; i < 5; i++)                                  /* L20 */
     printf("Friend no. %d : %s\n", i+1, friends[i]);       /* L21 */
                                                            /* BL */
    return(0);                                              /* L22 */
}                                                           /* L23 */
```

编译并执行此程序，屏幕上会显示以下文本行：

```
Strings before swapping:
Friend no. 1 : Kernighan
Friend no. 2 : Camarda
Friend no. 3 : Ford
Friend no. 4 : Nixon
Friend no. 5 : Wu

Strings after swapping:
Friend no. 1 : Camarda
Friend no. 2 : Kernighan
Friend no. 3 : Ford
Friend no. 4 : Nixon
Friend no. 5 : Wu
```

工作原理

　　跨越 LOC 6~12 的代码块在内存中创建了五个字符串，创建了一个名为 friends 的包含五个指针的数组，并且还把数组 friends 中的指针设置为指向这些字符串。图 4-8 说明了执行 LOC 6~12 后的情况。

　　这里列出了存储在内存中并由 friends 的指针指向的字符串：

- ❑ "Kernighan"
- ❑ "Camarda"
- ❑ "Ford"
- ❑ "Nixon"
- ❑ "Wu"

指针数组中的第一个指针 friends[0] 指向字符串 "Kernighan"，指针数组中的第二个指针 friends[1] 指向字符串 "Camarda"，等等。程序打算交换前两个字符串 "Kernighan" 和 "Camarda"，这样在交换之后，第一个字符串将是 "Camarda"，第二个字符串将是 "Kernighan"。但是，与前面的程序 point13 不同，那个程序的字符串是物理移动的，在这个程序中，字符串不会被物理移动，相反，只需把前两个指针的指向互换，如图 4-9 所示。

跨越 LOC 14～15 的 for 循环在屏幕上显示字符串（交换之前）。跨越 LOC 16～18 的代码块执行前两个字符串的交换。在 LOC 16 中，指针 friends[1] 的指向被赋值给指针 temporary。现在指针 temporary 指向字符串 "Camarda"。在 LOC 17 中，指针 friends[0] 的指向被赋值给指针 friends[1]。现在两个指针 friends[0] 和 friends[1] 都指向字符串 "Kernighan"。在 LOC 18 中，temporary 存储的指向被赋值给指针 friend[0]。现在指针 friends[0] 指向字符串 "Camarda"。图 4-9 说明了执行 LOC 16～18 后的情况。因此，在这个程序中字符串实际上不会被交换，而是交换指针。跨越 LOC 20～21 的 for 循环在屏幕上显示交换后的字符串。

以下是程序 point14 相对于前面的程序 point13 的好处：

❏ 在 point13 中，名为 friends 的 char 类型数组已消耗 50 字节（图 4-6）。并非所有 50 个字节都被使用。实际上，此数组中的 18 个字节未被使用，这代表了内存的浪费。在 point14 中，你使用一个指向字符串的指针数组，所以现在字符串只消耗了 32 个字节（因为现在每个一维 char 类型数组足以容纳一个字符串，如图 4-8 所示）。但是，在 point14 中，内存的净节省少于 18 个字节，因为五个指针消耗 10 个字节，其中每个指针需要 2 个字节⊖用于存储。因此，内存的净节省是 8 个字节。

❏ point14 的性能优于 point13 的性能。在 point13 中，为了交换前两个字符串，跨越 LOC 16～20 的 for 循环被迭代 10 次，并且该循环由 3 个语句组成。因此，在 point13 中，执行 30 个语句以执行字符串的交换。在 point14 中，交换字符串只执行了 3 个语句（跨越 LOC 16～18）。

4.15　以交互方式存储字符串

问题

你希望在交互式会话中将指定数量的字符串（例如五个）存储在主内存中。

解决方案

编写一个 C 程序，在交互式会话中将五个字符串（比如你的朋友的名字）存储在主内存中，它具有以下规格说明：

❏ 程序创建一个包含五个指向字符串的指针的数组，称为 friends。此程序还创建一个名为 name 的 char 类型数组，用于临时存储通过键盘输入的字符串。

⊖　在 32 位系统中，1 个指针占用 4 字节。在 64 位系统中，1 个指针占用 8 字节。——译者注

- ❑ 程序使用 for 循环接受通过键盘输入的字符串。
- ❑ 程序使用函数 malloc() 为存储字符串分配内存。
- ❑ 程序在屏幕上显示存储的字符串。

代码

以下是使用这些规格说明编写的 C 程序的代码。在文本编辑器中键入以下 C 程序，并将其保存在文件夹 C:\Code 中，文件名为 point15.c：

```
/* 此程序接受并使用 malloc() 函数存储交互式会话中 */
/* 的五个字符串 */
                                                        /* BL */
#include <stdio.h>                                       /* L1 */
#include <stdlib.h>                                      /* L2 */
#include <string.h>                                      /* L3 */
                                                        /* BL */
main()                                                   /* L4 */
{                                                        /* L5 */
 char *friends[5], *ptr, name[30];                       /* L6 */
 int i, length;                                          /* L7 */
                                                        /* BL */
 for(i = 0; i < 5; i++) {                                /* L8 */
  printf("Enter name of friend no. %d: ", i + 1);        /* L9 */
  scanf(" %[^\n]", name);                                /* L10 */
  length = strlen(name);                                 /* L11 */
  ptr = (char *) malloc (length + 1);                    /* L12 */
  strcpy(ptr, name);                                     /* L13 */
  friends[i] = ptr;                                      /* L14 */
 }                                                       /* L15 */
                                                        /* BL */
 printf("\n\nList of friends:\n");                       /* L16 */
 for(i = 0; i < 5; i++)                                  /* L17 */
  printf("Friend no. %d : %s\n", i+1, friends[i]);       /* L18 */
                                                        /* BL */
 return(0);                                              /* L19 */
}                                                        /* L20 */
```

编译并执行此程序，程序的一次运行显示如下：

```
Enter name of friend no. 1: Kernighan  ⏎
Enter name of friend no. 2: Camarda    ⏎
Enter name of friend no. 3: Ford       ⏎
Enter name of friend no. 4: Nixon      ⏎
Enter name of friend no. 5: Wu         ⏎

List of friends:
Friend no. 1 : Kernighan
Friend no. 2 : Camarda
Friend no. 3 : Ford
Friend no. 4 : Nixon
Friend no. 5 : Wu
```

工作原理

在 LOC 6 中，发生以下情况：指向字符串的指针数组被称为 friends，指向 char 的指针被称为 ptr，而 char 类型数组被声明为 name。

跨越 LOC 8~15 的 for 循环负责接受和存储通过键盘输入的字符串。要输入的字符串是五个朋友的名字。因此，假设名字的长度最多只能为 30 个字符。

LOC 10 包含对 scanf() 函数的调用。它接受用户键入的字符串，并将其分配给名为 name 的 char 类型数组。请注意，字符串由换行符（'\n'）分隔。在用户按下 Enter 键键入字符串后，键入的字符串（换行符除外）存储在名为 name 的 char 类型数组中。

在 LOC 11 中，计算字符串的长度（存储在 name 中）并将其分配给 int 变量 length。LOC 12 包含对 malloc() 函数的调用。

函数 malloc() 在运行时分配内存。它分配一块连续的内存并返回该内存块的基址。这里给出了使用函数 malloc() 的语句的通用语法：

```
ptrPtr = (dataType *) malloc (size);
```

这里，ptrPtr 是指向 dataType 变量的指针，dataType 是任何有效的数据类型，如 int、char、float 等，而 size 是一个整数（或计算结果为整数的表达式），表示存储所需的字节数。如果无法分配所需的内存，则返回空指针。头文件 <stdlib.h> 包含函数 malloc() 的原型。

在执行 LOC 12 之后，分配大小 (length + 1) 字节的连续存储块，并且把指针 ptr 设置为指向它。在执行 LOC 13 之后，将数组 name 的内容复制到分配的内存块中。在执行 LOC 14 之后，指针 ptr 的指向被赋值给指针 friends[i]。因此，在执行 LOC 14 之后，指针 friends[i] 指向 LOC 12 和 13 中分配的内存块。这里，i 是字符串的序列号。对于第一个字符串，i 的值为 0，对于第二个字符串，i 的值为 1，以此类推。

跨越 LOC 17~18 的 for 循环在屏幕上显示存储在内存中的字符串。

4.16　将命令行参数传递给程序

问题

你希望从命令行将参数传递给程序。

解决方案

编写具有以下规格说明的 C 程序：

❑ 程序接受命令行中的参数。

❑ 程序使用指针来处理参数。

❑ 程序在屏幕上显示参数。

代码

以下是使用这些规格说明编写的 C 程序的代码。在文本编辑器中键入以下 C 程序，并将其保存在文件夹 C:\Code 中，文件名为 point16.c：

```
/* 此程序使用命令行参数。 */                                    /* BL */
                                                           /* L1 */
#include <stdio.h>                                         /* BL */
                                                           /* L2 */
main(int argc, char *argv[])                               /* L3 */
{                                                          /* L4 */
 int i;                                                    /* L5 */
 printf("Few towns in %s district:\n", argv[1]);           /* L6 */
 for(i = 2; i < argc; i++)                                 /* L7 */
  printf("%s\n", argv[i]);                                 /* L8 */
 return(0);                                                /* L9 */
}
```

编译并执行此程序，屏幕上将显示以下文本行。

```
Few towns in (null) district:
```

这个程序需要参数，但是你还没有将任何参数传递给这个程序。结果，这个程序显示出一些奇怪的输出。

现在让我们从命令行带参数执行此程序。假设所有可执行文件（例如 hello.exe）都存储在文件夹 C:\Output 中。打开命令提示符窗口。确认文件夹 C:\Output 是当前文件夹。键入以下命令：

```
C:\Output> point16 Sangli Miraj Kavathe Tasgav Vita Shirala Kadegav    ↵
```

现在屏幕上出现以下文本行：

```
Few towns in Sangli district:
Miraj
Kavathe
Tasgav
Vita
Shirala
Kadegav
```

工作原理

C 已经为命令行参数做了规定。当你打算将参数传递给程序时，main() 函数的第一行如下所示：

```
main(int argc, char *argv[])                               /* L2 */
```

在给出的 LOC 中，括号包含参数列表。通常，参数被传递给函数调用中的函数。但是当执行环境调用 main() 函数时，执行环境也会将参数传递给 main() 函数。当程序执行开始时，函数 main() 带两个参数调用，即 argc（参数计数）和 argv（参数向量）。请注意，相同的名称用于形式参数（parameters）和实际参数（arguments）。参数 argc 表示传递给程序的参数的数量，其数据类型为 int。参数 argv 是一个指向包含参数的 char 的指针的数组，每个字符串对应一个指针。argv 的大小是 (argc + 1)。按照惯例，argv[0] 表示正在执行的程序的名称。这意味着 argc 的最小可能值为 1。此外，null 值与 argv[argc] 相关联。换句话说，

argv[argc] 是一个空指针。其余参数是真正的参数，并被传递给程序进行处理。

在这个程序的情况下，argc 是 8，因为我们输入了 8 个字符串，即 "point16"、"Sangli"、"Miraj"、"Kavathe"、"Tasgav"、"Vita"、"Shirala" 和 "Kadegav"。这些字符串与各个指针相关联，如下所示：

String	Name of pointer to char
"point16"	argv[0]
"Sangli"	argv[1]
"Miraj"	argv[2]
"Kavathe"	argv[3]
"Tasgav"	argv[4]
"Vita"	argv[5]
"Shirala"	argv[6]
"Kadegav"	argv[7]

此外，null 值与指针 argv[8] 相关联。

执行环境的责任是执行以下操作：

❑ 对字符串计数并将此数字作为 argc 传递给程序

❑ 构建数组 argv（指向 char 的指针数组），将各个字符串关联到此数组中的相应元素（如前面所列），并将此数组传递给程序

考虑没有参数传递给程序的情况。在这种情况下，argc 为 1，而数组 argv 只有两个元素，即 argv[0] 和 argv[1]。另外，指针 argv[0] 与字符串 "point16" 相关联，指针 argv[1] 与值 null 相关联。执行 LOC 5 后，屏幕上会显示以下文本行：

```
Few towns in (null) district:
```

LOC 5 在此转载，供你快速参考：

```
printf("Few towns in %s district:\n", argv[1]);                    /* L5 */
```

argv[1] 的值为 null。此值放在转换规格说明 %s 下，你将获得前面显示的输出。LOC 6～7 由 for 循环组成，当 argc 的值为 1 时，条件 (2 < argc) 在第一次迭代期间变为假，所以 for 循环一次迭代都不会发生。然后程序终止。

现在考虑将前面列出的参数传递给程序的情况。argv[0] 与字符串 "point16" 相关联，而 argv[8] 与值 null 相关联。argv 的其他元素与前面列出的参数字符串相关联。由于 argv[1] 的值为 "Sangli"，因此在执行 LOC 5 后，屏幕上会显示以下文本行：

```
Few towns in Sangli district:
```

由于 argc 的值为 8，for 循环执行六次迭代并显示六个城镇的名称，每次迭代一个城镇。

由于 argv 是指向指针数组的指针，因此你可以解除引用它以访问与其关联的字符串。这意味着若不使用此处给出的表达式：

```
argv[k];
```

你也可以使用这里给出的表达式：

```
*(argv + k)
```

程序 point16 被照此修改重写，并在这里给出。在 C 文件中键入以下文本（程序）并将其保存在文件夹 C:\Code 中，文件名为 point17.c：

```
/* 此程序也使用命令行参数。另一种版本。 */
                                                        /* BL */
#include <stdio.h>                                      /* L1 */
                                                        /* BL */
main(int argc, char *argv[])                            /* L2 */
{                                                       /* L3 */
 int i;                                                 /* L4 */
 printf("Few towns in %s district:\n", *++argv);        /* L5 */
 for(i = 2; i < argc; i++)                              /* L6 */
  printf("%s\n", *++argv);                              /* L7 */
 return(0);                                             /* L8 */
}                                                       /* L9 */
```

使用或不使用参数编译和执行此程序，你都将获得与 point16 相同的输出。

它产生与前一个程序相同的输出。注意表达式 *++argv。在该表达式中，第一个整数 1 被加到指针 argv（即使其指向下一个字符串），然后使用运算符 * 解除引用以获取它指向的字符串。

4.17 使用指向指针的指针获取存储的字符串

问题

你想使用指向指针的指针获取存储的字符串。

解决方案

编写一个 C 程序，使用指向指针的指针获取存储的字符串，它具有以下规格说明：

❑ 程序声明一个名为 cities 的二维 char 类型数组，并使用合适的数据（字符串）对其进行初始化。

❑ 程序声明一个名为 ptr 的指向 char 的指针变量，以及一个指向 char 指针变量的指针 ptrPtr。程序在指针变量 ptr 和 ptrPtr 的帮助下获取存储在数组 cities 中的字符串，并在屏幕上显示它们。

代码

以下是使用这些规格说明编写的 C 程序的代码。在文本编辑器中键入以下 C 程序并将其保存在文件夹 C:\Code 中，文件名为 point18.c：

```
/* 此程序使用指向 char 类型数组指针的指针获取存储的字符串。 */
                                                        /* Bl */
#include <stdio.h>                                      /* L1 */
                                                        /* BL */
main()                                                  /* L2 */
{                                                       /* L3 */
```

```
  int i, j;                                    /* L4 */
  char ch;                                     /* L5 */
  char cities[5][10] = {                       /* L6 */
                          "Satara",            /* L7 */
                          "Sangli",            /* L8 */
                          "Karad",             /* L9 */
                          "Pune",              /* L10 */
                          "Mumbai"             /* L11 */
                        };                     /* L12 */
  char *ptr, **ptrPtr;                         /* L13 */
                                               /* BL */
  ptrPtr = &ptr;                               /* L14 */
                                               /* BL */
  for(i=0; i<5; i++) {                         /* L15 */
  ptr = (char *) cities[i];                    /* L16 */
  j = 0;                                       /* L17 */
                                               /* BL */
  do {                                         /* L18 */
    ch = *(ptr + j);                           /* L19 */
    printf("%c", ch);                          /* L20 */
    j = j + 1;                                 /* L21 */
  } while(ch != '\0');                         /* L22 */
                                               /* BL */
  printf("\t\t");                              /* L23 */
  j = 0;                                       /* L24 */
                                               /* BL */
  do {                                         /* L25 */
    ch = *(*ptrPtr + j);                       /* L26 */
    printf("%c", ch);                          /* L27 */
    j = j + 1;                                 /* L28 */
  } while(ch != '\0');                         /* L29 */
                                               /* BL */
  printf("\n");                                /* L30 */
  }                                            /* L31 */
                                               /* BL */
  return(0);                                   /* L32 */
}                                              /* L33 */
```

编译并执行此程序，屏幕上将显示以下文本行。

```
Satara      Satara
Sangli      Sangli
Karad       Karad
Pune        Pune
Mumbai      Mumbai
```

工作原理

在 LOC 4 中，声明了两个 int 变量 i 和 j。在 LOC 5 中，声明了一个名为 ch 的 char 变量。在 LOC 6~12 中，声明了名为 cities 的二维 char 类型数组，并使用合适的字符串进行初始化。在 LOC 13 中，声明了指向 char 变量的指针 ptr 和指向 char 指针变量的指针 ptrPtr。请注意以下有关此程序的信息：

- ❑ ch 是 char 变量。
- ❑ ptr 是指向 char 变量的指针。
- ❑ *ptr 是 char 变量。
- ❑ ptrPtr 是指向 char 指针变量的指针。
- ❑ *ptrPtr 是指向 char 的指针变量。
- ❑ **ptrPtr 是 char 变量。

图 4-10 显示了 char 数组 cities 和指针 ptr 与 ptrPtr 的图形表示。注意这个程序的输出。你可以看到两列，每列列出城市的名称。使用 *ptr 通过 LOC 18～22 中的 do-while 循环输出第一列。使用 **ptrPtr 通过 LOC 25～29 中的 do-while 循环输出第二列。两个 do-while 循环都放在 for 循环中。此 for 循环执行 5 次迭代，并且在每次迭代中，在屏幕上显示单行文本。请注意 LOC 14，此处转载以供你快速参考：

```
ptrPtr = &ptr;                                              /* L14 */
```

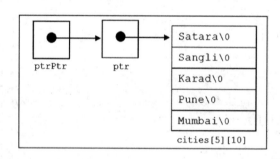

图 4-10　指向 char 的指针变量 ptr 和指向 char 指针变量的变量（原文错误）ptrPtr 的图解表示。请注意，ptrPtr 指向 ptr，而 ptr 指向名为 cities 的二维 char 类型数组的第一行中的第一个字符

在 LOC 14 中，ptr 的地址被赋值给 ptrPtr。由于 ptrPtr 是指向 char 指针的指针，因此只能为其指定指向 char 的指针的地址。

注意 LOC 16，它代表 for 循环体中的第一个语句，在此处复制它，以供你快速参考：

```
ptr = (char *) cities[i];                                   /* L16 */
```

在 LOC 16 中，第 i 行中第一个字符的地址被赋值给指针变量 ptr。第 i 行的地址由 cities[i] 返回。它被转换为 (char *)，然后赋值给 ptr。这个转换是必要的，因为 cities[i] 不是指向 char 的指针，它是指向第 i 行的指针。

因此，在第一次迭代期间，LOC 16 将第一行的第一个字符的地址（即 "Satara" 中的 "S" 的地址）赋值给 ptr。在第二次迭代期间，LOC 16 将第二行的第一个字符的地址（即 "Sangli" 中的 "S" 的地址）赋值给 ptr，以此类推。

请注意第一个 do-while 循环中的 LOC 19，这里将转载以供你快速参考：

```
ch = *(ptr + j);                                              /* L19 */
```

　　请注意，这是一个嵌套循环。外循环是 for 循环。考虑 for 循环的第二次迭代。在 for 循环的第二次迭代开始时，在 LOC 16 中，ptr 被设置为指向第二个字符串中的第一个字符（并且第二个字符串就是 "Sangli"）。在 do-while 循环的第一次迭代期间，(ptr + j) 指向 "Sangli" 中的第一个字符，因为 j 等于 0。因此，LOC 19 获取 "Sangli" 中的第一个字符（即 'S'）并且它被发送到屏幕以便在 LOC 20 中显示。在 do-while 循环的第二次迭代期间，(ptr + j) 指向 "Sangli" 中的第二个字符，因为 j 等于 1。因此，LOC 19 获取 "Sangli" 中的第二个字符（它是 'a'），并将其发送到屏幕以便在 LOC 20 中显示。以这种方式进行下去，完整的字符串 "Sangli" 就被获取并显示在屏幕上。

　　请注意第二个 do-while 循环中的 LOC 26，在此处转载以供你快速参考：

```
ch = *(*ptrPtr + j);                                          /* L26 */
```

　　请注意，这也是一个嵌套循环。外循环是 for 循环。考虑 for 循环的第二次迭代。在 for 循环的第二次迭代开始时，在 LOC 16 中，ptr 被设置为指向第二个字符串中的第一个字符（而第二个字符串就是 "Sangli"）。此外，ptrPtr 始终指向 ptr。这意味着在 for 循环的第二次迭代中，*ptrPtr 指向第二个字符串中的第一个字符（而第二个字符串就是 "Sangli"）。在 do-while 循环的第一次迭代期间，(*ptrPtr + j) 指向 "Sangli" 中的第一个字符，因为 j 等于 0。因此，LOC 26 获取 "Sangli" 中的第一个字符（它是 'S'），它被发送到屏幕以便在 LOC 27 中显示。在 do-while 循环的第二次迭代期间，(*ptrPtr + j) 指向 "Sangli" 中的第二个字符，因为 j 等于 1。LOC 26 获取 "Sangli" 中的第二个字符（它是 'a'），并将其发送到屏幕以便在 LOC 27 中显示。以这种方式进行下去，完整的字符串 "Sangli" 就被获取并显示在屏幕上。

第 5 章

利用指针使用函数和结构

在本章中，你将在指针的帮助下探索函数和结构的功能。你当然可以不借助指针来使用函数和结构。但是，通过使用指针，你可以用更少的代码行来执行相同的任务。

5.1 通过引用传递函数参数

问题

你希望通过引用将参数传递给函数，以设置成员学分的值。此学分由整数表示，可以从 main() 函数或用户定义的函数设置。

解决方案

编写一个 C 程序，通过引用传递参数，它具有以下规格说明：

❑ 程序创建两个整数变量 intCC1 和 intCC2，用于存储成员的学分并为其分配预定值。程序还会在屏幕上显示这些值。

❑ 程序定义了函数 changeCreditCount()，其中 int 变量 intCC1 和 intCC2（表示学分）通过引用作为参数传递。除函数 main() 外，函数 changeCreditCount() 也可以设置学分的值。

❑ 程序从函数 changeCreditCount() 更改学分值。学分的新值显示在屏幕上。当 changeCreditCount() 执行完成并且控制返回到 main() 函数时，程序再次显示学分值，以验证在 changeCreditCount() 中设置的学分值是否完整。

代码

以下是使用这些规格说明编写的 C 程序的代码。在文本编辑器中键入以下 C 程序并将其保存在文件夹 C:\Code 中，文件名为 ref.c：

```
/* 在这个程序中，通过引用传递参数来设置学分。 */          /* BL */
                                                          /* L1 */
#include <stdio.h>                                        /* BL */
                                                          /* L2 */
void changeCreditCount(int *p1, int *p2);                /* BL */
                                                          /* L3 */
main()                                                    /* L4 */
{                                                         /* L5 */
 int intCC1 = 15, intCC2 = 20;                            /* L6 */
 printf("Computer-control is in main() function\n");      /* L7 */
 printf("intCC1 = %d and intCC2 = %d\n", intCC1, intCC2); /* L8 */
 changeCreditCount(&intCC1, &intCC2);                     /* L9 */
 printf("Computer-control is back in main() function\n"); /* L10 */
 printf("intCC1 = %d and intCC2 = %d\n", intCC1, intCC2); /* L11 */
 return(0);                                               /* L12 */
}                                                         /* BL */
                                                          /* L13 */
void changeCreditCount(int *p1, int *p2)                  /* L14 */
{                                                         /* L15 */
  printf("Computer-control is in changeCreditCount() function\n");
  printf("Initial values of *p1 and *p2: \n");            /* L16 */
  printf("*p1 = %d and *p2 = %d\n", *p1, *p2);            /* L17 */
  *p1 = *p1 * 4;                                          /* L18 */
  *p2 = *p2 * 4;                                          /* L19 */
  printf("Now values of *p1 and *p2 are changed\n");      /* L20 */
  printf("*p1 = %d and *p2 = %d\n", *p1, *p2);            /* L21 */
  return;                                                 /* L22 */
}                                                         /* L23 */
```

编译并执行此程序，屏幕上会显示以下文本行：

```
Computer-control is in main() function
intCC1 = 15 and intCC2 = 20
Computer-control is in changeCreditCount() function
Initial values of *p1 and *p2:
*p1 = 15 and *p2 = 20
Now values of *p1 and *p2 are changed
*p1 = 60 and *p2 = 80
Computer-control is back in main() function
intCC1 = 60 and intCC2 = 80
```

工作原理

当你通过引用传递参数并更改被调用函数中的参数值时，调用方函数中的参数值也会更改。你可以利用此事实从 main() 函数或用户定义的函数设置学分值。

当你通过引用传递参数时，实际上是将指针传递给被调用函数。当你打算通过引用传递参数时，则需要执行以下操作：

- ❑ 使用地址运算符 & 为函数调用（如在 LOC 8 中）中的每个参数添加前缀。
- ❑ 使用间接运算符 * 在函数原型（如在 LOC 2 中）和函数定义（如在 LOC 13 中）中为每个参数添加前缀。

LOC 2 由函数 changeCreditCount() 的原型组成。在 LOC 2 中，参数 p1 和 p2 以间接运

算符 * 作为前缀，如下所示：

```
void changeCreditCount(int *p1, int *p2);          /* L2，通过引用传递参数 */
```

跨越 LOC 13～23 的代码块由函数 changeCreditCount() 的定义组成。在 main() 函数内部，LOC 5 处声明了两个 int 变量 intCC1 和 intCC2，并分别使用值 15 和 20 进行初始化。在 LOC 7 中，intCC1 和 intCC2 的值显示在屏幕上。在 LOC 8 中，调用函数 changeCreditCount()。在此转载 LOC 8，供你快速参考：

```
changeCreditCount(&intCC1, &intCC2);               /* L8，通过引用传递参数 */
```

在函数 changeCreditCount() 内部，数据驻留在参数 p1 和 p2 中。因为参数是通过引用传递的，所以变量 p1 和 p2 只是变量 intCC1 和 intCC2 的别名。

在 LOC 17 中，p1 和 p2 的值显示在屏幕上，它们是 intCC1 和 intCC2 的当前值，而 intCC1 和 intCC2 的值分别是 15 和 20。在 LOC 18 和 19 中，p1 和 p2 的值分别更新为 60 和 80。在 LOC 21 中，p1 和 p2 的更新值（即 60 和 80）显示在屏幕上。LOC 22 由 return 语句组成。在执行 LOC 22 之后，控制返回到 main() 函数。接下来，执行函数 main() 中的 LOC 9，并且在执行该 LOC 之后，在屏幕上显示消息 "Computer-control is back in main() function"（计算机控制回到 main() 函数）。在 LOC 10 中，在屏幕上显示 intCC1 和 intCC2 的值（现在是 60 和 80），然后程序执行完成。请注意，函数 changeCreditCount() 中的变量 p1 和 p2 只是 main() 中变量 intCC1 和 intCC2 的别名，当在 LOC 18 和 19 中更新 p1 和 p2 的值时，main() 中 intCC1 和 intCC2 的值也会自动更新。

5.2 显示嵌套结构中存储的数据

问题

你希望访问嵌套结构中的成员和嵌入成员，然后在屏幕上显示存储在这些结构中的数据。图 5-1 显示了存储在结构中的数据，图 5-2 显示了此结构的图解。

姓名	编号	年龄	体重（kg）	加入时间
Dick	1	21	70.6	10/18/2006
Robert	2	22	75.8	8/24/2007
Steve	3	20	53.7	3/19/2006
Richard	4	19	83.1	6/22/2006
Albert	5	18	62.3	7/26/2007

图 5-1 五个秘密特工的个人资料

解决方案

编写一个 C 程序，使用指向结构的指针来访问嵌套结构中的成员和嵌入成员，然后在屏幕上显示存储在这些结构中的数据，它具有以下规格说明：

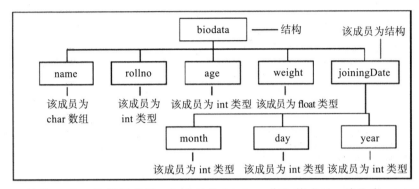

图 5-2　结构 biodata 的图解表示，包含结构 joinDate 作为其成员。请注意，joinDate 是
　　　　struct date 类型的结构变量

❑ 程序创建一个名为 date 的结构来存储成员的加入日期。程序创建结构 biodata 来存
　储成员的个人资料，结构 date 也是结构 biodata 的成员（见图 5-1 和图 5-2）。为节
　省空间，仅使用图 5-1 中显示的前两个记录。

❑ 程序创建两个 struct biodata 类型的变量，并为它们分配合适的值。

❑ 程序使用指向结构的指针来获取存储在结构中的数据，并在屏幕上显示此数据。

代码

以下是使用这些规格说明编写的 C 程序的代码。在文本编辑器中键入以下 C 程序并将
其保存在文件名 C:\Code 中，文件名为 stru1.c：

```c
/* 在这个程序中，指向结构的指针用于访问嵌套结构中的嵌入式成员。*/
/* 然后，在屏幕上显示结构中的数据。 */
                                                        /* BL */
#include <stdio.h>                                      /* L1 */
                                                        /* BL */
main()                                                  /* L2 */
{                                                       /* L3 */
 struct date {                                          /* L4 */
   int month;                                           /* L5 */
   int day;                                             /* L6 */
   int year;                                            /* L7 */
 };                                                     /* L8 */
 struct biodata {                                       /* L9 */
   char name[15];                                       /* L10 */
   int rollno;                                          /* L11 */
   int age;                                             /* L12 */
   float weight;                                        /* L13 */
   struct date joiningDate;                             /* L14 */
 };                                                     /* L15 */
struct biodata *ptr1, sa1 = {"Dick", 1, 21, 70.6F, 10, 18, 2006};   /* L16 */
struct biodata *ptr2, sa2 = {"Robert", 2, 22, 75.8F, 8, 24, 2007};  /* L17 */
ptr1 = &sa1;                                            /* L18 */
ptr2 = &sa2;                                            /* L19 */
                                                        /* BL */
```

```
printf("Biodata of Secret Agent # 1: \n");                    /* L20 */
printf("\tName: %s\n", (*ptr1).name);                         /* L21 */
printf("\tRoll Number: %d\n", (*ptr1).rollno);                /* L22 */
printf("\tAge: %d years \n", (*ptr1).age);                    /* L23 */
printf("\tWeight: %.1f kg\n", (*ptr1).weight);                /* L24 */
printf("\tJoining Date: %d/%d/%d\n\n", (*ptr1).joiningDate.month,  /* L25 */
        (*ptr1).joiningDate.day, (*ptr1).joiningDate.year);   /* L26 */
                                                              /* BL */
printf("Biodata of Secret Agent # 2: \n");                    /* L27 */
printf("\tName: %s\n", ptr2->name);                           /* L28 */
printf("\tRoll Number: %d\n", ptr2->rollno);                  /* L29 */
printf("\tAge: %d years \n", ptr2->age);                      /* L30 */
printf("\tWeight: %.1f kg\n", ptr2->weight);                  /* L31 */
printf("\tJoining Date: %d/%d/%d\n", ptr2->joiningDate.month, /* L32 */
        ptr2->joiningDate.day, ptr2->joiningDate.year);       /* L33 */
                                                              /* BL */
 return(0);                                                   /* L34 */
}                                                             /* L35 */
```

编译并执行此程序，屏幕上会显示以下文本行：

```
Biodata of Secret Agent # 1:
Name: Dick
Roll Number: 1
Age: 21 years
Weight: 70.6 kg
Joining Date: 10/18/2006
Biodata of Secret Agent # 2:
Name: Robert
Roll Number: 2
Age: 22 years
Weight: 75.8 kg
Joining Date: 8/24/2007
```

工作原理

在 LOC 4～8 中，定义了结构 date。在 LOC 9～15 中，定义了结构 biodata。结构 date 是结构 biodata 的成员。在 LOC 16～17 中，声明了 biodata 类型的变量 sa1 和 sa2，并用适当的值初始化。在相同的 LOC（即 16～17）中，声明指向结构 biodata 的指针 ptr1 和 ptr2。在 LOC 18 中，指针 ptr1 被设置为指向变量 sa1。在 LOC 19 中，指针 ptr2 被设置为指向变量 sa2。

在跨越 LOC 20～26 的代码块中，在屏幕上显示分配给变量 sa1 的数据，它是 Secret Agent#1（1 号秘密特工）的个人资料。LOC 21 在屏幕上显示 Secret Agent#1 的名字，在此处转载它，以供你快速参考：

```
printf("\tName: %s\n", (*ptr1).name);            /* L21 */
```

构造 (*ptr1).name 用于获取存储在 sa1 中的字符串名称。在剩余的 LOC（即 22～26）中使用类似的结构来获取存储在 sa1 中的数据。LOC 25 和 26 表示单个语句，但由于很长，它显示在两个 LOC 上。在此语句中，构造 (*ptr1).joiningDate.month 用于获取月份，构造

(*ptr1).joiningDate.day 用于获取日期，构造 (*ptr1).joiningDate.year 用于获取 1 号秘密特工的出生年份。

在跨越 LOC 27～33 的代码块中，在屏幕上显示分配给变量 sa2 的数据（它是 Secret Agent#2（2 号秘密特工）的个人资料）。在这个代码块中，使用与前面的代码块不同的结构来获取存储在变量 sa2 中的数据。LOC 28 在屏幕上显示 Secret Agent#2 的名称，在此处转载它，以供你快速参考：

```
printf("\tName: %s\n", ptr2->name);                    /* L28 */
```

构造 ptr2->name 用于获取存储在 sa2 中的字符串名称。在剩余的 LOC（即 29～33）中使用类似的结构来获取存储在 sa2 中的数据。LOC 32 和 33 表示单个语句，但由于很长，它被放在两个 LOC 上。在这个语句中，构造 ptr2->joinedDate.month 用于获取月份，构造 ptr2->joinedDate.day 用于获取日期，构造 ptr2->joinedDate.year 用于获取 2 号秘密特工的出生年份。

可以在 scanf() 语句中使用构造 (*ptr).joiningDate.month 和 ptr->joiningDate.month，如下所示：

```
scanf("%d", &agent.joiningDate.month);
scanf("%d", &(*ptr).joiningDate.month);
scanf("%d", &ptr->joiningDate.month);
```

这些 LOC 中的任何一个执行后，都接受来自键盘的整数值并将其分配给 agent.joiningDate.month。

构造 (*ptr).joiningDate.month 和 ptr->joiningDate.month 也可用于赋值语句，如下所示：

```
agent.joiningDate.month = agent.joiningDate.month + 3;
(*ptr).joiningDate.month = (*ptr).joiningDate.month + 3;
ptr->joiningDate.month = ptr->joiningDate.month + 3;
```

执行这些 LOC 中的任何一个后，都会把 agent.joiningDate.month 的值增加 3。

以下是关于点运算符和箭头运算符的几个注意点。

点运算符

在以下代码中，为 sa1 分配合适的值：

```
strcpy(sa1.name, "Dick");                              /* L1 */
sa1.rollno = 1;                                        /* L2 */
sa1.age = 21;                                          /* L3 */
sa1.weight = 70.6F;                                    /* L4 */
```

请注意，以下构造用于访问结构的单个成员：

```
structureVariableName.memberName
```

将 structureVariableName 连接到 memberName 的点（.）称为结构成员运算符。这里给出的结构可以用在像普通变量这样的程序中。例如，请注意这里给出的 LOC：

```
sa1.age = sa1.age + 1;                              /* L5 */
sa1.weight = sa1.weight + 2.3;                      /* L6 */
```

执行 LOC 5 后，sa1.age 的值增加 1（从 21 变为 22）。执行 LOC 6 后，sa1.weight 的值增加 2.3（从 70.6 变为 72.9）。

箭头运算符

注意这里给出的代码片段：

```
struct biodata {                                    /* L1 */
  char name[15];                                    /* L2 */
  int rollno;                                       /* L3 */
  int age;                                          /* L4 */
  float weight;                                     /* L5 */
};                                                  /* L6 */
struct biodata *ptr, agent = {"Dick", 1, 21, 70.6F}; /* L7 */
ptr = &agent;                                       /* L8 */
printf("Biodata of secret agent:\n");              /* LL */
printf("Name: %s\n", (*ptr).name);                 /* L9 */
printf("Roll Number: %d\n", (*ptr).rollno);        /* L10 */
printf("Age: %d years \n", (*ptr).age);            /* L11 */
printf("Weight: %.1f kg\n\n", (*ptr).weight);      /* L12 */
```

执行后，这段代码在屏幕上显示以下文本行：

```
Biodata of secret agent:
Name: Dick
Roll Number: 1
Age: 21 years
Weight: 70.6 kg
```

在这段代码中，结构 biodata 在 LOC 1～6 中声明。在 LOC 7 中，你将声明一个名为 ptr 指向 struct biodata 的指针和一个类型为 struct biodata 的变量 agent。在 LOC 8 中，指针 ptr 指向变量 agent。在 LOC 9～12 中，你将在屏幕上显示特工的个人资料。注意如何使用指针 ptr 访问 agent 的成员。可以使用构造 *ptr 代替变量 agent。因此，以下 LOC 完全等效：

```
printf("Name: %s\n", agent.name);
printf("Name: %s\n", (*ptr).name);
```

执行后，这些 LOC 中的任何一个都将在屏幕上显示以下文本行：

```
Name: Dick
```

另外，请注意在构造 (*ptr).name 中，*ptr 周围的括号是必需的，因为结构成员运算符 . 的优先级高于 *。构造 *ptr.name 表示 *(ptr.name)，这在这里是非法的，因为 name 不是指针，它不能被解除引用。

指向结构的指针使用频繁，因此，C 语言提供了称为箭头操作符的替代符号作为简写。这个箭头操作符是 ->。例如，这里给出的结构：

```
ptr->name
```

... 完全等同于以下任一结构：

```
agent.name
(*ptr).name
```

这意味着以下 LOC 完全等效：

```
printf("Name: %s\n", agent.name);
printf("Name: %s\n", (*ptr).name);
printf("Name: %s\n", ptr->name);
```

执行后，这些 LOC 中的任何一个都将在屏幕上显示以下文本行：

```
Name: Dick
```

此外，以下 LOC 完全等效：

```
printf("Roll Number: %d\n", agent.rollno);
printf("Roll Number: %d\n", (*ptr).rollno);
printf("Roll Number: %d\n", ptr->rollno);
```

这些 LOC 中的任何一个执行后，都将在屏幕上显示以下文本行：

```
Roll Number: 1
```

此外，以下 LOC 完全等效：

```
printf("Age: %d years \n", agent.age);
printf("Age: %d years \n", (*ptr).age);
printf("Age: %d years \n", ptr->age);
```

这些 LOC 中的任何一个执行后，都将在屏幕上显示以下文本行：

```
Age: 21 years
```

涉及指针的构造也可以在 scanf() 语句中使用。注意这里给出的 LOC：

```
scanf("%d", &agent.age);
scanf("%d", &(*ptr).age);
scanf("%d", &ptr->age);
```

这些 LOC 中的任何一个执行后，都接受通过键盘输入的整数值并将其分配给 agent.age。

涉及指针的构造也可用于赋值语句。注意这里给出的 LOC：

```
agent.age = agent.age + 5;
(*ptr).age = (*ptr).age + 5;
ptr->age = ptr->age + 5;
```

这些 LOC 中的任何一个执行后，都会将 agent.age 的值增加 5。

另外请注意，可以在 LOC 6 中声明指针 ptr 和变量 agent 并删除 LOC 7。这意味着前面给出的跨越 LOC 1～7 的代码段可以替换为以下代码：

```
struct biodata {                                    /* L1 */
  char name[15];                                    /* L2 */
  int rollno;                                       /* L3 */
  int age;                                          /* L4 */
  float weight;                                     /* L5 */
} *ptr, agent = {"Dick", 1, 21, 70.6F};             /* L6 */
```

5.3 使用函数构建结构

问题

你想使用函数构建结构。

解决方案

编写一个 C 程序，将结构的各个成员传递给函数，以便此函数使用此数据构建结构并返回它，程序具有以下规格说明：

❑ 程序创建一个名为 rectangle（矩形）的结构，该结构又由两个 int 类型成员（height 和 width（高度和宽度））组成。此程序创建两个变量，rect1 和 rect2，类型为 struct rectangle。

❑ 程序创建一个函数 makeIt()，它接受成员 height 和 width 的值作为输入参数。程序调用函数 makeIt() 并将适当的 height 和 width 值作为输入参数传递给它。使用这些输入参数，函数 makeIt() 构建并返回结构 rectangle，然后将其分配给变量 rect1 和 rect2。

❑ 随后在屏幕上显示存储在 rect1 和 rect2 中的数据。

代码

以下是使用这些规格说明编写的 C 程序的代码。在文本编辑器中键入以下 C 程序并将其保存在文件夹 C:\Code 中，文件名为 stru2.c：

```
/* 此程序使用一个接受结构各个成员值的函数 */
/* 构建一个结构，并返回它。 */
                                                        /* BL */
#include <stdio.h>                                       /* L1 */
                                                        /* BL */
struct rectangle {                                       /* L2 */
 int height;                                             /* L3 */
 int width;                                              /* L4 */
};                                                       /* L5 */
                                                        /* BL */
struct rectangle makeIt(int height, int width);         /* L6 */
                                                        /* BL */
main()                                                   /* L7 */
{                                                        /* L8 */
 struct rectangle rect1, rect2;                          /* L9 */
 rect1 = makeIt(20, 30);                                 /* L10 */
 rect2 = makeIt(40, 80);                                 /* L11 */
                                                        /* BL */
 printf("Dimensions of rect1: \n");                      /* L12 */
 printf("height: %d\n", rect1.height);                   /* L13 */
 printf("width: %d\n\n", rect1.width);                   /* L14 */
                                                        /* BL */
 printf("Dimensions of rect2: \n");                      /* L15 */
 printf("height: %d\n", rect2.height);                   /* L16 */
 printf("width: %d\n\n", rect2.width);                   /* L17 */
```

```
                                                     /* BL  */
  return(0);                                         /* L18 */
}                                                    /* L19 */
                                                     /* BL  */
struct rectangle makeIt(int height, int width)       /* L20 */
{                                                    /* L21 */
  struct rectangle myRectangle;                      /* L22 */
  myRectangle.height = height;                       /* L23 */
  myRectangle.width = width;                         /* L24 */
  return myRectangle;                                /* L25 */
}                                                    /* L26 */
```

编译并执行此程序，屏幕上会显示以下文本行：

```
Dimensions of rect1:
height: 20
width: 30
Dimensions of rect2:
height: 40
width: 80
```

工作原理

在跨越 LOC 2～5 的代码块中，定义了结构 rectangle。它由两个 int 类型成员组成，即 height 和 width。这两个成员的值作为参数传递给构建矩形的函数 makeIt()，然后返回结构矩形。跨越 LOC 20～26 的代码块定义了函数 makeIt()。选择函数 makeIt() 中的参数名称与结构中的成员名称（即 height 和 width）相同，以保持逻辑简单。

结构 rectangle 的范围设置为外部（它在所有函数之外声明），以便可以从任何函数访问它。LOC 6 由函数原型组成。在 LOC 9 中，声明了 struct rectangle 的两个变量 rect1 和 rect2。

在 LOC 10 中，调用函数 makeIt()，并且参数 20 和 30 作为参数 height 和 width 的值被提供。函数 makeIt() 返回一个结构 rectangle，相应地设置其成员值（height 为 20，width 为 30），并将此返回的结构分配给变量 rect1。

类似地，在 LOC 11 中，调用函数 makeIt() 但使用不同的参数（40 和 80）。然后将 makeIt() 返回的结构分配给变量 rect2。

LOC 12～17 显示属于 rect1 和 rect2 结构的成员的值。

5.4　通过将结构传递给函数来修改结构中的数据

问题

你希望通过将结构传递给函数来修改结构中的数据。

解决方案

编写一个 C 程序，它具有以下规格说明，将结构作为输入参数传递给函数，此函数重设此结构中的数据并返回结构：

❑ 程序创建一个结构 rectangle，它由两个 int 类型成员（height 和 width）组成。此程序还创建了两个变量 rect1 和 rect2，类型为 struct rectangle，并使用合适的值初始化这些变量。存储在 rect1 和 rect2 中的数据在屏幕上显示。

❑ 程序创建一个名为 doubleIt() 的函数，它接受 struct rectangle 类型的变量（即 rect1 或 rect2）作为输入参数，重设此变量的数据，然后返回此变量。使用这些返回的变量，变量 rect1 和 rect2 被重设。

❑ 存储在 rect1 和 rect2 中的重设数据再次在屏幕上显示。

代码

以下是使用这些规格说明编写的 C 程序的代码。在文本编辑器中键入以下 C 程序并将其保存在文件夹 C:\Code 中，文件名为 stru3.c：

```
/* 此程序使用一个接受结构作为输入参数的函数 */
/* 并在修改数据后返回结构。 */
                                                        /* BL */
#include <stdio.h>                                      /* L1 */
                                                        /* BL */
struct rectangle {                                      /* L2 */
 int height;                                            /* L3 */
 int width;                                             /* L4 */
};                                                      /* L5 */
                                                        /* BL */
struct rectangle doubleIt(struct rectangle ourRect);    /* L6 */
                                                        /* BL */
main()                                                  /* L7 */
{                                                       /* L8 */
 struct rectangle rect1 = {10, 15}, rect2 = {25, 35};   /* L9 */
                                                        /* BL */
 printf("Dimensions of rect1 before modification: \n"); /* L10 */
 printf("height: %d\n", rect1.height);                  /* L11 */
 printf("width: %d\n\n", rect1.width);                  /* L12 */
                                                        /* BL */
 rect1 = doubleIt(rect1);                               /* L13 */
                                                        /* BL */
 printf("Dimensions of rect1 after modification: \n");  /* L14 */
 printf("height: %d\n", rect1.height);                  /* L15 */
 printf("width: %d\n\n", rect1.width);                  /* L16 */
                                                        /* BL */
 printf("Dimensions of rect2 before modification: \n"); /* L17 */
 printf("height: %d\n", rect2.height);                  /* L18 */
 printf("width: %d\n\n", rect2.width);                  /* L19 */
                                                        /* BL */
 rect2 = doubleIt(rect2);                               /* L20 */
                                                        /* BL */
 printf("Dimensions of rect2 after modification: \n");  /* L21 */
 printf("height: %d\n", rect2.height);                  /* L22 */
 printf("width: %d\n\n", rect2.width);                  /* L23 */
                                                        /* BL */
 return(0);                                             /* L24 */
}                                                       /* L25 */
```

```
                                                           /* BL  */
struct rectangle doubleIt (struct rectangle ourRect)       /* L26 */
{                                                          /* L27 */
  ourRect.height = 2 * ourRect.height;                     /* L28 */
  ourRect.width = 2 * ourRect.width;                       /* L29 */
  return ourRect;                                          /* L30 */
}                                                          /* L31 */
```

编译并执行此程序，屏幕上会显示以下文本行：

```
Dimensions of rect1 before modification:
height: 10
width: 15
Dimensions of rect1 after modification:
height: 20
width: 30
Dimensions of rect2 before modification:
height: 25
width: 35
Dimensions of rect2 after modification:
height: 50
width: 70
```

工作原理

LOC 2～5 定义结构 rectangle。结构 rectangle 由两个 int 类型成员组成，即 height 和 width。LOC 6 由函数 doubleIt() 的原型组成。

在 LOC 9 中，声明了类型为 struct rectangle 的两个变量 rect1 和 rect2，并使用合适的值进行初始化。LOC 10～12 显示存储在 rect1 中的数据。在 LOC 13 中，调用函数 doubleIt()。在此函数调用中，输入参数为 rect1，doubleIt() 返回的值也分配给 rect1。LOC 26～31 定义了函数 doubleIt()。此函数接受 struct rectangle 类型的变量作为输入，将其成员的值加倍，并返回该变量的修改值。LOC 14～16 显示修改后存储在 rect1 中的数据。

LOC 17～19 显示 rect2 成员的值。在 LOC 20 中，调用函数 doubleIt()。此函数的参数是 rect2，此函数返回的值分配给 rect2。此函数只是将 rect2 成员的值加倍。LOC 21～23 显示 doubleIt() 修改后的 rect2 成员的值。

在此程序中，结构 rectangle 在所有函数之外声明，因此其范围应该是外部的。可以从任何函数访问结构 rectangle。

5.5　通过将指向结构的指针传递给函数来修改结构中的数据

问题

你希望通过将结构指针传递给函数来修改结构中的数据。

解决方案

编写一个 C 程序，通过将结构指针传递给函数来修改结构中的数据，它具有以下规格说明：

- □ 程序创建一个名为 rectangle 的结构，该结构又由两个 int 类型成员组成，即 height 和 width。此程序还创建了两个变量 rect1 和 rect2，类型为 struct rectangle，并使用合适的值初始化这些变量。存储在 rect1 和 rect2 中的数据显示在屏幕上。
- □ 程序创建一个名为 doubleIt() 的函数，该函数接受指向 struct rectangle 的指针（例如，&rect1）作为输入参数，并修改 rect1 中的数据。
- □ 存储在 rect1 中的重设数据再次显示在屏幕上。然后对 rect2 重复该过程。

代码

以下是使用这些规格说明编写的 C 程序的代码。在文本编辑器中键入以下 C 程序并将其保存在文件夹 C:\Code 中，文件名为 stru4.c：

```
/* 这个程序使用一个接受指向结构的指针作为输入参数的函数 */
/* 并修改该结构中的数据。 */
                                                        /* BL */
#include <stdio.h>                                      /* L1 */
                                                        /* BL */
struct rectangle {                                      /* L2 */
 int height;                                            /* L3 */
 int width;                                             /* L4 */
};                                                      /* L5 */
                                                        /* BL */
void doubleIt(struct rectangle *ptr);                   /* L6 */
                                                        /* BL */
main()                                                  /* L7 */
{                                                       /* L8 */
 struct rectangle rect1 = {10, 15}, rect2 = {25, 35};   /* L9 */
                                                        /* BL */
 printf("Dimensions of rect1 before modification: \n"); /* L10 */
 printf("height: %d\n", rect1.height);                  /* L11 */
 printf("width: %d\n\n", rect1.width);                  /* L12 */
                                                        /* BL */
doubleIt(&rect1);                                       /* L13 */
                                                        /* BL */
 printf("Dimensions of rect1 after modification: \n");  /* L14 */
 printf("height: %d\n", rect1.height);                  /* L15 */
 printf("width: %d\n\n", rect1.width);                  /* L16 */
                                                        /* BL */
 printf("Dimensions of rect2 before modification: \n"); /* L17 */
 printf("height: %d\n", rect2.height);                  /* L18 */
 printf("width: %d\n\n", rect2.width);                  /* L19 */
                                                        /* BL */
doubleIt(&rect2);                                       /* L20 */
                                                        /* BL */
 printf("Dimensions of rect2 after modification: \n");  /* L21 */
 printf("height: %d\n", rect2.height);                  /* L22 */
 printf("width: %d\n\n", rect2.width);                  /* L23 */
                                                        /* BL */
 return(0);                                             /* L24 */
}                                                       /* L25 */
                                                        /* BL */
```

```
void doubleIt (struct rectangle *ptr)                    /* L26 */
{                                                        /* L27 */
  ptr->height = 2 * ptr->height;                         /* L28 */
  ptr->width = 2 * ptr->width;                           /* L29 */
  return;                                                /* L30 */
}                                                        /* L31 */
```

编译并执行此程序, 屏幕上会显示以下文本行:

```
Dimensions of rect1 before modification:
height: 10
width: 15
Dimensions of rect1 after modification:
height: 20
width: 30
Dimensions of rect2 before modification:
height: 25
width: 35
Dimensions of rect2 after modification:
height: 50
width: 70
```

工作原理

LOC 2～5 定义结构 rectangle。结构 rectangle 由两个 int 类型成员 height 和 width 组成。结构 rectangle 在所有函数之外声明, 因此其范围是外部的。可以从任何函数访问结构 rectangle。LOC 6 由函数 doubleIt() 的原型组成。此函数接受指向结构 rectangle 的指针作为输入, 然后将结构成员 height 和 width 的值加倍。此函数不返回任何值, 其返回类型为 void。

在 LOC 9 中, 声明了类型为 struct rectangle 的两个变量 rect1 和 rect2, 并且还使用合适的初始值设定项进行初始化。LOC 10～12 显示 rect1 成员的值。在 LOC 13 中, 调用函数 doubleIt()。该函数的参数是 &rect1。此函数只是使 rect1 成员的值加倍。LOC 14～16 显示 doubleIt() 修改后的 rect1 成员的值。

LOC 17～19 显示 rect2 成员的值。在 LOC 20 中, 调用函数 doubleIt()。该函数的参数是 &rect2。此函数只是使 rect2 成员的值加倍。LOC 21～23 显示 doubleIt() 修改后的 rect2 成员的值。

LOC 26～31 由函数 doubleIt() 的定义组成。

5.6　使用结构数组存储和获取数据

问题

你希望使用结构数组存储和获取数据。

解决方案

编写一个 C 程序, 使用结构数组存储和获取数据, 它具有以下规格说明:

❑ 程序声明了一个结构，即 biodata。此程序创建一个数组，即 struct biodata 类型的 agents。

❑ 程序以批处理模式使用合适的数据填充数组 agents 的元素。图 5-1 显示了此数组中存储的数据。为节省空间，仅使用图 5-1 中显示的前两个记录。

❑ 程序在屏幕上显示数组元素中填充的数据。

代码

以下是使用这些规格说明编写的 C 程序的代码。在文本编辑器中键入以下 C 程序并将其保存在文件夹 C:\Code 中，文件名为 stru5.c：

```c
/* 在此程序中使用了一个结构数组。*/
                                                    /* BL */
#include <stdio.h>                                  /* L1 */
                                                    /* BL */
main()                                              /* L2 */
{                                                   /* L3 */
  struct biodata {                                  /* L4 */
    char name[15];                                  /* L5 */
    int rollno;                                     /* L6 */
    int age;                                        /* L7 */
    float weight;                                   /* L8 */
  } ;                                               /* L9 */
                                                    /* BL */
  struct biodata agents[2];                         /* L10 */
                                                    /* Bl */
  strcpy(agents[0].name, "Dick");                   /* L11 */
  agents[0].rollno = 1;                             /* L12 */
  agents[0].age = 21;                               /* L13 */
  agents[0].weight = 70.6F;                         /* L14 */
                                                    /* BL */
  strcpy(agents[1].name, "Robert");                 /* L15 */
  agents[1].rollno = 2;                             /* L16 */
  agents[1].age = 22;                               /* L17 */
  agents[1].weight = 75.8F;                         /* L18 */
                                                    /* BL */
  printf("Biodata of Secret Agent # 1: \n");        /* L19 */
  printf("\tName: %s\n", agents[0].name);           /* L20 */
  printf("\tRoll Number: %d\n", agents[0].rollno);  /* L21 */
  printf("\tAge: %d years \n", agents[0].age);      /* L22 */
  printf("\tWeight: %.1f kg\n\n", agents[0].weight);/* L23 */
                                                    /* BL */
  printf("Biodata of Secret Agent # 2: \n");        /* L24 */
  printf("\tName: %s\n", agents[1].name);           /* L25 */
  printf("\tRoll Number: %d\n", agents[1].rollno);  /* L26 */
  printf("\tAge: %d years \n", agents[1].age);      /* L27 */
  printf("\tWeight: %.1f kg\n", agents[1].weight);  /* L28 */
                                                    /* BL */
  return(0);                                        /* L29 */
}                                                   /* L30 */
```

编译并执行此程序，屏幕上会显示以下文本行：

```
Biodata of Secret Agent # 1:
Name: Dick
Roll Number: 1
Age: 21 years
Weight: 70.6 kg
Biodata of Secret Agent # 2:
Name: Robert
Roll Number: 2
Age: 22 years
Weight: 75.8 kg
```

工作原理

在 LOC 4～9 中，创建了结构 biodata。在 LOC 10 中，创建了一个名为 agents 的结构数组，类型为 struct biodata。该数组只包含两个元素：agents[0] 和 agents[1]。

❑ agents[0] 用于存储图 5-1 中所示的第一条记录。

❑ agents[1] 用于存储图 5-1 中所示的第二条记录。

在 LOC 11～14 中，数组的第一个元素 agents[0] 填充了数据。在 LOC 15～18 中，数组的第二个元素 agent[1] 填充了数据。

使用此处显示的结构访问数组元素中的单个结构成员：

```
arrayElementName.memberName
```

这里，点（.）是结构成员运算符。例如，可以使用此处给出的构造访问第一个数组元素 agents[0] 中的成员年龄：

```
agents[0].age
```

在 LOC 19～23 中，在屏幕上显示 agents[0] 中填充的数据。在 LOC 24～28 中，在屏幕上显示 agents[1] 中填充的数据。

在此程序中，你将值分配给数组元素的各个成员。你能初始化数组元素吗？当然！你可以这样做。注意这里给出的代码片段：

```
struct biodata {                                    /* L1 */
  char name[15];                                    /* L2 */
  int rollno;                                       /* L3 */
  int age;                                          /* L4 */
  float weight;                                     /* L5 */
} ;                                                 /* L6 */
                                                    /* BL */
struct biodata agents[2] =                          /* L7 */
                        {                           /* L8 */
                          {"Dick", 1, 21, 70.6F},   /* L9 */
                          {"Robert", 2, 22, 75.8F}  /* L10 */
                        };                          /* L11 */
```

在这段代码中，你声明一个名为 agents 的数组，该数组由两个元素组成，并使用图 5-1 中显示的前两个记录中包含的数据初始化这些元素。在前面给出的代码段中用 LOC 7～11 替换程序 stru6 中的 LOC 10～18，程序同样有效。

5.7　在交互模式下使用结构数组存储和获取数据

问题

你希望在交互模式下使用结构数组存储和获取数据。

解决方案

编写一个 C 程序，使用结构数组存储和获取数据，它具有以下规格说明：

❑ 程序声明了一个结构，即 biodata。此程序创建一个名为 struct biodata 类型的数组 agents。

❑ 程序在交互模式下使用适当数据填充数组 agents 的元素。图 5-1 显示了要存储在此数组中的数据。

❑ 程序在屏幕上显示数组元素中填充的数据。

代码

以下是使用这些规格说明编写的 C 程序的代码。在文本编辑器中键入以下 C 程序并将其保存在文件夹 C:\Code 中，文件名为 stru6.c：

```
/* 一个利用结构数组的交互式程序。 */
                                                        /* BL */
#include <stdio.h>                                      /* L1 */
                                                        /* BL */
main()                                                  /* L2 */
{                                                       /* L3 */
  int i;                                                /* L4 */
  struct biodata {                                      /* L5 */
    char name[15];                                      /* L6 */
    int rollno;                                         /* L7 */
    int age;                                            /* L8 */
    float weight;                                       /* L9 */
  } ;                                                   /* L10 */
                                                        /* BL */
 struct biodata agents[5];                              /* L11 */
                                                        /* BL */
 for(i = 0; i < 5; i++) {                               /* L12 */
   printf("\nEnter Biodata of Secret Agent # %d: \n", i+1);  /* L13 */
   printf("Name: ");                                    /* L14 */
   scanf("%s", &agents[i].name);                        /* L15 */
   printf("Roll Number: ");                             /* L16 */
   scanf("%d", &agents[i].rollno);                      /* L17 */
   printf("Age: ");                                     /* L18 */
   scanf("%d", &agents[i].age);                         /* L19 */
   printf("Weight: ");                                  /* L20 */
```

```
    scanf("%f", &agents[i].weight);                    /* L21 */
}                                                      /* L22 */
                                                       /* BL  */
printf("\nNow data entered by you will ");             /* L23 */
printf("be displayed on the screen.\n\n");             /* L24 */
for(i = 0; i < 5; i++) {                               /* L25 */
  printf("Biodata of Secret Agent # %d: \n", i+1);     /* L26 */
  printf("\tName: %s\n", agents[i].name);              /* L27 */
  printf("\tRoll Number: %d\n", agents[i].rollno);     /* L28 */
  printf("\tAge: %d years \n", agents[i].age);         /* L29 */
  printf("\tWeight: %.1f kg\n\n", agents[i].weight);   /* L30 */
}                                                      /* L31 */
                                                       /* BL  */
  return(0);                                           /* L32 */
}                                                      /* L33 */
                                                       /* BL  */
linkfloat()                                            /* L34 */
{                                                      /* L35 */
  float number = 10, *pointer;                         /* L36 */
  pointer = &number;                                   /* L37 */
  number = *pointer;                                   /* L38 */
  return(0);                                           /* L39 */
}                                                      /* L40 */
```

编译并执行此程序，程序的一次运行如下所示：

```
Enter Biodata of Secret Agent # 1:
Name: Dick       ↵
Roll Number: 1       ↵
Age: 21      ↵
Weight: 70.6     ↵
Enter Biodata of Secret Agent # 2:
Name: Robert     ↵
Roll Number: 2       ↵
Age: 22      ↵
Weight: 75.8     ↵
Enter Biodata of Secret Agent # 3:
Name: Steve      ↵
Roll Number: 3       ↵
Age: 20      ↵
Weight: 53.7     ↵
Enter Biodata of Secret Agent # 4:
Name: Richard        ↵
Roll Number: 4       ↵
Age: 19      ↵
Weight: 83.1     ↵
Enter Biodata of Secret Agent # 5:
Name: Albert     ↵
Roll Number: 5       ↵
Age: 18      ↵
Weight: 62.3     ↵
```

```
Now data entered by you will be displayed on the screen.
Biodata of Secret Agent # 1:
Name: Dick
Roll Number: 1
Age: 21 years
Weight: 70.6 kg
Biodata of Secret Agent # 2:
Name: Robert
Roll Number: 2
Age: 22 years
Weight: 75.8 kg
Biodata of Secret Agent # 3:
Name: Steve
Roll Number: 3
Age: 20 years
Weight: 53.7 kg
Biodata of Secret Agent # 4:
Name: Richard
Roll Number: 4
Age: 19 years
Weight: 83.1 kg
Biodata of Secret Agent # 5:
Name: Albert
Roll Number: 5
Age: 18 years
Weight: 62.3 kg
```

工作原理

在 LOC 5～10 中，创建了结构 biodata。在 LOC 11 中，创建了一个名为 agents 的数组，类型为 struct biodata。LOC 12～22 由 for 循环组成，该循环执行五次迭代并通过键盘接受来自用户的数据以填充数组。用户输入图 5-1 中五个秘密特工的数据。在一次迭代中，接受一个秘密特工的数据并将其填充到数组的相应元素中。

在 LOC 23～31 中，在屏幕上显示存储在数组 agents 中的五个秘密特工的数据。LOC 25～31 由 for 循环组成，该循环执行五次迭代并显示存储在数组 agents 中的五个秘密特工的数据。在一次迭代中，一个秘密特工的数据显示在屏幕上。

请注意使用结构数组而不是单个变量带来的好处。即现在你可以使用 for 循环来处理输入和输出。

另外，请注意这个程序并不长，尽管它处理了五个秘密特工的个人资料，而早期的程序只处理了两个秘密特工的个人资料。

LOC 34～40 中包含的代码段是函数 linkfloat() 的定义。如果你不包含此函数，则在运行期间程序会崩溃并在屏幕上显示以下消息："Floating point formats not linked. Abnormal program termination"（浮点格式未链接。程序异常终止。）当 scanf() 函数即将接受第一个成员的权重的浮点值时，程序崩溃。为防止此程序异常终止，你需要在程序中的某个位置包含此函数，最好是在程序结束时。无须调用此函数。

5.8 使用函数指针调用函数

问题

你想使用指向函数的指针来调用函数。

解决方案

编写一个 C 程序，使用指向函数的指针调用函数，它具有以下规格说明：

❏ 程序声明指向函数的指针 ptrFunc。

❏ 程序声明两个函数 sum() 和 add()。这些函数执行数字的加法。这些函数的返回类型都是 int。

❏ 程序使用指向函数的指针 ptrFunc 调用函数 sum() 和 add()。

代码

以下是使用这些规格说明编写的 C 程序的代码。在文本编辑器中键入以下 C 程序并将其保存在文件夹 C:\Code 中，文件名为 point19.c：

```
/* 此程序使用指向函数的指针来调用函数。 */          /* BL */
                                                   /* L1 */
#include <stdio.h>                                 /* BL */
                                                   /* L2 */
int sum (double n1, double n2);                    /* L3 */
int add(int m1, int m2);                           /* BL */
                                                   /* L4 */
main()                                             /* L5 */
{                                                  /* L6 */
  int r;                                           /* L7 */
  int (*ptrFunc)();                                /* BL */
                                                   /* L8 */
  ptrFunc = sum;                                   /* L9 */
  r = (*ptrFunc)(2.3, 4.5);                        /* L10 */
  printf("(int)(2.3 + 4.5) = %d\n", r);            /* BL */
                                                   /* L11 */
  ptrFunc = add;                                   /* L12 */
  r = (*ptrFunc)(10, 15);                          /* L13 */
  printf("10 + 15 = %d\n", r);                     /* BL */
                                                   /* L14 */
  return(0);                                       /* L15 */
}                                                  /* BL */
                                                   /* L16 */
int sum(double j1, double j2)                      /* L17 */
{                                                  /* L18 */
 int result;                                       /* L19 */
 result = (int)(j1 + j2);                          /* L20 */
 return(result);                                   /* L21 */
}                                                  /* BL */
                                                   /* L22 */
int add(int k1, int k2)                            /* L23 */
{                                                  /* L24 */
 return(k1 + k2);                                  /* L25 */
}
```

编译并执行此程序，屏幕上会显示以下文本行：

```
(int) (2.3 + 4.5) = 6
10 + 15 = 25
```

工作原理

在 LOC 2 中，声明了函数 sum() 的原型。sum() 的返回类型是 int，它有两个 double 类型的参数。在 LOC 3 中，声明了函数 add() 的原型。add() 的返回类型是 int，它有两个 int 类型的参数。在 LOC 6 中，声明了一个 int 变量 r 来临时存储函数 sum() 和 add() 的返回值。在 LOC 7 中，声明了一个指向函数的指针 ptrFunc（该函数的返回类型必须为 int）。

在 LOC 8 中，使指针 ptrFunc 指向函数 sum()。在 LOC 9 中，使用指针 ptrFunc 调用函数 sum()，并将两个 double 类型参数（2.3 和 4.5）传递给函数 sum()。此外，sum() 的返回值被赋给变量 r。在 LOC 10 中，r 的值在屏幕上显示。

在 LOC 11 中，指针 ptrFunc 指向函数 add()。在 LOC 12 中，使用指针 ptrFunc 调用函数 add()，并将两个 int 类型参数（10 和 15）传递给函数 add()。此外，add() 返回的值被赋给变量 r。在 LOC 13 中，r 的值在屏幕上显示。

LOC 16～21 由函数 sum() 的定义组成。在此函数中，添加了两个 double 类型参数，结果将进行强制转换操作，以便将其类型更改为 int，然后返回结果。

LOC 22～25 包含函数 add() 的定义。在此函数中，添加了两个 int 类型参数，并返回结果。

如果你发现此程序的逻辑难以理解，那么可以参考更容易理解的另一个程序，point20。首先，请注意以下通用语法：

（a）声明指向函数的指针

（b）设置指向函数的指针

（c）使用指针调用该函数

以下是通用语法：

```
returnType functionName (parameterList);              /* L1 */
returnType (*pointerToFunction)();                    /* L2 */
pointerToFunction = functionName;                     /* L3 */
(*pointerToFunction)(argumentList);                   /* L4 */
pointerToFunction(argumentList);                      /* L5 */
```

在这段代码中，LOC 1 由函数 functionName() 的原型组成，而 LOC 2 由名为 pointerToFunction 的函数指针的声明组成。通常，LOC 1 位于 main() 函数之外，而 LOC 2 至 4 位于 main() 函数内。请注意，LOC 1 和 2 中提到的 returnType 必须相同。LOC 1 和 2 中的括号是必需的，不能省略。在 LOC 3 中，functionName 的地址被分配给 pointerToFunction。在 LOC 4 中，使用指针 pointerToFunction 调用函数 functionName()。在 LOC 5 中，函数 functionName() 也使用指针 pointerToFunction 调用。但是 LOC 4 中给出的语法标准且更优越。在文本编辑器中键入以下 C 程序并将其保存在文件夹 C:\Code 中，文件名为

point20.c：

```
/* 此程序使用指向函数的指针来调用函数。 */      /* BL */

#include <stdio.h>                             /* L1 */
                                               /* BL */
void welcome(void);                            /* L2 */
                                               /* BL */
main()                                         /* L3 */
{                                              /* L4 */
  void (*ptrFunc)();                           /* L5 */
  ptrFunc = welcome;                           /* L6 */
  (*ptrFunc)();                                /* L7 */
  return(0);                                   /* L8 */
}                                              /* L9 */
                                               /* BL */
void welcome(void)                             /* L10 */
{                                              /* L11 */
 printf("Welcome boys and girls.\n");          /* L12 */
 return;                                       /* L13 */
}                                              /* L14 */
```

编译并执行此程序，屏幕上会显示以下文本行：

```
Welcome boys and girls.
```

此程序在 LOC 2 中声明了函数 welcome() 的原型。welcome() 的返回类型是 void。在 LOC 5 中，声明了一个名为 ptrFunc 的指向函数的指针。注意 LOC 5 中的术语 void，表示该指针只能指向返回类型为 void 的函数。在 LOC 6 中，指针 ptrFunc 设置为指向函数 welcome()。

■**注意**　LOC 6 利用了以下事实：函数名的值就是存储在内存中的函数定义的地址。

在 LOC 7 中，使用指针 ptrFunc 调用（invoke，即 call）函数 welcome()。

请注意，ptrFunc 是一个指针，而 *ptrFunc 是一个函数。

5.9　实现基于文本的菜单系统

问题

你希望使用指向函数的指针实现基于文本的菜单系统。

解决方案

编写一个 C 程序，使用指向函数的指针实现基于文本的菜单系统，它具有以下规格说明：

❑　程序声明一个名为 funcPtr 的指向函数的指针数组。在此程序中，将实现 Edit-menu（编辑菜单），它包含四个菜单项：:Cut、Copy、Paste 和 Delete（剪切、复制、粘贴和删除）。

❑ 程序声明四个函数：cut()、copy()、paste() 和 delete()。当用户激活相应的菜单项时，将调用这些函数。

代码

以下是使用这些规格说明编写的 C 程序的代码。在文本编辑器中键入以下 C 程序并将其保存在文件夹 C:\Code 中，文件名为 point21.c：

```
/* 此程序使用指向函数的指针来实现基于文本的菜单系统。 */
                                                            /* BL */
#include <stdio.h>                                          /* L1 */
                                                            /* BL */
void cut (int intCut);                                      /* L2 */
void copy (int intCopy);                                    /* L3 */
void paste (int intPaste);                                  /* L4 */
void delete (int intDelete) ;                               /* L5 */
                                                            /* BL */
main()                                                      /* L6 */
{                                                           /* L7 */
  void (*funcPtr[4])(int) = {cut, copy, paste, delete};     /* L8 */
  int intChoice;                                            /* L9 */
  printf("\nEdit Menu: Enter your choices (0, 1, 2, or 3).\n");  /* L10 */
  printf("Please do not enter any other number
  except 0, 1, 2, or 3 to \n");                             /* L11 */
  printf("avoid abnormal termination of program.\n");       /* L12 */
  printf("Enter 0 to activate menu-item Cut.\n");           /* L13 */
  printf("Enter 1 to activate menu-item Copy.\n");          /* L14 */
  printf("Enter 2 to activate menu-item Paste.\n");         /* L15 */
  printf("Enter 3 to activate menu-item Delete.\n");        /* L16 */
  scanf("%d", &intChoice);                                  /* L17 */
  (*funcPtr[intChoice])(intChoice);                         /* L18 */
  printf("Thank you.\n");                                   /* L19 */
  return(0);                                                /* L20 */
}                                                           /* L21 */
                                                            /* BL */
void cut (int intCut)                                       /* L22 */
{                                                           /* L23 */
  printf("You entered %d.\n", intCut);                      /* L24 */
  printf("Menu-item Cut is activated.\n");                  /* L25 */
}                                                           /* L26 */
                                                            /* BL */
void copy (int intCopy)                                     /* L27 */
{                                                           /* L28 */
  printf("You entered %d.\n", intCopy);                     /* L29 */
  printf("Menu-item Copy is activated.\n");                 /* L30 */
}                                                           /* L31 */
                                                            /* BL */
void paste (int intPaste)                                   /* L32 */
{                                                           /* L33 */
  printf("You entered %d.\n", intPaste);                    /* L34 */
  printf("Menu-item Paste is activated.\n");                /* L35 */
}                                                           /* L36 */
                                                            /* BL */
```

```
void delete (int intDelete)                                    /* L37 */
{                                                              /* L38 */
  printf("You entered %d.\n", intDelete);                     /* L39 */
  printf("Menu-item Delete is activated.\n");                 /* L40 */
}                                                              /* L41 */
```

编译并执行此程序，程序的一次运行如下所示：

```
Edit Menu: Enter your choices (0, 1, 2, or 3).
Please do not enter any other number except 0, 1, 2, or 3 to
avoid abnormal termination of program.
Enter 0 to activate menu-item Cut.
Enter 1 to activate menu-item Copy.
Enter 2 to activate menu-item Paste.
Enter 3 to activate menu-item Delete.
2      ↵
You entered 2.
Menu-item Paste is activated.
Thank you.
```

工作原理

在 LOC 2～5 中，声明了函数 cut()、copy()、paste() 和 delete() 的原型。在 LOC 8 中，声明了一个名为 funcPtr 的指针数组，它由四个元素组成，并且它也被初始化。数组 funcPtr 中的指针分别指向函数 cut()、copy()、paste() 和 delete()，并且是按顺序的（即指针 funcPtr[0] 指向函数 cut() 等))。在 LOC 10～16 中，提示用户输入 0～3 范围内的整数，以激活编辑菜单中的相应菜单项。用户输入的选项存储在 int 变量 intChoice 中。在 LOC 18 中，使用数组 funcPtr 中的适当指针调用相应的函数。LOC 22～26 包含函数 cut() 的定义。LOC 27～31 包含函数 copy() 的定义。LOC 32～36 包含函数 paste() 的定义。LOC 37 到 41 包含函数 delete() 的定义。

第 6 章

数 据 文 件

文件是被命名并保存在辅助存储器中（如磁盘或磁带上）的一组数据。可以根据存储的要求获取和修改文件的内容。

加载到计算机主内存或辅助内存中的每块数据都不是文件。只有当你将数据保存在磁盘上并合适命名时，数据集合才会被认为是文件的状态。为何使用文件？由于内存是易失性的，当你关闭计算机时，存储在内存中的所有内容都将丢失。因此，有必要将数据保存在辅助存储器上（因为辅助存储器不易失）。还有必要为该数据集合提供一些合适的名称，以便任何人都可以明确地引用该数据集合。执行此操作（即将数据集合保存在辅助存储器上并命名）时，你将获得一个文件。文件也称为磁盘文件，以便将其与设备文件区分开来。

6.1 逐个字符地读取文本文件

问题

你希望逐个字符地读取文本文件。

解决方案

编写一个 C 语言程序，逐个字符地读取文本文件，它具有以下规格说明：

❑ 程序将打开并读取名为 test.txt 的现有文本文件，该文件存储在默认文件夹 C:\Compiler 中。

❑ 程序使用函数 fgetc() 从文件中读取字符，并使用 putchar() 函数在屏幕上显示字符。

创建一个名为 test.txt 的小文本文件，其中包含以下内容：

```
Welcome to C programming.
Thank you.
```

将编译的程序放在文件夹 C:\Compiler 中。将文本文件 test.txt 放在此文件夹中。这是每次启动编译程序时它的加载文件夹，因为编译的主程序文件位于此文件夹中。

代码

以下是使用这些规格说明编写的 C 程序的代码。在文本编辑器中键入以下 C 程序并将其保存在文件夹 C:\Code 中，文件名为 files1.c：

```
/* 此程序读取文本文件 test.txt 的内容并 */
/* 在屏幕上显示这些内容。  */
                                              /* BL */
#include <stdio.h>                            /* L1 */
                                              /* BL */
main()                                        /* L2 */
{                                             /* L3 */
 int num;                                     /* L4 */
 FILE *fptr;                                  /* L5 */
 fptr = fopen("test.txt", "r");               /* L6 */
 num = fgetc(fptr);                           /* L7 */
                                              /* BL */
 while(num != EOF) {                          /* L8 */
  putchar(num);                               /* L9 */
  num = fgetc(fptr);                          /* L10 */
 }                                            /* L11 */
                                              /* BL  */
 fclose(fptr);                                /* L12 */
 return(0);                                   /* L13 */
}                                             /* L14 */
```

编译并执行此程序，屏幕上会显示以下文本行：

```
Welcome to C programming.
Thank you.
```

工作原理

现在让我们看看这个程序是如何工作的。在 LOC 4 中，声明了一个名为 num 的 int 变量。在 LOC 5 中，声明了指向 FILE 的指针变量 fptr。FILE 是一个派生类型。要有效地使用此类型（即 FILE），你不需要知道其组成或内部细节。LOC 5 在此转载，供你快速参考：

```
FILE *fptr;                                   /* L5 */
```

读完 LOC 5 之后，你可能会期待跟随 LOC 5 的是以下 LOC：

```
FILE var;                                     /*  LOC A */
fptr = &var;                                  /*  LOC B */
```

在 LOC A 中，声明了一个名为 var 的 FILE 变量，在 LOC B 中，var 的地址被赋值给 fptr。毕竟，这是使用 C 指针的通用程序。与你的期望相反，跟随 LOC 5 的不是 LOC A 和 B，而是 LOC 6，在此处转载 LOC 6 以供你快速参考：

```
fptr = fopen("test.txt", "r");               /*  L6 */
```

总的来说，LOC 6 执行 LOC A 和 B 应该执行的所有操作。在 LOC 6 中，调用函数 fopen()，该函数用于"打开"文件。在程序中使用任何文件之前，你都需要使用函数 fopen() 打开它。

函数 fopen() 创建一个 FILE 类型的匿名变量，设置指向该变量的指针，然后返回赋值给 fptr 的指针。函数 fopen() 还创建一个特殊指针，并将其指向文件 test.txt 中的第一个字符，这不是 C 中常用的指针，而只是一个"标记"，它始终指向要读取的文件中的下一个字符。为避免混淆，我将此特殊指针称为标记。读取文件中的第一个字符时，会自动使标记指向文件中的第二个字符。读取文件中的第二个字符时，会自动使标记指向文件中的第三个字符；等等。

另请注意，此"标记"不是 C 语言的官方术语。当标记指向文件中的第一个字符时，根据 C 语言中的标准术语，可以说文件位于此文件的第一个字符；当标记指向文件中的第二个字符时，根据 C 语言中的标准术语，可以说文件位于此文件的第二个字符；等等。

> **■ 注意** 每当使用函数 fopen() 打开文件时，都将定位到文件的第一个字符。

请注意，有两个参数传递给函数 fopen()，这两个参数都是字符串。

第一个参数表示文件名："test.txt"。

第二个参数表示模式："r"。

第一个参数表示要打开的文件的名称。第二个参数表示打开文件的模式。模式 "r" 表示此文件将以只读模式打开。你无法修改此文件的内容。这里给出了使用函数 fopen() 的语句的通用语法：

```
fptr = fopen(filename, "mode")
```

这里，fptr 是指向 FILE 变量的指针，文件名是一个表达式，它求值为一个字符串常量，该常量由要打开的文件名（带或不带路径）组成，"mode" 是一个字符串常量，它由一个文件打开模式组成。函数 fopen() 创建一个 FILE 类型的匿名变量，将正在打开的文件与此变量相关联，然后返回指向此匿名变量的 FILE 指针，该匿名变量又赋值给指针变量 fptr。如果文件打开失败（即无法打开文件），则 fopen() 返回 NULL 指针。此外，一旦打开文件，此后就使用指针变量 fptr 引用它。如果文件名没有路径，则假定该文件位于默认文件夹中，即 C:\Compiler。

执行 LOC 6 后，文件 test.txt 被成功打开。此后，你不会使用文件名 test.txt 来引用此文件，相反，你将使用指针变量 fptr 来引用此文件。此外，标记现在设置为指向文件 test.txt 中的第一个字符。这意味着引用位于此文件的第一个字符。

在 LOC 7 中，读取文件 test.txt 中的第一个字符，并将其 ASCII 值赋给 int 变量 num。此处复制文件 test.txt 的内容供你快速参考：

```
Welcome to C programming.
Thank you.
```

请注意，文件中的第一个字符是 'W'，其 ASCII 值是 87。此处转载 LOC 7 以供你快速参考：

```
num = fgetc(fptr);                                        /* L7 */
```

LOC 7 包含对函数 fgetc() 的调用。此函数从 fptr 表示的文件中读取一个字符，并返回其 ASCII 值，而该值又赋给 int 变量 num。当标记指向文件中的第一个字符（'W'）时，fgetc() 读取它并返回其 ASCII 值（87），然后将其赋值给 num。此外，标记现在被前移以指向文件中的第二个字符，即 "e"。所有这些都发生在 LOC 7 执行时。

这里给出了使用函数 fgetc() 的语句的通用语法：

```
intN = fgetc(fptr);
```

这里，intN 是一个 int 变量，fptr 是一个指向 FILE 变量的指针。函数 fgetc() 从 fptr 指定的文件中读取标记指向的字符。读取字符后，fgetc() 返回其 ASCII 值，该值赋给 int 变量 intN 并设置指向下一个字符的标记。如果 fgetc() 遇到文件结束符（字符 ^Z，其 ASCII 值为 26，发音为 "Control-Z"），则不是返回其 ASCII 值 26，而是返回符号常量 EOF，即 int 值 -1。EOF 代表 "文件结束"。但是，除了文件结束情况之外，当发生错误时，某些函数也会返回此值。它是文件 <stdio.h> 中定义的符号常量，如下所示：

```
#define EOF (-1)                         /* End of file indicator */
```

EOF 表示 int 值 -1。不要认为 EOF 的值存储在文件的末尾。实际上存储在文本文件末尾以标记文件结尾的是字符 ^Z。

你必须注意到函数 fgetc() 的作用类似于从键盘读取字符的函数 getchar()。但是，函数 getchar() 不期望任何参数，而函数 fgetc() 期望指向 FILE 变量的指针作为参数。

C 还提供与函数 fgetc() 相同的函数 getc()，唯一的区别是函数 getc() 实现为宏，而函数 fgetc() 实现为函数。

LOC 8～11 由 while 循环组成。在此循环中读取文件的其余部分。LOC 8 由循环的延续条件组成，在此处转载，以供你快速参考：

```
while(num != EOF) {                                       /* L8 */
```

你可以读取在括号中的表达式（它表示循环的延续条件），因为当 num 不等于 EOF 时，允许循环。换句话说，LOC 8 告诉你只要 num 的值不等于 -1，就允许循环。但是，一旦 num 等于 -1，循环就会终止。现在，num 的值是 87，因此允许循环。现在第一次迭代开始了。这个 while 循环的主体仅由 LOC 9 和 10 组成。注意 LOC 9，这里转载其内容供你快速参考：

```
putchar(num);                                             /* L9 */
```

函数 putchar() 将存储在 num 中的 int 值 87 转换为相应的 char 常量 'W'，并将此 char 常量发送到屏幕以供显示。LOC 10 与 LOC 7 相同，也在此处转载，以供你快速参考：

```
num = fgetc(fptr);                                            /* L10 */
```

我已经讨论了 LOC 7 的工作原理。在执行 LOC 10 之前，标记指向文件中的第二个字符，即 'e'。在执行 LOC 10 之后，将 'e' 的 ASCII 值（即 101）赋值给 num，并且标记被前移以指向文件中的下一个（第三个）字符。

LOC 9 和 10 重复执行的次数与文件中的字符一样多。此循环执行 37 次迭代，因为第一行中有 26 个字符，第二行中有 11 个字符，包括每行末尾的换行符。考虑循环的第 37 次迭代。在 LOC 9 中，字符常量换行符（ASCII 值 10）被发送到屏幕以供显示。这是第二行中的最后一个字符，也是文件中最后一个有用的字符（从文件用户的角度来看有用）。在 LOC 10 中，文件结束符 ^Z 由 fgetc() 读取。但是，fgetc() 不返回其 ASCII 值 26。相反，fgetc() 返回特殊值 -1（符号常量 EOF 的值），并将其赋值给 num。在第 38 次迭代开始时，延续条件（num != EOF）结果为假，并且不允许迭代。然后执行跟随 while 循环的下一个 LOC。下一个 LOC 是 LOC 12，在此转载，供你快速参考：

```
fclose(fptr);                                                /* L12 */
```

函数 fclose() 用于关闭文件。建议在程序中不再需要打开的文件时将其关闭。可以将函数 fclose() 视为函数 fopen() 的对应函数。函数 fclose() 只接受一个参数，此参数是指向 FILE 变量的指针，然后关闭该指针指向 FILE 变量的文件。如果（关闭文件）操作成功则返回值 0，如果操作失败则返回值 EOF（即 -1）。执行 LOC 12 后，fptr 指定的文件（即 test.txt）将关闭。这里给出了使用函数 fclose() 的语句的通用语法：

```
intN = fclose(pointer_to_FILE_variable);
```

这里，pointer_to_FILE_variable 是指向 FILE 变量的指针，intN 是 int 类型变量。fclose() 返回的值为 0（如果操作成功）或 -1（如果操作失败），存储在 intN 中。

程序在执行 LOC 12 后终止。

最后请注意，即使你没有关闭文件，它也会在程序终止时自动关闭。但是，建议在程序中不再需要文件时关闭该文件，原因如下：

❑ 一次可以保持打开的文件数有上限。

❑ 文件关闭时，编程环境会执行一些非常必要的内务处理操作。

❑ 会释放一些内存。

6.2 文件打开失败时处理错误

问题

你希望在文件打开失败时安全地处理这种情况。

解决方案

编写一个 C 程序，可以在文件打开失败时安全地处理这种情况，它具有以下规格说明：

❑ 程序打开文本文件 satara.txt，该文件位于文件夹 C:\Code 中。程序在函数 feof() 的帮助下检查文件打开是否成功。如果文件打开失败，则程序确保安全退出并避免崩溃。

❑ 程序读取文件，在屏幕上显示其内容，然后关闭文件。如果文件关闭失败，程序将报告它。

在前面的技巧中，我没有考虑文件打开失败（并因此文件关闭失败）的可能性。如果文件关闭失败，那么有时你可以忽略它，因为当程序终止时，所有打开的文件都会自动关闭。但是如果文件打开失败，那么程序肯定不会按照你的期望工作。因此，在程序中绝对有必要检查文件打开是否成功。此外，也建议检查文件关闭是否成功。

创建一个名为 satara.txt 的小文本文件，其中包含以下内容：

```
Satara is surrounded by mountains.
Satara was capital of Maratha empire for many years.
```

将此文本文件放在文件夹 C:\Code 中。

代码

以下是使用这些规格说明编写的 C 程序的代码。在文本编辑器中键入以下 C 程序并将其保存在文件夹 C:\Code 中，文件名为 files2.c：

```c
/* 此程序读取文本文件的内容并在屏幕上显示这些内容。 */
/* 检查文件打开和文件关闭是否成功。文件放在 */
/* 所需的文件夹。函数 feof() 用于检测文件的结尾。 */
                                                          /* BL */
#include <stdio.h>                                        /* L1 */
                                                          /* BL */
main()                                                    /* L2 */
{                                                         /* L3 */
 int num, k = 0;                                          /* L4 */
 FILE *fptr;                                              /* L5 */
 fptr = fopen("C:\\Code\\satara.txt", "r");               /* L6 */
 if (fptr != NULL) {                                      /* L7 */
  puts("File satara.txt is opened successfully");         /* L8 */
  puts("Contents of file satara.txt:");                   /* L9 */
  num = fgetc(fptr);                                      /* L10 */
                                                          /* BL  */
  while(!feof(fptr)) {                                    /* L11 */
    putchar(num);                                         /* L12 */
    num = fgetc(fptr);                                    /* L13 */
  }                                                       /* l14 */
                                                          /* BL  */
  k = fclose(fptr);                                       /* L15 */
  if(k == -1)                                             /* L16 */
    puts("File-closing failed");                          /* L17 */
  else                                                    /* L18 */
    puts("File satara.txt is closed successfully");        /* L19 */
 }                                                        /* L20 */
```

```
  else                                                  /* L21 */
   puts("File-opening failed");                         /* L22 */
 return(0);                                             /* L23 */
}                                                       /* L24 */
```

执行此程序，屏幕上显示以下文本行：

```
File satara.txt is opened successfully
Contents of file satara.txt:
Satara is surrounded by mountains.
Satara was capital of Maratha empire for many years.
File satara.txt is closed successfully
```

工作原理

EOF 是文件结束时返回的值（-1）。EOF 代表"文件结束"。除了文件结束情况，当发生错误时，某些函数也会返回此值。为了区分返回 EOF 的这两个原因，C 中有两个函数：feof() 和 ferror()。这里给出了使用函数 feof() 的语句的通用语法：

```
intN = feof(fptr);
```

这里，intN 是一个 int 变量，fptr 是一个指向 FILE 变量的指针。当 fptr 指定的文件访问到文件末尾时，此函数返回非零（真）值，否则，它返回零（假）值。

此外，这里给出了使用函数 ferror() 的语句的通用语法：

```
intN = ferror(fptr);
```

这里，intN 是一个 int 变量，fptr 是一个指向 FILE 变量的指针。如果 fptr 指定的文件发生错误，则此函数返回非零（真）值，否则，它返回零（假）值。

请注意 LOC 6，此处转载以供你快速参考：

```
fptr = fopen("C:\\Code\\satara.txt", "r");             /* L6 */
```

要打开的文件名与路径一起在此处给出：

```
C:\Code\satara.txt
```

在 LOC 6 中，字符串文件名中使用的不是单个反斜杠，而是双反斜杠，因为它（双反斜杠）是转义序列。

请注意 LOC 7，此处转载以供你快速参考：

```
if (fptr != NULL) {                                    /* L7 */
```

在此 LOC 中，检查 fptr 的值。只有当文件打开成功时才执行跨越 LOC 8～19 的代码块；否则，执行 LOC 22，在屏幕上显示以下信息：

```
File-opening failed
```

在 LOC 15 中，fclose() 返回的值被赋给名为 k 的 int 变量。如果文件关闭失败，则将值 -1 赋给 int 变量 k，在这种情况下，屏幕上会显示以下消息：

```
File-closing failed
```

但是，失败消息未出现在此程序的输出中，因为两个操作（文件打开和文件关闭）都成功了。

请注意 LOC 11，此处转载以供你快速参考：

```
while(!feof(fptr)) {                                              /* L11 */
```

函数 feof() 在文件结束时返回非零（真）值，否则，它返回零（假）值。注意 feof() 以逻辑否定运算符！为前缀。结果，在访问到文件末尾后停止迭代。你可以按如下方式解读 LOC 11：当不是文件末尾时，允许迭代。

6.3　以批处理模式写入文本文件

问题

你希望以批处理模式写入文本文件。

解决方案

编写以批处理方式写入文本文件的 C 程序，它具有以下规格说明：

❑ 程序使用函数 fputs() 写入文件。

❑ 程序在名为 C:\Code 的文件夹中创建一个文本文件，即 kolkata.txt，并将以下几行写入其中：

```
Kolkata is very big city.
It is also very nice city.
```

代码

以下是使用这些规格说明编写的 C 程序的代码。在文本编辑器中键入以下 C 程序并将其保存在文件夹 C:\Code 中，文件名为 files3.c：

```
/* 此程序使用函数 fputs() 创建文本文件 kolkata.txt。*/
                                                                 /* BL */
#include <stdio.h>                                               /* L1 */
                                                                 /* BL */
main()                                                           /* L2 */
{                                                                /* L3 */
 int k = 0;                                                      /* L4 */
 FILE *fptr;                                                     /* L5 */
 fptr = fopen("C:\\Code\\kolkata.txt", "w");                    /* L6 */
 if (fptr != NULL) {                                             /* L7 */
  puts("File kolkata.txt is opened successfully.");            /* L8 */
  fputs("Kolkata is very big city.\n", fptr);                   /* L9 */
  fputs("It is also very nice city.\n", fptr);                  /* L10 */
  k = fclose(fptr);                                             /* L11 */
  if(k == -1)                                                   /* L12 */
    puts("File-closing failed");                                /* L13 */
```

```
  if(k == 0)                                              /* L14 */
    puts("File is closed successfully.");                 /* L15 */
 }                                                        /* L16 */
 else                                                     /* L17 */
  puts("File-opening failed");                            /* L18 */
 return(0);                                               /* L19 */
}                                                        /* L20 */
```

编译并执行此程序，屏幕上会显示以下文本行：

```
File kolkata.txt is opened successfully.
File is closed successfully.
```

在合适的文本编辑器中打开刚刚创建的文件 kolkata.txt，并验证其内容是否符合预期。

工作原理

请注意 LOC 6，此处转载以供你快速参考：

```
fptr = fopen("C:\\Code\\kolkata.txt", "w");                /* L6 */
```

这里，文件名是 "C:\\Code\\kolkata.txt"，模式是 "w"。当你要写入文件时，文件打开模式必须为 "w"。这意味着将打开一个名为 kolkata.txt 的文件，以便在指定的文件夹 C:\Code 中进行写入。注意 LOC 9 和 10，这里转载以供你快速参考：

```
fputs("Kolkata is very big city.\n", fptr);                /* L9 */
fputs("It is also very nice city.\n", fptr);               /* L10 */
```

为了清楚起见，我使用了两条语句，否则一条语句就足够了。2 行代码都包含对函数 fputs() 的调用，该函数用于将字符串写入文件。该函数的工作方式与函数 puts() 类似，后者用于在屏幕上显示字符串。但是，这些函数的工作原理有三个主要区别，如下所示：

❑ 函数 puts() 在屏幕上写入（显示）参数字符串。函数 fputs() 将参数字符串写入文件。

❑ 函数 puts() 只需要一个字符串参数。函数 fputs() 需要两个参数：一个字符串和一个指向 FILE 变量的指针。

❑ 函数 puts() 用字符串 '\n' 替换字符串中的字符串终止字符 '\0'，然后在屏幕上显示该字符串。函数 fputs() 只是抛弃字符串终止字符 '\0' 并将剩余的字符串写入文件。

请注意使用此处给出的函数 fputs() 的语句的通用语法：

intN = fputs(string, fptr);

这里，intN 是一个 int 变量，string 是一个表达式，它求得的值为一个字符串常量，fptr 是一个指向 FILE 变量的指针，字符串常量写入 fptr 指定的文件。如果操作成功，则此函数返回非负值，否则，返回 EOF。在 LOC 9 和 10 中，我选择忽略此函数返回的值。但是在专业程序中，你应该捕获返回的值并查看操作是否成功。写入磁盘时写入错误很常见。

在 LOC 9 中，字符串 "Kolkata is very big city.\n" 被写入由 fptr 指定的文件（即 kolkata.txt）。

■**注意** 读取文件时，标记会相应地前移，以便始终指向要读取的下一个字符。类似地，当你写入文件时，标记也会相应地前移，以便始终指向文件中将写入下一个字符的位置。

在执行 LOC 9 之前，文件将定位到文件的第一个字符。字符串 "Kolkata is very big city.\n" 由 26 个字符组成。执行 LOC 9 后，文件将定位到文件的第 27 个字符。

在 LOC 10 中，字符串 "It is also very nice city.\n" 被写入文件。该字符串由 27 个字符组成。因此，在执行 LOC 10 之后，文件定位到文件的第 54 个字符。

最后，请注意当使用函数 fputs() 将字符串写入文件时，字符 '\0'（字符串终止字符）既不会写入文件，也不会像 puts() 的情况一样被 '\n' 替换。

6.4 以交互模式写入文本文件

问题

你想以交互模式写入文本文件。

解决方案

编写以交互模式写入文本文件的 C 程序，它具有以下规格说明：

❏ 程序使用函数 fputs() 写入文件。

❏ 程序以交互方式创建文本文件。它以交互方式接受文件的名称和文本。

代码

以下是使用这些规格说明编写的 C 程序的代码。在文本编辑器中键入以下 C 程序并将其保存在文件夹 C:\Code 中，文件名为 files4.c：

```
/* 此程序在交互式会话中使用函数 fputs() 创建文本文件。*/
                                                        /* BL */
#include <stdio.h>                                      /* L1 */
#include <string.h>                                     /* L2 */
                                                        /* BL */
main()                                                  /* L3 */
{                                                       /* L4 */
 int k = 0, n = 0;                                      /* L5 */
 char filename[40], temp[15], store[80];                /* L6 */
 FILE *fptr;                                            /* L7 */
 printf("Enter filename (AAAAAAA.AAA) extension optional: ");  /* L8 */
 scanf("%s", temp);                                     /* L9 */
 strcpy(filename, "C:\\Code\\");                        /* L10 */
 strcat(filename, temp);                                /* L11 */
 fptr = fopen(filename, "w");                           /* L12 */
 if (fptr != NULL) {                                    /* L13 */
  printf("File %s is opened successfully.\n", filename);  /* L14 */
  puts("Enter the lines of text to store in the file.");  /* L15 */
  puts("Strike Enter key twice to end the line-entry-session.");  /* L16 */
  fflush(stdin);                                        /* L17 */
  gets(store);                                          /* L18 */
  n = strlen(store);                                    /* L19 */
                                                        /* BL */
  while(n != 0){                                        /* L20 */
   fputs(store, fptr);                                  /* L21 */
   fputs("\n", fptr);                                   /* L22 */
```

```
   gets(store);                                        /* L23 */
   n = strlen(store);                                  /* L24 */
  }                                                    /* L25 */
                                                       /* BL */
 k = fclose(fptr);                                     /* L26 */
 if(k == -1)                                           /* L27 */
   puts("File-closing failed");                        /* L28 */
 if(k == 0)                                            /* L29 */
   puts("File is closed successfully.");               /* L30 */
 }                                                     /* L31 */
else                                                   /* L32 */
 puts("File-opening failed");                          /* L33 */
return(0);                                             /* L34 */
}                                                      /* L35 */
```

编译并执行此程序。这里给出了该程序的几个运行结果。这是第一次运行的结果：

```
Enter filename (AAAAAAA.AAA) extension optional: Mumbai.txt  ↵
File C:\Code\Mumbai.txt is opened successfully.
Enter the lines of text to store in the file.
Strike Enter key twice to end the line-entry-session.
Mumbai is capital of Maharashtra.  ↵
Mumbai is financial capital of India.  ↵
↵
File is closed successfully.
```

这是第二次运行的结果：

```
Enter filename (AAAAAAA.AAA) extension optional: wai  ↵
File C:\Code\wai is opened successfully.
Enter the lines of text to store in the file.
Strike Enter key twice to end the line-entry-session.
Wai is a small town in Satara district.  ↵
There are good number of temples in Wai.  ↵
↵
File is closed successfully.
```

工作原理

现在让我们参考第二次运行讨论这个程序的工作原理。在 LOC 6 中，声明了三个 char 数组，即 filename、temp 和 store。你输入的文件名（"wai"）存储在数组 temp 中，文件名被添加了路径，然后带有路径 "C:\\Code\\wai" 的文件名存储在数组 filename 中。请注意 LOC 11，此处转载以供你快速参考：

```
strcat(filename, temp);                               /* L11 */
```

在 LOC 11 中，调用函数 strcat()。此函数用于连接字符串。在执行 LOC 11 之前，filename 和 temp 包含以下字符串：

❑ filename: "C:\\Code\\"

❑ temp: "wai"

执行 LOC 11 后，filename 和 temp 包含以下字符串：

- ❏ filename："C:\\Code\\wai"
- ❏ temp："wai"

请注意，存储在 temp 中的字符串将附加到存储在文件名中的字符串后面。这里给出了使用函数 strcat() 的语句的通用语法：

```
storage = strcat(destination, source);
```

这里，storage 是一个指向 char 的指针变量，目标是 char 数组（或 char 指针变量），source 是一个值为字符串常量的表达式。source 中的字符串常量将附加到目标中的字符串常量后面，并且生成的字符串常量的副本将存储在目标中并返回。返回的值通常被忽略，我选择在 LOC 11 中忽略它。

接下来，请注意 LOC 17，此处转载以供你快速参考：

```
fflush(stdin);                                              /* L17 */
```

函数 fflush() 用于清除键盘和中央处理单元之间通道中流浪的杂散字符（技术上讲，在输入缓冲区中）。输入文件名 wai，然后按 Enter 键。输入的文件名由编程环境读取并赋值给 temp，但是 Enter 键的字符（即换行符）保留在通道中（键盘和 CPU 之间），需要被刷新出去。此刷新由 LOC 17 中的函数 fflush() 执行。接下来，请注意 LOC 18 和 19，这些内容在此处复制，供你快速参考：

```
gets(store);                                                /* L18 */
n = strlen(store);                                         /* L19 */
```

LOC 18 中的函数 gets() 读取第一个键入的字符串，即 "Wai is a small town in Satara district."，并将其放在 char 数组 store 中。在 LOC 19 中，函数 strlen() 计算并返回该字符串的长度（即 39），该字符串被赋值给 int 变量 n。

接下来，while 循环开始。注意 LOC 20，while 循环的第一个 LOC，这里将复制以供你快速参考：

```
while(n != 0) {                                            /* L20 */
```

注意 while 循环的延续条件。仅当 n 不等于零时才允许循环。现在 n 的值是 39，因此允许迭代。第一次迭代开始。注意 LOC 21 和 22，这里转载以供你快速参考：

```
fputs(store, fptr);                                        /* L21 */
fputs("\n", fptr);                                         /* L22 */
```

两个 LOC 都调用函数 fputs()，然后将参数字符串写入由 FILE 变量的 fptr 指针指定的文件。LOC 21 将存储在 store 中的字符串写入 fptr 指定的文件。LOC 22 将字符串 "\n" 写入 fptr 指定的文件。在 LOC 22 中，你手动将换行符附加到字符串。如果不这样做，则使用函数 fgets()（从文件中）获取字符串会变得很困难，因为函数 fgets() 假定存储在文件中的字符串以换行符终止。

接下来，执行 LOC 23 和 24，它们与 LOC 18 和 19 相同。在 LOC 23 中，键入的第二个字符串（即 "There are good number of temples in Wai."），由函数 gets() 读取并存储在 store 中。在 LOC 24 中，求得其长度为 40，并由函数 strlen() 返回，该函数又被赋值给 int 变量 n。

当第一次迭代的执行完成时，计算机控制转到 LOC 20，即 while 循环的第一个 LOC。由于 n 的值为 40 且不为零，因此允许第二次迭代。在 LOC 21 中，存储在 store 中的字符串（即 "There are good number of temples in Wai."）被写入 fptr 指定的文件中。在 LOC 22 中，换行符被写入 fptr 指定的文件。

接下来执行 LOC 23 和 24。在 LOC 23 中，键入的第三个字符串，即因为在行的开头按下 Enter 键而输入的空字符串，由函数 fgets() 读取。在 LOC 24 中，空字符串的长度（零）由函数 strlen() 返回，而函数 strlen() 又被赋值给 int 变量 n。

当第二次迭代的执行完成时，计算机控制转到 LOC 20，即 while 循环的第一个 LOC。由于 n 的值为零，因此不允许第三次迭代。然后计算机控制转到 LOC 26，其中由 fptr 指定的文件被关闭。

6.5　逐个字符串地读取文本文件

问题

你想要逐个字符串地读取文本文件。

解决方案

编写一个 C 程序，逐个字符串地读取文本文件字符串，它具有以下规格说明：

❑ 程序使用函数 fgets() 读取文本文件 kolkata.txt，然后使用 printf() 函数在屏幕上显示文本。

❑ 程序检查文件打开和文件关闭是否成功。

代码

以下是使用这些规格说明编写的 C 程序的代码。在文本编辑器中键入以下 C 程序并将其保存在文件夹 C:\Code 中，文件名为 files5.c：

```
/* 此程序使用函数 fgets()读取文件 kolkata.txt。*/
                                                    /* BL */
#include <stdio.h>                                  /* L1 */
                                                    /* BL */
main()                                              /* L2 */
{                                                   /* L3 */
 int k = 0;                                         /* L4 */
 char *cptr;                                        /* L5 */
 char store[80];                                    /* L6 */
 FILE *fptr;                                        /* L7 */
 fptr = fopen("C:\\Code\\kolkata.txt", "r");        /* L8 */
```

```
    if (fptr != NULL) {                                      /* L9 */
    puts("File kolkata.txt is opened successfully.");        /* L10 */
    puts("Contents of this file:");                          /* L11 */
    cptr = fgets(store, 80, fptr);                           /* L12 */
                                                             /* BL */
    while (cptr != NULL) {                                    /* L13 */
     printf("%s", store);                                    /* L14 */
     cptr = fgets(store, 80, fptr);                          /* L15 */
    }                                                        /* L16 */
                                                             /* BL */
    k = fclose(fptr);                                        /* L17 */
    if(k == -1)                                              /* L18 */
      puts("File-closing failed");                           /* L19 */
    if(k == 0)                                               /* L20 */
      puts("\nFile is closed successfully.");                /* L21 */
    }                                                        /* L22 */
    else                                                     /* L23 */
     puts("File-opening failed");                            /* L24 */
    return(0);                                               /* L25 */
    }                                                        /* L26 */
```

编译并执行此程序，屏幕上会显示以下文本行：

```
File kolkata.txt is opened successfully.
Contents of this file:
Kolkata is very big city.
It is also very nice city.
File is closed successfully.
```

工作原理

将函数 fgets() 视为函数 fputs() 的对应函数。函数 fgets() 用于从文件中读取字符串。这里给出了使用函数 fgets() 的语句的通用语法：

```
cptr = fgets(storage, n, fptr);
```

这里，cptr 是一个指向 char 的变量，storage 是一个 char 类型数组，n 是一个值为整数常量的表达式，fptr 是一个指向 FILE 变量的指针。函数 fgets() 从 fptr 指定的文件中读取字符串，并将该字符串存储在数组 storage 中。最多 (n - 1) 个字符由 fgets() 读取，存储在 storage 中的字符串始终以 '\0' 结尾。然后，当字符串读取操作成功时，函数 fgets() 返回指向数组 storage 中第一个字符的 char 指针，否则，它返回 NULL。另外，请注意函数 fgets() 从（由标记指向的）当前位置开始读取一个字符串，直到它遇到第一个换行符（并包括它），除非在那之前它到达 EOF 或读取了（n - 1）个字符。然后它将 '\0' 字符（字符串终止字符）附加到该字符串，然后将其存储在 storage 中。

在 LOC 5 中，声明了一个名为 cptr 的指向 char 的变量。在 LOC 6 中，声明了 char 数组 store。在 LOC 8 中，打开文件 kolkata.txt 进行读取，并将其与指向 FILE 变量 fptr 的指针相关联。请注意 LOC 12，此处转载此供你快速参考：

```
    cptr = fgets(store, 80, fptr);                           /* L12 */
```

在 LOC 12 中，执行以下任务：

❑ 读取存储在 fptr 指定的文件中的第一个字符串，并将其放在名为 store 的 char 数组中。请注意，此字符串是 "Kolkata is very big city."

❑ 标记被前移，以指向 fptr 指定的文件中可用的下一个字符串。

❑ 函数 fgets() 返回指向 char 数组 store 中第一个字符的 char 指针，该指针被赋给 cptr。你只需要此值来检测文件的结尾。当文件结束时，fgets() 返回 NULL。

LOC 12 中 fgets() 的第二个参数是整数值 80，它表示 fgets() 在调用时最多可读取 79 个字符（80 - 1）。这意味着如果存储在文件中的某个字符串包含超过 79 个字符，则不会读取它其余的字符。在下一次调用 fgets() 时，它将开始读取下一个字符串。

接下来，在 LOC 13～16 中有一个 while 循环，这里转载它，以供你快速参考：

```
while (cptr != NULL) {                    /* L13 */
 printf("%s", store);                     /* L14 */
 cptr = fgets(store, 80, fptr);           /* L15 */
}                                         /* L16 */
```

在 LOC 13 中，测试存储在 cptr 中的值是否与 NULL 相等，以便检测文件结尾的发生。在 LOC 14 中，在屏幕上显示存储在 char 数组 store 中的字符串（"Kolkata is very big city."）。请注意，这是 while 循环的第一次迭代。在 LOC 15（与 LOC 12 相同）中，文件中的下一个字符串（"It is also very nice city."）被读取并存储在 char 数组 store 中。此外，返回指向 store 的第一个字符的指针，该指针被赋值给 cptr。当第一次迭代的执行完成时，计算机控制再次进入 LOC 13。

接下来执行 LOC 13。由于没有为 cptr 赋予 NULL 值，因此允许第二次迭代。接下来执行 LOC 14，其中存储在 store 中的字符串（"It is also very nice city."）在屏幕上显示。接下来执行 LOC 15，其中 fgets() 尝试读取文件中的下一个字符串（第三个字符串）。但由于此文件（kolkata.txt）只包含两个字符串，因此此读取操作失败，并且 fgets() 返回一个 NULL 值，该值被赋给 cptr。当第二次迭代的执行完成时，计算机控制再次转到 LOC 13。

接下来，执行 LOC 13。由于 NULL 值被赋给 cptr，因此不允许第三次迭代，并且循环的执行终止。接下来，计算机控制传递到 LOC 17，其中由 fptr 指定的文件被关闭。

6.6 逐个字符地写入文本文件

问题
你希望逐个字符地写入文本文件。

解决方案
编写一个 C 语言程序，逐个字符地写入文本文件，它具有以下规格说明：

❑ 程序在写入模式下打开文本文件 jaipur.txt。

❑ 程序以交互模式使用函数 fputc() 写入此文件。

代码

以下是使用这些规格说明编写的 C 程序的代码。在文本编辑器中键入以下 C 程序并将其保存在文件夹 C:\Code 中，文件名为 files6.c：

```c
/* 此程序使用函数 fputc() 在交互式会话中创建文本文件。*/
                                                    /* BL */
#include <stdio.h>                                  /* L1 */
                                                    /* BL */
main()                                              /* L2 */
{                                                   /* L3 */
 int k = 0, n = 0;                                  /* L4 */
 FILE *fptr;                                         /* L5 */
 fptr = fopen("C:\\Code\\jaipur.txt", "w");         /* L6 */
 if (fptr != NULL) {                                /* L7 */
  puts("File jaipur.txt is opened successfully.");  /* L8 */
  puts("Enter text to be written to file. Enter * to");/* L9 */
  puts("terminate the text-entry-session.");        /* L10 */
  n = getchar();                                     /* L11 */
                                                    /* BL */
  while(n != '*'){                                  /* L12 */
   fputc(n, fptr);                                   /* L13 */
   n = getchar();                                    /* L14 */
  }                                                  /* L15 */
                                                    /* BL */
  k = fclose(fptr);                                  /* L16 */
  if(k == -1)                                        /* L17 */
    puts("File-closing failed");                    /* L18 */
  if(k == 0)                                         /* L19 */
    puts("File is closed successfully.");           /* L20 */
 }                                                   /* L21 */
 else                                               /* L22 */
  puts("File-opening failed");                      /* L23 */
 return(0);                                          /* L24 */
}                                                    /* L25 */
```

编译并执行此程序，屏幕上会显示以下文本行：

```
File jaipur.txt is opened successfully.
Enter text to be written to file. Enter * to
terminate the text-entry-session.
Jaipur is capital of Rajsthan.    ↵
Jaipur is famous for historical Hawamahal.    ↵
*    ↵
File is closed successfully.
```

工作原理

你已键入两行文本以写入文件 jaipur.txt。键入一个字符时，CPU 不会处理它。键入的字符排在队列中。只有当你按下 Enter 键时，CPU 才会逐个地处理这些字符。首先，键入以下文本行，然后按 Enter 键：

```
Jaipur is capital of Rajsthan.
```

请注意 LOC 11，此处转载以供你快速参考：

```
n = getchar();                                            /* L11 */
```

函数 getchar() 读取文本行中的第一个字符（即 J）并返回其 ASCII 值（74），该值赋给 int 变量 n。

接下来，while 循环开始执行，跨越 LOC 12～15。此处转载 LOC 12 以供你快速参考：

```
while(n != '*') {                                         /* L12 */
```

注意 LOC 12 中 while 循环的延续条件。只要 n 不等于字符 '*'，该循环就会迭代下去（或者更确切地说，只要 n 不等于 64，即 '*' 的 ASCII 值，它就会迭代。当 n 等于 74 时，它不等于 64，允许迭代）。现在第一次迭代开始。

接下来执行 LOC 13，在此处复制以供你快速参考：

```
fputc(n, fptr);                                           /* L13 */
```

函数 fputc() 将 ASCII 值存储在 int 变量 n 中的字符写入 fptr 指定的文件中。由于 'J' 的 ASCII 值存储在 n 中，字符 'J' 被写入由 fptr 指定的文件（即文件 jaipur.txt）。

这里给出了使用函数 fputc() 的语句的通用语法：

```
intN = fputc (n, fptr);
```

这里，intN 是一个 int 变量，n 是一个值为整数值的表达式，fptr 是一个指向 FILE 变量的指针。函数 fputc() 将 ASCII 值为 n 的字符写入 fptr 指定的文件。如果操作失败，函数 fputc() 返回 EOF 的值，如果操作成功则返回 n 的值。

C 还提供 putc() 函数，它与函数 fputc() 相同，唯一的区别是函数 putc() 实现为宏，而函数 fputc() 实现为函数。

接下来执行 LOC 14，其与 LOC 11 相同。在 LOC 14 中，读取文本行中的下一个字符，即 'a'，并且将其 ASCII 值（97）赋给变量 n。当第一次迭代的执行完成时，计算机控制再次进入 LOC 12。由于 n 的值不等于 64（ASCII 值为 *），因此允许第二次迭代，以此类推。以这种方式，文本行中的字符被写入文件。当字符为 * 时，LOC 12 中的延续条件失败，并且不允许进一步迭代。

在此程序中，你使用字符 * 作为终止字符。如果 * 是文本的一部分怎么办？理想情况下，终止字符不应是可打印字符。你可以使用 ^Z（Control-Z）作为终止字符，只需按功能键 F6 即可将其传递给程序。

6.7 将整数写入文本文件

问题
你想将整数写入文本文件。

解决方案

编写一个 C 程序，将整数写入文本文件 numbers.dat，其中包含以下规格说明：

❑ 程序使用函数 fprintf() 写入文件。
❑ 程序将整数值写入文件。

代码

以下是使用这些规格说明编写的 C 程序的代码。在文本编辑器中键入以下 C 程序并将其保存在文件夹 C:\Code 中，文件名为 files7.c：

```
/* 此程序使用函数 fprintf() 将数据写入文件 */
                                                    /* BL */
#include <stdio.h>                                  /* L1 */
                                                    /* BL */
main()                                              /* L2 */
{                                                   /* L3 */
 int i, k = 0;                                      /* L4 */
 FILE *fptr;                                        /* L5 */
 fptr = fopen("C:\\Code\\numbers.dat", "w");        /* L6 */
 if (fptr != NULL) {                                /* L7 */
  puts("File numbers.dat is opened successfully."); /* L8 */
                                                    /* BL */
  for(i = 0; i < 10; i++)                           /* L9 */
    fprintf(fptr, "%d ", i+1);                      /* L10 */
                                                    /* BL  */
  puts("Data written to file numbers.dat successfully."); /* L11 */
                                                    /* BL  */
  k = fclose(fptr);                                 /* L12 */
  if(k == -1)                                       /* L13 */
    puts("File-closing failed");                    /* L14 */
  if(k == 0)                                        /* L15 */
    puts("File is closed successfully.");           /* L16 */
 }                                                  /* L17 */
 else                                               /* L18 */
  puts("File-opening failed");                      /* L19 */
 return(0);                                         /* L20 */
}                                                   /* L21 */
```

编译并执行此程序，屏幕上会显示以下文本行：

```
File numbers.dat is opened successfully.
Data written to file numbers.dat successfully.
File is closed successfully.
```

在合适的文本编辑器中打开 numbers.dat，并验证它包含以下内容：

```
1  2  3  4  5  6  7  8  9  10
```

工作原理

在前面的技巧中，你使用函数 fputc() 和 fputs() 分别将字符和字符串写入文件。但是如果要将其他数据类型的数据（例如 int，float 等）写入文件，则需要使用函数 fprintf()。

> ■**注意** 使用函数 fprintf()，可以在单个语句中将不同数据类型的数据项写入文件。另外，fprintf() 可用于将格式化数据写入文件。fprintf() 以文本格式将数据写入文件。

LOC 9 和 10 由 for 循环组成，在此循环中数据被写入文件 numbers.dat。这些 LOC 在此处复制，以供你快速参考：

```
for(i = 0; i < 10; i++)                              /* L9 */
  fprintf(fptr, "%d ", i+1);                         /* L10 */
```

这个 for 循环迭代十次并将十个数字写入文件，每次迭代一个数字。这些数字实际写入 LOC 10 中的文件，在循环中调用函数 fprintf()。你还应注意 fprintf() 函数始终以字符格式（或文本格式）将数据写入文件中。

函数 fprintf() 的工作方式与函数 printf() 类似。但是，有两个主要区别如下：

❑ 函数 printf() 将数据发送到屏幕以供显示，而函数 fprintf() 将数据发送到文件以便将其写入该文件。

❑ 与函数 printf() 类似，函数 fprintf() 也需要控制字符串和逗号分隔的参数列表。但是，与函数 printf() 相比，函数 fprintf() 需要多一个参数。这个额外的参数是一个指向 FILE 变量的指针（即 fptr），且必须是第一个参数。

在继续之前，请注意使用此处给出的函数 fprintf() 的语句的通用语法：

```
intN = fprintf(fptr, "control string", arg1, arg2, ..., argN);
```

这里，intN 是一个 int 变量，fptr 是指向 FILE 变量的指针，"control string" 是一个出现在 printf() 函数中的控制字符串，而 arg1，arg2，…，argN 是一个逗号分隔的 printf() 函数中出现的列表。参数值被插入控制字符串中（以替换相应的转换规格说明），并将生成的字符串写入 fptr 指定的文件中。函数 fprintf() 返回一个 int 值，表示操作成功时写入文件的字符数，否则，它返回 EOF。例如，除了 for 循环的第十次迭代之外，LOC 10 中的 fprintf() 函数返回 2（一个数字 + 一个空格），而在第十次迭代中它返回 3（两个数字 + 一个空格）。

6.8 将结构写入文本文件

问题

你想将结构写入文本文件。

解决方案

编写一个 C 程序，将结构写入文本文件 agents.dat，它具有以下规格说明：

❑ 程序以写入模式打开文件 agents.dat。

❑ 程序以交互方式接受结构数据（如图 6-1 所示）。

显示五个秘密特工的个人资料的表格			
姓名	卷号	年龄	体重（千克）
Dick	1	21	70.6
Robert	2	22	75.8
Steve	3	20	53.7
Richard	4	19	83.1
Albert	5	18	62.3

记录 1 → Dick
记录 2 → Robert
记录 3 → Steve
记录 4 → Richard
记录 5 → Albert

注：表格中的单独一行用术语表示为记录，这个表格有 5 个记录。

图 6-1 显示五个秘密特工的个人资料的表格

❑ 程序使用函数 fprintf() 将结构写入文件。

代码

以下是使用这些规格说明编写的 C 程序的代码。在文本编辑器中键入以下 C 程序并将其保存在文件夹 C:\Code 中，文件名为 files8.c：

```
/* 此程序使用函数 fprintf() 将结构写入文件 */
                                                        /* BL */
#include <stdio.h>                                      /* L1 */
                                                        /* BL */
main()                                                  /* L2 */
{                                                       /* L3 */
 int k = 0;                                             /* L4 */
 char flag = 'y';                                       /* L5 */
 FILE *fptr;                                            /* L6 */
 struct biodata{                                        /* L7 */
  char name[15];                                        /* L8 */
  int rollno;                                           /* L9 */
  int age;                                              /* L10 */
  float weight;                                         /* L11 */
 };                                                     /* L12 */
 struct biodata sa;                                     /* L13 */
 fptr = fopen("C:\\Code\\agents.dat", "w");             /* L14 */
 if (fptr != NULL) {                                    /* L15 */
  printf("File agents.dat is opened successfully.\n");  /* L16 */
                                                        /* BL */
  while(flag == 'y'){                                   /* L17 */
   printf("Enter name, roll no, age, and weight of agent: ");  /* L18 */
   scanf("%s %d %d %f", sa.name,                        /* L19 */
                         &sa.rollno,                    /* L20 */
                         &sa.age,                       /* L21 */
                         &sa.weight);                   /* L22 */
   fprintf(fptr, "%s %d %d %.1f", sa.name,              /* L23 */
                                   sa.rollno,           /* L24 */
                                   sa.age,              /* L25 */
                                   sa.weight);          /* L26 */
   fflush(stdin);                                       /* L27 */
   printf("Any more records(y/n): ");                   /* L28 */
```

```
  scanf(" %c", &flag);                                    /* L29 */
  }                                                       /* L30 */
                                                          /* B1 */
  k = fclose(fptr);                                       /* L31 */
  if(k == -1)                                             /* L32 */
    puts("File-closing failed");                          /* L33 */
  if(k == 0)                                              /* L34 */
    puts("File is closed successfully.");                 /* L35 */
 }                                                        /* L36 */
 else                                                     /* L37 */
  puts("File-opening failed");                            /* L38 */
 return(0);                                               /* L39 */
}                                                         /* L40 */
```

编译并执行此程序，屏幕上会显示以下文本行：

```
File agents.dat is opened successfully.
Enter name, roll no, age, and weight of agent: Dick  1  21  70.6   ↵
Any more records (y/n): y  ↵
Enter name, roll no, age, and weight of agent: Robert  2  22  75.8   ↵
Any more records (y/n): y  ↵
Enter name, roll no, age, and weight of agent: Steve  3  20  53.7   ↵
Any more records (y/n): y  ↵
Enter name, roll no, age, and weight of agent: Richard  4  19  83.1   ↵
Any more records (y/n): y  ↵
Enter name, roll no, age, and weight of agent: Albert  5  18  62.3   ↵
Any more records (y/n): n  ↵
File is closed successfully.
```

在合适的文本编辑器中打开文件 agents.dat，并验证其内容如下所示：

```
Dick 1 21 70.6Robert 2 22 75.8Steve 3 20 53.7Richard 4 19 83.1Albert 5 18 62.3
```

工作原理

在本文中，你使用函数 fprintf() 将图 6-1 中所示的五个秘密特工的个人资料写入文件。LOC 7～12 包括结构 biodata 的声明。在 LOC 13 中，声明了 struct biodata 类型的变量 sa。通过键盘输入的秘密成员的数据在其写入文件之前保存在此变量中。LOC 17～30 由 while 循环组成，程序的主要活动（即接受通过键盘输入的数据并将其写入文件）在此进行。请注意 LOC 17 中循环的延续条件，在此处转载以供你快速参考：

```
while(flag == 'y'){                                       /* L17 */
```

当 char 变量标志的值为 'y' 时，允许迭代。由于 char 变量标志的值已经是 'y'（参见 LOC 5），循环的第一次迭代开始。LOC 19～22 由 scanf 语句组成。这是一个单独的语句，但由于语句很长，把它分为四个 LOC 以提高可读性。被键入的 Dick 的数据（即 Dick 1 21 70.6）由此 scanf 语句读取并赋值给变量 sa。

LOC 23～26 由 fprintf 语句组成。与前面的语句一样，这也是一个单独的语句，但把它分为四个 LOC 以提高可读性。在此语句中，存储在变量 sa 中的数据将写入 fptr 指定的文件中。在 LOC 27 中，调用函数 fflush() 来清除键盘和 CPU 之间通道中的换行字符。此外，在 LOC 29 中的转换规格说明 %c 前面加上一个空格来处理这个不需要的换行符。事实上，下面其中一条规定就足以处理这个不受欢迎的换行符：

❑ 提供 LOC 27

❑ 在 LOC 29 中以单个空格为 %c 的前缀

在 LOC 29 中，读取作为对 "Any more records(y/n)"（是否有更多记录）的问题的答复的字符（'y' 或 'n'），并将其赋值给 char 变量 flag。如果你的回复是 'y'，则允许进一步迭代 while 循环，否则，迭代停止。

6.9 读取存储在文本文件中的整数

问题

你想要读取存储在文本文件中的整数。

解决方案

编写一个 C 程序，读取存储在文本文件中的整数，它具有以下规格说明：

❑ 程序在只读模式下打开文件 numbers.dat。在此文件中已存储整数值。

❑ 程序使用函数 fscanf() 读取文件 numbers.dat，并在屏幕上显示其内容。

代码

以下是使用这些规格说明编写的 C 程序的代码。在文本编辑器中键入以下 C 程序并将其保存在文件夹 C:\Code 中，文件名为 files9.c：

```
/* 此程序使用函数 fscanf()读取文件 */          /* BL */
                                            /* L1 */
#include <stdio.h>                          /* BL */
                                            /* L2 */
main()                                      /* L3 */
{                                           /* L4 */
 int m = 0, n, k = 0;                       /* L5 */
 FILE *fptr;                                /* L6 */
 fptr = fopen("C:\\Code\\numbers.dat", "r");/* L7 */
 if (fptr != NULL) {                        /* L8 */
  puts("File numbers.dat is opened successfully."); /* L9 */
  puts("Contents of file numbers.dat:");    /* L10 */
  m = fscanf(fptr, "%d", &n);               /* BL */

  while(m != EOF){                          /* L11 */
   printf("%d ", n);                        /* L12 */
   m = fscanf(fptr, "%d", &n);              /* L13 */
  }                                         /* L14 */
                                            /* BL */
  printf("\n");                             /* L15 */
  k = fclose(fptr);                         /* L16 */
  if(k == -1)                               /* L17 */
    puts("File-closing failed");            /* L18 */
  if(k == 0)                                /* L19 */
```

```
    puts("File is closed successfully.");                    /* L20 */
  }                                                          /* L21 */
 else                                                        /* L22 */
  puts("File-opening failed");                               /* L23 */
 return(0);                                                  /* L24 */
}                                                            /* L25 */
```

编译并执行此程序，屏幕上会显示以下文本行：

```
File numbers.dat is opened successfully.
Contents of file numbers.dat:
1 2 3 4 5 6 7 8 9 10
File is closed successfully.
```

工作原理

可以将函数 fscanf() 视为函数 fprintf() 的对应函数。函数 fscanf() 的工作原理类似于函数 scanf()。但是，这些函数的工作方式有两个主要区别，如下所示：

❏ 函数 scanf() 读取来自键盘的数据，而函数 fscanf() 读取存储在文件中的数据。

❏ 与函数 scanf() 类似，函数 fscanf() 也需要控制字符串和逗号分隔的参数列表。但是，与函数 scanf() 相比，函数 fscanf() 需要多一个参数。这个额外的参数是一个指向 FILE 变量的指针（即 fptr），且必须是第一个参数。

在继续之前，请注意使用此处给出的函数 fscanf() 的语句的通用语法：

```
intN = fscanf(fptr, "control string", arg1, arg2, … , argN);
```

这里，intN 是一个 int 变量，fptr 是指向 FILE 变量的指针，"control string" 是一个出现在 scanf() 函数中的控制字符串，而 arg1，arg2，…，argN 是一个以逗号分隔的参数列表，它出现在 scanf() 函数中。从文件读取的数据项的值被赋值给相应的参数。此函数返回一个 int 值，如果读取操作成功，则返回成功的字段转换次数，否则，它返回 EOF。

现在让我们讨论一下这个程序的工作原理。注意这里转载的 LOC 10，供你快速参考：

```
m = fscanf(fptr, "%d", &n);                                 /* L10 */
```

LOC 10 中的函数 fscanf() 读取存储在 fptr 指定的文件中的第一个整数，并将此整数赋给 int 变量 n。存储在 fptr 指定的文件中的第一个整数为 1，该值被赋给 n。此外，成功读取了一个字段转换，因此，返回值 1，将其赋给 int 变量 m。

接下来，有一个跨越 LOC 11～14 的 while 循环。LOC 11 包含 while 循环的延续条件，在此处转载以供你快速参考：

```
while(m != EOF){                                            /* L11 */
```

由于 m 的值现在为 1 而不是 EOF，因此允许迭代，并且第一次迭代开始。接下来，执行 LOC 12，在此处复制以供你快速参考：

```
printf("%d ", n);                                           /* L12 */
```

在 LOC 12 中，存储在 int 变量 n 中的值（1）显示在屏幕上。接下来执行 LOC 13，其与 LOC 10 相同。在 LOC 13 中，读取存储在文件中的下一个 int 值（2），并将其赋给 int 变量 n。接下来，当第一次迭代的执行完成时，计算机控制转到 LOC 11。由于 m 的值现在是 2 而不是 EOF，第二次迭代开始，以此类推。以这种方式继续，读取完整的文件。

当读取了存储在文件中的所有 int 值并且 fscanf() 尝试读取下一个 int 值（不存在）时，读取操作失败，函数 fscanf() 返回 EOF 值，该值被赋给 m，然后迭代终止。

6.10 读取存储在文本文件中的结构

问题
你想要读取存储在文本文件中的结构。

解决方案
编写一个 C 程序，读取存储在文本文件中的结构，它具有以下规格说明：

❑ 程序在只读模式下打开文件 agents.dat。该文件由五个秘密特工的结构和个人资料组成。

❑ 程序使用函数 fscanf() 读取文件 agents.dat，并在屏幕上显示其内容。

代码
以下是使用这些规格说明编写的 C 程序的代码。在文本编辑器中键入以下 C 程序并将其保存在文件夹 C:\Code 中，文件名为 files10.c：

```
/* 此程序使用 fscanf() 函数读取存储在文件中的记录。 */      /* BL */
                                                          /* L1 */
#include <stdio.h>                                        /* BL */
                                                          /* L2 */
main()                                                    /* L3 */
{                                                         /* L4 */
 int k = 0, m = 0;                                        /* L6 */
 FILE *fptr;                                              /* L7 */
 struct biodata{                                          /* L8 */
  char name[15];                                          /* L9 */
  int rollno;                                             /* L10 */
  int age;                                                /* L11 */
  float weight;                                           /* L12 */
 };                                                       /* L13 */
 struct biodata sa;                                       /* L14 */
 fptr = fopen("C:\\Code\\agents.dat", "r");               /* L15 */
 if (fptr != NULL) {                                      /* L16 */
  printf("File agents.dat is opened successfully.\n");    /* L19 */
  m = fscanf(fptr, "%s %d %d %f", sa.name,                /* L20 */
                                  &sa.rollno,             /* L21 */
                                  &sa.age,                /* L22 */
                                  &sa.weight);            /* BL */
                                                          /* L23 */
  while(m != EOF){
```

```
    printf("Name: %s, Roll no: %d, Age: %d, Weight: %.1f\n",     /* L24 */
              sa.name, sa.rollno,sa.age, sa.weight);             /* L25 */
    m = fscanf(fptr, "%s %d %d %f", sa.name,                     /* L26 */
                                    &sa.rollno,                  /* L27 */
                                    &sa.age,                     /* L28 */
                                    &sa.weight);                 /* L29 */
  }                                                              /* L30 */
                                                                 /* BL  */
  k = fclose(fptr);                                              /* L31 */
  if(k == -1)                                                    /* L32 */
    puts("File-closing failed");                                /* L33 */
  if(k == 0)                                                     /* L34 */
    puts("File is closed successfully.");                       /* L35 */
 }                                                               /* L36 */
 else                                                            /* L37 */
  puts("File-opening failed");                                  /* L38 */
 return(0);                                                      /* L39 */
}                                                                /* L40 */
```

编译并执行此程序，屏幕上会显示以下文本行：

```
File agents.dat is opened successfully.
Name: Dick, Roll no: 1, Age: 21, Weight: 70.6
Name: Robert, Roll no: 2, Age: 22, Weight: 75.8
Name: Steve, Roll no: 3, Age: 20, Weight: 53.7
Name: Richard, Roll no: 4, Age: 19, Weight: 83.1
Name: Albert, Roll no: 5, Age: 18, Weight: 62.3
File is closed successfully.
```

工作原理

现在让我们讨论一下这个程序的工作原理。注意 LOC 19～22，它包含一个 fscanf 语句，但由于语句很长，它被分成四个 LOC 以提高可读性。这些 LOC 在此处复制，以供你快速参考：

```
m = fscanf(fptr, "%s %d %d %f", sa.name,                        /* L19 */
                                &sa.rollno,                     /* L20 */
                                &sa.age,                        /* L21 */
                                &sa.weight);                    /* L22 */
```

该语句执行后，读取存储在 fptr 指定的文件中的 Dick 的数据（即 Dick 1 21 70.6），并将该数据赋值给变量 sa。由于成功读取了四个转换规格说明，函数 fscanf() 返回 int 值 4，该值被赋给 int 变量 m。

接下来，存在跨越 LOC 23～30 的 while 循环。LOC 23 包含 while 循环的延续条件，在这里转载它，供你快速参考：

```
while(m != EOF){                                                /* L23 */
```

由于 m 的值现在为 4 而不是 EOF，因此第一次迭代开始。接下来，执行 printf 语句，该语句跨越 LOC 24 和 25，在此处复制以供你快速参考：

```
printf("Name: %s, Roll no: %d, Age: %d, Weight: %.1f\n",        /* L24 */
             sa.name, sa.rollno,sa.age, sa.weight);              /* L25 */
```

在 LOC 24 和 25，存储在变量 sa 中的数据项（即 Dick 的数据）显示在屏幕上。接下来，执行 fscanf 语句，其跨越 LOC 26～29。该语句与跨越 LOC 19～22 的语句相同。它读取存储在文件中的第二个秘密特工的数据（即 Robert 的数据），并将该数据赋值给变量 sa。以这种方式读取完整的文件。当读取了完整文件并且函数 fscanf() 尝试读取其他根本不存在的数据时，读取操作失败并且此函数返回 EOF 值，该函数被赋给 int 变量 m。然后迭代终止。

6.11 将整数写入二进制文件

问题

你想将整数写入二进制文件。

解决方案

编写一个将整数写入二进制文件的 C 程序，它具有以下规格说明：

❏ 程序以写入模式打开二进制文件 num.dat，并创建一个整数数组。

❏ 程序使用函数 fwrite() 将整数写入文件 num.dat。

代码

以下是使用这些规格说明编写的 C 程序的代码。在文本编辑器中键入以下 C 程序并将其保存在文件夹 C:\Code 中，文件名为 files11.c：

```
/* 这个程序使用 fwrite() 函数将一个 int 值数组写入二进制文件   */
                                                              /* BL */
#include <stdio.h>                                            /* L1 */
                                                              /* BL */
main()                                                        /* L2 */
{                                                             /* L3 */
 int i, k, m, a[20];                                          /* L4 */
 FILE *fptr;                                                  /* L5 */
                                                              /* BL */
 for(i = 0; i < 20; i++)                                      /* L6 */
  a[i] = 30000 + i;                                           /* L7 */
                                                              /* BL */
 fptr = fopen("C:\\Code\\num.dat", "wb");                     /* L8 */
 if (fptr != NULL) {                                          /* L9 */
  puts("File num.dat is opened successfully.");               /* L10 */
  m = fwrite(a, sizeof(int), 10, fptr);                       /* L11 */
  if (m == 10)                                                /* L12 */
    puts("Data written to the file successfully.");           /* L13 */
  k = fclose(fptr);                                           /* L14 */
  if(k == -1)                                                 /* L15 */
    puts("File-closing failed");                              /* L16 */
  if(k == 0)                                                  /* L17 */
    puts("File is closed successfully.");                     /* L18 */
 }                                                            /* L19 */
```

```
  else                                              /* L20 */
   puts("File-opening failed");                     /* L21 */
                                                     /* BL */
  return(0);                                         /* L22 */
}                                                    /* L23 */
```

编译并执行此程序，屏幕上会显示以下文本行：

```
File num.dat is opened successfully.
Data written to the file successfully.
File is closed successfully.
```

此程序将十个整数值（30 000, 30 001, 30 002, 30 003, 30 004, 30 005, 30 006, 30 007, 30 008, 30 009）写入二进制文件 num.dat。

在合适的文本编辑器中打开文件 num.dat，你会发现其内容如下：

`0u1u2u3u4u5u6u7u8u9u`

由于文件是二进制的，因此内容是不可读的（至少是没有意义的）。你可以使用函数 fread() 读取此文件的内容。该文件的大小为 20 个字节，因为其中存储了 10 个 int 值 （10×2 字节⊖＝20 个字节）。类似的文本文件最终会消耗 50 个字节（10×5 字节）。

工作原理

函数 fwrite() 用于以二进制格式将数据写入文件。函数 fwrite() 特别适合以二进制格式将数组写入文件。如果用于文件写入的函数是 fwrite()，则必须以二进制模式打开该文件。当你使用函数 fwrite() 而不是函数 fprintf() 时，有两个可能的好处：（1）通常会节省存储空间，（2）fwrite 语句不如 fprintf 语句复杂。

这里给出了使用函数 fwrite() 将数组写入文件的语句的通用语法：

`m = fwrite(arrayName, sizeof(dataType), n, fptr);`

这里，m 是一个 int 变量，arrayName 是要写入文件的数组的名称，dataType 是数组的数据类型，n 是要写入文件的数组中的元素个数，fptr 是指向 FILE 变量的指针。函数 fwrite() 将数组 arrayName 的 n 个元素写入 fptr 指定的文件，并返回一个数字，表示成功写入的数组元素的数量。如果写入操作失败，则返回零值。在小程序中通常会忽略返回的值，但在专业程序中，它会被收集并检查以确定写入操作是否成功。

在 LOC 6 和 7 中，int 数组 a 被填充了范围从 30 000 到 30 019 的合适值。

接下来，考虑 LOC 8，这里转载以供你快速参考：

`fptr = fopen("C:\\Code\\num.dat", "wb");`   `/* L8 */`

请注意，文件打开模式为 "wb"。这意味着以二进制写入模式打开文件 num.dat。接下来，考虑 LOC 11，这里转载以供你快速参考：

⊖ 在 32 位及 64 位系统上，int 值占 4 字节。——译者注

```
m = fwrite(a, sizeof(int), 10, fptr);                              /* L11 */
```

请注意，有四个参数传递给 fwrite()。第一个参数 a 是要写入文件的数组的名称，第二
个参数表示数组元素的大小（2 个字节），第三个参数 10 表示要写入文件的数组元素的数
量，第四个参数 fptr 指定要写入数组 a 的文件。由于 int 的大小是 2，你可以简单地用 2 替
换第二个参数。另外，数组 a 由 20 个元素组成，但是在这里我们选择只将这个数组的 10
个元素写入一个文件（第三个参数是 10）。执行后，LOC 11 将数组 a 的前十个元素写入
fptr 指定的文件，并返回一个 int 值 10，该值被赋给 m。注意在单个语句中将完整的数组写
入文件很方便。

6.12 将结构写入二进制文件

问题

你想要将结构写入二进制文件。

解决方案

编写一个将结构写入二进制文件的 C 程序，它具有以下规格说明：

❏ 程序以写入模式打开二进制文件 agents2.dat。

❏ 程序使用函数 fwrite() 将结构写入 agents2.dat。

代码

以下是使用这些规格说明编写的 C 程序的代码。在文本编辑器中键入以下 C 程序并将
其保存在文件夹 C:\Code 中，文件名为 files12.c：

```
/* 此程序使用函数fwrite()将结构写入二进制文件。 */
                                                                   /* BL */
#include <stdio.h>                                                 /* L1 */
                                                                   /* BL */
main()                                                             /* L2 */
{                                                                  /* L3 */
 int k = 0;                                                        /* L4 */
 char flag = 'y';                                                  /* L5 */
 FILE *fptr;                                                       /* L6 */
 struct biodata {                                                  /* L7 */
  char name[15];                                                   /* L8 */
  int rollno;                                                      /* L9 */
  int age;                                                         /* L10 */
  float weight;                                                    /* L11 */
 };                                                                /* L12 */
 struct biodata sa;                                                /* L13 */
 fptr = fopen("C:\\Code\\agents2.dat", "wb");                      /* L14 */
 if (fptr != NULL) {                                               /* L15 */
  printf("File agents2.dat is opened successfully.\n");            /* L16 */
                                                                   /* BL */
  while(flag == 'y'){                                              /* L17 */
   printf("Enter name, roll no, age, and weight of agent: ");      /* L18 */
```

```
    scanf("%s %d %d %f", sa.name,                    /* L19 */
                         &sa.rollno,                 /* L20 */
                         &sa.age,                    /* L21 */
                         &sa.weight);                /* L22 */
    fwrite(&sa, sizeof(sa), 1, fptr);                /* L23 */
    fflush(stdin);                                   /* L24 */
    printf("Any more records(y/n): ");               /* L25 */
    scanf(" %c", &flag);                             /* L26 */
   }                                                 /* L27 */
                                                     /* Bl  */
   k = fclose(fptr);                                 /* L28 */
   if(k == -1)                                       /* L29 */
     puts("File-closing failed");                    /* L30 */
   if(k == 0)                                        /* L31 */
     puts("File is closed successfully.");           /* L32 */
  }                                                  /* L33 */
 else                                                /* L34 */
  puts("File-opening failed");                       /* L35 */
 return(0);                                          /* L36 */
}                                                    /* L37 */
```

编译并执行此程序，此程序的一次运行如下：

```
File agents2.dat is opened successfully.
Enter name, roll no, age, and weight of agent: Dick  1  21  70.6    ↵
Any more records(y/n): y    ↵
Enter name, roll no, age, and weight of agent: Robert  2  22  75.8    ↵
Any more records(y/n): y    ↵
Enter name, roll no, age, and weight of agent: Steve  3  20  53.7    ↵
Any more records(y/n): y    ↵
Enter name, roll no, age, and weight of agent: Richard  4  19  83.1    ↵
Any more records(y/n): y    ↵
Enter name, roll no, age, and weight of agent: Albert  5  18  62.3    ↵
Any more records(y/n): n    ↵
File is closed successfully.
```

在合适的文本编辑器中打开文件 agents2.dat，你会发现其内容如下：

```
Dick  Å
```

由于文件是二进制的，因此内容是不可读的（至少是没有意义的）。你可以使用函数 fread() 读取此文件的内容。另外，请将这些内容与使用函数 fprintf() 编写的文本文件 agents.dat 的内容进行比较，转载如下：

```
Dick 1 21 70.6Robert 2 22 75.8Steve 3 20 53.7Richard 4 19 83.1Albert 5 18 62.3
```

工作原理

这里给出了使用函数 fwrite() 将单个变量写入文件的语句的通用语法：

```
m = fwrite(&var, sizeof(var), 1, fptr);
```

这里，m 是一个 int 变量，var 是任何数据类型的变量，& 是一个地址运算符。第三个参数 1 表示只将一个对象的值写入文件（此处 var 为对象），fptr 是指向 FILE 变量的指针。

函数 fwrite() 将变量 var 的值写入 fptr 指定的文件，如果操作成功则返回 int 值 1，否则返回零。在小程序中通常会忽略返回的值，我们在下一个程序中忽略它。

这个程序是程序 files8 的翻版。仅有的区别如下：

❏ 不是在文本模式下打开文件，而是以二进制模式打开。

❏ 不使用函数 fprintf()，而是使用函数 fwrite() 将数据写入文件。

请注意 LOC 14，此处转载以供你快速参考：

```
fptr = fopen("C:\\Code\\agents2.dat", "wb");                    /* L14 */
```

在 LOC 14 中，你可以看到文件打开模式为 "wb"。这意味着以二进制写入模式打开了 agent2.dat 文件。请注意 LOC 23，此处转载以供你快速参考：

```
fwrite(&sa, sizeof(sa), 1, fptr);                              /* L23 */
```

执行后，此 LOC 将存储在变量 sa 中的数据写入 fptr 指定的文件中。第三个参数 1 表示只有一个对象要写入文件（这里 sa 是一个对象）。

6.13 读取写入二进制文件的整数

问题

你想要读取写入二进制文件的整数。

解决方案

编写一个 C 程序，读取写入二进制文件的整数，它具有以下规格说明：

❏ 程序在只读模式下打开二进制文件 num.dat。

❏ 程序使用函数 fread() 读取写入文件的整数。

代码

以下是使用这些规格说明编写的 C 程序的代码。在文本编辑器中键入以下 C 程序并将其保存在文件夹 C:\Code 中，文件名为 files13.c：

```
/* 此程序使用函数fread()读取二进制文件num.dat */        /* BL */

#include <stdio.h>                                       /* L1 */
                                                         /* BL */
main()                                                   /* L2 */
{                                                        /* L3 */
 int i, k;                                               /* L4 */
 int a[10];                                              /* L5 */
 FILE *fptr;                                             /* L6 */
                                                         /* BL */
 fptr = fopen("C:\\Code\\num.dat", "rb");               /* L7 */
 if (fptr != NULL) {                                     /* L8 */
  puts("File num.dat is opened successfully.");         /* L9 */
                                                         /* L10 */
 fread(a, sizeof(int), 10, fptr);                        /* L11 */
```

```
  puts("Contents of file num.dat:");            /* BL  */
                                                 /* L12 */
                                                 /* BL  */
  for(i = 0; i < 10; i++)                        /* L13 */
  printf("%d\n", a[i]);                          /* L14 */
                                                 /* BL  */
  k = fclose(fptr);                              /* L15 */
   if(k == -1)                                   /* L16 */
     puts("File-closing failed");               /* L17 */
   if(k == 0)                                    /* L18 */
    puts("File is closed successfully.");        /* L19 */
  }                                              /* L20 */
  else                                           /* L21 */
   puts("File-opening failed");                  /* L22 */
                                                 /* BL  */
  return(0);                                     /* L23 */
 }                                               /* L24 */
```

编译并执行此程序，屏幕上会显示以下文本行：

```
File num.dat is opened successfully.
Contents of file num.dat:
30000
30001
30002
30003
30004
30005
30006
30007
30008
30009
File is closed successfully.
```

工作原理

将函数 fread() 视为函数 fwrite() 的对应函数。它用于读取二进制文件。这里给出了使用函数 fread() 读取存储在文件中的数组的语句的通用语法：

```
m = fread(arrayName, sizeof(dataType), n, fptr);
```

这里，m 是一个 int 变量，arrayName 是将在其中存储读取值的数组的名称，dataType 是数组的数据类型（例如，int，float 等），n 是要读取的值的数量，fptr 是指向 FILE 的指针，用来指定要读取的文件。函数 fread() 从 fptr 指定的文件中读取数据类型 dataType 的 n 个值，将它们存储在数组 arrayName 中，并返回一个数字，指示读取的值的数量。如果读取操作非常成功，则返回值 n。如果读取操作失败并且未读取到任何值，则返回零。在小程序中，通常会忽略返回的值。

考虑 LOC 7，这里转载以供你快速参考：

```
fptr = fopen("C:\\Code\\num.dat", "rb");          /* L7 */
```

请注意，文件打开模式为"rb"。这意味着以二进制只读模式打开文件 num.dat。接下来，请注意 LOC 11，此处转载以供你快速参考：

```
fread(a, sizeof(int), 10, fptr);                              /* L11 */
```

在此 LOC 中，函数 fread() 读取存储在 fptr 指定的文件中的 10 个 int 值，然后将这些值存储在数组 a 的前 10 个元素中。注意在一个语句中读取完整数组的方便性。

然后，使用跨越 LOC 13 和 14 的 for 循环在屏幕上显示存储在数组 a 中的值，此处转载以供你快速参考：

```
for(i = 0; i < 10; i++)                                       /* L13 */
printf("%d\n", a[i]);                                         /* L14 */
```

此 for 循环执行十次迭代并显示存储在数组 a 中的十个元素的值。

6.14　读取写入二进制文件的结构

问题

你想要读取写入二进制文件的结构。

解决方案

编写一个 C 程序，读取被写入二进制文件的结构，它具有以下规格说明：

❑ 程序在读取模式下打开二进制文件 agents2.dat。

❑ 程序使用函数 fread() 读取被写入文件的结构。

代码

以下是使用这些规格说明编写的 C 程序的代码。在文本编辑器中键入以下 C 程序并将其保存在文件夹 C:\Code 中，文件名为 files14.c：

```
/* 这个程序使用函数 fread() 读取存储在二进制文件 agents2.dat */
/* 中的结构 */
                                                             /* BL */
#include <stdio.h>                                           /* L1 */
                                                             /* BL */
main()                                                       /* L2 */
{                                                            /* L3 */
 int k = 0, m = 0;                                           /* L4 */
 FILE *fptr;                                                 /* L5 */
 struct biodata{                                            /* L6 */
  char name[15];                                            /* L7 */
  int rollno;                                               /* L8 */
  int age;                                                  /* L9 */
  float weight;                                             /* L10 */
 };                                                          /* L11 */
 struct biodata sa;                                          /* L12 */
 fptr = fopen("C:\\Code\\agents2.dat", "rb");                /* L13 */
 if (fptr != NULL) {                                         /* L14 */
```

```
    printf("File agents2.dat is opened successfully.\n");          /* L15 */
    m = fread(&sa, sizeof(sa), 1, fptr);                           /* L16 */
                                                                   /* BL */
    while(m != 0){                                                 /* L17 */
     printf("Name: %s, Roll no: %d, Age: %d, Weight: %.1f\n",      /* L18 */
              sa.name, sa.rollno,sa.age, sa.weight);               /* L19 */
     m = fread(&sa, sizeof(sa), 1, fptr);                          /* L20 */
    }                                                              /* L21 */
                                                                   /* BL */
    k = fclose(fptr);                                              /* L22 */
    if(k == -1)                                                    /* L23 */
      puts("File-closing failed");                                /* L24 */
    if(k == 0)                                                     /* L25 */
      puts("File is closed successfully.");                       /* L26 */
  }                                                                /* L27 */
 else                                                              /* L28 */
  puts("File-opening failed");                                    /* L29 */
 return(0);                                                        /* L30 */
}                                                                  /* L31 */
```

编译并执行此程序，屏幕上会显示以下文本行：

```
File agents2.dat is opened successfully.
Name: Dick, Roll no: 1, Age: 21, Weight: 70.6
Name: Robert, Roll no: 2, Age: 22, Weight: 75.8
Name: Steve, Roll no: 3, Age: 20, Weight: 53.7
Name: Richard, Roll no: 4, Age: 19, Weight: 83.1
Name: Albert, Roll no: 5, Age: 18, Weight: 62.3
File is closed successfully.
```

工作原理

此程序是程序 files10 的翻版，具有以下差异：

❑ 在此程序中，文件打开模式为 "rb"（即文件 agents2.dat 将以二进制只读模式打开）。

❑ 使用函数 fread() 代替函数 fscanf() 来读取文件。

现在让我们讨论一下这个程序的工作原理。请注意 LOC 16，此处转载以供你快速参考：

```
m = fread(&sa, sizeof(sa), 1, fptr);                              /* L16 */
```

该 LOC 执行后，读取存储在 fptr 指定的文件中的 Dick 数据，并将该数据存储在变量 sa 中。第二个参数表示变量 sa 的大小。第三个参数表示只从文件中读取一个对象（这里将存储在变量 sa 中的数据是对象）。第四个参数表示要读取的文件由 fptr 指定。当一个对象被成功读取时，该函数返回整数值 1，该值被赋给 m。你要关注返回的值，以便检测文件的结尾。当文件结束时，不能读取任何对象，并且 fread() 返回零。

接下来，有一个跨越 LOC 17 到 21 的 while 循环。注意 LOC 17，这里复制以供你快速参考：

```
while(m != 0){                                                    /* L17 */
```

注意允许迭代的延续条件是 m 不等于零。由于 m 的值现在为 1，因此允许第一次迭代。现在第一次迭代开始了。接下来，执行跨越 LOC 18～19 的 printf 语句。这是一个单独的语句，由于过长它被放在两个 LOC 上。此 printf 语句在屏幕上显示 Dick 的数据。接下来，执行 LOC 20，其与 LOC 16 相同。在执行之后，LOC 20 从文件中读取 Robert 的数据并将其存储在变量 sa 中。这是从文件中读取连续成员的数据的方式。当文件结束并且 fread() 尝试从文件读取时，读取操作失败并返回零（m 变为等于零），终止循环的执行。

6.15　重命名文件

问题
你想要重命名文件。

解决方案
编写一个 C 程序，将文件 kolkata.txt 重命名为 city.dat。

代码
以下是使用这些规格说明编写的 C 程序的代码。在文本编辑器中键入以下 C 程序并将其保存在文件夹 C:\Code 中，文件名为 files15.c：

```
/* 此程序将文件名 kolkata.txt 更改为 city.dat。 */
                                                    /* BL */
#include <stdio.h>                                  /* L1 */
                                                    /* BL */
main()                                              /* L2 */
{                                                   /* L3 */
 int m;                                             /* L4 */
 m = rename("C:\\Code\\kolkata.txt", "C:\\Code\\city.dat");  /* L5 */
 if (m == 0)                                        /* L6 */
   puts("Operation of renaming a file is successful.");  /* L7 */
 if (m != 0)                                        /* L8 */
   puts("Operation of renaming a file failed.");   /* L9 */
 return(0);                                         /* L10 */
}                                                   /* L11 */
```

编译并执行此程序，屏幕上会显示以下文本行：

```
Operation of renaming a file is successful.
```

在合适的文本编辑器中打开文件 city.dat，并验证其内容如下所示：

```
Kolkata is very big city.
It is also very nice city.
```

工作原理
在 C 中，你可以使用函数 rename() 重命名文件。此外，你可以使用函数 remove() 删除文件。使用函数 rename() 的语句的通用语法如下：

```
n = rename(oldFilename, newFilename);
```

这里，oldFilename 和 newFilename 是计算字符串常量的表达式，字符串常量又分别由旧文件名和新文件名组成，n 是一个 int 变量。函数 rename() 将文件名从 oldFilename 更改为 newFilename，并返回一个整数值，该值赋给 n。如果重命名操作成功则返回零值，否则返回非零值。

在此程序中，文件 kolkata.txt 在 LOC 5 中重命名为 city.dat。此处转载 LOC 5 以供你快速参考：

```
m = rename("C:\\Code\\kolkata.txt", "C:\\Code\\city.dat");       /* L5 */
```

函数 rename() 的第一个参数是旧文件名，函数 rename() 的第二个参数是新文件名。

6.16 删除文件

问题
你想要删除文件。

解决方案
编写一个删除文件 city.dat 的 C 程序。

代码
以下是使用这些规格说明编写的 C 程序的代码。在文本编辑器中键入以下 C 程序并将其保存在文件夹 C:\Code 中，文件名为 files16.c：

```
/* 此程序删除文件 city.dat。 */
                                                        /* BL */
#include <stdio.h>                                      /* L1 */
                                                        /* BL */
main()                                                  /* L2 */
{                                                       /* L3 */
 int m;                                                 /* L4 */
 m = remove("C:\\Code\\city.dat");                      /* L5 */
 if (m == 0)                                            /* L6 */
   puts("Operation of deletion of file is successful."); /* L7 */
 if (m != 0)                                            /* L8 */
   puts("Operation of deletion of file failed.");       /* L9 */
 return(0);                                             /* L10 */
}                                                       /* L11 */
```

编译并执行此程序，屏幕上会显示以下文本行：

```
Operation of deletion of file is successful.
```

文件 city.dat 现已删除，你可以通过合适的方式进行验证。

工作原理
函数 remove() 用于删除（即移除）文件。使用函数 remove() 的语句的通用语法如下：

```
n = remove(filename) ;
```

这里，filename 是一个表达式，它的值为一个字符串常量，该常量由要删除的文件的名称组成，n 是一个 int 变量。函数 remove() 删除文件名并返回赋值给 n 的整数值。如果删除文件的操作成功则返回零值，否则返回非零值。

LOC 5 删除文件 city.dat。LOC 5 在此转载，供你快速参考：

```
m = remove("C:\\Code\\city.dat");                          /* L5 */
```

函数 remove() 的唯一参数是带路径的要删除的文件名。

6.17　复制文本文件

问题
你想要复制文本文件。

解决方案
编写一个 C 程序，使用文件名 town.dat 创建文本文件 satara.txt 的副本。

代码
以下是使用这些规格说明编写的 C 程序的代码。在文本编辑器中键入以下 C 程序并将其保存在文件夹 C:\Code 中，文件名为 files17.c：

```
/* 此程序创建文本文件 satara.txt 的副本文件名为 town.dat。 */
                                                            /* BL */
#include <stdio.h>                                          /* L1 */
                                                            /* BL */
main()                                                      /* L2 */
{                                                           /* L3 */
 FILE *fptrSource, *fptrTarget;                             /* L4 */
 int m, n, p;                                               /* L5 */
                                                            /* BL */
 fptrSource = fopen("C:\\Code\\satara.txt", "r");           /* L6 */
 if(fptrSource == NULL){                                    /* L7 */
  puts("Source-file-opening failed");                       /* L8 */
  exit(1);                                                  /* L9 */
 }                                                          /* L10 */
 puts("Source-file satara.txt opened successfully");        /* L11 */
                                                            /* BL */
 fptrTarget = fopen("C:\\Code\\town.dat", "w");             /* L12 */
 if(fptrTarget == NULL){                                    /* L13 */
  puts("Target-file-opening failed");                       /* L14 */
  exit(2);                                                  /* L15 */
 }                                                          /* L16 */
 puts("Target-file town.dat opened successfully");          /* L17 */
                                                            /* BL */
 m = fgetc(fptrSource);                                     /* L18 */
                                                            /* BL */
```

```
  while(m != EOF){                                    /* L19 */
   fputc(m, fptrTarget);                              /* L20 */
   m = fgetc(fptrSource);                             /* L21 */
  }                                                   /* L22 */
                                                      /* BL  */
  puts("File copied successfully");                   /* L23 */
                                                      /* BL  */
  n = fclose(fptrSource);                             /* L24 */
  if(n == -1)                                         /* L25 */
   puts("Source-file-closing failed");                /* L26 */
  if(n == 0)                                          /* L27 */
   puts("Source-file closed successfully");           /* L28 */
                                                      /* BL  */
  p = fclose(fptrTarget);                             /* L29 */
  if(p == -1)                                         /* L30 */
   puts("Target-file-closing failed");                /* L31 */
  if(p == 0)                                          /* L32 */
   puts("Target-file closed successfully");           /* L33 */
                                                      /* BL  */
  return(0);                                          /* L34 */
 }                                                    /* L35 */
```

编译并执行此程序，屏幕上会显示以下文本行：

```
Source-file satara.txt opened successfully
Target-file town.dat opened successfully
File copied successfully
Source-file closed successfully
Target-file closed successfully
```

在合适的文本编辑器中打开文件 town.dat，并确保其内容如下所示：

```
Satara is surrounded by mountains.
Satara was capital of Maratha empire for many years.
```

这验证了新创建的文件 town.dat 是文件 satara.txt 的精确副本[⊖]。

工作原理

创建文本文件副本的过程中涉及的一般步骤如下：

1. 打开源文件以便以文本模式读取。

2. 打开目标文件以便以文本模式写入。

3. 读取源文件中的字符并将其写入目标文件。

4. 重复步骤 3，直到源文件结束。

5. 关闭这两个文件。

在 LOC 6 中打开源文件 satara.txt。如果文件打开失败，则执行 LOC 8 和 9。要特别注意的是 LOC 9，它导致程序终止，在此处转载以供你快速参考：

⊖ 其实这不能确保文本文件完全一致，还是应该逐字节比较。——译者注

```
exit(1);                                                          /* L9 */
```

函数 exit() 导致程序终止。这就像一个紧急出口。这里给出了使用函数 exit() 的语句的通用语法：

```
exit(n);
```

这里，n 是一个值为整数常量的表达式。如果 n 的值为零，则表示程序正常终止。如果 n 的值非零，则表示程序异常终止。此指示对于调用者程序有用。在程序终止之前，函数 exit() 执行以下任务：

❑ 刷新输入和输出缓冲区

❑ 关闭所有打开的文件

在 LOC 9 中，将非零参数传递给函数 exit()，指示程序的异常终止。现在请注意 LOC 15，这里转载以供你快速参考：

```
exit(2);                                                         /* L15 */
```

这次你仍将一个非零参数传递给函数 exit() 以指示程序的异常终止。但是这次你选择了另一个非零值，2。现在调用者程序能够知道程序终止的确切原因。调用者程序检查参数，如果是 1，则它得出结论，程序因源文件打开失败而终止，如果是 2，则它得出结论，程序因目标文件打开失败而终止。这里的调用者程序是函数 main()。

函数 fgetc() 和 fputc() 在此程序中分别用于从文件中读取字符和将字符写入文件。

6.18　复制二进制文件

问题

你想要复制二进制文件。

解决方案

编写一个 C 程序，使用文件名 world.exe 创建二进制文件 hello.exe 的副本。此外，请确保文件夹 C:\Output 中的可执行文件 hello.exe 可以访问。该文件在执行后在屏幕上显示文本 "hello，world"，它是由 Brian Kernighan 编写的无处不在的 hello 程序的可执行版本。

代码

以下是使用这些规格说明编写的 C 程序的代码。在文本编辑器中键入以下 C 程序并将其保存在文件夹 C:\Code 中，文件名为 files18.c：

```
/* 此程序创建名为 world.exe 的二进制文件 hello.exe 的副本。 */
                                                                 /* BL */
#include <stdio.h>                                               /* L1 */
                                                                 /* BL */
main()                                                           /* L2 */
{                                                                /* L3 */
 FILE *fptrSource, *fptrTarget;                                  /* L4 */
```

```
 int m, n, p;                                        /* L5 */
                                                     /* BL */
 fptrSource = fopen("C:\\Output\\hello.exe", "rb");  /* L6 */
 if(fptrSource == NULL){                             /* L7 */
  puts("Source-file-opening failed");               /* L8 */
  exit(1);                                           /* L9 */
 }                                                   /* L10 */
 puts("Source-file Hello.exe opened successfully");  /* L11 */
                                                     /* BL */
 fptrTarget = fopen("C:\\Output\\world.exe", "wb");  /* L12 */
 if(fptrTarget == NULL){                             /* L13 */
  puts("Target-file-opening failed");               /* L14 */
  exit(2);                                           /* L15 */
 }                                                   /* L16 */
 puts("Target-file World.exe opened successfully");  /* L17 */
                                                     /* BL */
 m = fgetc(fptrSource);                              /* L18 */
                                                     /* BL */
 while(m != EOF){                                    /* L19 */
  fputc(m, fptrTarget);                              /* L20 */
  m = fgetc(fptrSource);                             /* L21 */
 }                                                   /* L22 */
                                                     /* BL */
 puts("File copied successfully");                   /* L23 */
                                                     /* BL */
 n = fclose(fptrSource);                             /* L24 */
 if(n == -1)                                         /* L25 */
  puts("Source-file-closing failed");               /* L26 */
 if(n == 0)                                          /* L27 */
  puts("Source-file closed successfully");          /* L28 */
                                                     /* BL */
 p = fclose(fptrTarget);                             /* L29 */
 if(p == -1)                                         /* L30 */
  puts("Target-file-closing failed");               /* L31 */
 if(p == 0)                                          /* L32 */
  puts("Target-file closed successfully");          /* L33 */
                                                     /* BL */
 return(0);                                          /* L34 */
}                                                    /* L35 */
```

编译并执行此程序，屏幕上会显示以下文本行：

```
Source-file Hello.exe opened successfully
Target-file World.exe opened successfully
File copied successfully
Source-file closed successfully
Target-file closed successfully
```

使用合适的命令提示符窗口，执行文件 world.exe 并确保屏幕上显示以下输出：

```
hello, world
```

这验证了文件 world.exe 是文件 hello.exe 的精确副本⊖。

⊖ 其实这不能确保二进制文件完全一致，还是应该逐字节比较。——译者注

工作原理

这个程序是程序 files17 的翻版。files17 创建文本文件的副本，而此程序（即 files18）创建二进制文件的副本。唯一的区别如下：

❏ 在程序 files17 中，打开源文件（satara.txt）以便在文本模式下读取，而在程序 files18 中，打开源文件（hello.exe）以便以二进制模式读取。

❏ 在程序 files17 中，打开目标文件（town.dat）以便以文本模式写入，而在程序 files18 中，打开目标文件（world.exe）以便以二进制模式写入。

LOC 6 和 12 在此复制，以供你快速参考：

```
fptrSource = fopen("C:\\Output\\hello.exe", "rb");              /* L6 */
fptrTarget = fopen("C:\\Output\\world.exe", "wb");              /* L12 */
```

函数 fopen() 的第一个参数是带路径的要打开的文件名，第二个参数是文件打开的模式。你可以看到文件 hello.exe 的打开模式是"二进制读取"，文件 world.exe 的打开模式是"二进制写入"。

6.19　写入文件并读取该文件

问题

你想要写入文件并读取该文件。

解决方案

编写一个写入文件的 C 程序，并读取该文件，它具有以下规格说明：

❏ 程序以写入模式打开文本文件 pune.txt。此程序将一些文本写入此文件。

❏ 程序使用函数 rewind() 重新调整文件 pune.txt。

❏ 程序读取文件 pune.txt 并在屏幕上显示文本。

代码

以下是使用这些规格说明编写的 C 程序的代码。在文本编辑器中键入以下 C 程序并将其保存在文件夹 C:\Code 中，文件名为 files19.c：

```
/* 此程序对文件执行写入和读取操作。 */
                                                              /* BL */
#include <stdio.h>                                            /* L1 */
                                                              /* BL */
main()                                                        /* L2 */
{                                                             /* L3 */
 FILE *fptr;                                                  /* L4 */
 char store[80];                                              /* L5 */
 int k;                                                       /* L6 */
 fptr = fopen("C:\\Code\\pune.txt", "w+");                    /* L7 */
                                                              /* BL */
 if(fptr != NULL){                                            /* L8 */
```

```
    puts("File pune.txt opened successfully");              /* L9 */
    fputs("Pune is very nice city.", fptr);                 /* L10 */
    puts("Text written to file pune.txt successfully");     /* L11 */
    rewind(fptr);                                           /* L12 */
    fgets(store, 80, fptr);                                /* L13 */
    puts("Contents of file pune.txt:");                    /* L14 */
    puts(store);                                           /* L15 */
    k = fclose(fptr);                                      /* L16 */
    if(k == -1)                                            /* L17 */
     puts("File-closing failed");                          /* L18 */
    if(k == 0)                                             /* L19 */
     puts("File closed successfully");                     /* L20 */
   }                                                       /* L21 */
   else                                                    /* L22 */
    puts("File-opening failed");                           /* L23 */
                                                           /* BL */
  return(0);                                               /* L24 */
 }                                                         /* L25 */
```

编译并执行此程序，屏幕上会显示以下文本行：

```
File pune.txt opened successfully
Text written into file pune.txt successfully
Contents of file pune.txt:
Pune is very nice city.
File closed successfully.
```

工作原理

到目前为止，在每个程序中你都可以写入文件或读取文件。但是，在此程序中，你写入一个文件，然后读取相同的文件。这可以通过多种方式完成。让我们来看一下这样做的几种方法。对于第一种方法，请按照下列步骤操作：

1. 使用函数 fopen() 以 "w" 模式打开文件。

2. 将所需数据写入文件。

3. 使用函数 fclose() 关闭文件。

4. 使用函数 fopen() 以 "r" 模式再次打开文件。

5. 读取文件。

6. 使用函数 fclose() 关闭文件。

对于第二种方法（在程序 files19 中使用），请按照下列步骤操作：

1. 使用函数 fopen() 以 "w+" 模式打开文件。

2. 将所需数据写入文件。

3. 使用函数 rewind() 回绕文件。回绕文件意味着将文件定位到其第一个字符。

4. 读取文件。

5. 使用函数 fclose() 关闭文件。

当你使用函数 fopen() 打开文件时，文件始终定位到其第一个字符（即标记指向文件的第一个字符）。当你读取文件（或写入文件）时，标记会相应地前移。第二种方法，在步骤

3 中你使用函数 rewind() 回绕了该文件。此步骤是必要的，因为当你在步骤 2 中写入文件时，标记指向文件的第 (n + 1) 个字节，前提是你已将 n 个字符写入文件。但是，在读取文件之前，后者必须定位到第一个字符。这可以通过关闭文件然后再次打开来完成。或者可以通过调用函数 rewind() 来完成，函数 rewind() 将文件定位到其第一个字符。

请注意使用此处给出的函数 rewind() 的语句的简化语法：

```
rewind(fptr);
```

这里 fptr 是指向 FILE 变量的指针。函数 rewind() 将回绕 fptr 指定的文件。

在 LOC 10 中，字符串被写入文件 pune.txt。在 LOC 12 中，使用函数 rewind() 回绕文件。在执行 LOC 12 之后，文件被定位到其第一个字符。在 LOC 13 中，读取文件，并且文件的内容（只是单个字符串）存储在 char 数组 store 中。在 LOC 15 中，在屏幕上显示存储在 store 中的字符串。

6.20 将文本文件定位到所需字符

问题

你希望将文本文件定位到该文件中的所需字符。

解决方案

编写一个 C 程序，将文本文件定位到该文件中的所需字符，它具有以下规格说明：

❑ 程序在读取模式下打开文本文件 pune.txt。

❑ 程序使用函数 ftell() 来查找文件的当前位置。此外，程序使用函数 fseek() 将文件定位到该文件中的所需字符。

❑ 程序使用 fseek() 和 ftell() 函数将文件定位到文件中的各个所需字符。

代码

以下是使用这些规格说明编写的 C 程序的代码。在文本编辑器中键入以下 C 程序并将其保存在文件夹 C:\Code 中，文件名为 files20.c：

```
/* 此程序使用函数 fseek() 和 ftell() */
/* 将文件放在该文件中的所需字符位置。*/
                                                        /* BL */
#include <stdio.h>                                      /* L1 */
                                                        /* BL */
main()                                                  /* L2 */
{                                                       /* L3 */
 FILE *fptr;                                            /* L4 */
 int m, n, k, p;                                        /* L5 */
 fptr = fopen("C:\\Code\\pune.txt", "r");               /* L6 */
                                                        /* BL */
 if(fptr != NULL){                                      /* L7 */
  puts("File pune.txt opened successfully");            /* L8 */
  puts("Let n denotes current file position");          /* L9 */
```

```
    n = ftell(fptr);                                          /* L10 */
    printf("Now value of n is %d\n", n);                      /* L11 */
    printf("Let us read a single character and it is: ");     /* L12 */
    m = fgetc(fptr);                                          /* L13 */
    putchar(m);                                               /* L14 */
    printf("\n");                                             /* L15 */
    n = ftell(fptr);                                          /* L16 */
    printf("Now value of n is %d\n", n);                      /* L17 */
    fseek(fptr, 8, 0);                                        /* L18 */
    puts("Statement \"fseek(fptr, 8, 0);\" executed");        /* L19 */
    n = ftell(fptr);                                          /* L20 */
    printf("Now value of n is %d\n", n);                      /* L21 */
    fseek(fptr, 3, 1);                                        /* L22 */
    puts("Statement \"fseek(fptr, 3, 1);\" executed");        /* L23 */
    n = ftell(fptr);                                          /* L24 */
    printf("Now value of n is %d\n", n);                      /* L25 */
    fseek(fptr, -5, 1);                                       /* L26 */
    puts("Statement \"fseek(fptr, -5, 1);\" executed");       /* L27 */
    n = ftell(fptr);                                          /* L28 */
    printf("Now value of n is %d\n", n);                      /* L29 */
    fseek(fptr, -3, 2);                                       /* L30 */
    puts("Statement \"fseek(fptr, -3, 2);\" executed");       /* L31 */
    n = ftell(fptr);                                          /* l32 */
    printf("Now value of n is %d\n", n);                      /* L33 */
    fseek(fptr, 0, 2);                                        /* L34 */
    puts("Statement \"fseek(fptr, 0, 2);\" executed");        /* L35 */
    n = ftell(fptr);                                          /* L36 */
    printf("Now value of n is %d\n", n);                      /* L37 */
    puts("Now let us perform a read operation");              /* L38 */
    m = fgetc(fptr);                                          /* L39 */
    printf("Value read is %d\n", m);                          /* L40 */
    n = ftell(fptr);                                          /* L41 */
    printf("Now value of n is still %d\n", n);                /* L42 */
    fseek(fptr, 0, 0);                                        /* L43 */
    puts("Statement \"fseek(fptr, 0, 0);\" executed");        /* L44 */
    n = ftell(fptr);                                          /* L45 */
    printf("Now value of n is %d\n", n);                      /* L46 */
    puts("That's all.");                                      /* L47 */
                                                              /* BL  */
    k = fclose(fptr);                                         /* L48 */
    if(k == -1)                                               /* L49 */
      puts("File-closing failed");                           /* L50 */
     if(k == 0)                                               /* L51 */
      puts("File closed successfully.");                     /* L52 */
  }                                                           /* L53 */
    else                                                     /* L54 */
      puts("File-opening failed");                           /* L55 */
                                                              /* BL  */
  return(0);                                                  /* L56 */
}                                                             /* L57 */
```

编译并执行此程序，屏幕上会显示以下文本行：

```
File pune.txt opened successfully
Let n denotes current file position
Now value of n is 0
Let us read a single character and it is: P
Now value of n is 1
Statement "fseek (fptr, 8, 0);" executed
Now value of n is 8
Statement "fseek (fptr, 3, 1);" executed
Now value of n is 11
Statement "fseek (fptr, -5, 1);" executed
Now value of n is 6
Statement "fseek (fptr, -3, 2);" executed
Now value of n is 20
Statement "fseek (fptr, 0, 2);" executed
Now value of n is 23
Now let us perform a read operation
Value read is -1
Now value of n is still 23
Statement "fseek (fptr, 0, 0);" executed
Now value of n is 0
That's all.
```

工作原理

函数 fseek() 用于将文件定位到该文件的所需字符。函数 ftell() 用于获取文件的当前位置。请注意 LOC 6，此处转载以供你快速参考：

```
fptr = fopen("C:\\Code\\pune.txt", "r");                        /* L6 */
```

执行 LOC 6 后，文件 pune.txt 以 "r" 模式打开。此外，文件定位在文件的第一个字符（即 "P"），如图 6-2a 所示。每当使用函数 fopen() 打开文件时，文件始终定位到文件的第一个字符。

你可以使用函数 ftell() 获取文件的当前位置。请注意 LOC 10，此处转载以供你快速参考：

```
n = ftell(fptr);                                               /* L10 */
```

在 LOC 10 中，函数 ftell() 返回 long int 值 0（文件中第一个字符的索引，即 'P'），它被赋给 long int 变量 n。请注意，文件中的字符从零开始编制索引，这类似于数组中的元素。这意味着第一个字符 'P' 的索引为 0，第二个字符 'u' 的索引为 1，第三个字符 'n' 的索引为 2，以此类推。

请注意使用此处给出的函数 ftell() 的语句的通用语法：

```
n = ftell(fptr);
```

这里，n 是一个 long int 变量，fptr 是一个指向 FILE 变量的指针。函数 ftell() 返回一个 long int 值，它表示由 fptr 指定的文件的位置。

使用函数 fgetc() 读取字符。注意 LOC 13，在此转载供你快速参考：

```
m = fgetc(fptr);                                              /* L13 */
```

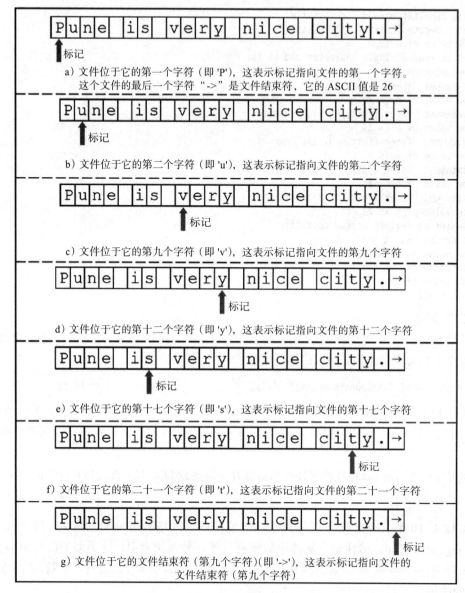

图 6-2　定位文件

在 LOC 13 中，函数 fgetc() 读取字符 'P' 并返回其 ASCII 值（80），它被赋给 int 变量 m。在执行 LOC 13 之后，文件被定位到文件的第二个字符（即 'u'），如图 6-2b 所示。LOC 16 与 LOC 10 相同，在此复制以供你快速参考：

```
n = ftell(fptr);                                        /* L16 */
```

在 LOC 16 中，函数 ftell() 返回 long int 值 1（文件的第二个字符的索引，即 'u'），它被赋值给 long int 变量 n。在 LOC 18 中，文件位于文件中的第九个字符（即 'v'），如图 6-2c

所示。在此转载 LOC 18，供你快速参考：

```
fseek(fptr, 8, 0);                                              /* L18 */
```

因为索引从零开始，'v' 的索引是 8，它在 LOC 18 中的函数调用中显示为第二个参数。此函数调用中的第一个参数是 fptr，一个指向 FILE 变量的指针，它表示要定位的文件。此函数调用中的第三个参数是整数值 0，它表示将从文件的开头进行字符计数。

请注意使用此处给出的函数 fseek() 的语句的通用语法：

```
p = fseek(fptr, offset, origin);
```

这里，p 是一个 int 变量，fptr 是指向 FILE 变量的指针，offset 是一个表达式，其求值结果为 long int 值，而 origin 是三个值 0,1 或 2 之一。offset 表示从 origin 计算的字符偏移量，当 origin 为 0 时，则从文件的开头开始计算偏移量（如 LOC 18 的情况）。当 origin 为 1 时，则从文件的当前位置（即标记指向的字符的当前位置）计算偏移量。当 origin 为 2 时，则从文件末尾开始计算偏移量。函数 fseek() 定位参数指定的文件，如果定位文件的操作成功则返回 0，否则返回非零值。

在 LOC 20 中，再次获取文件的当前位置。它与 LOC 13 或 LOC 16 完全相同。在 LOC 20 中，函数 ftell() 返回 long int 值 8（文件的第九个字符的索引，即 'v'），它被赋给 long int 变量 n。

在 LOC 22 中，文件定位到字符 'y'（在单词 "very" 中），如图 6-2d 所示。在此转载 LOC 22，供你快速参考：

```
fseek(fptr, 3, 1);                                             /* L22 */
```

在这个函数调用中，origin（第三个参数）是 1，这意味着字符的计数是从文件的当前位置（即 'v'）进行的。此外，offset（第二个参数）是 3。因此，'v' 后面的第三个字符是 'y'，因此文件位于 'y'。

在 LOC 24 中，再次获取文件的当前位置，并且在这种情况下，n 的值是 11，因为 'y' 是文件的第 12 个字符。

在 LOC 26 中，文件位于字符 's'（在单词 "is" 中），如图 6-2e 所示。在此转载 LOC 26，供你快速参考：

```
fseek(fptr, -5, 1);                                           /* L26 */
```

请注意，在此函数中，调用的 origin（第三个参数）为 1，它意味着字符的计数是从文件的当前位置（即 'y'）进行的。另外，offset（第二个参数）是 -5。注意偏移量是负值，这意味着要在反方向上进行计数，即往文件的开头计数。因此，'y' 反方向的第五个字符是 's'（在单词 "is" 中），因此文件被定位到 's'。

在 LOC 28 中，再一次获取文件的当前位置，在这种情况下，n 的值是 6，因为 's' 是文件的第七个字符。

在 LOC 30 中，文件定位到字符 't'（在单词 "city" 中），如图 6-2f 所示。在此转载 LOC 30，供你快速参考：

```
fseek(fptr, -3, 2);                                          /* L30 */
```

注意，在这个函数中，调用的 origin（第三个参数）是 2，这意味着字符的计数将从文件的末尾开始（即从文件结尾字符开始）。另外，offset（第二个参数）是 -3。由于偏移量是负值，因此要在反方向上进行计数，即往文件的开头计数。来自文件结尾字符的反方向的第三个字符是 't'，因此文件被定位为 't'。在这种情况下，你可以想象文件结束符的索引是 0，句点（.）的索引是 -1，'y' 的索引是 -2，'t' 的索引是 -3。

另外请注意，当 origin 为 0 时，offset 必须为零或正数。当 origin 为 2 时，则偏移量必须为零或负数。当 origin 为 1 时，偏移量可以是正数或负数。

在 LOC 32 中，再次获取文件的当前位置，并且在这种情况下，n 的值是 20，因为 't' 是文件的第 21 个字符。

在 LOC 34 中，文件定位到文件结尾字符，如图 6-2g 所示。在此转载 LOC 34，供你快速参考：

```
fseek(fptr, 0, 2);                                           /* L34 */
```

在 LOC 36 中，再次获取文件的当前位置，在这种情况下，因为文件结束符是文件的第 24 个字符，n 的值是 23。

在 LOC 39 中，执行读取操作。在此转载 LOC 39，供你快速参考：

```
m = fgetc(fptr);                                             /* L39 */
```

现在由函数 fgetc() 返回的不是文件结束符的 ASCII 值，而是特殊值 EOF（其值为 -1），该值被赋给 m。你在每次读取操作后检查 m 的值，以确定是否已到达文件结尾。

LOC 40 在屏幕上显示 m 的值为 -1。

每当使用函数 fgetc() 执行读取操作时，标记将自动前移到下一个字符。但是在执行 LOC 39 之后，标记没有前移，因为标记已经指向了末尾的字符，它根本无法前移。这在 LOC 41 中得到验证，在此复制以供你快速参考：

```
n = ftell(fptr);                                             /* L41 */
```

在 LOC 41 中，如预期的那样，n 的值变为 23。

在 LOC 43 中，文件位于文件的第一个字符，如图 6-2a 所示。在此转载 LOC 43，供你快速参考：

```
fseek(fptr, 0, 0);                                           /* L43 */
```

在 LOC 45 中，再次获取文件的当前位置，并且在这种情况下，n 的值如预期的那样为 0。

你可以使用此处给出的 LOC 代替 LOC 43 将文件定位到文件的第一个字符：

```
rewind();                                          /* 相当于L43 */
```

想象一下，在 LOC 45 之后，执行以下 LOC：

```
fseek(fptr, 30, 0);                                /* 想象一下L45后的这个LOC */
```

执行所示的 LOC 后，文件将定位到文件的第 31 个字符。但该文件不包含 31 个字符。文件中最后一个字符（文件结束符）的索引是 23。因此，即使你可以成功编译和执行此 LOC，也应该认为此 LOC 是有问题的。

■**注意**　切勿使标记指向超出文件的字符。

6.21　从键盘设备文件中读取

问题
你想要从键盘设备文件中读取。

解决方案
编写具有以下规格说明的 C 程序：

❑ 程序使用指向 FILE 常量 stdin 的指针实现键盘。

❑ 程序从键盘读取数据并将其显示在屏幕上。

代码
以下是使用这些规格说明编写的 C 程序的代码。在文本编辑器中键入以下 C 程序并将其保存在文件夹 C:\Code 中，文件名为 files21.c：

```
/* 此程序读取设备文件"键盘"并在屏幕上显示此文件的内容。 */
                                                     /* BL */
#include <stdio.h>                                   /* L1 */
                                                     /* BL */
main()                                               /* L2 */
{                                                    /* L3 */
 char text[500];                                     /* L4 */
 int m, n = 0, p;                                    /* L5 */
 puts("Type the text. The text you type form the contents");  /* L6 */
 puts("of the device-file keyboard. Strike the function");    /* L7 */
 puts("key F6 to signify the end of this file.");    /* L8 */
                                                     /* BL */
 m = fgetc(stdin);                                   /* L9 */
                                                     /* BL */
 while(m != EOF){                                    /* L10 */
  text[n] = m;                                       /* L11 */
  n = n + 1;                                         /* L12 */
  m = fgetc(stdin);                                  /* L13 */
 }                                                   /* L14 */
                                                     /* BL  */
 puts("Contents of device file \"keyboard\":");      /* L15 */
```

```
for(p = 0; p < n; p++)                                    /* BL  */
  putchar(text[p]);                                       /* L16 */
                                                          /* L17 */
                                                          /* BL  */
  return(0);                                              /* L18 */
}                                                         /* L19 */
```

编译并执行此程序。

```
Type the text. The text you type form the contents
of device file keyboard. Strike the function key
F6 to signify the end of this file.
Chavan's Street Principle # 1      ↵
Never stand behind donkey or truck.     ↵
Donkey will kick you.     ↵
Truck will reverse and crush you.     ↵
<F6>   ↵
Contents of device file "keyboard":
Chavan's Street Principle # 1
Never stand behind donkey or truck.
Donkey will kick you.
Truck will reverse and crush you.
```

工作原理

根据 C 语言的规定，文件是发送字符 / 字节流到 CPU 的发送器或接收来自 CPU 的字符 / 字节流的接收器。

在交互式程序中，当你键入文本时，键盘将字符流传输到中央处理单元。因此，键盘非常适合 C 的文件模型。当程序将输出发送到显示器进行显示时，显示器从中央处理单元接收字符流。因此，显示器也很适合 C 的文件模型。作为通用术语，**设备文件**用于指代键盘文件或显示器文件。当你读取文件或写入文件时，你需要一个指向 FILE 变量的指针（如前面程序中使用的 fptr）。是否有针对设备文件键盘和显示器的 FILE 变量（如 fptr）的预定义指针呢？是的，确实有针对设备文件预定义的 FILE 常量（而不是变量）的指针，如表 6-1 中所列。

表 6-1 预定义指针到设备文件的 FILE 常量

指向 FILE 常量的指针	设备文件
stdin	键盘
stdout	显示器
stderr	显示器

stdout 和 stderr 都指定相同的设备文件，即显示器，但这些常数用于不同的上下文。要在显示器上显示正常文本，请使用常量 stdout，而要在显示器上显示错误消息（例如，文件打开失败），则使用常量 stderr。

在 LOC 4 中，你声明一个名为 text 的 char 类型数组，该数组可以容纳 500 个字符。接下来考虑 LOC 9，这里转载以供你快速参考：

```
m = fgetc(stdin);                                        /* L9 */
```

执行后，该 LOC 从指向 FILE 常量 stdin（即键盘）的指针指定的文件中读取一个字符，并返回其 ASCII 值，该值赋值给 m。你键入三行文本，第一行文本在此处给出：

```
Chavan's Street Principle # 1
```

只有按下 Enter 键后，所有这些字符才会传输到 CPU。在执行 LOC 9 之后，该行文本中的第一个字符（它是 'C'）由函数 fgetc() 读取，并返回其 ASCII 值（67），它被赋给变量 m。

接下来，有一个跨越 LOC 10～14 的 while 循环。此处转载 LOC 10 以供你快速参考：

```
while(m != EOF){                                          /* L10 */
```

LOC 10 中的 while 循环的延续条件表示当 m 不等于 EOF 时，允许 while 循环的迭代。由于 m 的值是 67 而不是 EOF，因此允许第一次迭代。接下来执行 LOC 11，在此处复制以供你快速参考：

```
text[n] = m;                                             /* L11 */
```

在此 LOC 中，m 的 ASCII 值（即 67）被赋给数组 text 的第一个元素。（为什么是第一个元素？因为数组 text 的索引 n 的值是 0。）由于 text 是 char 数组，因此字符 'C'（其 ASCII 值为 67）存储在 text 的第一个元素中。在 LOC 12 中，n 的值增加 1，其用作数组 text 的索引。接下来，执行 LOC 13，其与 LOC 9 相同。在 LOC 13 中，文本行中可用的下一个字符（'h'）由函数 fgetc() 读取，以此类推。当你敲击功能键 F6 时，键盘将字符 Control-Z（其 ASCII 值为 26）发送到 CPU。当函数 fgetc() 读取该字符时，它不返回其 ASCII 值，而是返回值 EOF，然后终止 while 循环的迭代。

接下来执行 LOC 16～17 中的 for 循环，在屏幕上显示 char 数组 text 的内容。

6.22　将文本写入显示器设备文件

问题

你想将文本写入显示器设备文件。

解决方案

编写具有以下规格说明的 C 程序：

❏ 程序使用指向 FILE 常量 stdout 的指针和指向 FILE 常量 stderr 的指针来实现显示器。

❏ 程序从文本文件 satara.txt 中读取文本并将其写入显示器设备文件（stdout）。

❑ 如果文件打开或关闭失败，程序会将错误消息写入显示器设备文件（stderr）。

代码

以下是使用这些规格说明编写的 C 程序的代码。在文本编辑器中键入以下 C 程序并将其保存在文件夹 C:\Code 中，文件名为 files22.c：

```
/* 这个程序读取磁盘文件 satara.txt 并把 */
/* 内容写入到显示器设备文件 */
                                                        /* BL */
#include <stdio.h>                                      /* L1 */
                                                        /* BL */
main()                                                  /* L2 */
{                                                       /* L3 */
 int m, k;                                              /* L4 */
 FILE *fptr;                                            /* L5 */
 fptr = fopen("C:\\Code\\satara.txt", "r");             /* L6 */
 if (fptr != NULL){                                     /* L7 */
  puts("Disk-file kolkata.txt opened successfully.");   /* L8 */
  puts("`Its contents are now written to device file monitor:");  /* L9 */
  m = fgetc(fptr);                                      /* L10 */
                                                        /* BL  */
  while(m != EOF){                                      /* L11 */
   fputc(m, stdout);                                    /* L12 */
   m = fgetc(fptr);                                     /* L13 */
  }                                                     /* L14 */
                                                        /* BL  */
  k = fclose(fptr);                                     /* L15 */
  if(k == -1)                                           /* L16 */
   fprintf(stderr, "Disk-file closing failed\n");       /* L17 */
  if(k == 0)                                            /* L18 */
   puts("Disk-file closed successfully.");              /* L19 */
 }                                                      /* L20 */
 else                                                   /* L21 */
  fprintf(stderr, "Disk-file opening failed\n");        /* L22 */
                                                        /* BL  */
 return(0);                                             /* L23 */
}                                                       /* L24 */
```

编译并执行此程序，屏幕上会显示以下文本行：

```
Disk-file satara.txt opened successfully.
Its contents are now written to device file monitor:
Satara is surrounded by mountains.
Satara was capital of Maratha empire for many years.
Disk-file closed successfully.
```

工作原理

在 LOC 6 中，打开磁盘文件 satara.txt 进行读取。接下来，请考虑 LOC 10，此处转载以供你快速参考：

```
m = fgetc(fptr);                                        /* L10 */
```

在此 LOC 中，函数 fgetc() 读取由 fptr 指定的文件中的第一个字符（'S'），并将其 ASCII 值（83）赋给 int 变量 m。接下来是一个跨越 LOC 11 到 14 的 while 循环。在这里转载 LOC 11，供你快速参考：

```
while(m != EOF){                                          /* L11 */
```

LOC 11 包括 while 循环的延续条件，表示当 m 不等于 EOF 时允许 while 循环的迭代。由于 m 的值是 83 而不是 EOF，因此允许 while 循环的第一次迭代。接下来执行 LOC 12，在此处复制以供你快速参考：

```
fputc(m, stdout);                                        /* L12 */
```

在 LOC 12 中，函数 fputc() 将字符（其 ASCII 值存储在 m 中）写入由 FILE 常量 stdout 指针指定的文件，该文件是显示器。因此，在执行 LOC 12 之后，字符 "S" 显示在屏幕上。

接下来执行 LOC 13，它与 LOC 10 相同。在此 LOC 中，函数 fgetc() 从 fptr 指定的文件中读取第二个字符，以此类推。以这种方式进行下去，文件中的所有可读字符都将显示在屏幕上。

6.23   从键盘设备文件读取文本并将其写入显示器设备文件

问题
你想要从键盘设备文件读取文本并将其写入显示器设备文件。

解决方案
编写具有以下规格说明的 C 程序：

❑ 程序使用指向 FILE 常量 stdin 的指针实现键盘。
❑ 程序使用指向 FILE 常量 stdout 出的指针实现显示器。
❑ 程序从键盘读取文本并将其写入显示器。

代码
以下是使用这些规格说明编写的 C 程序的代码。在文本编辑器中键入以下 C 程序并将其保存在文件夹 C:\Code 中，文件名为 files23.c：

```
/* 这个程序读取键盘设备文件的输入并写入 */
/* 这些内容到显示器设备文件。 */
                                                         /* BL */
#include <stdio.h>                                       /* L1 */
                                                         /* BL */
main()                                                   /* L2 */
{                                                        /* L3 */
 char text[500];                                         /* L4 */
 int m, n = 0, p;                                        /* L5 */
 puts("Type the text. The text you type form the contents");  /* L6 */
 puts("of the device-file keyboard. Strike the function");    /* L7 */
 puts("key F6 to signify the end of this file.");             /* L8 */
```

```
    m = fgetc(stdin);                                          /* BL */
                                                               /* L9 */
                                                               /* BL */
    while(m != EOF){                                           /* L10 */
     text[n] = m;                                              /* L11 */
     n = n + 1;                                                /* L12 */
     m = fgetc(stdin);                                         /* L13 */
    }                                                          /* L14 */
                                                               /* BL */
    puts("Contents of the device-file keyboard are now");     /* L15 */
    puts("written to the device-file monitor.");              /* L16 */
                                                               /* BL */
    for(p = 0; p < n; p++)                                     /* L17 */
     fputc(text[p], stdout);                                   /* L18 */
                                                               /* BL */
    return(0);                                                 /* L19 */
    }                                                          /* L20 */
```

编译并执行此程序，屏幕上会显示以下文本行：

```
Type the text. The text you type form the contents
of the device-file keyboard. Strike the function
key F6 to signify the end of this file.
I am a born writer.        ↵
I inherited the art of writing from my mother.        ↵
<F6> ↵
Contents of the device-file keyboard are now
written into the device-file monitor.
I am a born writer.
I inherited the art of writing from my mother.
```

工作原理

在程序执行期间，程序用户键入的文本存储在数组 text 中。跨越 LOC 9～14 的代码块从键盘设备文件读取文本并将其存储在数组 text 中。LOC 17～18 中的代码块将存储在数组 text 中的文本写入显示器设备文件。

## 第 7 章

自引用结构

自引用结构是这样的一种结构，其中有一个成员是指向结构本身的指针。这里给出了自引用结构的通用语法：

```
struct tag {
  member1;
  member2;
  - - - -
  struct tag *next;
};
```

这里，next 是一个指向结构 struct tag 本身的指针变量。请注意这里给出的自引用结构的示例：

```
struct members {
  char name[20];
  struct members *next;
};
```

7.1　以交互方式生成数字列表

问题

你希望以交互方式生成数字列表。

解决方案

编写一个生成数字列表的 C 程序，它具有以下规格说明：

❑　程序以交互方式确定列表的大小，即列表的大小没有预先确定。

❑　程序使用 calloc() 函数动态分配内存，这是列表所必需的。

❑　列表中填充了用简单的临时公式生成的数字。

代码

以下是使用这些规格说明编写的 C 程序的代码。在文本编辑器中键入以下 C 程序并将其保存在文件夹 C:\Code 中，文件名为 srs1.c:

```
/* 此程序使用函数 calloc() 来动态分配内存。 */
#include <stdio.h>                                          /* L1 */
                                                            /* BL */
main()                                                      /* L2 */
{                                                           /* L3 */
 int n, i, j;                                               /* L4 */
 int *ptr, *list[10];                                       /* L5 */
 printf("Enter an integer as size of list (1 <= n <= 20): ");  /* L6 */
 scanf("%d", &n);                                           /* L7 */
  for(i = 0; i < 10; i++) {                                 /* L8 */
   list[i] = (int *) calloc(n, sizeof(int));               /* L9 */
   for(j = 0; j < n; j++)                                   /* L10 */
     *(list[i] + j) = i + j + 10;                           /* L11 */
  }                                                         /* L12 */
                                                            /* BL */
  printf("Displaying the values of items in list\n");       /* L13 */
   for(i = 0; i < 10; i++) {                                /* L14 */
    printf("List[%d]: ", i);                                /* L15 */
    for(j = 0; j < n; j++) {                                /* L16 */
     printf("%d ", *(list[i] + j));                         /* L17 */
    }                                                       /* L18 */
   printf("\n");                                            /* L19 */
  }                                                         /* L20 */
                                                            /* BL */
  return(0);                                                /* L21 */
}                                                           /* L22 */
```

编译并执行此程序。在这里给出这个程序的一次运行结果：

```
Enter an integer as size of list (1 <= n <= 20): 20   ↵
Displaying the values of items in list
List[0]: 10 11 12 13 14 15 16 17 18 19 20 21 22 23 24 25 26 27 28 29
List[1]: 11 12 13 14 15 16 17 18 19 20 21 22 23 24 25 26 27 28 29 30
List[2]: 12 13 14 15 16 17 18 19 20 21 22 23 24 25 26 27 28 29 30 31
List[3]: 13 14 15 16 17 18 19 20 21 22 23 24 25 26 27 28 29 30 31 32
List[4]: 14 15 16 17 18 19 20 21 22 23 24 25 26 27 28 29 30 31 32 33
List[5]: 15 16 17 18 19 20 21 22 23 24 25 26 27 28 29 30 31 32 33 34
List[6]: 16 17 18 19 20 21 22 23 24 25 26 27 28 29 30 31 32 33 34 35
List[7]: 17 18 19 20 21 22 23 24 25 26 27 28 29 30 31 32 33 34 35 36
List[8]: 18 19 20 21 22 23 24 25 26 27 28 29 30 31 32 33 34 35 36 37
List[9]: 19 20 21 22 23 24 25 26 27 28 29 30 31 32 33 34 35 36 37 38
```

工作原理

函数 calloc() 用于为数组动态分配内存。你还可以使用函数 malloc() 为数组动态分配内存。但是 calloc() 对于数组来说更方便。与 malloc() 不同，calloc() 函数将整个分配的内存初始化为空字符值（'\0'）。与 malloc() 一样，calloc() 函数也返回一个指向 void 的指针，该指针指向已分配内存块的第一个字节。这里给出了使用函数 calloc() 的语句的通用语法：

```
ptr = (dataType *) calloc (n, size);
```

这里 ptr 是指向 dataType 变量的指针。dataType 是任何有效的数据类型，如 int、char、float 等，size 是一个整数（或计算结果为整数的表达式），表示对象所需的字节数（例如，如果数组的类型是 int，则 size 是 2），并且 n 是表示对象数量的整数（或计算结果为整数的表达式）。例如，如果数组由 10 个元素组成，则 n 为 10。此函数分配一个连续的内存块，其字节大小至少为 n×size。如果无法分配所需的内存，则返回 NULL 指针。

在 LOC 5 中，你声明一个指向 int 的指针数组，该数组由十个元素组成，称为 list。这意味着你有十个指向 int 的指针，你可以使用符号 list[i] 来引用它们中的任何一个。对于每个指针，你都附加一个由 n 个 int 类型值组成的列表，并且用户将在运行时输入 n 的值。LOC 7 接受为 n 输入的值。LOC 8~12 由嵌套的 for 循环组成。在 LOC 9 中，你可以动态分配内存。在此转载 LOC 9，供你快速参考：

```
list[i] = (int *) calloc(n, sizeof(int));                              /* L9 */
```

执行后，此 LOC 保留 n 个内存块（每个块由 2 个字节组成，这是 int 的大小）并返回一个转换为类型 (int *) 的指针，然后将其分配给 list[i]。现在，你可以将 n 个 int 值组成的列表分配给 int 指针 list[i]。当然，在 LOC 10~11 中，你已经为 list[i] 分配了一个 n 个 int 值组成的列表，其中包含执行 n 次迭代的内部 for 循环。赋值在 LOC 11 中进行，如你所见，一些任意的值都赋给了 list[i]。

在 LOC 14~20 中，将赋值给列表的值显示屏幕上，其中包含嵌套的 for 循环。

7.2　使用匿名变量创建链表

问题

你想使用匿名变量创建链表。

解决方案

编写一个创建链表的 C 程序，它具有以下规格说明：

❑ 程序使用匿名变量，这些变量是使用函数 malloc() 创建的。

❑ 程序创建名为 members 的结构。此结构的一个成员是名为 name 的 char 类型数组。将合适的值赋给 name，并在屏幕上显示这些名称。

代码

以下是使用这些规格说明编写的 C 程序的代码。在文本编辑器中键入以下 C 程序并将其保存在文件夹 C:\Code 中，文件名为 srs2.c：

```
/* 这个程序实现了一个简单的线性链表。 */
/* 函数 malloc()用于创建列表的组件。 */
                                                                        /* BL */
                                                                        /* L1 */
#include <stdio.h>
```

```
#include <stdlib.h>                                          /* L2 */
#include <string.h>                                          /* L3 */
                                                             /* BL */
struct members {                                             /* L4 */
  char name[20];                                             /* L5 */
  struct members *next;                                      /* L6 */
};                                                           /* L7 */
                                                             /* BL */
typedef struct members node;                                 /* L8 */
                                                             /* BL */
void display(node *start);                                   /* L9 */
                                                             /* BL */
main()                                                       /* L10 */
{                                                            /* L11 */
  node *start;                                               /* L12 */
                                                             /* BL */
  start = (node *) malloc(sizeof(node));                     /* L13 */
  strcpy(start->name, "lina");                               /* L14 */
  start->next = (node *) malloc(sizeof(node));               /* L15 */
  strcpy(start->next->name, "mina");                         /* L16 */
  start->next->next = (node *) malloc(sizeof(node));         /* L17 */
  strcpy(start->next->next->name, "bina");                   /* L18 */
  start->next->next->next = (node *) malloc(sizeof(node));   /* L19 */
  strcpy(start->next->next->next->name, "tina");             /* L20 */
  start->next->next->next->next = NULL;                      /* L21 */
                                                             /* BL */
  printf("Names of all the members:\n");                     /* L22 */
  display(start);                                            /* L23 */
                                                             /* BL */
  return(0);                                                 /* L24 */
}                                                            /* L25 */
                                                             /* BL */
void display(node *start)                                    /* L26 */
{                                                            /* L27 */
 int flag = 1;                                               /* L28 */
                                                             /* BL */
 do {                                                        /* L29 */
   printf("%s\n", start->name);                              /* L30 */
   if(start->next == NULL)                                   /* L31 */
     flag = 0;                                               /* L32 */
   start = start->next;                                      /* L33 */
  } while (flag);                                            /* L34 */
                                                             /* BL */
 return;                                                     /* L35 */
}                                                            /* L36 */
```

编译并执行此程序，屏幕上会显示以下文本行：

```
Names of all the members:
lina
mina
bina
tina
```

工作原理

首先，请注意此程序的突出特点：

❑ 结构 members 的声明放在函数 main() 之外，这样它的作用域就是 extern，任何函数都可以毫无困难地访问它。

❑ 使用 typedef，struct members 的类型名将更改为 node，较短的名称更便于发音和书写。

注意跨越 LOC 13～21 的代码块。图 7-1 说明了这些 LOC 如何工作，该图包含九个图表，每个 LOC 有一个图表。此程序的突出特征是此处使用的节点类型的变量是匿名的，并且在动态内存分配函数 malloc() 的帮助下创建。这是创建和处理链表的方式。你很少在创建和处理链表的程序中见到命名变量。

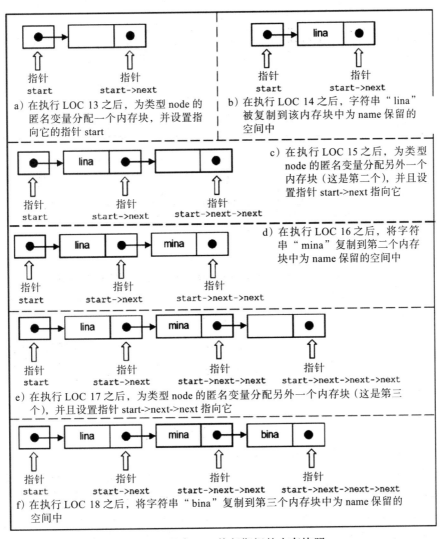

图 7-1　程序 srs2 执行期间的内存快照

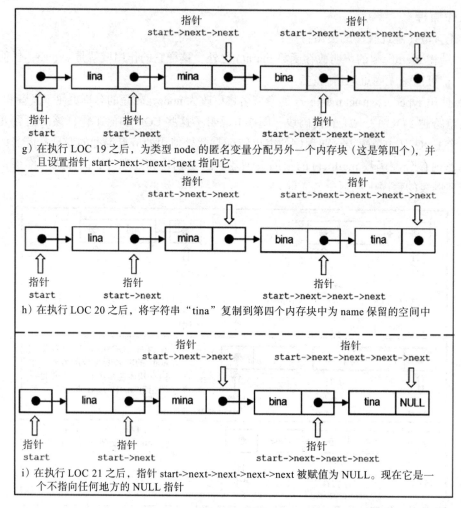

g）在执行 LOC 19 之后，为类型 node 的匿名变量分配另外一个内存块（这是第四个），并且设置指针 start->next->next->next 指向它

h）在执行 LOC 20 之后，将字符串"tina"复制到第四个内存块中为 name 保留的空间中

i）在执行 LOC 21 之后，指针 start->next->next->next->next 被赋值为 NULL。现在它是一个不指向任何地方的 NULL 指针

图 7-1 （续）

在执行 LOC 13 之后，为类型 node 的匿名变量分配内存块，并设置指向它的指针 start。在执行 LOC 14 之后，字符串 "lina" 被复制到该内存块中为 name 保留的空间中。在执行 LOC 15 之后，为类型 node 的匿名变量分配另外一个内存块（这是第二个），并且设置指针 start->next 指向它。在执行 LOC 16 之后，将字符串"mina"复制到第二个内存块中为 name 保留的空间中。在执行 LOC 17 之后，为节点类型的匿名变量分配另外一个内存块（这是第三个），并且设置指针 start->next->next 指向它。

在执行 LOC 18 之后，将字符串"bina"复制到第三个内存块中为 name 保留的空间中。在执行 LOC 19 之后，为节点类型的匿名变量分配另外一个内存块（这是第四个），并设置指针 start->next->next->next 指向它。在执行 LOC 20 之后，将字符串 "tina" 复制到第四个内存块中为 name 保留的空间中。在执行 LOC 21 之后，指针 start->next->next->next->next

被赋值为 NULL。现在它是一个不指向任何地方的 NULL 指针。

LOC 23 调用函数 display()，在屏幕上显示所有四个名称。

7.3 从链表中删除组件

问题

你想要从链表中删除组件。

解决方案

编写一个 C 程序，从链表中删除组件，它具有以下规格说明：

❑ 程序使用函数 malloc() 实现一个简单的线性链表，以创建列表的组件。

❑ 程序从此列表中删除了几个组件。

代码

以下是使用这些规格说明编写的 C 程序的代码。在文本编辑器中键入以下 C 程序并将其保存在文件夹 C:\Code 中，文件名为 srs3.c：

```
/* 这个程序实现了一个简单的线性链表。 */
/* 函数 malloc() 用于创建列表的组件。 */
/* 删除了列表中的几个组件。 */
                                                    /* BL */
#include <stdio.h>                                  /* L1 */
#include <stdlib.h>                                 /* L2 */
#include <string.h>                                 /* L3 */
                                                    /* BL */
struct members {                                    /* L4 */
  char name[20];                                    /* L5 */
  struct members *next;                             /* L6 */
};                                                  /* L7 */
                                                    /* BL */
typedef struct members node;                        /* L8 */
                                                    /* BL */
void display(node *start);                          /* L9 */
                                                    /* BL */
main()                                              /* L10 */
{                                                   /* L11 */
  node *start, *temp = NULL;                        /* L12 */
                                                    /* BL */
  start = (node *) malloc(sizeof(node));            /* L13 */
  strcpy(start->name, "lina");                      /* L14 */
  start->next = (node *) malloc(sizeof(node));      /* L15 */
  strcpy(start->next->name, "mina");                /* L16 */
  start->next->next = (node *) malloc(sizeof(node));/* L17 */
  strcpy(start->next->next->name, "bina");          /* L18 */
  start->next->next->next = (node *) malloc(sizeof(node)); /* L19 */
  strcpy(start->next->next->next->name, "tina");    /* L20 */
  start->next->next->next->next = NULL;             /* L21 */
                                                    /* BL */
```

```
  printf("Names of all the members:\n");                    /* L22 */
  display(start);                                            /* L23 */
                                                             /* BL  */
  printf("\nDeleting first component - lina\n");             /* L24 */
  temp = start->next;                                        /* L25 */
  free(start);                                               /* L26 */
  start = temp;                                              /* L27 */
  temp = NULL;                                               /* L28 */
  display(start);                                            /* L29 */
                                                             /* BL  */
  printf("\nDeleting non-first component - bina\n");         /* L30 */
  temp = start->next->next;                                  /* L31 */
  free(start->next);                                         /* L32 */
  start->next = temp;                                        /* L33 */
  temp = NULL;                                               /* L34 */
  display(start);                                            /* L35 */
                                                             /* BL  */
  return(0);                                                 /* L36 */
}                                                            /* L37 */
                                                             /* BL  */
void display(node *start)                                    /* L38 */
{                                                            /* L39 */
 int flag = 1;                                               /* L40 */
                                                             /* BL  */
 do {                                                        /* L41 */
   printf("%s\n", start->name);                              /* L42 */
   if(start->next == NULL)                                   /* L43 */
     flag = 0;                                               /* L44 */
   start = start->next;                                      /* L45 */
 } while (flag);                                             /* L46 */
                                                             /* BL  */
 return;                                                     /* L47 */
}                                                            /* L48 */
```

编译并执行此程序, 屏幕上会显示以下文本行:

```
Names of all the members:
lina
mina
bina
tina
Deleting first component - lina
mina
bina
tina
Deleting non-first component - bina
mina
tina
```

工作原理

链表的一个突出特点是你可以轻松地插入和删除组件。在数组中, 删除或插入元素是一项麻烦的任务。图 7-2 说明了如何从列表中删除组件。删除列表中的第一个组件所涉及的过程与删除列表中的其他组件略有不同。

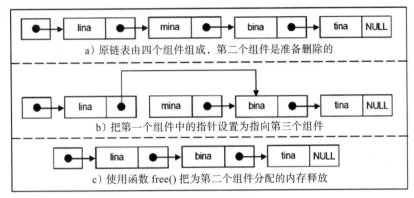

图 7-2 删除链表中一个组件的一般过程

在 LOC 13~21 中，创建了一个由四个组件组成的链表，如图 7-2a 所示。在 LOC 25~28 中，从列表中删除第一个组件（lina）。在 LOC 31~34 中，从（当前）列表中删除第二个组件（bina）。图 7-3 说明了从列表中删除第一个组件（lina）的过程。图 7-4 说明了从列表中删除当前的第二个组件（bina）的过程。

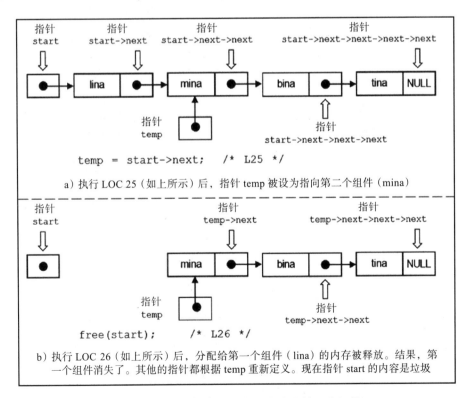

图 7-3 程序 srs3 删除线性链表中的第一个组件

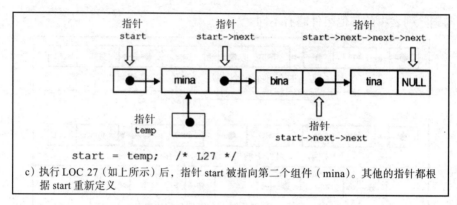

start = temp; /* L27 */

c）执行 LOC 27（如上所示）后，指针 start 被指向第二个组件（mina）。其他的指针都根据 start 重新定义

图 7-3 （续）

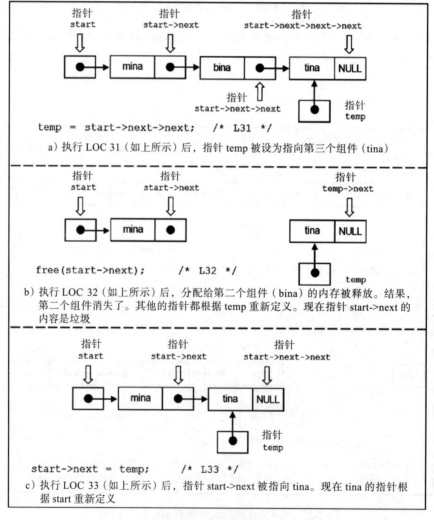

temp = start->next->next; /* L31 */

a）执行 LOC 31（如上所示）后，指针 temp 被设为指向第三个组件（tina）

free(start->next); /* L32 */

b）执行 LOC 32（如上所示）后，分配给第二个组件（bina）的内存被释放。结果，第二个组件消失了。其他的指针都根据 temp 重新定义。现在指针 start->next 的内容是垃圾

start->next = temp; /* L33 */

c）执行 LOC 33（如上所示）后，指针 start->next 被指向 tina。现在 tina 的指针根据 start 重新定义

图 7-4 程序 srs3 从线性链表中删除第二个组件（bina）

首先，考虑从列表中删除第一个组件（lina）。LOC 25 至 28 在此转载，以供你快速参考：

```
temp = start->next;                                    /* L25 */
free(start);                                           /* L26 */
start = temp;                                          /* L27 */
temp = NULL;                                           /* L28 */
```

在 LOC 25 中，使指针 temp 指向第二个组件（mina），如图 7-3a 所示。在 LOC 26 中，释放分配给第一个组件（lina）的内存。结果，第一个组件被破坏，如图 7-3b 所示。现在指针 start 的内容是垃圾。在 LOC 27 中，指针 start 指向（当前的）第一个组件（mina），如图 7-3c 所示。删除过程现已完成。但指针 temp 仍然指向第一个组件。纯粹主义者可能会反对这种情况。因此，为了安抚纯粹主义者，指针 temp 在 LOC 28 中被赋予 NULL 值。但是在专业程序中将找不到 LOC 28，因为它对程序的性能是毫无用处的负担。如果 temp 指向列表，则应该忽略它。

现在考虑从列表中删除（当前的）第二个组件（bina）。在此转载 LOC 31～34，以供你快速参考：

```
temp = start->next->next;                              /* L31 */
free(start->next);                                     /* L32 */
start->next = temp;                                    /* L33 */
temp = NULL;                                           /* L34 */
```

在 LOC 31 中，指针 temp 指向第三个也是最后一个组件（tina），如图 7-4a 所示。在 LOC 32 中，释放分配给第二个组件（bina）的内存，结果第二个组件（bina）被破坏，如图 7-4b 所示。现在第一个组件（mina）中指针的内容是垃圾。在 LOC 33 中，使第一个组件（mina）中的指针指向第二个也是最后一个组件（tina），如图 7-4c 所示。现在删除过程已经完成。但是为了安抚纯粹主义者，我在 LOC 34 中为 temp 分配了一个 NULL 值。在开发专业程序时不会使用 LOC 34，因为它对程序的性能是毫无用处的负担。

7.4　将组件插入链表

问题
你想要在链表中插入组件。

解决方案
编写一个 C 程序，在链表中插入一个组件，它具有以下规格说明：

❑ 程序使用函数 malloc() 实现一个简单的线性链表，以创建列表的组件。

❑ 程序在此列表中插入了几个组件。

代码
以下是使用这些规格说明编写的 C 程序的代码。在文本编辑器中键入以下 C 程序并将其保存在文件夹 C:\Code 中，文件名为 srs4.c：

```
/* 此程序使用函数 malloc() 实现一个简单的线性链表。 */        /* BL */
/* 链表创建后，会在其中插入几个组件。 */                        /* L1 */
                                                              /* L2 */
#include <stdio.h>                                            /* L3 */
#include <stdlib.h>                                           /* BL */
#include <string.h>                                           /* L4 */
                                                              /* L5 */
struct members {                                              /* L6 */
  char name[20];                                              /* L7 */
  struct members *next;                                       /* BL */
};                                                            /* L8 */
                                                              /* BL */
typedef struct members node;                                 /* L9 */
                                                              /* BL */
void display(node *start);                                    /* L10 */
                                                              /* L11 */
main()                                                        /* L12 */
{                                                             /* BL */
  node *start, *temp;                                         /* L13 */
                                                              /* L14 */
  start = (node *) malloc(sizeof(node));                      /* L15 */
  strcpy(start->name, "lina");                                /* L16 */
  start->next = (node *) malloc(sizeof(node));               /* L17 */
  strcpy(start->next->name, "mina");                          /* L18 */
  start->next->next = (node *) malloc(sizeof(node));          /* L19 */
  strcpy(start->next->next->name, "bina");                    /* BL */
  start->next->next->next = NULL;                             /* L20 */
                                                              /* L21 */
  printf("Names of all the members:\n");                      /* BL */
  display(start);                                             /* L22 */
                                                              /* L23 */
  printf("\nInserting sita at first position\n");             /* L24 */
  temp = (node *) malloc(sizeof(node));                       /* L25 */
  strcpy(temp->name, "sita");                                 /* L26 */
  temp->next = start;                                         /* L27 */
  start = temp;                                               /* BL */
  display(start);                                             /* L28 */
                                                              /* L29 */
  printf("\nInserting tina between lina and mina\n");         /* L30 */
  temp = (node *) malloc(sizeof(node));                       /* L31 */
  strcpy(temp->name, "tina");                                 /* L32 */
  temp->next = start->next->next;                             /* L33 */
  start->next->next = temp;                                   /* BL */
  display(start);                                             /* L34 */
                                                              /* L35 */
  return(0);                                                  /* BL */
}                                                             /* L36 */
                                                              /* L37 */
void display(node *start)                                     /* L38 */
{                                                             /* BL */
 int flag = 1;                                                /* L39 */

 do {
```

```
    printf("%s\n", start->name);                        /* L40 */
    if(start->next == NULL)                             /* L41 */
        flag = 0;                                       /* L42 */
    start = start->next;                                /* L43 */
  } while (flag);                                       /* L44 */
                                                        /* BL  */
  return;                                               /* L45 */
}                                                       /* L46 */
```

编译并执行此程序，屏幕上会显示以下文本行：

```
Names of all the members:
lina
mina
bina
Inserting sita at first position
sita
lina
mina
bina
Inserting tina between lina and mina
sita
lina
tina
mina
bina
```

工作原理

在列表的开头插入组件的过程与在组件中的其他位置插入组件的过程略有不同。此程序处理了这两种情况。图 7-5 说明了在线性链表中插入新组件的一般过程。

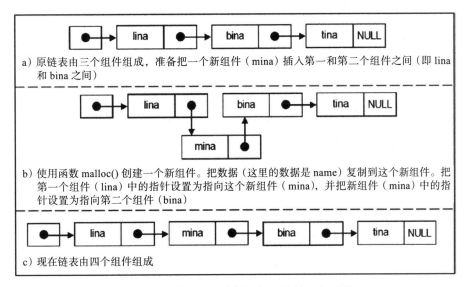

图 7-5　在线性链表中插入新组件的一般过程

在 LOC 23～26 中，在列表的开头插入新组件（sita）。图 7-6 说明了该过程。在 LOC 29～32 中，在列表的组件 lina 和 mina 之间插入新组件（tina），如图 7-7 所示。

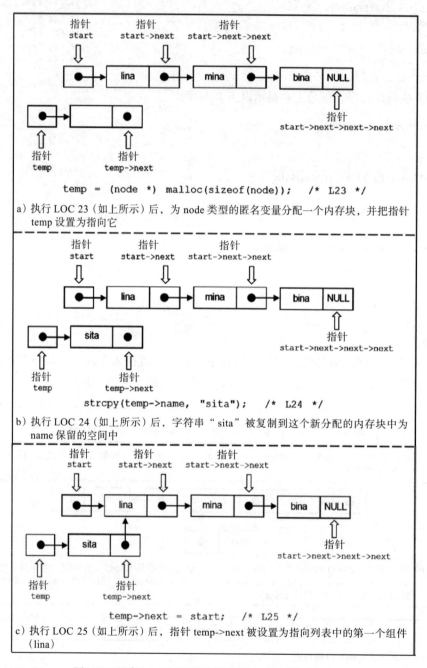

图 7-6　程序 srs4 在列表的开头插入一个新组件（sita）

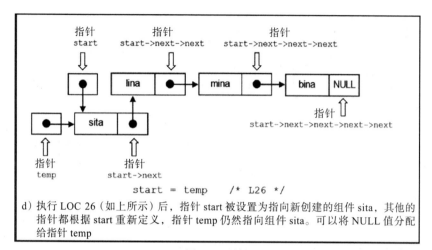

d）执行 LOC 26（如上所示）后，指针 start 被设置为指向新创建的组件 sita，其他的指针都根据 start 重新定义，指针 temp 仍然指向组件 sita。可以将 NULL 值分配给指针 temp

图 7-6 （续）

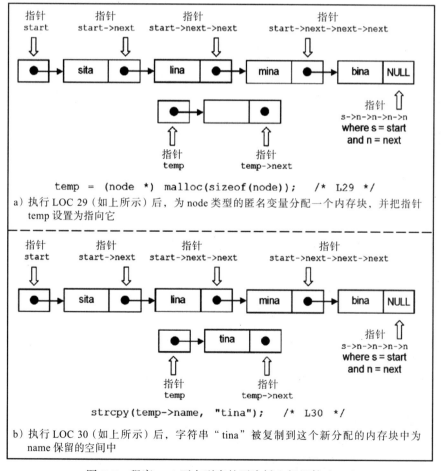

a）执行 LOC 29（如上所示）后，为 node 类型的匿名变量分配一个内存块，并把指针 temp 设置为指向它

b）执行 LOC 30（如上所示）后，字符串 "tina" 被复制到这个新分配的内存块中为 name 保留的空间中

图 7-7　程序 srs4 不在列表的开头插入新组件（sita）

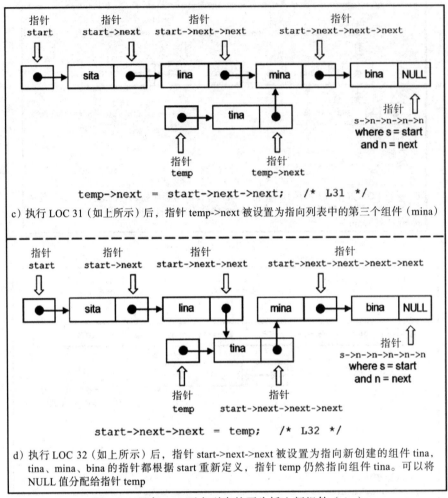

图 7-7　程序 srs4 不在列表的开头插入新组件（sita）

　　考虑跨越 LOC 23～26 的代码块。在执行 LOC 23 之后，为 node 类型的匿名变量分配一个内存块，并把指针 temp 设置为指向它，如图 7-6a 所示。在执行 LOC 24 之后，字符串"sita"被复制到这个新分配的内存块中为 name 保留的空间中，如图 7-6b 所示。执行 LOC 25 后，指针 temp->next 被设置为指向列表中的第一个组件（lina），如图 7-6c 所示。在执行 LOC 26 之后，指针 start 被设置为指向新创建的组件 sita，如图 7-6d 所示。指针 temp 仍然指向组件 sita。可以将 NULL 值分配给指针 temp，但这会稍微影响程序的性能。建议忽略指针 temp 而不是为其赋值。

　　现在考虑跨越 LOC 29～32 的代码块。在执行 LOC 29 之后，为 node 类型的匿名变量分配一个内存块，并把指针 temp 设置为指向它，如图 7-7 所示（一个）。在执行 LOC 30 之后，字符串"tina"被复制到这个新分配的内存块中为 name 保留的空间中，如图 7-7b 所示。在执行 LOC 31 之后，指针 temp->next 被设置为指向列表中的第三个组件（mina），如

图 7-7c 所示。在执行 LOC 32 之后，指针 start->next->next 被设置为指向新创建的组件 tina，如图 7-7d 所示。指针 temp 仍然指向组件 tina。可以将 NULL 值分配给指针 temp，但是这会稍微影响程序的性能（即执行时间增加）。建议忽略指针 temp 而不是为其赋值。

7.5 在交互式会话中创建链表

问题

你想在交互式会话中创建链表。

解决方案

编写一个 C 程序，在交互式会话中创建链表，它具有以下规格说明：

❑ 程序使用函数 malloc() 实现一个简单的线性链表，以创建列表的组件。

❑ 程序接受用户在执行程序期间输入的组件数据，然后在屏幕上显示该数据。

代码

以下是使用这些规格说明编写的 C 程序的代码。在文本编辑器中键入以下 C 程序并将其保存在文件夹 C:\Code 中，文件名为 srs5.c：

```
/* 这个程序实现了一个简单的线性链表。 */
/* 列表的组件在交互式会话中创建。 */
                                              /* BL */
#include <stdio.h>                            /* L1 */
#include <stdlib.h>                           /* L2 */
#include <string.h>                           /* L3 */
                                              /* BL */
struct members {                              /* L4 */
  char name[20];                              /* L5 */
  struct members *next;                       /* L6 */
};                                            /* L7 */
                                              /* BL */
typedef struct members node;                  /* L8 */
                                              /* BL */
void display(node *start);                    /* L9 */
void create(node *start);                     /* L10 */
                                              /* BL */
main()                                        /* L11 */
{                                             /* L12 */
  node *start, *temp;                         /* L13 */
                                              /* BL */
  start = (node *) malloc(sizeof(node));      /* L14 */
  temp = start;                               /* L15 */
  create(start);                              /* L16 */
                                              /* BL */
  start = temp;                               /* L17 */
  printf("\nNames of all the members:\n");    /* L18 */
  display(start);                             /* L19 */
                                              /* BL */
  return(0);                                  /* L20 */
}                                             /* L21 */
```

```
                                                      /* BL  */
void display(node *start)                             /* L22 */
{                                                     /* L23 */
 int flag = 1;                                        /* L24 */
                                                      /* BL  */
 do {                                                 /* L25 */
   printf("%s\n", start->name);                       /* L26 */
   if(start->next == NULL)                            /* L27 */
     flag = 0;                                        /* L28 */
   start = start->next;                               /* L29 */
 } while (flag);                                      /* L30 */
                                                      /* BL  */
 return;                                              /* L31 */
}                                                     /* L32 */
                                                      /* BL  */
void create(node *start)                              /* L33 */
{                                                     /* L34 */
 int flag = 1;                                        /* L35 */
 char ch;                                             /* L36 */
 printf("Enter name: ");                              /* L37 */
                                                      /* BL  */
  do {                                                /* L38 */
    scanf(" %[^\n]", start->name);                    /* L39 */
    printf("Any more name? (y/n): ");                 /* L40 */
    scanf(" %c", &ch);                                /* L41 */
    if(ch == 'n'){                                    /* L42 */
      flag = 0;                                       /* L43 */
      start->next = NULL;                             /* L44 */
    }                                                 /* L45 */
    else {                                            /* L46 */
      start->next = (node *) malloc(sizeof(node));    /* L47 */
      start = start->next;                            /* L48 */
      printf("Enter name: ");                         /* L49 */
    }                                                 /* L50 */
  } while (flag);                                     /* L51 */
                                                      /* BL  */
  return;                                             /* L52 */
}                                                     /* L53 */
```

编译并执行此程序。在这里给出这个程序的一次运行结果：

```
Enter name: lina        ↵
Any more name? (y/n): y  ↵
Enter name: mina         ↵
Any more name? (y/n): y  ↵
Enter name: bina         ↵
Any more name? (y/n): y  ↵
Enter name: tina         ↵
Any more name? (y/n): n  ↵
Names of all the members:
lina
mina
bina
tina
```

工作原理

这是一个交互式程序。处理链表的专业程序必然是交互式程序。在交互式程序中，编译时不知道列表将具有多少个组件。因此，在此程序中使用 do-while 循环，其中包含用于创建新组件并在其中填充数据的基本语句。创建组件后，将询问用户是否要创建另一个组件。如果用户说"不"，则循环终止，否则，它会继续迭代。

当程序启动时，执行 LOC 13，其中两个指针变量 start 和 temp 被声明为指向 node 的指针类型。在 LOC 14 中，为 node 类型的匿名变量分配一个内存块，并把指针 start 设置为指向它，如图 7-8a 所示。

在 LOC 15 中，start 的值被赋给 temp。此步骤与组件的创建无关。在 LOC 15 中，把 start 的值保留在 temp 中，以便在调用 LOC 19 中的函数 display() 时可以使用该保留值。

在 LOC 16 中，调用函数 create()。请注意 LOC 33～53 中给出的函数 create() 的定义。在 LOC 35 和 36 中声明了两个变量。在 LOC 37 中，系统会要求你输入第一个组件的名称。我在前面给出的运行中输入了名称 lina。然后开始执行 do-while 循环，并执行 LOC 39。LOC 39 由 scanf() 函数组成，该函数接受通过键盘输入的第一个组件的名称，并将其复制到为第一个组件分配的内存块中为 name 保留的空间中，如图 7-8b 所示。然后 LOC 40 询问用户一个问题：Any more items?(y/n)。对于这个问题，用户通过键入 y 回答"是"。该字母被赋值给 LOC 41 中的 char 变量 ch。

然后是跨越 LOC 42～50 的 if-else 语句。如果用户键入 n 作为对前面提到的问题的响应，则执行 LOC 43 和 44，或者如果用户键入 y 而不是 n，则 LOC 47～49 被执行。当用户键入 y 时，执行 LOC 47 至 49。在 LOC 47 中，为 node 类型的匿名变量分配一个内存块，并把 start->next 指针设置为指向它，如图 7-8c 所示。在 LOC 48 中，指针 start 被设置为指向列表中的第二个组件。第二个组件中的指针现在重新定义为 start->next。LOC 48 在每次迭代中重置 start 的值。由于 LOC 48，你将无法在此程序中找到类似 start->next->next->next->next 的长链。图 7-8a 显示了执行 LOC 48 后的内存快照。在 LOC 49 中，要求用户输入第二个组件的名称。用户在之前给出的运行中为第二个组件键入了名称 mina。

现在循环的第二次迭代开始了。接下来执行 LOC 39，其中由用户键入的名称（mina）被复制到第二个组件中为 name 保留的空间中。在 LOC 40 中询问用户：Any more items?(y/n)。对于这个问题，用户通过键入 y 回答了"是"。因此，计算机控制跳转到 LOC 47，其中为列表的第三个组件分配了一个内存块，并且使指针 start->next（它是第二个组件中的指针）指向第三个组件，如图 7-8b 所示。执行 LOC 48 后，指针 start 指向列表中的第三个组件，如图 7-8c 所示。第三个组件中的指针现在重新定义为 start->next。在 LOC 49 中，要求用户输入第三个组件的名称。用户在之前给出的运行中为第三个组件键入了名称 bina。

现在循环的第三次迭代开始了。接下来执行 LOC 39，其中由用户键入的名称（bina）被复制到为第三个组件中的 name 保留的空间中。在 LOC 40 中，用户被问到这个问题：Any more items?(y/n)。对于这个问题，用户通过键入 y 回答了"是"。因此，计算机控制跳转到 LOC 47，其中为列表的第四个组件分配了一个存储块，并且使指针 start->next（它是第三个组件中的指针）指向第四个组件，如图 7-8d 所示。

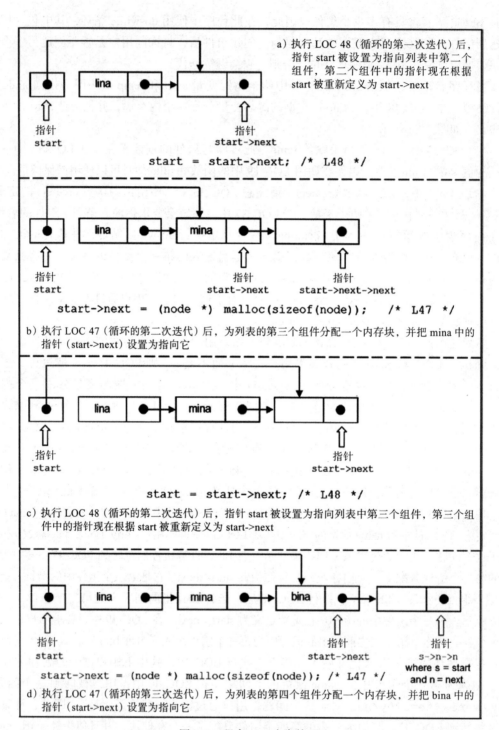

图 7-8 程序 srs5 内存快照

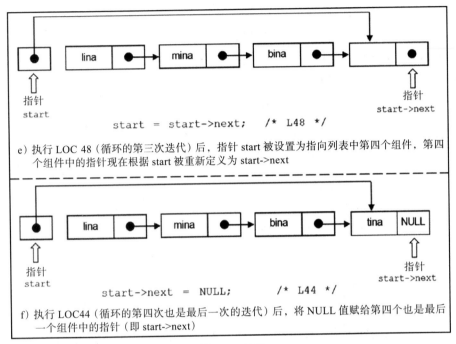

e）执行 LOC 48（循环的第三次迭代）后，指针 start 被设置为指向列表中第四个组件，第四个组件中的指针现在根据 start 被重新定义为 start->next

f）执行 LOC44（循环的第四次也是最后一次的迭代）后，将 NULL 值赋给第四个也是最后一个组件中的指针（即 start->next）

图 7-8　（续）

执行 LOC 48 后，指针 start 指向列表中的第四个组件，如图 7-8e 所示。第四个组件中的指针现在重新定义为 start->next。在 LOC 49 中，要求用户输入第三个组件的名称。用户在前面给出的运行中为第四个组件键入了名称 tina。

现在循环的第四次迭代开始了。接下来执行 LOC 39，其中由用户键入的名称（tina）被复制到为第四个组件中的 name 保留的空间中。在 LOC 40 中，用户被问到这个问题：Any more items?(y/n)。对于这个问题，用户通过输入 n 回复了"否"。因此，执行 LOC 43 和 44。在 LOC 43 中，int 变量标志被赋值为 0。在 LOC 44 中，第四个组件中的指针被赋值为 NULL，如图 7-8f 所示。现在终止循环的迭代。因此，函数 create() 的执行也终止，计算机控制返回 main() 函数。

接下来执行 LOC 17。现在 start 指向第一个组件 lina，如图 7-8（i）所示。在 LOC 15 中，存储 start 的初始值的目的就在于此。

7.6　处理线性链表

问题
你想要创建一个专业程序来处理线性链表。

解决方案
编写一个 C 程序，创建一个专业程序来处理线性链表，它具有以下规格说明：

- ❑ 程序以交互方式创建线性链表。
- ❑ 创建后，可以在此列表中插入任意数量的组件。
- ❑ 可以从此列表中删除任意数量的组件。
- ❑ 程序能够清除现有列表以创建新列表。
- ❑ 程序在创建列表后，在列表中插入组件后以及从列表中删除组件后，都将在屏幕上显示列表。
- ❑ 此程序配有如下所示的菜单：
- ❑ 选择所需的操作。
- ❑ 输入 1 以创建新的链表。
- ❑ 输入 2 以在列表中插入组件。
- ❑ 输入 3 以从列表中删除组件。
- ❑ 输入 4 结束会话。
- ❑ 现在输入一个数字（1，2，3 或 4）。
- ❑ 程序执行开始时，屏幕上会出现此菜单。用户需要输入合适的号码（1,2,3 或 4）以表明其选择。理想情况下，用户应输入 1，然后创建合适的列表。创建列表后，它将显示在屏幕上，然后用户将返回此菜单。现在，用户可以输入 2 以在列表中插入新组件。此外，用户可以输入 3 以从列表中删除组件。用户还可以输入 1 以创建新列表。在这种情况下，现有列表将被销毁。最后，用户可以输入 4 以终止程序的执行。

代码

以下是使用这些规格说明编写的 C 程序的代码。在文本编辑器中键入以下 C 程序并将其保存在文件夹 C:\Code 中，文件名为 srs6.c：

```
/* 此程序实现了一个具有专业品质的简单线性链表。 */
                                                    /* BL */
#include <stdio.h>                                  /* L1 */
#include <stdlib.h>                                 /* L2 */
#include <string.h>                                 /* L3 */
                                                    /* BL */
struct members {                                    /* L4 */
  char name[20];                                    /* L5 */
  struct members *next;                             /* L6 */
};                                                  /* L7 */
                                                    /* BL */
typedef struct members node;                        /* L8 */
                                                    /* BL */
int menu(void);                                     /* L9 */
void create(node *start);                           /* L10 */
void display(node *start);                          /* L11 */
node *insert(node *start);                          /* L12 */
node *delete(node *start);                          /* L13 */
node *location(node *start, char target[]);         /* L14 */
```

```
                                              /* BL  */
main()                                        /* L15 */
{                                             /* L16 */
  node *start = NULL, *temp;                  /* L17 */
  int selection;                              /* L18 */
                                              /* BL  */
  do {                                        /* L19 */
    selection = menu();                       /* L20 */
    switch(selection) {                       /* L21 */
                                              /* BL  */
    case 1:                                   /* L22 */
      start = (node *) malloc(sizeof (node)); /* L23 */
      temp = start;                           /* L24 */
      create(start);                          /* L25 */
      start = temp;                           /* L26 */
      display(start);                         /* L27 */
      continue;                               /* L28 */
                                              /* BL  */
    case 2:                                   /* L29 */
      if (start == NULL) {                    /* L30 */
        printf("\nList is empty! Select the option 1.\n"); /* L31 */
        continue;                             /* L32 */
      }                                       /* L33 */
      start = insert(start);                  /* L34 */
      display(start);                         /* L35 */
      continue;                               /* L36 */
                                              /* BL  */
    case 3:                                   /* L37 */
      if (start == NULL) {                    /* L38 */
        printf("\nList is empty! Select the option 1.\n"); /* L39 */
        continue;                             /* L40 */
      }                                       /* L41 */
      start = delete(start);                  /* L42 */
      display(start);                         /* L43 */
      continue;                               /* L44 */
                                              /* BL  */
    default:                                  /* L45 */
      printf("\nEnd of session.\n");          /* L46 */
    }                                         /* L47 */
  }while(selection != 4);                     /* L48 */
                                              /* BL  */
  return(0);                                  /* L49 */
}                                             /* L50 */
                                              /* BL  */
int menu(void)                                /* L51 */
{                                             /* L52 */
 int selection;                               /* L53 */
 do {                                         /* L54 */
   printf("\nSelect the desired operation:\n"); /* L55 */
   printf("Enter 1 to create a new linked list\n"); /* L56 */
   printf("Enter 2 to insert a component in the list\n"); /* L57 */
   printf("Enter 3 to delete a component from the list\n"); /* L58 */
   printf("Enter 4 to end the session.\n");   /* L59 */
```

```
    printf("\nNow enter a number(1, 2, 3, or 4): ");          /* L60 */
    scanf("%d", &selection);                                   /* L61 */
    if((selection < 1) || (selection > 4))                     /* L62 */
      printf("Invalid Number! Please try again.\n");           /* L63 */
  }while((selection < 1) || (selection > 4));                  /* L64 */
  return(selection);                                           /* L65 */
}                                                              /* L66 */
                                                               /* BL */
void create(node *start)                                       /* L67 */
{                                                              /* L68 */
 int flag = 1;                                                 /* L69 */
 char ch;                                                      /* L70 */
 printf("Enter name: ");                                       /* L71 */
                                                               /* BL */
  do {                                                         /* L72 */
    scanf(" %[^\n]", start->name);                             /* L73 */
    printf("Any more name?(y/n): ");                           /* L74 */
    scanf(" %c", &ch);                                         /* L75 */
    if(ch == 'n'){                                             /* L76 */
      flag = 0;                                                /* L77 */
      start->next = NULL;                                      /* L78 */
    }                                                          /* L79 */
    else {                                                     /* L80 */
      start->next = (node *) malloc(sizeof(node));             /* L81 */
      start = start->next;                                     /* L82 */
      printf("Enter name: ");                                  /* L83 */
    }                                                          /* L84 */
  } while (flag);                                              /* L85 */
                                                               /* BL */
  return;                                                      /* L86 */
}                                                              /* L87 */
                                                               /* BL */
void display(node *start)                                      /* L88 */
{                                                              /* L89 */
 int flag = 1;                                                 /* L90 */
 if (start == NULL){                                           /* L91 */
    printf("\nList is empty! Select the option 1.\n");         /* L92 */
    return;                                                    /* L93 */
 }                                                             /* L94 */
 printf("\nNames of all the members in the list:\n");          /* L95 */
                                                               /* BL */
  do {                                                         /* L96 */
    printf("%s\n", start->name);                               /* L97 */
    if(start->next == NULL)                                    /* L98 */
      flag = 0;                                                /* L99 */
    start = start->next;                                       /* L100 */
  } while (flag);                                              /* L101 */
                                                               /* BL */
  return;                                                      /* L102 */
}                                                              /* L103 */
                                                               /* BL */
node *insert(node *start)                                      /* L104 */
{                                                              /* L105 */
 int flag = 1;                                                 /* L106 */
```

```
node *new, *before, *tmp;                                    /* L107 */
char newName[20];                                            /* L108 */
char target[20];                                             /* L109 */
                                                             /* L110 */
printf("Enter name to be inserted: ");                       /* L111 */
scanf(" %[^\n]", newName);                                   /* L112 */
printf("Before which name to place? Type \"last\" if last: "); /* L113 */
scanf(" %[^\n]", target);                                    /* L114 */
                                                             /* Bl  */
if(strcmp(target, "last") == 0) {                            /* L115 */
 tmp = start;                                                /* L116 */
                                                             /* BL  */
 do{                                                         /* L117 */
    start = start->next;                                     /* L118 */
    if(start->next == NULL){                                 /* L119 */
    new = (node *)malloc(sizeof(node));                      /* L120 */
    strcpy(new->name, newName);                              /* L121 */
    start->next = new;                                       /* L122 */
    new->next = NULL;                                        /* L123 */
    flag = 0;                                                /* L124 */
    }                                                        /* L125 */
 }while(flag);                                               /* L126 */
                                                             /* BL  */
 start = tmp;                                                /* L127 */
 return(start);                                              /* L128 */
}                                                            /* L129 */
                                                             /* BL  */
if(strcmp(start->name, target) == 0) {                       /* L130 */
 new = (node *)malloc(sizeof(node));                         /* L131 */
 strcpy(new->name, newName);                                 /* L132 */
 new->next = start;                                          /* L133 */
 start = new;                                                /* L134 */
}                                                            /* L135 */
else {                                                       /* L136 */
 before = location(start, target);                           /* L137 */
 if (before == NULL)                                         /* L138 */
   printf("\nInvalid entry! Please try again\n");            /* L139 */
 else {                                                      /* L140 */
   new = (node *)malloc(sizeof(node));                       /* L141 */
   strcpy(new->name, newName);                               /* L142 */
   new->next = before->next;                                 /* L143 */
   before->next = new;                                       /* L144 */
 }                                                           /* L145 */
}                                                            /* L146 */
 return(start);                                              /* L147 */
}                                                            /* L148 */
                                                             /* BL  */
node *delete(node *start)                                    /* L149 */
{                                                            /* L150 */
 node *before, *tmp;                                         /* L151 */
 char target[20];                                            /* L152 */
                                                             /* BL  */
 printf("\nEnter name to be deleted: ");                     /* L153 */
```

```
  scanf(" %[^\n]", target);                                    /* L154 */
                                                               /* BL   */
  if(strcmp(start->name, target) == 0)                         /* L155 */
    if(start->next == NULL){                                   /* L156 */
      free(start);                                             /* L157 */
      start = NULL;                                            /* L158 */
    }                                                          /* L159 */
     else                                                      /* L160 */
   {                                                           /* L161 */
    tmp = start->next;                                         /* L162 */
    free(start);                                               /* L163 */
    start = tmp;                                               /* L164 */
   }                                                           /* L165 */
  else {                                                       /* L166 */
   before = location(start, target);                           /* L167 */
   if(before == NULL)                                          /* L168 */
     printf("\nInvalid entry. Please try again.\n");           /* L169 */
   else {                                                      /* L170 */
     tmp = before->next->next;                                 /* L171 */
     free(before->next);                                       /* L172 */
     before->next = tmp;                                       /* L173 */
   }                                                           /* L174 */
  }                                                            /* L175 */
  return(start);                                               /* L176 */
}                                                              /* L177 */
                                                               /* BL   */
node *location(node *start, char target[])                     /* L178 */
{                                                              /* L179 */
 int flag = 1;                                                 /* L180 */
 if(strcmp(start->next->name, target) == 0)                    /* L181 */
   return(start);                                              /* L182 */
 else if(start->next == NULL)                                  /* L183 */
     return(NULL);                                             /* L184 */
 else {                                                        /* L185 */
                                                               /* BL   */
  do{                                                          /* L186 */
    start = start->next;                                       /* L187 */
    if(strcmp(start->next->name, target) == 0)                 /* L188 */
     return(start);                                            /* L189 */
    if(start->next == NULL){                                   /* L190 */
     flag = 0;                                                 /* L191 */
     printf("Invalid entry. Please try again.\n");             /* L192 */
    }                                                          /* L193 */
  }while(flag);                                                /* L194 */
                                                               /* BL   */
 }                                                             /* L195 */
 return(NULL);                                                 /* L196 */
}                                                              /* L197 */
```

编译并执行此程序。在这里给出这个程序的一次运行结果：

```
Select the desired operation:
Enter 1 to create a new linked list
```

```
Enter 2 to insert a component in the list
Enter 3 to delete a component from the list
Enter 4 to end the session.
Now enter a number (1, 2, 3, or 4): 1     ↵
Enter name: lina     ↵
Any more name?(y/n): y     ↵
Enter name: mina     ↵
Any more name?(y/n): y     ↵
Enter name: bina     ↵
Any more name?(y/n): y     ↵
Enter name: tina     ↵
Any more name?(y/n): n     ↵
Names of all the members in the list:
lina
mina
bina
tina
Select the desired operation:
Enter 1 to create a new linked list
Enter 2 to insert a component in the list
Enter 3 to delete a component from the list
Enter 4 to end the session.
Now enter a number (1, 2, 3, or 4): 2     ↵
Enter name to be inserted: sita     ↵
Before which name to place? Type "last" if last: lina     ↵
Names of all the members in the list:
sita
lina
mina
bina
tina
Select the desired operation:
Enter 1 to create a new linked list
Enter 2 to insert a component in the list
Enter 3 to delete a component from the list
Enter 4 to end the session.
Now enter a number (1, 2, 3, or 4): 2     ↵
Enter name to be inserted: gita     ↵
Before which name to place? Type "last" if last: bina     ↵
Names of all the members in the list:
sita
lina
mina
gita
bina
tina
Select the desired operation:
Enter 1 to create a new linked list
Enter 2 to insert a component in the list
Enter 3 to delete a component from the list
Enter 4 to end the session.
Now enter a number (1, 2, 3, or 4): 2     ↵
Enter name to be inserted: rita     ↵
```

```
Before which name to place? Type "last" if last: last  ⏎
Names of all the members in the list:
sita
lina
mina
gita
bina
tina
rita
Select the desired operation:
Enter 1 to create a new linked list
Enter 2 to insert a component in the list
Enter 3 to delete a component from the list
Enter 4 to end the session.
Now enter a number (1, 2, 3, or 4): 3   ⏎
Enter name to be deleted: sita   ⏎
Names of all the members in the list:
lina
mina
gita
bina
tina
rita

Select the desired operation:
Enter 1 to create a new linked list
Enter 2 to insert a component in the list
Enter 3 to delete a component from the list
Enter 4 to end the session.
Now enter a number (1, 2, 3, or 4): 3   ⏎
Enter name to be deleted: rita   ⏎
Names of all the members in the list:
lina
mina
gita
bina
tina
Select the desired operation:
Enter 1 to create a new linked list
Enter 2 to insert a component in the list
Enter 3 to delete a component from the list
Enter 4 to end the session.
Now enter a number (1, 2, 3, or 4): 3   ⏎
Enter name to be deleted: mina   ⏎
Names of all the members in the list:
lina
gita
bina
tina
Select the desired operation:
Enter 1 to create a new linked list
Enter 2 to insert a component in the list
Enter 3 to delete a component from the list
Enter 4 to end the session.
```

```
Now enter a number (1, 2, 3, or 4): 1  ↵
Enter name: dick  ↵
Any more name?(y/n): y  ↵
Enter name: tom  ↵
Any more name?(y/n): y  ↵
Enter name: harry  ↵
Any more name?(y/n): n  ↵
Names of all the members in the list:
dick
tom
harry
Select the desired operation:
Enter 1 to create a new linked list
Enter 2 to insert a component in the list
Enter 3 to delete a component from the list
Enter 4 to end the session.
Now enter a number (1, 2, 3, or 4): 3  ↵
Enter name to be deleted: tom  ↵
Names of all the members in the list:
dick
harry
Select the desired operation:
Enter 1 to create a new linked list
Enter 2 to insert a component in the list
Enter 3 to delete a component from the list
Enter 4 to end the session.
Now enter a number (1, 2, 3, or 4): 3  ↵
Enter name to be deleted: dick  ↵
Names of all the members in the list:
harry
Select the desired operation:
Enter 1 to create a new linked list
Enter 2 to insert a component in the list
Enter 3 to delete a component from the list
Enter 4 to end the session.
Now enter a number (1, 2, 3, or 4): 3  ↵
Enter name to be deleted: harry  ↵
List is empty! Select the option 1.
Select the desired operation:
Enter 1 to create a new linked list
Enter 2 to insert a component in the list
Enter 3 to delete a component from the list
Enter 4 to end the session.
Now enter a number (1, 2, 3, or 4): 4  ↵
End of session.
```

工作原理

此程序由六个用户定义的函数组成。这是它们的工作方式：

❑ menu()：此函数显示菜单。它不需要参数并返回一个 int 值。它在 LOC 51～66 中定义。

❑ create()：此函数创建链表。它期望指针 start 作为参数。它不返回任何值。它在 LOC 67～87 中定义。

- display()：此函数显示屏幕上链表中的组件。它在 LOC 88～103 中定义。
- insert()：此函数在链表中插入新组件。它期望指针 start（它是指向列表中第一个组件的指针）作为参数。成功插入后，它返回指针 start（如果在列表的开头插入，则在插入后修改它），它在 LOC 104～148 中定义。LOC 116～128 处理新组件要插入到最后的情况。LOC 131～134 处理在列表的开头插入新组件的情况。LOC 137～147 处理将新组件插入到其他地方的情况。在最后一种情况下（即在其他地方插入），调用函数 location()，该函数返回指向目标组件之前的组件的指针。
- delete()：此函数删除链表中的组件。它在 LOC 149～177 中定义。它期望指针 start（它是指向列表中第一个组件的指针）作为参数。成功删除后，它返回指针 start（如果列表中的第一个组件被删除，则在删除后修改它）。LOC 156～165 处理要删除列表中的第一个组件的情况。在这种情况下，出现两种子情况：（a）当列表仅包含一个组件时，（b）当列表包含两个或更多组件时。LOC 157～158 处理第一种子情况，LOC 162～164 处理第二种子情况。LOC 167～174 处理要删除列表中的非第一个组件的情况。在这段代码中，（a）调用 LOC 167 中的函数 location()，（b）LOC 168 到 169 处理进行无效输入的情况，以及（c）LOC 171～173 处理成功删除非第一个组件的情况。
- location()：函数 insert() 和 delete() 调用此函数。它期望指针 start（它是指向列表中第一个组件的指针）和一个 char 字符串（由组件的名称组成，如 lina，mina 等）作为参数。它返回一个指向 node 的指针。它在 LOC 178～197 中定义。如果第（n + 1）个组件的名称作为参数传递给该函数，则它返回指向第 n 个组件的指针。例如，如果把字符串 "mina" 作为参数传递，则它返回指向组件 lina 的指针。第一个组件的名称永远不会作为参数传递给此函数。

7.7　创建具备前向和后向遍历功能的线性链表

问题

你想要创建具备前向和后向遍历功能的线性链表。

解决方案

编写一个 C 程序，创建一个具备前向和后向遍历功能的链表，它具有以下规格说明：

- 程序实现线性链表，并使用合适的数据填充列表的组件。
- 程序包含两个函数，即 showforward() 和 showbackward()，这些函数分别使用前向和后向遍历在屏幕上显示组件中的数据。

代码

以下是使用这些规格说明编写的 C 程序的代码。在文本编辑器中键入以下 C 程序，并将其保存在文件夹 C:\Code 中，文件名为 srs7.c：

```
/* 这个程序用前向 */                                        /* BL */
/* 和后向遍历实现一个线性链表。 */                          /* L1 */
                                                          /* L2 */
#include <stdio.h>                                         /* BL */
#include <string.h>                                        /* L3 */
                                                          /* L4 */
struct members {                                          /* L5 */
  char name[20];                                          /* L6 */
  struct members *forward, *backward;                     /* BL */
};                                                        /* L7 */
                                                          /* BL */
typedef struct members node;                             /* L8 */
                                                          /* L9 */
void showforward(node *start);                            /* BL */
void showbackward(node *end);                             /* L10 */
                                                          /* L11 */
main()                                                    /* L12 */
{                                                         /* BL */
  node m1, m2, m3, *start, *end;                         /* L13 */
                                                          /* L14 */
  strcpy(m1.name, "lina");                               /* L15 */
  strcpy(m2.name, "mina");                               /* BL */
  strcpy(m3.name, "bina");                               /* L16 */
                                                          /* L17 */
  start = &m1;                                            /* L18 */
  start->forward = &m2;                                   /* L19 */
  start->forward->forward = &m3;                          /* BL */
  start->forward->forward->forward = NULL;               /* L20 */
                                                          /* L21 */
  end = &m3;                                              /* L22 */
  end->backward = &m2;                                    /* L23 */
  end->backward->backward = &m1;                          /* BL */
  end->backward->backward->backward = NULL;              /* L24 */
                                                          /* L25 */
  printf("Names of members (forward traversing):\n");    /* L26 */
  showforward(start);                                     /* BL */
  printf("\nNames of members (backward traversing):\n"); /* L27 */
  showbackward(end);                                      /* L28 */
  return(0);                                              /* BL */
}                                                         /* L29 */
                                                          /* L30 */
void showforward(node *start)                            /* L31 */
{                                                         /* BL */
 int flag = 1;                                            /* L32 */
                                                          /* L33 */
 do {                                                     /* L34 */
   printf("%s\n", start->name);                          /* L35 */
   if(start->forward == NULL)                             /* L36 */
     flag = 0;                                            /* L37 */
   start = start->forward;                                /* BL */
 } while (flag);                                          /* L38 */
                                                          /* L39 */
 return;                                                  /* BL */
}                                                         /* L40 */
                                                          
void showbackward(node *end)                             
```

```
{                                                    /* L41 */
 int flag = 1;                                       /* L42 */
                                                     /* BL  */
 do {                                                /* L43 */
   printf("%s\n", end->name);                        /* L44 */
   if(end->backward == NULL)                          /* L45 */
     flag = 0;                                       /* L46 */
   end = end->backward;                              /* L47 */
 } while (flag);                                     /* L48 */
                                                     /* BL  */
 return;                                             /* L49 */
}                                                    /* L50 */
```

编译并执行此程序，屏幕上会显示以下文本行：

```
Names of members (forward traversing):
lina
mina
bina
Names of members (backward traversing):
bina
mina
lina
```

工作原理

在此程序中，通过提供前向和后向遍历来实现线性链表。图 7-9 显示了具备前向和后向遍历功能的典型线性链表。

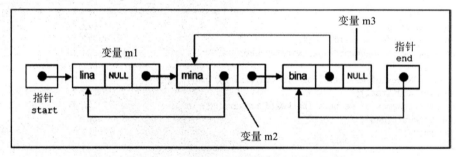

图 7-9　程序 srs7，具备前向和后向遍历功能的线性链表

在这个程序中，结构成员包含两个指向父类型的指针（参见 LOC 6）：forward（与前面程序中的 next 指针相同）和 backward。此外，在程序中，声明了两个指向 node 的指针，即 start 和 end。指针开始与指针向前相关联，指针结束与指针向后相关联。遍历列表中组件的逻辑与前面的程序相同。对于前向遍历，从指针 start 开始，然后在每个组件中 forward 指针的帮助下前进。对于后向遍历，从指针 end 开始，然后在每个组件中的 backward 指针的帮助下向后移动指针。函数 showforward() 使用前向遍历显示成员的名称，函数 showbackward() 使用后向遍历显示成员的名称。为两种类型的遍历编写一个函数是可以做到的，但为了保持简单，我选择了编写两个单独的函数。

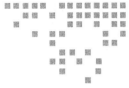

栈 和 队 列

　　栈是一种抽象的数据结构。具体来说，栈是一个元素列表，你可以在其中插入元素并从中删除元素。此列表在一端打开，在另一端关闭。插入和删除操作只能从开放端进行。栈也称为后进先出（LIFO）数据结构。自助餐厅里的一叠餐盘是 LIFO 的一个例子。在该栈中，服务员将餐盘放置（插入）在堆叠的顶部，并且顾客从堆叠的顶部取出（删除）餐盘。

　　从栈中插入和删除元素的操作的技术术语分别称为推入和弹出。

　　术语 push 表示将元素插入栈。术语 pop 表示从栈中删除元素。

　　栈可以以数组和链表的形式实现。此处列出了栈的一些应用：

- ❏ 将代数表达式从一种形式转换为另一种形式。通常，是中缀表达式、前缀表达式和后缀表达式形式。
- ❏ 计算代数表达式。
- ❏ 调用函数时存储变量。
- ❏ 反转字符串。

　　队列也是一种抽象的数据结构，有点类似于栈。但是，与栈不同，队列在两端都是打开的。一端称为前端，另一端称为后端。插入在后端完成，删除在前端完成。队列也称为先进先出（FIFO）数据结构。循环队列是一种特殊类型的队列，其前端连接到后端。

　　队列可以以数组和链表的形式实现。队列用于以下情况：

- ❏ 在打印机中，打印位于队列中的文件
- ❏ 从辅助存储系统访问文件
- ❏ 在操作系统中，用于安排等待轮到它们执行的作业
- ❏ 由不同位置的多个预订柜台组成的票务预订系统
- ❏ 实现图的广度优先遍历

8.1 将栈实现为数组

问题

你希望将栈实现为数组。

解决方案

编写一个将栈实现为数组的 C 程序，它具有以下规格说明：

❑ 程序定义了四个函数：stackMenu()、displayStack()、popItem() 和 pushItem()。stackMenu() 的目的是在屏幕上显示一个菜单，为用户提供选择。displayStack() 的目的是在屏幕上显示存储在栈中的元素。popItem() 的目的是从栈中弹出元素。pushItem() 的目的是将条目推入栈。

❑ 要压入栈的元素是 int 类型的数据值。该栈的最大容量仅为八个元素。

❑ 栈是 int 值的数组。

代码

以下是使用这些规格说明编写的 C 程序的代码。在文本编辑器中键入以下 C 程序并将其保存在文件夹 C:\Code 中，文件名为 stack1.c：

```
/* 此程序以数组的形式实现栈。*/
                                                    /* BL */
# include <stdio.h>                                 /* L1 */
# include <stdlib.h>                                /* L2 */
# define STACKSIZE 8                                /* L3 */
                                                    /* BL */
int stack[STACKSIZE];                               /* L4 */
int intTop = 0;                                     /* L5 */
int stackMenu(void);                                /* L6 */
void displayStack(void);                            /* L7 */
void popItem(void);                                 /* L8 */
void pushItem(void);                                /* L9 */
                                                    /* BL */
void main()                                         /* L10 */
{                                                   /* L11 */
  int intChoice;                                    /* L12 */
  do {                      /* do-while statement begins */   /* L13 */
    intChoice = stackMenu();                        /* L14 */
    switch(intChoice) {     /* switch statement begins */     /* L15 */
     case 1:                                        /* L16 */
       pushItem();                                  /* L17 */
       break;                                       /* L18 */
     case 2:                                        /* L19 */
       popItem();                                   /* L20 */
       break;                                       /* L21 */
     case 3:                                        /* L22 */
       displayStack();                              /* L23 */
       break;                                       /* L24 */
     case 4:                                        /* L25 */
       exit(0);                                     /* L26 */
    }                       /* switch statement ends */       /* L27 */
```

```
    fflush(stdin);                                    /* L28 */
  } while(1);              /* do-while statement begins */  /* L29 */
}                                                     /* L30 */
                                                      /* BL  */
int stackMenu()                                       /* L31 */
{                                                     /* L32 */
  int intChoice;                                      /* L33 */
  printf("\n\n Enter 1 to Push an Element onto Stack. ");  /* L34 */
  printf("\n Enter 2 to Pop an Element from Stack. ");     /* L35 */
  printf("\n Enter 3 to Displays the Stack on the Screen.");  /* L36 */
  printf("\n Enter 4 to Stop the Execution of Program.");  /* L37 */
  printf("\n Enter your choice (0 <= N <= 4): ");     /* L38 */
  scanf("%d", &intChoice);                            /* L39 */
  return intChoice;                                   /* L40 */
}                                                     /* L41 */
                                                      /* BL*/
void displayStack()                                   /* L42 */
{                                                     /* L43 */
  int j;                                              /* L44 */
  if(intTop == 0) {                                   /* L45 */
    printf("\n\nStack is Exhausted.");                /* L46 */
    return;                                           /* L47 */
  }                                                   /* L48 */
  else {                                              /* L49 */
    printf("\n\nElements in stack:");                 /* L50 */
    for(j=intTop-1; j > -1; j--)                      /* L51 */
    printf("\n%d", stack[j]);                         /* L52 */
  }                                                   /* L53 */
}                                                     /* L54 */
                                                      /* BL  */
void popItem()                                        /* L55 */
{                                                     /* L56 */
  if(intTop == 0) {                                   /* L57 */
    printf("\n\nStack is Exhausted.");                /* L58 */
    return;                                           /* L59 */
  }                                                   /* L60 */
  else                                                /* L61 */
    printf("\n\nPopped Element: %d ", stack[--intTop]);  /* L62 */
}                                                     /* L63 */
                                                      /* BL  */
void pushItem()                                       /* L64 */
{                                                     /* L65 */
  int intData;                                        /* L66 */
  if(intTop == STACKSIZE) {                           /* L67 */
    printf("\n\nStack is Completely Filled.");        /* L68 */
    return;                                           /* L69 */
  }                                                   /* L70 */
  else {                                              /* L71 */
    printf("\n\nEnter Element K (0 <= K <= 30000) : ");  /* L72 */
    scanf("%d", &intData);                            /* L73 */
    stack[intTop] = intData;                          /* L74 */
    intTop = intTop + 1;                              /* L75 */
    printf("\n\nElement Pushed into the stack");      /* L76 */
  }                                                   /* L77 */
}                                                     /* L78 */
```

编译并执行此程序。在这里给出这个程序的一次运行结果：

```
Enter 1 to Push an Element into Stack.
Enter 2 to Pop an Element from Stack.
Enter 3 to Display the Stack on the Screen.
Enter 4 to Stop the Execution of the Program.
Enter your choice (0 <= N <= 4): 1  ↵

Enter Element K (0 <= N < 30000): 2468  ↵

Enter 1 to Push an Element into Stack.
Enter 2 to Pop an Element from Stack.
Enter 3 to Display the Stack on the Screen.
Enter 4 to Stop the Execution of the Program.
Enter your choice (0 <= N <= 4): 1  ↵

Enter Element K (0 <= N < 30000): 3200  ↵

Enter 1 to Push an Element into Stack.
Enter 2 to Pop an Element from Stack.
Enter 3 to Display the Stack on the Screen.
Enter 4 to Stop the Execution of the Program.
Enter your choice (0 <= N <= 4): 1  ↵

Enter Element K (0 <= N < 30000): 4555  ↵

Enter 1 to Push an Element into Stack.
Enter 2 to Pop an Element from Stack.
Enter 3 to Display the Stack on the Screen.
Enter 4 to Stop the Execution of the Program.
Enter your choice (0 <= N <= 4): 3  ↵

Elements in Stack:
4555
3200
2468

Enter 1 to Push an Element into Stack.
Enter 2 to Pop an Element from Stack.
Enter 3 to Display the Stack on the Screen.
Enter 4 to Stop the Execution of the Program.
Enter your choice (0 <= N <= 4): 2  ↵

Popped Element: 4555

Enter 1 to Push an Element into Stack.
Enter 2 to Pop an Element from Stack.
Enter 3 to Display the Stack on the Screen.
Enter 4 to Stop the Execution of the Program.
Enter your choice (0 <= N <= 4): 3  ↵

Elements in Stack:
3200
```

2468

```
Enter 1 to Push an Element into Stack.
Enter 2 to Pop an Element from Stack.
Enter 3 to Display the Stack on the Screen.
Enter 4 to Stop the Execution of the Program.
Enter your choice (0 <= N <= 4): 4 ↵
```

工作原理

此程序定义了四个函数：stackMenu()，displayStack()，popItem() 和 pushItem()。LOC 31～41 定义了函数 stackMenu()。LOC 42～54 定义了函数 displayStack()。LOC 55～63 定义了函数 popItem()。LOC 64～78 定义了函数 pushItem()。数组 stack 和变量 intTop 放在任何函数之外，因此它们的范围应该是全局的。main() 函数中几乎所有的代码都放在 do-while 循环中，以使这些 LOC 可以方便地重复执行。在 LOC 14 中，调用函数 stackMenu()。此功能在用户面前显示菜单，并要求其输入选项。选项如下：输入 1 将元素推入栈，输入 2 以从栈中弹出条目，输入 3 以在屏幕上显示栈的内容，输入 4 以停止执行程序。用户输入的选项由 stackMenu() 函数返回，并赋值给 int 变量 intChoice。LOC 15～27 由 switch 语句组成。存储在 intChoice 中的值将传递给此 switch 语句。根据 intChoice 的值，switch 语句调用相关函数。对于选项 1，调用函数 pushItem()。对于选项 2，调用函数 popItem()。对于选项 3，调用函数 displayStack()。对于选项 4，调用函数 exit() 来终止程序的执行。

8.2　将栈实现为链表

问题

你希望将栈实现为链表。

解决方案

编写一个将栈实现为链表的 C 程序，它具有以下规格说明：

❑ 程序定义了五个函数：getnode()、stackMenu()、displayStack()、popItem() 和 pushItem()。stackMenu() 的目的是在屏幕上显示一个菜单，为用户提供选择。displayStack() 的目的是在屏幕上显示存储在栈中的元素。popItem() 的目的是从栈中弹出元素。pushItem() 的目的是将条目推入栈。

❑ 要压入栈的元素是 int 类型的数据值。该栈的最大容量仅为八个元素。

❑ 将栈实现为 int 值的链表。

代码

以下是使用这些规格说明编写的 C 程序的代码。在文本编辑器中键入以下 C 程序并将其保存在文件夹 C:\Code 中，文件名为 stack2.c：

```
/* 此程序用链表实现栈。*/
```

```
# include <stdio.h>                                    /* BL */
# include <stdlib.h>                                   /* L1 */
                                                       /* L2 */
struct intStack                                        /* BL */
{                                                      /* L3 */
  int element;                                         /* L4 */
  struct intStack *next;                               /* L5 */
};                                                     /* L6 */
typedef struct intStack node;                          /* L7 */
node *begin=NULL;                                      /* L8 */
node *top = NULL;                                      /* L9 */
                                                       /* L10 */
node* getnode()                                        /* BL */
{                                                      /* L11 */
  node *temporary;                                     /* L12 */
  temporary=(node *) malloc( sizeof(node)) ;           /* L13 */
  printf("\nEnter Element (0 <= N <= 30000): ");       /* L14 */
  scanf("%d", &temporary -> element);                  /* L15 */
  temporary -> next = NULL;                            /* L16 */
  return temporary;                                    /* L17 */
}                                                      /* L18 */
                                                       /* L19 */
void pushItem(node *newnode)                           /* BL */
{                                                      /* L20 */
  node *temporary;                                     /* L21 */
  if( newnode == NULL ) {                              /* L22 */
    printf("\nThe Stack is Completely Fillled");       /* L23 */
    return;                                            /* L24 */
  }                                                    /* L25 */
  if(begin == NULL) {                                  /* L26 */
      begin = newnode;                                 /* L27 */
      top = newnode;                                   /* L28 */
    }                                                  /* L29 */
    else {                                             /* L30 */
      temporary = begin;                               /* L31 */
      while( temporary -> next != NULL)                /* L32 */
        temporary = temporary -> next;                 /* L33 */
      temporary -> next = newnode;                     /* L34 */
      top = newnode;                                   /* L35 */
    }                                                  /* L36 */
  printf("\nElement is pushed into the Stack");        /* L37 */
}                                                      /* L38 */
                                                       /* L39 */
void popItem()                                         /* BL */
{                                                      /* L40 */
  node *temporary;                                     /* L41 */
  if(top == NULL) {                                    /* L42 */
    printf("\nStack is Exhausted");                    /* L43 */
    return;                                            /* L44 */
  }                                                    /* L45 */
  temporary = begin;                                   /* L46 */
                                                       /* L47 */
```

```
    if( begin -> next == NULL) {                              /* L48 */
      printf("\nPopped Element is: %d ", top -> element);      /* L49 */
      begin = NULL;                                           /* L50 */
      free(top);                                              /* L51 */
      top = NULL;                                             /* L52 */
    }                                                         /* L53 */
    else {                                                    /* L54 */
      while(temporary -> next != top) {                       /* L55 */
        temporary = temporary -> next;                        /* L56 */
      }                                                       /* L57 */
      temporary -> next = NULL;                               /* L58 */
      printf("\n Popped Element is: %d ", top -> element);    /* L58 */
      free(top);                                              /* L59 */
      top = temporary;                                        /* L60 */
    }                                                         /* L61 */
}                                                             /* L62 */
                                                              /* BL */
void displayStack()                                           /* L63 */
{                                                             /* L64 */
  node *temporary;                                            /* L65 */
  if(top == NULL) {                                           /* L66 */
    printf("\nStack is Exhausted ");                          /* L67 */
  }                                                           /* L68 */
  else {                                                      /* L69 */
    temporary = begin;                                        /* L70 */
    printf("\nElements in the stack : ");                     /* L71 */
    printf("\nLeft-Most Element Represents Bottom  :  ");      /* L72 */
    printf("Right-Most Element Represents Top \n\n");         /* L73 */
    printf("%d", temporary -> element);                       /* L74 */
    while(temporary != top) {                                 /* L75 */
      temporary = temporary -> next;                          /* L76 */
      printf("\t%d ", temporary -> element);                  /* L77 */
    }                                                         /* L78 */
  }                                                           /* L79 */
}                                                             /* L80 */
                                                              /* BL  */
int stackMenu()                                               /* L81 */
{                                                             /* L82 */
  int intChoice;                                              /* L83 */
  printf("\n\nEnter 1 to Push an Element into Stack. ");      /* L84 */
  printf("\nEnter 2 to Pop an Element from Stack. ");          * L85 */
  printf("\nEnter 3 to Displays the Stack on the Screen.");   /* L86 */
  printf("\nEnter 4 to Stop the Execution of Program.");      /* L87 */
  printf("\nEnter your choice (0 <= N <= 4): ");              /* L88 */
  scanf("%d", &intChoice);                                    /* L89 */
  return intChoice;                                           /* L90 */
}                                                             /* L91 */
                                                              /* BL */
void main()                                                   /* L92 */
{                                                             /* L93 */
  int intChoice;                                              /* L94 */
  node *newnode;                                              /* L95 */
  do {                                                        /* L96 */
```

```
    intChoice = stackMenu();                    /* L97 */
    switch(intChoice) {                         /* L98 */
      case 1:                                   /* L99 */
        newnode = getnode();                    /* L100 */
        pushItem(newnode);                      /* L101 */
        break;                                  /* L102 */
      case 2:                                   /* L103 */
        popItem();                              /* L104 */
        break;                                  /* L105 */
      case 3:                                   /* L106 */
        displayStack();                         /* L107 */
        break;                                  /* L108 */
      case 4:                                   /* L109 */
        exit(0);                                /* L110 */
    }                                           /* L111 */
    fflush(stdin);                              /* L112 */
  } while( 1 );                                 /* L113 */
}                                               /* L114 */
```

编译并执行此程序。在这里给出这个程序的一次运行结果:

```
Enter 1 to Push an Element into the Stack.
Enter 2 to Pop an Element from the Stack.
Enter 3 to Display the Stack on the Screen.
Enter 4 to Stop the Execution of the Program.
Enter your choice (0 <= N <= 4): 1    ↵

Enter Element (0 <= K <= 30000): 222   ↵

Element is pushed into the Stack.

Enter 1 to Push an Element into the Stack.
Enter 2 to Pop an Element from the Stack.

Enter 3 to Display the Stack on the Screen.
Enter 4 to Stop the Execution of the Program.
Enter your choice (0 <= N <= 4): 1    ↵

Enter Element (0 <= K <= 30000): 333   ↵

Element is pushed into the Stack.

Enter 1 to Push an Element into the Stack.
Enter 2 to Pop an Element from the Stack.
Enter 3 to Display the Stack on the Screen.
Enter 4 to Stop the Execution of the Program.
Enter your choice (0 <= N <= 4): 1    ↵

Enter Element (0 <= K <= 30000): 444   ↵

Element is pushed into the Stack.

Enter 1 to Push an Element into the Stack.
```

```
Enter 2 to Pop an Element from the Stack.
Enter 3 to Display the Stack on the Screen.
Enter 4 to Stop the Execution of the Program.
Enter your choice (0 <= N <= 4): 3   ↵

Elements in the stack:
Left-Most Element Represents Bottom : Right-Most Element Represents Top

222     333     444

Enter 1 to Push an Element into the Stack.
Enter 2 to Pop an Element from the Stack.
Enter 3 to Display the Stack on the Screen.
Enter 4 to Stop the Execution of the Program.
Enter your choice (0 <= N <= 4): 2   ↵

Popped Element is: 444

Enter 1 to Push an Element into the Stack.
Enter 2 to Pop an Element from the Stack.
Enter 3 to Display the Stack on the Screen.
Enter 4 to Stop the Execution of the Program.
Enter your choice (0 <= N <= 4): 3   ↵

Elements in the stack:
Left-Most Element Represents Bottom : Right-Most Element Represents Top

222     333

Enter 1 to Push an Element into the Stack.
Enter 2 to Pop an Element from the Stack.
Enter 3 to Display the Stack on the Screen.
Enter 4 to Stop the Execution of the Program.
Enter your choice (0 <= N <= 4): 4   ↵
```

工作原理

此程序定义了五个函数：getnode()、stackMenu()、displayStack()、popItem() 和 pushItem()。LOC 11～19 定义了函数 getnode()。LOC 20～39 定义了函数 pushItem()。LOC 40～62 定义了函数 popItem()。LOC 63～80 定义了函数 displayStack()。LOC 81～91 定义了函数 stackMenu()。LOC 92～114 定义 main() 函数。main() 函数中几乎所有的代码都放在 do-while 循环中，以使这些 LOC 可以方便地重复执行。当用户将元素推送到栈时，调用函数 pushItem()。当用户从栈中弹出元素时，将调用函数 popItem()。当用户想要在屏幕上显示栈的内容时，将调用函数 displayStack()。

在 LOC 97 中，调用函数 stackMenu()。此函数在用户面前显示菜单，并要求用户输入选项。选项如下：输入 1 将元素推入栈，输入 2 以从栈中弹出条目，输入 3 以在屏幕上显示栈，输入 4 以停止执行程序。用户输入的选项由 stackMenu() 函数返回，并赋值给 int 变量 intChoice。

LOC 98～111 由 switch 语句组成。存储在 intChoice 中的值将传递给此 switch 语句。根据 intChoice 的值，switch 语句调用相关函数。对于选项 1，调用函数 pushItem()。对于选项 2，调用函数 popItem()。对于选项 3，调用函数 displayStack()。对于选项 4，调用函数 exit() 来终止程序的执行。

8.3 将中缀表达式转换为后缀表达式

问题

你想将中缀表达式转换为后缀表达式。

解决方案

编写一个 C 语言程序，将中缀表达式转换为后缀表达式，它具有以下规格说明：

❑ 程序定义了三个函数：lowPriority()、pushOpr() 和 popOpr()。函数 lowPriority() 为中缀表达式中的每个运算符分配适当的优先级值。在将操作符推入栈后调用函数 pushOpr()。从栈中弹出一个操作符后，将调用 popOpr() 函数。

❑ 假设在表达式中仅使用以下运算符之一：+、-、*、/、%、^、(和)。

代码

以下是使用这些规格说明编写的 C 程序的代码。在文本编辑器中键入以下 C 程序并将其保存在文件夹 C:\Code 中，文件名为 stack3.c：

```
/* 此程序将中缀表达式转换为后缀表达式。*/
                                                        /* BL */
# include <stdio.h>                                     /* L1 */
# include <string.h>                                    /* L2 */
                                                        /* BL */
char postfixExp[60];                                    /* L3 */
char infixExp[60];                                      /* L4 */
char operatorStack[60];                                 /* L5 */
int i=0, j=0, intTop=0;                                 /* L6 */
                                                        /* BL */
int lowPriority(char opr, char oprStack)                /* L7 */
{                                                       /* L8 */
  int k, p1, p2;                                        /* L9 */
  char oprList[] = {'+', '-', '*', '/', '%', '^', '('}; /* L10 */
  int prioList[] = {0,0,1,1,2,3,4};                     /* L11 */
  if( oprStack == '(' )                                 /* L12 */
    return 0;                                           /* L13 */
  for(k = 0; k < 6; k ++) {                             /* L14 */
    if(opr == oprList[k])                               /* L15 */
    p1 = prioList[k];                                   /* L16 */
  }                                                     /* L17 */
  for(k = 0; k < 6; k ++) {                             /* L18 */
    if(oprStack == oprList[k])                          /* L19 */
    p2 = prioList[k];                                   /* L20 */
  }                                                     /* L21 */
```

```
  if(p1 < p2)                                                    /* L22 */
    return 1;                                                    /* L23 */
  else                                                           /* L24 */
    return 0;                                                    /* L25 */
}                                                                /* L26 */
                                                                 /* BL  */
void pushOpr(char opr)                                           /* L27 */
{                                                                /* L28 */
  if(intTop == 0) {                                              /* L29 */
    operatorStack[intTop] = opr;                                 /* L30 */
    intTop++;                                                    /* L31 */
  }                                                              /* L32 */
  else {                                                         /* L33 */
    if(opr != '(' ) {                                            /* L34 */
      while(lowPriority(opr, operatorStack[intTop-1]) ==
      1 && intTop > 0) {                                         /* L35 */
        postfixExp[j] = operatorStack[--intTop];                 /* L36 */
        j++;                                                     /* L37 */
      }                                                          /* L38 */
    }                                                            /* L39 */
    operatorStack[intTop] = opr;                                 /* L40 */
    intTop++;                                                    /* L41 */
  }                                                              /* L42 */
}                                                                /* L43 */
                                                                 /* BL  */
void popOpr()                                                    /* L44 */
{                                                                /* L45 */
  while(operatorStack[--intTop] != '(' ) {                       /* L46 */
    postfixExp[j] = operatorStack[intTop];                       /* L47 */
    j++;                                                         /* L48 */
  }                                                              /* L49 */
}                                                                /* L50 */
                                                                 /* BL  */
void main()                                                      /* L51 */
{                                                                /* L52 */
  char k;                                                        /* L53 */
  printf("\n Enter Infix Expression : ");                        /* L54 */
  gets(infixExp);                                                /* L55 */
  while( (k=infixExp[i++]) != '\0') { /* while statement begins. */  /* L56 */
    switch(k) {                      /* switch statement begins. */  /* L57 */
      case ' ' :                                                 /* L58 */
                break;                                           /* L59 */
      case '(' :                                                 /* L60 */
      case '+' :                                                 /* L61 */
      case '-' :                                                 /* L62 */
      case '*' :                                                 /* L63 */
      case '/' :                                                 /* L64 */
      case '^' :                                                 /* L65 */
      case '%' :                                                 /* L66 */
                pushOpr(k);                                      /* L67 */
                break;                                           /* L68 */
      case ')' :                                                 /* L69 */
                popOpr();                                        /* L70 */
```

```
            break;                                          /* L71 */
        default :                                           /* L72 */
            postfixExp[j] = k;                              /* L73 */
            j++;                                            /* L74 */
    }                              /* switch statement ends. */  /* L75 */
}                                  /* while state ment ends. */  /* L76 */
while(intTop >= 0) {               /* while statement begins. */ /* L77 */
    postfixExp[j] = operatorStack[--intTop];                /* L78 */
    j++;                                                    /* L79 */
}                                  /* while statement ends. */   /* L80 */
postfixExp[j] = '\0';                                       /* L81 */
printf("\n Infix Expression : %s ", infixExp);              /* L82 */
printf("\n Postfix Expression : %s ", postfixExp);          /* L83 */
printf("\n Thank you\n ");                                  /* L84 */
}                                                           /* L85 */
```

编译并执行此程序。这个程序的几次运行在这里给出：

下面是第一次运行：

```
Enter Infix Expression: a+b  ↵

Infix Expression: a+b
Postfix Expression: ab+
Thank you
```

下面是第二次运行：

```
Enter Infix Expression: (a+b)*(c-d)  ↵

Infix Expression: (a+b)*(c-d)
Postfix Expression: ab+cd-*
Thank you
```

下面是第三次运行：

```
Enter Infix Expression: ((a+b)/(c-d))*((e-f)/(g+h))  ↵

Infix Expression: ((a+b)/(c-d))*((e-f)/(g+h))
Postfix Expression: ab+cd-/ef-gh+/*
Thank you
```

工作原理

此程序声明了三个函数：lowPriority()、pushOpr() 和 popOpr()。LOC 3～5 定义了三个数组：postfixExp、infixExp 和 operatorStack。LOC 6 声明了 int 变量 i、j 和 intTop。这些项都在任何函数之外声明，因此它们的范围是全局的。LOC 7～26 定义了函数 lowPriority()。函数 lowPriority() 为中缀方程中的每个运算符分配适当的优先级值。各运算符的优先顺序如下：

运　算　符	优先级或优先级值
{	4
(	3
^	2
*,/	1
+,-	0

LOC 27~43 定义了函数 pushOpr()。该函数负责将元素推入栈。LOC 44~50 定义了函数 popOpr()。此函数负责从栈中弹出元素。LOC 51~85 由 main() 函数的代码组成。LOC 54 指示用户输入中缀表达式。用户输入的表达式由 LOC 55 中的 gets() 函数读取，并存储在 char 数组 infixExp 中。LOC 56~76 由 while 循环组成。在每次迭代开始时，读取数组 infixExp 中的元素并将其分配给变量 k。如果元素是空字符，表示数组的结尾，则 while 循环的执行终止。然后将变量 k 传递给 switch 语句。根据 k 的值，执行 switch 语句中的相应 case。

8.4　将中缀表达式转换为前缀表达式

问题

你希望将中缀表达式转换为前缀表达式。

解决方案

编写一个 C 语言程序，将中缀表达式转换为前缀表达式，它具有以下规格说明：

❏ 程序定义了四个函数：fillPre()、lowPriority()、pushOpr() 和 popOpr()。函数 fillPre() 接受一个字符作为输入参数，并将其作为数组 prefixExp 中的第一个元素。函数 lowPriority() 为中缀方程中的每个运算符分配适当的优先级值。在将操作符推入栈后调用函数 pushOpr()。从栈中弹出一个操作符后，将调用 popOpr() 函数。

❏ 假设在表达式中仅使用以下运算符之一：+、–、*、/、%、^、（和）。

代码

以下是使用这些规格说明编写的 C 程序的代码。在文本编辑器中键入以下 C 程序并将其保存在文件夹 C:\Code 中，文件名为 stack4.c：

```
/* 此程序将中缀表达式转换为前缀表达式。*/      /* BL */

# include <stdio.h>                            /* L1 */
# include <string.h>                           /* L2 */
                                               /* BL */
char prefixExp[60];                            /* L3 */
char infixExp[60];                             /* L4 */
char operatorStack[60];                        /* L5 */
int n=0, intTop=0;                             /* L6 */
                                               /* BL */
```

```
void fillPre(char let)                                          /* L7 */
{                                                               /* L8 */
  int m;                                                        /* L9 */
  if(n == 0)                                                    /* L10 */
    prefixExp[0] = let;                                         /* L11 */
  else {                                                        /* L12 */
    for(m = n + 1; m > 0; m--)                                  /* L13 */
    prefixExp[m] = prefixExp[m - 1];                            /* L14 */
    prefixExp[0] = let;                                         /* L15 */
  }                                                             /* L16 */
  n++;                                                          /* L17 */
}                                                               /* L18 */
                                                                /* BL */
int lowPriority(char opr, char oprStack)                        /* L19 */
{                                                               /* L20 */
  int k, p1, p2;                                                /* L21 */
  char oprList[] = {'+', '-', '*', '/', '%', '^', ')'};         /* L22 */
  int prioList[] = {0, 0, 1, 1, 2, 3, 4};                       /* L23 */
  if(oprStack == ')' )                                          /* L24 */
    return 0;                                                   /* L25 */
  for(k = 0; k < 6; k ++) {                                     /* L26 */
    if(opr == oprList[k])                                       /* L27 */
    p1 = prioList[k];                                           /* L28 */
  }                                                             /* L29 */
  for(k = 0; k < 6; k ++) {                                     /* L30 */
    if( oprStack == oprList[k] )                                /* L31 */
    p2 = prioList[k];                                           /* L32 */
  }                                                             /* L33 */
  if(p1 < p2)                                                   /* L34 */
    return 1;                                                   /* L35 */
  else                                                          /* L36 */
    return 0;                                                   /* L37 */
}                                                               /* L38 */
                                                                /* BL */
void pushOpr(char opr)                                          /* L39 */
{                                                               /* L40 */
  if(intTop == 0) {                                             /* L41 */
    operatorStack[intTop] = opr;                                /* L42 */
    intTop++;                                                   /* L43 */
  }                                                             /* L44 */
  else {                                                        /* L45 */
    if(opr != ')') {                                            /* L46 */
      while(lowPriority(opr, operatorStack[intTop-1]) ==
1 && intTop > 0) {                                              /* L47 */
        fillPre(operatorStack[--intTop]);                       /* L48 */
      }                                                         /* L49 */
    }                                                           /* L50 */
    operatorStack[intTop] = opr;                                /* L51 */
    intTop++;                                                   /* L52 */
  }                                                             /* L53 */
}                                                               /* L54 */
                                                                /* BL */
void popOpr()                                                   /* L55 */
```

```
{                                                          /* L56 */
  while(operatorStack[--intTop] != ')')                    /* L57 */
    fillPre(operatorStack[intTop]);                        /* L58 */
}                                                          /* L59 */
                                                           /* BL */
void main()                                                /* L60 */
{                                                          /* L61 */
  char chrL;                                                /* L62 */
  int length;                                               /* L63 */
  printf("\n Enter Infix Expression : ");                  /* L64 */
  gets(infixExp);                                           /* L65 */
  length = strlen(infixExp);                                /* L66 */
  while(length > 0) {              /* first while loop begins. */  /* L67 */
    chrL = infixExp[--length];                              /* L68 */
    switch(chrL) {                 /* switch statement begins. */  /* L69 */
      case ' ' :                                            /* L70 */
                  break;                                    /* L71 */
      case ')' :                                            /* L72 */
      case '+' :                                            /* L73 */
      case '-' :                                            /* L74 */
      case '*' :                                            /* L75 */
      case '/' :                                            /* L76 */
      case '^' :                                            /* L77 */
      case '%' :                                            /* L78 */
                  pushOpr(chrL);                            /* L79 */
                  break;                                    /* L80 */
      case '(' :                                            /* L81 */
                  popOpr();                                 /* L82 */
                  break;                                    /* L83 */
      default :                                             /* L84 */
                  fillPre(chrL);                            /* L85 */
    }                              /* switch statement ends. */   /* L86 */
  }                                /* first while loop ends. */   /* L87 */
  while( intTop > 0 ) {            /* second while loop begins. */ /* L88 */
    fillPre( operatorStack[--intTop] );                     /* L89 */
    n++;                                                    /* L90 */
  }                                /* second while loop ends. */  /* L91 */
  prefixExp[n] = '\0';                                      /* L92 */
  printf("\n Infix Expression : %s ", infixExp);           /* L93 */
  printf("\n Prefix Expression : %s ", prefixExp);         /* L94 */
  printf("\n Thank you\n");                                 /* L95 */
}                                                          /* L96 */
```

编译并执行此程序。这个程序的几次运行在这里给出：

下面是第一次运行：

```
Enter Infix Expression: a+b  ↵

Infix Expression: a+b
Prefix Expression: +ab
Thank you
```

下面是第二次运行：

```
Enter Infix Expression: (a+b)*(c-d)  ↵

Infix Expression: (a+b)*(c-d)
Prefix Expression: *+ab-cd
Thank you
```

下面是第三次运行：

```
Enter Infix Expression: ((a+b)/(c-d))*((e-f)/(g+h))  ↵

Infix Expression: ((a+b)/(c-d))*((e-f)/(g+h))
Prefix Expression:  */+ab-cd/-ef+gh
Thank you
```

工作原理

此程序包含四个函数：fillPre()、lowPriority()、pushOpr() 和 popOpr()。LOC 3～5 定义了三个数组：prefixExp，infixExp 和 operatorStack。LOC 6 声明了 int 变量 n 和 intTop。这些项都在所有函数之外声明，因此它们的范围是全局的。LOC 7～18 定义了函数 fillPre()。LOC 19～38 定义了函数 lowPriority()。函数 lowPriority() 为中缀方程中的每个运算符分配适当的优先级值。LOC 39～54 定义了函数 pushOpr()。该函数负责将元素推入栈。LOC 55～59 定义了函数 popOpr()。此函数负责从栈中弹出元素。

LOC 60～96 由 main() 函数的代码组成。LOC 64 指示用户输入中缀表达式。用户输入的等式由 LOC 65 中的 gets() 函数读取，并存储在 char 数组 infixExp 中。该中缀表达式的长度在 LOC 66 中计算，并且存储在 int 变量 length 中。

LOC 67～87 由第一个 while 循环组成，LOC 88～91 由第二个 while 循环组成。在第一个 while 循环中，在每次迭代开始时，读取数组 infixExp 中的元素并将其赋值给变量 chrL。当读取了数组 infixExp 中的所有元素时，此循环的执行终止。该循环由一个跨越 LOC 69～86 的 switch 语句组成。变量 chrL 被传递给这个 switch 语句。根据 chrL 的值，执行相应的 case。特别是，使用函数 pushOpr() 将运算符压入栈。在第二个 while 循环中，重复调用函数 fillPre()。存储在数组 operatorStack 中的运算符将逐个传递给此函数。最后，在 LOC 93 和 94 中，在屏幕上显示中缀和前缀表达式。

8.5   将循环队列实现为数组

问题

你希望将循环队列实现为数组。

解决方案

编写一个将循环队列实现为数组的 C 程序，它具有以下规格说明：

❑ 程序定义了四个函数：insertCircQue()、deleteCircQue()、displayCircQue() 和 displayMenu()。

❑ 在循环队列中插入元素时，将调用函数 insertCircQue()。删除循环队列中的元素时，将调用函数 deleteCircQue()。当屏幕上显示循环队列时，将调用 displayCircQue() 函数。当在屏幕上显示菜单时，将调用 displayMenu() 函数。

代码

以下是使用这些规格说明编写的 C 程序的代码。在文本编辑器中键入以下 C 程序并将其保存在文件夹 C:\Code 中，文件名为 stack5.c:

```
/* 此程序实现了一个循环队列。*/                          /* BL */
# include <stdio.h>                                   /* L1 */
# define SIZE 8                                       /* L2 */
                                                      /* L3 */
                                                      /* BL */
int circQue[SIZE];                                    /* L4 */
int frontCell = 0;                                    /* L5 */
int rearCell = 0;                                     /* L6 */
int kount = 0;                                        /* L7 */
                                                      /* BL */
void insertCircQue()                                  /* L8 */
{                                                     /* L9 */
 int num;                                             /* L10 */
 if(kount == SIZE) {                                  /* L11 */
    printf("\nCircular Queue is Full. Enter Any
    Choice Except 1.\n ");                            /* L12 */
  }                                                   /* L13 */
  else {                                              /* L14 */
    printf("\nEnter data, i.e, a number N (0 <= N : 30000): ");  /* L15 */
    scanf("%d", &num);                                /* L16 */
    circQue[rearCell] = num;                          /* L17 */
    rearCell = (rearCell + 1) % SIZE;                 /* L18 */
    kount ++;                                         /* L19 */
    printf("\nData Inserted in the Circular Queue. \n");  /* L20 */
  }                                                   /* L21 */
}                                                     /* L22 */
                                                      /* BL */
void deleteCircQue()                                  /* L23 */
{                                                     /* L24 */
  if(kount == 0) {                                    /* L25 */
    printf("\nCircular Queue is Exhausted!\n");       /* L26 */
  }                                                   /* L27 */
  else {                                              /* L28 */
    printf("\nElement Deleted from Cir Queue is %d \n",
    circQue[frontCell]);                              /* L30 */
    frontCell = (frontCell + 1) % SIZE;               /* L31 */
    kount --;                                         /* L32 */
  }                                                   /* L33 */
}                                                     /* L34 */
                                                      /* BL */
void displayCircQue()                                 /* L35 */
{                                                     /* L36 */
  int i, j;                                           /* L37 */
```

```
    if(kount == 0) {                                              /* L38 */
      printf("\nCircular Queue is Exhausted!\n ");                /* L39 */
    }                                                             /* L40 */
    else {                                                        /* L41 */
      printf("\nElements in Circular Queue are given below: \n"); /* L42 */
      j = kount;                                                  /* L43 */
      for(i = frontCell; j != 0; j--) {                           /* L44 */
        printf("%d    ", circQue[i]);                             /* L45 */
        i = (i + 1) % SIZE;                                       /* L46 */
      }                                                           /* L47 */
      printf("\n");                                               /* L48 */
    }                                                             /* L49 */
}                                                                 /* L50 */
                                                                  /* BL  */
int displayMenu()                                                 /* L51 */
{                                                                 /* L52 */
  int choice;                                                     /* L53 */
  printf("\nEnter 1 to Insert Data.");                            /* L54 */
  printf("\nEnter 2 to Delete Data.");                            /* L55 */
  printf("\nEnter 3 to Display Data.");                           /* L56 */
  printf("\nEnter 4 to Quit the Program. ");                      /* L57 */
  printf("\nEnter Your Choice: ");                                /* L58 */
  scanf("%d", &choice);                                           /* L59 */
  return choice;                                                  /* L60 */
}                                                                 /* L61 */
                                                                  /* BL  */
void main()                                                       /* L62 */
{                                                                 /* L63 */
  int choice;                                                     /* L64 */
  do {                           /* do-while loop begins. */      /* L65 */
    choice = displayMenu();                                       /* L66 */
    switch(choice) {             /* switch statement begins. */   /* L67 */
      case 1:                                                     /* L68 */
              insertCircQue();                                    /* L69 */
              break;                                              /* L70 */
      case 2:                                                     /* L71 */
              deleteCircQue();                                    /* L72 */
              break;                                              /* L73 */
      case 3:                                                     /* L74 */
              displayCircQue();                                   /* L75 */
              break;                                              /* L76 */
      case 4:                                                     /* L77 */
              exit(0);                                            /* L78 */
      default:                                                    /* L79 */
              printf("\nInvalid Choice. Please enter again. \n "); /* L80 */
    }                            /* switch statement ends. */     /* L81 */
  } while(1);                    /* do-while loop ends. */        /* L82 */
}                                                                 /* L83 */
```

编译并执行此程序。在这里给出这个程序的一次运行结果：

```
Enter 1 to Insert Data.
Enter 2 to Delete Data.
Enter 3 to Display Data.
```

```
Enter 4 to Quit the Program.
Enter Your Choice: 1    ↵

Entr data, i.e., a number N (0 <= N <= 30000): 222    ↵

Data Inserted in the Circular Queue.

Enter 1 to Insert Data.
Enter 2 to Delete Data.
Enter 3 to Display Data.
Enter 4 to Quit the Program.
Enter Your Choice: 1    ↵

Entr data, i.e., a number N (0 <= N <= 30000): 333    ↵

Data Inserted in the Circular Queue.

Enter 1 to Insert Data.
Enter 2 to Delete Data.
Enter 3 to Display Data.
Enter 4 to Quit the Program.
Enter Your Choice: 1    ↵
Entr data, i.e., a number N (0 <= N <= 30000): 444    ↵

Data Inserted in the Circular Queue.

Enter 1 to Insert Data.
Enter 2 to Delete Data.
Enter 3 to Display Data.
Enter 4 to Quit the Program.
Enter Your Choice: 3    ↵

Elements in the Circular Queue are given below:
222    333    444

Enter 1 to Insert Data.
Enter 2 to Delete Data.
Enter 3 to Display Data.
Enter 4 to Quit the Program.
Enter Your Choice: 2    ↵

Element Deleted from Cir Queue is 222

Enter 1 to Insert Data.
Enter 2 to Delete Data.
Enter 3 to Display Data.
Enter 4 to Quit the Program.
Enter Your Choice: 3    ↵

Elements in the Circular Queue are given below:
333    444

Enter 1 to Insert Data.
Enter 2 to Delete Data.
```

```
Enter 3 to Display Data.
Enter 4 to Quit the Program.
Enter Your Choice: 4  ↵
```

工作原理

在 LOC 2 中，循环队列的大小限制为八个元素。LOC 4 定义了一个名为 circQue 的 int 类型数组，用于存储数组中的数据元素。LOC 5～7 定义了三个 int 变量：frontCell、rearCell 和 kount。此数组和变量在任何函数之外定义，以使得它们的范围是全局的。最初，当队列为空时，frontCell 和 rearCell 的值为零，即两个变量都指向数组 circQue 中的第一个单元格。

接下来，当用户在队列中插入第一数据元素（例如 222）时，frontCell 的值继续为零。但是，rearCell 的值变为 1，因为 $[(rearCell+1)\%8]=[(0+1)\%8]=1$，这意味着变量 frontCell 指向数组中的第一个单元格，变量 rearCell 指向数组中的第二个元素。

接下来，当用户在队列中插入第二个数据元素（例如 333）时，frontCell 的值继续为零。但是，rearCell 的值变为 2，因为 $[(rearCell+1)\%8]=[(1+1)\%8]=2$，这意味着变量 frontCell 指向数组中的第一个单元格，变量 backCell 指向数组中的第三个元素。

接下来，当用户在队列中插入第三个数据元素（例如 444）时，frontCell 的值继续为零。但是，rearCell 的值变为 3，因为 $[(rearCell+1)\%8]=[(2+1)\%8]=3$，这意味着变量 frontCell 指向数组中的第一个单元格，变量 rearCell 指向数组中的第四个元素。

接下来，当用户删除队列中的数据元素（222）时，后面的 Cell 的值继续为 3。但是，frontCell 的值变为 1，因为 $[(frontCell+1)\%8]=[(0+1)\%8]=1$，这意味着变量 frontCell 指向数组中的第二个单元格，变量 rearCell 指向数组中的第四个元素。

此程序由四个函数组成：insertCircQue()、deleteCircQue()、displayCircQue() 和 displayMenu()。LOC 4 定义了一个名为 circQue 的 int 类型数组。

LOC 8～22 定义了函数 insertCircQue()。在元素插入循环队列时调用此函数。LOC 23～34 定义了函数 deleteCircQue()。从循环队列中删除元素时将调用此函数。LOC 35～50 定义了函数 displayCircQue()。当要在屏幕上显示循环队列时将调用此函数。LOC 51～61 定义了函数 displayMenu()。当要在屏幕上显示用户菜单时调用此函数。

LOC 62～83 由 main() 函数组成。在 LOC 64 中声明了一个 int 变量 choice，以便存储用户选择。LOC 65～82 由 do-while 循环组成。重复执行该循环，直到用户终止程序。该 do-while 循环由 LOC 67～81 上的 switch 语句组成。当用户菜单显示在屏幕上时，用户输入其选择，并且该选择存储在名为 choice 的 int 变量中。此变量 choice 传递给 switch 语句。根据 choice 的值，执行对应的 case。如果 choice 的值为 1，则调用函数 insertCircQue()。如果 choice 的值为 2，则调用函数 deleteCircQue()。如果 choice 的值为 3，则调用函数 displayCircQue()。如果选择的值为 4，则程序终止。如果 choice 的值是其他值，则执行 default（默认）情况并在屏幕上显示消息 "Invalid Choice. Please enter again."（无效的选择，请再次输入）。

第9章 *Chapter 9*

搜索和排序

术语"搜索"和"排序"的现实含义在计算机科学中也很有用。但有时事实并非如此。例如,术语"根""垃圾"或"树"的现实含义与它们在计算机科学中的含义有很大不同。

■**注意** 搜索是从一组元素中查找所需元素的位置的过程。

对于搜索,通常使用以下方法:
- ❏ 线性搜索。
- ❏ 二分搜索。
- ❏ 插值搜索。

■**注意** 排序是在给定一组元素的情况下按所需顺序(例如,升序或降序等)排列元素的过程。

对于排序,通常使用以下方法:
- ❏ 冒泡排序。
- ❏ 插入排序。
- ❏ 选择排序。
- ❏ 归并排序。
- ❏ 希尔排序。
- ❏ 快速排序。

9.1 使用线性搜索查找数据元素

问题

你希望使用线性搜索从无序的数据元素列表中查找所需的数据元素。

解决方案

编写一个 C 程序，使用线性搜索从无序的数据元素列表中查找数据元素，它具有以下规格说明：

❑ 程序定义 int 类型数组 intStorage 以存储用户输入的数字列表。

❑ 程序定义函数 searchData()，该函数使用线性或顺序搜索算法搜索给定数字列表中的所需数据元素。

代码

用这些规格说明编写的 C 程序代码如下。在文本编辑器中键入以下 C 程序，并将其保存在文件夹 C:\Code 中，文件名为 srch1.c：

```
/* 此程序执行线性搜索以从一组给定的数据元素中 */
/* 找到所需的数据元素。*/
                                                          /* BL */
#include <stdio.h>                                        /* L1 */
                                                          /* BL */
int intStorage[50];                                       /* L2 */
int kount = 0;                                            /* L3 */
                                                          /* BL */
int searchData(int intData)                               /* L4 */
{                                                         /* L5 */
  int intCompare = 0;                                     /* L6 */
  int intNum = -1;                                        /* L7 */
  int i;                                                  /* L8 */
  for(i = 0; i < kount; i++) {                            /* L9 */
    intCompare++;                                         /* L10 */
    if(intData == intStorage[i]){                         /* L11 */
      intNum = i;                                         /* L12 */
      break;                                              /* L13 */
    }                                                     /* L14 */
  }                                                       /* L15 */
  printf("Total Number of Comparisons Made Are: %d", intCompare);  /* L16 */
  return intNum;                                          /* L17 */
}                                                         /* L18 */
                                                          /* BL */
void main()                                               /* L19 */
{                                                         /* L20 */
 int intPosition, intData, i;                             /* L21 */
  printf("Enter the number of data elements N (2 <= N <= 50): ");  /* L22 */
  scanf("%d", &kount);                                    /* L23 */
  printf("Enter the %d integers I (0 <= I <= 30000) ", kount);     /* L24 */
  printf("separated by white spaces: \n");                /* L25 */
  for (i=0; i < kount; i++)                               /* L26 */
    scanf("%d", &intStorage[i]);                          /* L27 */
  fflush(stdin);                                          /* L28 */
```

```
printf("Enter the Data Element D to be Searched (0 <= D <= 30000): ");  /* L29 */
scanf("%d", &intData);                                                  /* L30 */
intPosition = searchData(intData);                                      /* L31 */
if(intPosition != -1) {                                                 /* L32 */
  printf("\nData Element Found at Position ");                          /* L33 */
  printf("or Location: %d\n", (intPosition + 1));                       /* L34 */
}                                                                       /* L35 */
else                                                                    /* L36 */
    printf("\nData Element Not Found.\n");                              /* L37 */
printf("\nThank you.\n");                                               /* L38 */
}                                                                       /* L39 */
```

编译并执行此程序。下面给出了这个程序的两次运行结果。

第一次运行:

```
Enter the number of data elements N (2 <= N <= 50): 8  ↵
Enter the 8 integers I (0 <= I <= 30000) separated by white spaces:
10 20 30 40 50 60 70 80  ↵
Enter the Data Element D to be Searched (0 <= D <= 30000): 60  ↵
Total Number of Comparisons Made Are: 6
Data Element Found at Position or Location: 6
Thank you.
```

第二次运行:

```
Enter the number of data elements N (2 <= N <= 50): 8  ↵
Enter the 8 integers I (0 <= I <= 30000) separated by white spaces:
10 20 30 40 50 60 70 80  ↵
Enter the Data Element D to be Searched (0 <= D <= 30000): 55  ↵
Total Number of Comparisons Made Are: 8
Data Element Not Found.
Thank you.
```

工作原理

在线性或顺序搜索中,将列表中的每个元素与要搜索的数据元素进行比较,直到找到匹配为止。当列表中包含少量数据元素时,此方法很方便。这种方法的好处是:(a)可以使用无序的数字列表;(b)这个程序中使用的逻辑非常简单。线性搜索具有 $O(n)$ 的最坏情况复杂度,其中 n 是列表的大小。

LOC 2 定义 int 类型数组 intStorage 以存储用户输入的数字列表。LOC 3 定义 int 变量 kount,它表示数据元素列表的大小。LOC 4~18 定义函数 searchData(),它在给定列表中查找所需的数字(即数据元素)。要搜索的数字作为输入参数传递给此函数。使用 for 循环将此数字(即 intData)与列表 intStorage 中的每个数字进行比较。找到匹配后,将终止循环并返回结果。如果未找到匹配项,则返回适当的结果。

LOC 19~39 由 main() 函数组成。在 LOC 22 中,要求用户输入列表的大小。列表的大小应该在 2~50 的范围内。用户输入的列表大小存储在 int 变量 kount 中。在 LOC 24 中,要求用户输入要填充到列表中的数字。用户输入的数字存储在 intStorage 数组中。在 LOC

29 中，要求用户输入要搜索的数字。用户输入的数字存储在 int 类型变量 intData 中。在 LOC 31 中，调用函数 searchData()，并将变量 intData 作为输入参数传递给此函数。此函数返回的结果存储在 int 类型变量 intPosition 中。然后在屏幕上显示结果。

9.2 使用二分搜索查找数据元素

问题
你希望使用二分搜索从有序的数据元素列表中查找数据元素。

解决方案
编写一个 C 程序，使用二分搜索从有序列表中查找数据元素（按递增顺序），它具有以下规格说明：

❑ 程序定义 int 类型数组 intStorage 以存储用户输入的数字列表。
❑ 程序定义函数 searchData()，该函数使用二分搜索算法在给定的递增顺序数字列表中搜索所需数据元素。

代码
用这些规格说明编写的 C 程序代码如下。在文本编辑器中键入以下 C 程序并将其保存在文件夹 C:\Code 中，文件名为 srch2.c：

```
/* 此程序执行二分搜索从一组有序的给定数据元素中 */
/* 查找所需的数据元素。*/
                                                          /* BL */
#include <stdio.h>                                        /* L1 */
                                                          /* BL */
int intStorage[50];                                       /* L2 */
int kount = 0;                                            /* L3 */
                                                          /* BL */
int searchData(int intData)                               /* L4 */
{                                                         /* L5 */
  int intLowBound = 0;                                    /* L6 */
  int intUpBound = kount -1;                              /* L7 */
  int intMidPoint = -1;                                   /* L8 */
  int intCompare = 0;                                     /* L9 */
  int intNum = -1;                                        /* L10 */
  while(intLowBound <= intUpBound) {                      /* L11 */
    intCompare++;                                         /* L12 */
    intMidPoint = intLowBound + (intUpBound - intLowBound) / 2;  /* L13 */
    if(intStorage[intMidPoint] == intData) {             /* L14 */
      intNum = intMidPoint;                              /* L15 */
      break;                                              /* L16 */
    }                                                    /* L17 */
    else {                                               /* L18 */
      if(intStorage[intMidPoint] < intData) {            /* L19 */
        intLowBound = intMidPoint + 1;                   /* L20 */
      }                                                  /* L21 */
      else {                                             /* L22 */
```

```
      intUpBound = intMidPoint -1;                      /* L23 */
    }                                                    /* L24 */
  }                                                      /* L25 */
}                                                        /* L26 */
printf("Total comparisons made: %d" , intCompare);       /* L27 */
return intNum;                                            /* L28 */
}                                                        /* L29 */
                                                         /* BL  */
void main()                                              /* L30 */
{                                                        /* L31 */
  int intPosition, intData, i;                           /* L32 */
  printf("Enter the number of data elements N (2 <= N <= 50): ");  /* L33 */
  scanf("%d", &kount);                                   /* L34 */
  printf("Enter the %d integers I (0 <= I <= 30000) ", kount);  /* L35 */
  printf("in increasing order, \nseparated by white spaces: ");  /* L36 */
  for (i=0; i < kount; i++)                              /* L37 */
    scanf("%d", &intStorage[i]);                         /* L38 */
  fflush(stdin);                                          /* L39 */
  printf("Enter the Data Element D to be Searched (0 <= D <= 30000): ");  /* L40 */
  scanf("%d", &intData);                                 /* L41 */
  intPosition = searchData(intData);                     /* L42 */
  if(intPosition != -1) {                                /* L43 */
    printf("\nData Element Found at Position ");          /* L44 */
    printf("or Location: %d" ,(intPosition+1));          /* L45 */
  }                                                      /* L46 */
  else                                                   /* L47 */
    printf("\nData Element not found.");                 /* L48 */
  printf("\nThank you.\n");                              /* L49 */
}                                                        /* L50 */
```

编译并执行此程序。下面给出了这个程序的两次运行结果。

第一次运行：

```
Enter the number of data elements N (2 <= N <= 50): 8  ↵
Enter the 8 integers I (0 <= I <= 30000) in increasing order,
separated by white spaces: 10 20 30 40 50 60 70 80  ↵
Enter the Data Element D to be Searched (0 <= D <= 30000): 50  ↵
Total comparisons made: 3
Data Element Found at Position or Location: 5
Thank you.
```

第二次运行：

```
Enter the number of data elements N (2 <= N <= 50): 8  ↵
Enter the 8 integers I (0 <= I <= 30000) in increasing order,
separated by white spaces: 10 20 30 40 50 60 70 80  ↵
Enter the Data Element D to be Searched (0 <= D <= 30000): 65  ↵
Total comparisons made: 3
Data Element Not Found.
Thank you.
```

工作原理

在二分搜索中，包含数据元素（即整数）的列表必须是按递增或递减顺序排列的有序列表。在此程序中，使用按递增顺序排列的列表。你将得到要在此列表中搜索的数据元素 intData。首先，列表被分为两个相等的部分（例如，上部和下部）。然后找出 intData 是位于上部还是下部。假设它位于上部，则列表的下半部分被丢弃，该列表的上半部分再次被分成两个相等的部分（比如上部和下部）。再次查找 intData 是在上部还是下部。假设 intData 位于下部。然后丢弃上半部分，下半部分再次分成两部分。重复此过程，直到在给定列表中找到 intData 的匹配，或者确认给定列表中没有与 intData 匹配的数字。这种方法的好处是，与线性搜索方法相比更高效。与线性搜索相比，你可以在较少数量的比较中获得 intData 的匹配。当列表很大并且已经有序时，建议使用此方法。线性搜索具有 $O(n)$ 的最坏情况复杂度，而二分搜索具有 $O(\log n)$ 的最坏情况复杂度，其中 n 是数字列表的大小。

LOC 2 定义 int 类型数组 intStorage 以存储用户输入的数字列表。LOC 3 定义了 int 变量 kount，它表示数据元素列表的大小。LOC 4～34 定义了函数 searchData()，该函数使用二分搜索在给定的数字列表中找到所需的数字（即数据元素）。要搜索的数字作为输入参数传递给此函数。

在 LOC 6～10 中声明了 5 个 int 类型变量。LOC 11～26 由 while 循环组成。在该循环中执行二分搜索。LOC 30～50 由 main() 函数组成。LOC 33 指示用户输入 2～50 范围内的列表大小。用户输入的大小存储在 int 变量 kount 中。LOC 35 指示用户按递增顺序输入整数列表。用户输入的数字列表存储在 int 类型数组 intStorage 中。LOC 40 指示用户输入要搜索的数据元素。用户输入的数据元素存储在 int 变量 intData 中。LOC 42 调用函数 searchData()。变量 intData 作为输入参数传递给函数 searchData()。函数 searchData() 在 intStorage 数字列表中找到 intData 的匹配并返回它。searchData() 返回的值被分配给 LOC 42 中的 int 变量 intPosition。然后，在 LOC 44、45 和 48 中，在屏幕上显示搜索结果。

9.3 使用冒泡排序对给定的数字列表进行排序

问题

你希望使用冒泡排序以升序（即递增顺序）对给定的无序数字列表进行排序。

解决方案

编写一个 C 程序，按照升序（即递增顺序）对给定的无序数字列表进行排序，它具有以下规格说明：

❑ 程序定义 int 类型数组 intStorage 以存储用户输入的数字列表。

❑ 程序定义函数 bubbleSort()，该函数使用冒泡排序算法以升序（即递增顺序）对给定的无序数字列表进行排序。

代码

用这些规格说明编写的 C 程序代码如下。在文本编辑器中键入以下 C 程序并将其保存在文件夹 C:\Code 中，文件名为 sort1.c:

```
/* 此程序使用冒泡排序按递增顺序对给定的整数列表进行排序。*/
                                                    /* BL */
#include <stdio.h>                                  /* L1 */
                                                    /* BL */
int intStorage[20];                                 /* L2 */
int kount = 0;                                      /* L3 */
                                                    /* BL */
void bubbleSort()                                   /* L4 */
{                                                   /* L5 */
  int intTemp;                                      /* L6 */
  int i,j;                                          /* L7 */
  int intSwap = 0; /* 0-false & 1-true */           /* L8 */
  for(i = 0; i < kount-1; i++) {      /* outer for loop begins */  /* L9 */
    intSwap = 0;                                    /* L10 */
    for(j = 0; j < kount-1-i; j++) { /* inner for loop begins */  /* L11 */
      if(intStorage[j] > intStorage[j+1]) { /* if statement begins */  /* L12 */
        intTemp = intStorage[j];                    /* L13 */
        intStorage[j] = intStorage[j+1];            /* L14 */
        intStorage[j+1] = intTemp;                  /* L15 */
        intSwap = 1;                                /* L16 */
      }                              /* if statement ends */   /* L17 */
    }                               /* inner for loop ends */  /* L18 */
    if(!intSwap) {                                  /* L19 */
      break;                                        /* L20 */
    }                                               /* L21 */
  }                                 /* outer for loop ends */  /* L22 */
}                                                   /* L23 */
                                                    /* BL */
void main()                                         /* L24 */
{                                                   /* L25 */
  int i;                                            /* L26 */
  printf("Enter the number of items in the list, N (2 <= N <= 20): ");  /* L27 */
  scanf("%d", &kount);                              /* L28 */
  printf("Enter the %d integers I (0 <= I <= 30000) ", kount);  /* L29 */
  printf("separated by white spaces: \n");          /* L30 */
  for (i=0; i < kount; i++)                         /* L31 */
    scanf("%d", &intStorage[i]);                    /* L32 */
  fflush(stdin);                                    /* L33 */
  bubbleSort();                                     /* L34 */
  printf("Sorted List: ");                          /* L35 */
  for(i = 0; i < kount; i++)                        /* L36 */
    printf("%d ", intStorage[i]);                   /* L37 */
  printf("\nThank you.\n");                         /* L38 */
}                                                   /* L39 */
```

编译并执行此程序。此程序的一次运行结果如下：

```
Enter the number of items in the list, N (2 <= N <= 20): 8  ↵
Enter the 8 integers I (0 <= I <= 30000) separated by white spaces:
30  80  20  70  40  10  60  90  ↵
Sorted List: 10  20  30  40  60  70  80  90
Thank you.
```

工作原理

冒泡排序是一种简单而有效的排序算法，因此当要排序的列表不太大时，它很受欢迎。在冒泡排序中，比较两个连续的元素，如果第一个元素大于第二个元素，则交换它们的位置。如果要排序的列表很大，则不应使用此方法，因为此方法的最坏情况复杂度为 $O(n^2)$，其中 n 表示列表中的条目或元素的数量。

假设无序列表包含 4 个数字，如下所示：

17 19 16 14

首先，将第一个数字 17 与 19 进行比较。这两个数字已经按升序排列，因此不需要交换。接下来，将第二个数字 19 与第三个数字 16 进行比较。由于这两个数字未按升序排列，因此需要交换。交换后，数字列表如下所示：

17 16 19 14

接下来，将第三个数字 19 与第四个数字 14 进行比较。由于这两个数字不是按升序排列的，因此它们被交换。交换后，列表如下：

17 16 14 19

接下来，将第一个数字 17 与第二个数字进行比较。由于这两个数字不是按升序排列的，因此它们被交换。交换后，列表如下：

16 17 14 19

重复此过程，直到整个列表都按升序排序。

在此程序中，LOC 2 定义 int 类型数组 intStorage 以存储用户输入的数字列表。LOC 3 定义了 int 变量 kount，它表示数据元素列表的大小。

LOC 4～23 定义了函数 bubbleSort()，该函数将无序数字列表排序为升序列表。

在 LOC 6～8 中声明了 4 个 int 类型变量。LOC 9～22 由外部 for 循环组成，LOC 11～18 由内部 for 循环组成。

LOC 24～39 由 main() 函数组成。LOC 27 要求用户输入列表的大小，并将该列表大小分配给 int 变量 kount。LOC 29 要求用户填充列表。列表的元素存储在 int 数组 intStorage 中。LOC 34 调用函数 bubbleSort() 对列表中的数字进行排序。LOC 36～37 包含一个 for 循环，用于在屏幕上显示已排序的数字列表。

9.4 使用插入排序对给定的数字列表进行排序

问题

你希望使用插入排序以升序（即递增顺序）对给定的无序数字列表进行排序。

解决方案

编写一个 C 程序，按照升序（即递增顺序）对给定的无序数字列表进行排序，它具有以下规格说明：

❑ 程序定义 int 类型数组 intStorage 以存储用户输入的数字列表。

❑ 程序定义函数 insertionSort()，该函数使用插入排序算法以给定顺序（即递增）对给定的无序数字列表进行排序。

代码

用这些规格说明编写的 C 程序代码如下。在文本编辑器中键入以下 C 程序并将其保存在文件夹 C:\Code 中，文件名为 sort2.c：

```
/* 此程序使用插入排序按递增顺序 */
/* 对给定的无序整数列表进行排序。*/
                                                            /* BL */
#include <stdio.h>                                           /* L1 */
                                                            /* BL */
int intStorage[20];                                         /* L2 */
int kount = 0;                                              /* L3 */
                                                            /* BL */
void insertionSort()                                        /* L4 */
{                                                           /* L5 */
  int intInsert;                                            /* L6 */
  int intVacancy;                                           /* L7 */
  int i;                                                    /* L8 */
  for(i = 1; i < kount; i++) {       /* for loop begins */  /* L9 */
    intInsert = intStorage[i];                              /* L10 */
    intVacancy = i;                                         /* L11 */
    while (intVacancy > 0 && intStorage[intVacancy-1] > intInsert) { /* L12 */
      intStorage[intVacancy] = intStorage[intVacancy-1];    /* L13 */
      intVacancy--;                                         /* L14 */
    }                                                       /* L15 */
    if(intVacancy != i) {          /* if statement begins */ /* L16 */
      intStorage[intVacancy] = intInsert;                   /* L17 */
    }                              /* if statement ends */  /* L18 */
  }                                    /* for loop ends */  /* L19 */
}                                                           /* L20 */
                                                            /* BL */
void main()                                                 /* L21 */
{                                                           /* L22 */
  int i;                                                    /* L23 */
  printf("Enter the number of data elements N (2 <= N <= 20): "); /* L24 */
  scanf("%d", &kount);                                      /* L25 */
  printf("Enter the %d integers I (0 <= I <= 30000) ", kount); /* L26 */
  printf("separated by white spaces: \n");                  /* L27 */
```

```
for (i=0; i < kount; i++)                                  /* L28 */
  scanf("%d", &intStorage[i]);                             /* L29 */
fflush(stdin);                                             /* L30 */
insertionSort();                                           /* L31 */
printf("Sorted List: ");                                   /* L32 */
for(i = 0; i < kount; i++)                                 /* L33 */
  printf("%d ",intStorage[i]);                             /* L34 */
printf("\nThank you.\n");                                  /* L35 */
}                                                          /* L36 */
```

编译并执行此程序。此程序的一次运行结果如下：

```
Enter the number of items in the list, N (2 <= N <= 20): 8  ↵
Enter the 8 integers I (0 <= I <= 30000) separated by white spaces:
98  23  45  67  55  30  78  45  ↵
Sorted List:  23  30  45  45  55  67  78  98
Thank you.
```

工作原理

在插入排序中，列表被分为下部和上部两部分。通常，下部是已排序的，上部是未排序的。随着排序的进行，下部尺寸增大，上部尺寸缩小。最终，当上部减少到零时，列表完全排序。假设未排序的列表包含 5 个数字，如下所示：

86317

首先，将第一个数字 8 与第二个数字 6 进行比较。这两个数字未按顺序排列，因此，交换这两个数字。交换后，列表如下所示。请注意，前两个数字现在形成完全排序的列表的下半部分。此外，最后三个数字构成未排序的列表的上半部分：

68317

接下来，将第二个数字 8 与第三个数字 3 进行比较。这两个数字不是有序的，因此交换这两个数字。交换后，列表如下所示：

63817

接下来，将第一个数字 6 与第二个数字 3 进行比较。这两个数字不是有序的，因此交换这两个数字。交换后，列表如下所示：

36817

请注意，列表的下半部分现在包含三个数字（3、6 和 8），此子列表现在已完全排序。列表的上半部分现在由两个数字（1 和 7）组成，并且该子列表通常是未排序的。

接下来，将第三个数字 8 与第四个数字 1 进行比较。这两个数字不是有序的，因此交换这两个数字。交换后，列表如下所示：

36187

接下来，在 6 和 1 之间进行比较。以这种方式进行下去，对整个列表进行排序。

在此程序中，LOC 2 定义 int 类型数组 intStorage 以存储用户输入的数字列表。LOC 3 定义了 int 变量 kount，它表示数据元素列表的大小。LOC 4～20 定义了函数 insertionSort()，该函数将无序数字列表排序为升序列表。在 LOC 6～8 中声明了三个 int 类型变量。LOC 9～19 由 for 循环组成。LOC 12-～5 由 while 循环组成。

LOC 21～36 由 main() 函数组成。LOC 24 要求用户输入列表的大小，并将该列表大小分配给 int 变量 kount。LOC 26 要求用户填充列表。list 的元素存储在 int 数组 intStorage 中。LOC 31 调用函数 insertionSort() 来排序无序列表。LOC 33～34 由一个 for 循环组成，它在屏幕上显示已排序的数字列表。

9.5 使用选择排序对给定的数字列表进行排序

问题

你希望使用选择排序以升序（即递增顺序）对给定的无序数字列表进行排序。

解决方案

编写一个 C 程序，按照升序（即递增顺序）对给定的无序数字列表进行排序，它具有以下规格说明：

❑ 程序定义 int 类型数组 intStorage 以存储用户输入的数字列表。

❑ 程序定义函数 selectSort()，该函数使用选择排序算法以给定顺序（即递增）对给定的无序数字列表进行排序。

代码

用这些规格说明编写的 C 程序代码如下。在文本编辑器中键入以下 C 程序并将其保存在文件夹 C:\Code 中，文件名为 sort3.c：

```
/* 此程序使用选择排序按递增顺序 */
/* 对给定的无序整数列表进行排序。*/
                                                        /* BL */
#include<stdio.h>                                        /* L1 */
                                                        /* BL */
int intStorage[20];                                     /* L2 */
int kount = 0;                                          /* L3 */
                                                        /* BL */
void selectSort()                                       /* L4 */
{                                                       /* L5 */
  int i, j, k, intTemp, intMin;                         /* L6 */
  for(i=0; i < kount-1; i++) {     /* outer for loop begins */   /* L7 */
    intMin = intStorage[i];                             /* L8 */
    k = i;                                              /* L9 */
    for(j = i+1; j < kount; j++) {  /* inner for loop begins */  /* L10 */
      if(intMin > intStorage[j]) {  /* if statement begins */    /* L11 */
        intMin = intStorage[j];                         /* L12 */
        k = j;                                          /* L13 */
      }                            /* if statement ends */       /* L14 */
```

```
    }                                   /* inner for loop end */   /* L15 */
    intTemp = intStorage[i];                                       /* L16 */
    intStorage[i] = intStorage[k];                                 /* L17 */
    intStorage[k] = intTemp;                                       /* L18 */
  }                                     /* outer for loop end */   /* L19 */
}                                                                  /* L20 */
                                                                   /* BL  */
void main()                                                        /* L21 */
{                                                                  /* L22 */
  int i;                                                           /* L23 */
  printf("Enter the number of data elements N (2 <= N <= 20): "); /* L24 */
  scanf("%d", &kount);                                             /* L25 */
  printf("Enter the %d integers I (0 <= I <= 30000) ", kount);     /* L26 */
  printf("separated by white spaces: \n");                        /* L27 */
  for (i=0; i < kount; i++)                                        /* L28 */
    scanf("%d", &intStorage[i]);                                   /* L29 */
  fflush(stdin);                                                   /* L30 */
  selectSort();                                                    /* L31 */
  printf("Sorted List: ");                                         /* L32 */
  for(i = 0; i < kount; i++)                                       /* L33 */
    printf("%d ",intStorage[i]);                                   /* L34 */
  printf("\nThank you.\n");                                        /* L35 */
}                                                                  /* L36 */
```

编译并执行此程序。此程序的一次运行结果如下：

```
Enter the number of items in the list, N (2 <= N <= 20): 8  ↵
Enter the 8 integers I (0 <= I <= 30000) separated by white spaces:
80  20  10  30  60  40  70  50  ↵
Sorted List: 10  20  30  40  50  60  70  80
Thank you.
```

工作原理

与插入排序一样，选择排序也是一种就地比较排序算法。在选择排序中，列表分为两部分：位于左端的已排序部分和位于右端的未排序部分。从未排序列表中选择最小的数字，并将其与第一个数字（即最左边的数字）互换。然后从未排序的列表中选择下一个最小的数字，并将其与第二个数字交换。重复此过程，直到完成列表排序。选择排序具有 $O(n^2)$ 的最坏情况复杂度，其中 n 是列表的大小。

假设未排序的列表如下所示：

90 30 50 10 20 80

此列表中的最小数字是 10，与第一个数字 90 交换。交换后，列表如下所示：

10 30 50 90 20 80

现在，第一个数字 10 表示位于左端的已排序子列表，其余 5 个数字表示位于右端的未排序子列表。接下来，未排序的子列表中的最小数字是 20。将其与未排序的子列表中的第一个数字即 30 交换，交换后，完整列表如下：

10 20 50 90 30 80

　　现在前两个数字 10 和 20 表示位于左端的已排序子列表，其余 4 个数字表示位于右端的未排序子列表。接下来，未排序子列表中的最小数字是 30。将其与未排序子列表中的第一个数字即 50 交换后，完整列表如下：

10 20 30 90 50 80

　　现在前三个数字 10、20 和 30 表示位于左端的排序子列表，剩下的 3 个数字表示位于右端的未排序子列表。以这种方式对完整列表进行排序。

　　在此程序中，LOC 2 定义 int 类型数组 intStorage 以存储用户输入的数字列表。LOC 3 定义了 int 变量 kount，它表示数据元素列表的大小。LOC 4～20 定义了函数 selectSort()，该函数将无序数字列表排序为升序列表。在 LOC 6 中声明了 5 个 int 类型变量。LOC 7～19 由外部 for 循环组成，LOC 10～15 由内部 for 循环组成。

　　LOC 21～36 由 main() 函数组成。LOC 24 要求用户输入列表的大小，并将该列表大小分配给 int 变量 kount。LOC 26 要求用户填充列表。列表的元素存储在 int 数组 intStorage 中。LOC 31 调用函数 selectSort() 对无序列表进行排序。LOC 33～34 由一个 for 循环组成，它在屏幕上显示已排序的数字列表。

9.6　使用归并排序对给定的数字列表进行排序

问题
你希望使用归并排序以升序（即递增顺序）对给定的无序数字列表进行排序。

解决方案
编写一个 C 程序，按照升序（即递增顺序）对给定的无序数字列表进行排序，它具有以下规格说明：

- ❑ 程序定义 int 类型数组 intStorage 以存储用户输入的数字列表。
- ❑ 程序定义函数 mergeSort()，该函数使用归并排序算法以升序（即递增顺序）对给定的无序数字列表进行排序。

代码
用这些规格说明编写的 C 程序代码如下。在文本编辑器中键入以下 C 程序并将其保存在文件夹 C:\Code 中，文件名为 sort4.c：

```
/* 此程序使用归并排序按递增顺序 */
/* 对给定的无序整数列表进行排序。*/
                                          /* BL */
#include<stdio.h>                          /* L1 */
                                          /* BL */
int intStorage[20];                       /* L2 */
int kount = 0;                            /* L3 */
                                          /* BL */
```

```
void merge(int m1, int n1, int m2, int n2);              /* L4 */、
                                                          /* BL */
void mergeSort(int m, int n)                              /* L5 */
{                                                         /* L6 */
    int intMid;                                           /* L7 */
    if(m < n)                                             /* L8 */
    {                                                     /* L9 */
        intMid = (m + n)/2;                               /* L10 */
        mergeSort(m, intMid);                             /* L11 */
        mergeSort(intMid + 1, n);                         /* L12 */
        merge(m, intMid, intMid + 1, n);                 /* L13 */
    }                                                     /* L14 */
}                                                         /* L15 */
                                                          /* BL */
void merge(int m1, int n1, int m2, int n2)               /* L16 */
{                                                         /* L17 */
    int tmpStorage[40];                                   /* L18 */
    int m, n, k;                                          /* L19 */
    m = m1;                                               /* L20 */
    n = m2;                                               /* L21 */
    k = 0;                                                /* L22 */
    while(m <= n1 && n <= n2)                             /* L23 */
    {                                                     /* L24 */
        if(intStorage[m] < intStorage[n])                /* L25 */
            tmpStorage[k++] = intStorage[m++];           /* L26 */
        else                                              /* L27 */
            tmpStorage[k++] = intStorage[n++];           /* L28 */
    }                                                     /* L29 */
    while(m <= n1)                                        /* L30 */
        tmpStorage[k++] = intStorage[m++];               /* L31 */
    while(n <= n2)                                        /* L32 */
        tmpStorage[k++] = intStorage[n++];               /* L33 */
    for(m = m1, n = 0; m <= n2; m++, n++)                /* L34 */
        intStorage[m] = tmpStorage[n];                   /* L35 */
}                                                         /* L36 */
                                                          /* BL */
void main()                                               /* L37 */
{                                                         /* L38 */
  int kount, i;                                           /* L39 */
  printf("Enter the number of data elements N (2 <= N <= 20): ");  /* L40 */
  scanf("%d", &kount);                                    /* L41 */
  printf("Enter the %d integers I (0 <= I <= 30000) ", kount);     /* L42 */
  printf("separated by white spaces: \n");               /* L43 */
  for (i=0; i < kount; i++)                               /* L44 */
    scanf("%d", &intStorage[i]);                          /* L45 */
  fflush(stdin);                                          /* L46 */
  mergeSort(0, kount-1);                                  /* L47 */
  printf("Sorted List: ");                                /* L48 */
  for(i = 0; i < kount; i++)                              /* L49 */
    printf("%d ",intStorage[i]);                          /* L50 */
  printf("\nThank you.\n");                               /* L51 */
}                                                         /* L52 */
```

编译并执行此程序。此程序的一次运行结果如下：

```
Enter the number of items in the list, N (2 <= N <= 20): 8  ↵
Enter the 8 integers I (0 <= I <= 30000) separated by white spaces:
80 70 60 50 40 30 60 10  ↵
Sorted List: 10  30  40  50  60  60  70  80
Thank you.
```

工作原理

归并排序是一种有效的算法，可以与大型列表一起使用。归并排序将数组划分为相等或几乎相等的两半。如果列表由 8 个元素组成，则它被分成两个子列表，每个子列表包含 4 个元素。如果列表由 9 个元素组成，则它被分成两个子列表，其中分别包含 4 个和 5 个元素。这两半再次分成相等或几乎相等的两半。重复此过程，直到每个子列表仅包含一个元素。仅包含一个元素的列表已经排序。然后，这些排序的子列表以逐步的方式合并，以形成完全排序的列表。此过程在递归的帮助下实现。归并排序具有 $O(n\log n)$ 的最坏情况复杂度。

假设未排序的列表如下所示：

83472165

该列表由 8 个元素组成，因此，将此列表分成两个相等的子列表，每个子列表包含 4 个元素，如下所示：

8347 2165

再次将这些子列表划分为更小的子列表（总共 4 个子列表），如下所示：

83 47 21 65

再次将这些子列表划分为更小的子列表（总共 8 个子列表），如下所示：

8 3 4 7 2 1 6 5

现在开始合并子列表的过程。考虑第一和第二个子列表（8 和 3）。这两个列表未按顺序排列，因此，需要交换这两个子列表。考虑第三和第四个子列表（4 和 7）。这两个子列表是有序的，因此不需要交换。考虑第五和第六个子列表（2 和 1）。这两个子列表未按顺序排列，因此，需要交换这两个子列表。类似地，第七和第八个子列表（6 和 5）未按顺序排列，需要交换这两个子列表。最后，将获得 4 个已排序的子列表，如下所示：

38 47 12 56

下一步，第一和第二个子列表合并并排序。此外，第三和第四个子列表合并。将获得以下两个已排序的子列表：

3478 1256

接下来，将这两个子列表合并并排序，将获得如下排序列表：

12345678

在此程序中，LOC 2 定义 int 类型数组 intStorage 以存储用户输入的数字列表。LOC 3 定义了 int 变量 kount，它表示数据元素列表的大小。LOC 5～15 定义了函数 mergeSort()，该函数将无序数字列表排序为升序列表。LOC 16～36 定义了函数 merge()。函数 mergeSort() 由 main() 函数调用，函数 merge() 由函数 mergeSort() 调用。函数 mergeSort() 也递归调用自身。

LOC 37～52 定义 main() 函数。LOC 40 要求用户输入列表的大小，并将该列表大小分配给 int 变量 kount。LOC 42 要求用户填充列表。列表的元素存储在 int 数组 intStorage 中。LOC 47 调用函数 mergeSort() 来排序无序列表。LOC 49～50 包含一个 for 循环，用于在屏幕上显示已排序的数字列表。

9.7　使用希尔排序对给定的数字列表进行排序

问题
你希望使用希尔排序以升序（即递增顺序）对给定的无序数字列表进行排序。

解决方案
编写一个 C 程序，按照升序（即递增顺序）对给定的无序数字列表进行排序，它具有以下规格说明：

❑ 程序定义 int 类型数组 intStorage 以存储用户输入的数字列表。

❑ 程序定义函数 shellSort()，该函数使用希尔排序算法以升序（即递增顺序）对给定的无序数字列表进行排序。

代码
用这些规格说明编写的 C 程序代码如下。在文本编辑器中键入以下 C 程序并将其保存在文件夹 C:\Code 中，文件名为 sort5.c：

```
/* 此程序使用希尔排序按递增顺序*/
/* 对给定的无序整数列表进行排序。*/
                                                /* BL */
#include<stdio.h>                               /* L1 */
                                                /* BL */
int intStorage[20];                             /* L2 */
int kount = 0;                                  /* L3 */
                                                /* BL */
void shellSort()                                /* L4 */
{                                               /* L5 */
  int in, out;                                  /* L6 */
  int insert;                                   /* L7 */
  int gap = 1;                                  /* L8 */
  int elements = kount;                         /* L9 */
  int i = 0;                                    /* L10 */
  while(gap <= elements/3)                      /* L11 */
```

```
    gap = gap * 3 + 1;                                      /* L12 */
  while(gap > 0) {                                          /* L13 */
    for(out = gap; out < elements; out++) {                /* L14 */
      insert = intStorage[out];                            /* L15 */
      in = out;                                            /* L16 */
      while(in > gap -1 && intStorage[in - gap] >= insert) { /* L17 */
        intStorage[in] = intStorage[in - gap];             /* L18 */
        in -= gap;                                         /* L19 */
      }                                                    /* L20 */
      intStorage[in] = insert;                             /* L21 */
    }                                                      /* L22 */
    gap = (gap -1) /3;                                     /* L23 */
    i++;                                                   /* L24 */
  }                                                        /* L25 */
}                                                          /* L26 */
                                                           /* BL */
void main() {                                              /* L27 */
  int i;                                                   /* L28 */
  printf("Enter the number of items in the list, N (2 <= N <= 20): "); /* L29 */
  scanf("%d", &kount);                                     /* L30 */
  printf("Enter the %d integers I (0 <= I <= 30000) ", kount); /* L31 */
  printf("separated by white spaces: \n");                 /* L32 */
  for (i=0; i < kount; i++)                                /* L33 */
    scanf("%d", &intStorage[i]);                           /* L34 */
  fflush(stdin);                                           /* L35 */
  shellSort();                                             /* L36 */
  printf("Sorted List: ");                                 /* L37 */
   for(i = 0; i < kount; i++)                              /* L38 */
     printf("%d ", intStorage[i]);                         /* L39 */
  printf("\nThank you.\n");                                /* L40 */
}                                                          /* L41 */
```

编译并执行此程序。此程序的一次运行结果如下：

```
Enter the number of items in the list, N (2 <= N <= 20): 8  ↵
Enter the 8 integers I (0 <= I <= 30000) separated by white spaces:
80 70 60 50 40 30 20 10  ↵
Sorted List: 10  20  30  40  50  60  70  80
Thank you.
```

工作原理

希尔排序是一种有效的排序方法，它基于插入排序方法。在该方法中，首先对彼此远离的元素对进行排序，然后逐渐减小要比较的元素之间的间隙。元素之间的间隙通常用 h 表示，并且通过减小 h 的值直到它变为 1 来重复上述过程。在此程序中，int 变量 gap 用于表示元素之间的间隙。因此，与插入排序相比，位置不正确的元素能更快地移动到其正确位置。这种方法由 Donald Shell 开发。希尔排序的最坏情况复杂度为 $O(n)$，其中 n 是列表的大小。

在此程序中，LOC 2 定义 int 类型数组 intStorage 以存储用户输入的数字列表。LOC 3 定义了 int 变量 kount，它表示数据元素列表的大小。LOC 4~26 定义了函数 shellSort()，它将无序数字列表排序为一个升序列表。LOC 6～10 声明了 5 个 int 类型变量。LOC 11～12 由一个 while 循环组成，它设置 int 变量 gap 的值。LOC 13～25 由一个 while 循环组成，它执行对无序数字列表排序的任务。

LOC 27～41 定义 main() 函数。LOC 29 要求用户输入列表的大小，并将该列表大小分配给 int 变量 kount。LOC 31 要求用户填充列表。列表的元素存储在 int 类型数组 intStorage 中。LOC 36 调用函数 shellSort() 来排序无序列表。LOC 38～39 包含一个 for 循环，用于在屏幕上显示已排序的数字列表。

9.8 使用快速排序对给定的数字列表进行排序

问题
你希望使用快速排序以升序（即递增顺序）对给定的无序数字列表进行排序。

解决方案
编写一个 C 程序，按照升序（即递增顺序）对给定的无序数字列表进行排序，它具有以下规格说明：

- ❏ 程序定义 int 类型数组 intStorage 以存储用户输入的数字列表。
- ❏ 程序定义函数 quickSort()，该函数使用快速排序算法以给定顺序（即递增）对给定的无序数字列表进行排序。

代码
用这些规格说明编写的 C 程序代码如下。在文本编辑器中键入以下 C 程序并将其保存在文件夹 C:\Code 中，文件名为 sort6.c：

```
/* 此程序按递增顺序使用快速排序 */
/* 对给定的无序整数列表进行排序。*/
                                                      /* BL */
#include<stdio.h>                                     /* L1 */
                                                      /* BL */
int intStorage[20];                                   /* L2 */
int kount = 0;                                        /* L3 */
                                                      /* BL */
void swap(int n1, int n2)                             /* L4 */
{                                                     /* L5 */
  int intTemp = intStorage[n1];                       /* L6 */
  intStorage[n1] = intStorage[n2];                    /* L7 */
  intStorage[n2] = intTemp;                           /* L8 */
}                                                     /* L9 */
                                                      /* BL */
int partition(int left, int right, int pivot)         /* L10 */
{                                                     /* L11 */
  int lPtr = left -1;                                 /* L12 */
  int rPtr = right;                                   /* L13 */
  while(1) {                                          /* L14 */
    while(intStorage[++lPtr] < pivot) {               /* L15 */
```

```
      }                                                    /* L16 */
      while(rPtr > 0 && intStorage[--rPtr] > pivot) {       /* L17 */
      }                                                    /* L18 */
      if(lPtr >= rPtr)                                     /* L19 */
        break;                                             /* L20 */
      else                                                 /* L21 */
        swap(lPtr, rPtr);                                  /* L22 */
    }                                                      /* L23 */
    swap(lPtr,right);                                      /* L24 */
    return lPtr;                                           /* L25 */
}                                                          /* L26 */
                                                           /* BL */
void quickSort(int left, int right)                        /* L27 */
{                                                          /* L28 */
    int pivot, partPt;                                     /* L29 */
    if(right - left <= 0) {                                /* L30 */
      return;                                              /* L31 */
    }                                                      /* L32 */
    else {                                                 /* L33 */
      pivot = intStorage[right];                           /* L34 */
      partPt = partition(left, right, pivot);              /* L35 */
      quickSort(left, partPt - 1);                         /* L36 */
      quickSort(partPt + 1,right);                         /* L37 */
    }                                                      /* L38 */
}                                                          /* L39 */
                                                           /* BL */
void main()                                                /* L40 */
{                                                          /* L41 */
    int i;                                                 /* L42 */
    printf("Enter the number of items in the list, N (2 <= N <= 20): ");  /* L43 */
    scanf("%d", &kount);                                   /* L44 */
    printf("Enter the %d integers I (0 <= I <= 30000) ", kount);  /* L45 */
    printf("separated by white spaces: \n");               /* L46 */
    for (i=0; i < kount; i++)                              /* L47 */
      scanf("%d", &intStorage[i]);                         /* L48 */
    fflush(stdin);                                         /* L49 */
    quickSort(0, kount - 1);                               /* L50 */
    printf("Sorted List: ");                               /* L51 */
     for(i = 0; i < kount; i++)                            /* L52 */
      printf("%d ", intStorage[i]);                        /* L53 */
    printf("\nThank you.\n");                              /* L54 */
}                                                          /* L55 */
```

编译并执行此程序。此程序的一次运行结果如下：

```
Enter the number of items in the list, N (2 <= N <= 20): 8  ⏎
Enter the 8 integers I (0 <= I <= 30000) separated by white spaces:
80 70 60 50 40 30 20 10  ⏎
Sorted List: 10  20  30  40  50  60  70  80
Thank you.
```

工作原理

快速排序方法非常高效，可用于对大型列表进行排序。在此方法中，数组被划分为两个子数组，以便一个子数组保存小于枢轴的值，而另一个子数组保存大于枢轴的值。一旦将列表划分为两个较小的子列表，执行排序的函数将递归调用自身以对较小的子列表进行排序。此方法的最坏情况复杂度为 $O(n\log n)$，其中 n 是列表的大小。

在此程序中，LOC 2 定义 int 类型数组 intStorage 以存储用户输入的数字列表。LOC 3 定义了 int 变量 kount，它表示数据元素列表的大小。

LOC 4~9 定义了函数 swap()，它只是交换列表中的数字。LOC 10~26 定义了函数 partition()。此函数根据要求调用函数 swap()。LOC 27~39 定义了函数 quickSort()。此函数调用函数 partition()，它还递归调用自身。

LOC 40~55 定义了函数 main()。LOC 43 要求用户输入列表的大小，并将该列表大小分配给 int 变量 kount。LOC 45 要求用户填充列表。列表的元素存储在 int 数组 intStorage 中。LOC 50 调用函数 quickSort() 来排序无序列表。LOC 52~53 包含一个 for 循环，用于在屏幕上显示已排序的数字列表。

第 10 章 *Chapter 10*

密码系统

在本章中，我们将讨论与加密相关的应用程序。在爱情、战争和商业中，我们都需要秘密发送消息。保持消息安全的艺术和科学称为密码学。要发送的消息也称为原文或明文。加密是将明文转换为加扰、不可读的消息的过程。此消息称为密文。将加扰的消息转换回明文的过程称为解密。

用于加密或解密消息的各种方法如下：

❏ 反向密码。在反向密码中，简单地反转文本来加密它。除非文本是回文，否则加密文本对任何人都是天书。例如，单词"computer"在反向密码中被加密为"retupmoc"。在解密期间，密文被反转以获得明文。

❏ 恺撒密码。恺撒密码是由朱利叶斯·恺撒发明的，并因此得名。如果密钥 =2，则明文中的字母 A，B，C，…，X，Y，Z 分别被字母 C，D，E，…，Z，A，B 替换，以获得密文。在解密期间，密文中的字母 C，D，E，…，Z，A，B 分别被字母 A，B，C，…，X，Y，Z 替换，以获得明文。在程序中，字母首先被转换成它们的 ASCII 码，然后加上密钥（在加密期间），或从 ASCII 码中减去密钥（在解密期间）。

❏ 转置密码。在转置密码中，首先，明文是填写在二维数组中的，然后将这个二维数组的维度互换（即行成为列，列成为行），然后从这个修改后的二维数组中读取文本，就得到了密文。见图 10-1。

❏ 乘法密码。乘法密码类似于恺撒密码。但是执行乘法 / 除法来代替加法 / 减法。在加密过程中，明文的 ASCII 码乘以密钥以获得密文。在解密期间，密文中的字母的 ASCII 码乘以密钥的反函数以获得明文。

❏ 仿射密码。仿射密码是恺撒密码和乘法密码的组合。

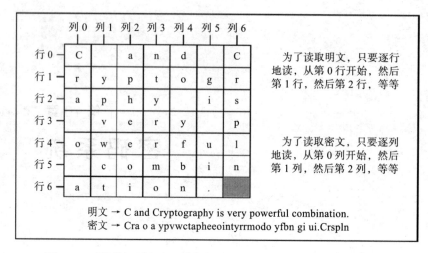

图 10-1　使用转置密码的密码方法。这里密钥是 7，因此列数是 7

❑ 简单替换密码。在简单替换密码中，字母表中的每个字母都被另一个字母随机替换以获得密钥。因此，这种密码中的密钥只不过是随机顺序的 26 个字母字符串。使用此密钥执行加密和解密。

❑ Vigenère 密码。Vigenère 密码只不过是带有多个密钥的恺撒密码。由于它使用多个密钥，因此称为"多字母替换密码"。使用单词 CAT 作为 Vigenère 密文密钥（见图 10-2）。这里，字母 C 表示键是 2，字母 A 表示键是 0，字母 T 表示键是 19。在加密和解密期间，这些键以循环顺序使用。在加密期间，使用密钥 =2 加密明文中的第一个字母，使用密钥 =0 加密明文中的第二个字母，使用密钥 =19 加密明文中的第三个字母，使用密钥 =2 加密明文中的第四个字母，等等。在解密期间，这些密钥也以相同的顺序使用。

```
A   B   C   D   E   F   G   H   I
0   1   2   3   4   5   6   7   8
-----------------------------------
J   K   L   M   N   O   P   Q   R
9  10  11  12  13  14  15  16  17
-----------------------------------
S   T   U   V   W   X   Y   Z
18  19  20  21  22  23  24  25
```

图 10-2　字母 A 到 Z 按顺序编号为 0 到 25

❑ 一次性密钥密码。这种密码不可能破解，但也不方便使用。它只不过是具有以下附加功能的 Vigenère 密码：（a）密钥与明文消息完全等长，（b）密钥由随机选择的字符组成，（c）密钥一旦用过，就被丢弃，再也不会用它。像许多消耗品一样，这个密钥也相信"用后即弃"的策略。

❑ RSA 密码。RSA 密码以其发明者 Ron Rivest、Adi Shamir 和 Leonard Adleman 的名字命名。该密码使用两种类型的密钥，即公钥和私钥。公钥用于加密明文。私钥用于解密密文。该密码的强度依据如下事实：如果将两个大质数相乘，则得到的数字难以分解。

10.1 使用反向密码方法

问题

你希望使用反向密码方法实现加密系统。

优点：

❑ 易于实现
❑ 程序执行快速
❑ 需要的内存更少

缺点：

❑ 破解起来并不困难
❑ 不能用于高级应用程序

解决方案

使用反向密码方法编写实现加密系统的 C 程序，它具有以下规格说明：

❑ 程序定义函数：（a）menu() 在屏幕上显示用户的菜单，（b）encryptMsg() 加密明文，（c）decryptMsg() 解密密文。

❑ 函数 encryptMsg() 只是反转明文以加密它。函数 decryptMsg() 只是反转加密文本以恢复明文。

❑ 程序还定义了 char 类型数组 msgOriginal、msgEncrypt 和 msgDecrypt 来存储消息。数组应该包含 100 个字符。

代码

用这些规格说明编写的 C 程序代码如下。在文本编辑器中键入以下 C 程序并将其保存在文件夹 C:\Code 中，文件名为 crypt1.c：

```
/* 此程序使用反向密码方法实现加密系统。*/
                                                    /* BL */
#include <stdio.h>                                   /* L1 */
#include <string.h>                                  /* L2 */
                                                    /* BL */
char msgOriginal[100];                               /* L3 */
char msgEncrypt[100];                                /* L4 */
char msgDecrypt[100];                                /* L5 */
int intChoice, length;                               /* L6 */
                                                    /* BL */
void menu()                                          /* L7 */
{                                                    /* L8 */
```

```
      printf("\nEnter 1 to Encrypt a Message.");                   /* L9  */
      printf("\nEnter 2 to Decrypt an Encrypted Message.");        /* L10 */
      printf("\nEnter 3 to Stop the Execution of Program.");       /* L11 */
      printf("\nNow Enter Your Choice (1, 2 or 3) and Strike Enter Key: "); /* L12 */
      scanf("%d", &intChoice);                                     /* L13 */
   }                                                               /* L14 */
                                                                   /* BL  */
   void encryptMsg()                                               /* L15 */
   {                                                               /* L16 */
      int i, j;                                                    /* L17 */
      fflush(stdin);                                               /* L18 */
      printf("Enter the Message to be Encrypted (upto 100 characters): \n"); /* L19 */
      gets(msgOriginal);                                           /* L20 */
      length = strlen(msgOriginal);                                /* L21 */
      j = length - 1;                                              /* L22 */
      for (i = 0; i < length; i++) {                               /* L23 */
        msgEncrypt[j] = msgOriginal[i] ;                           /* L24 */
        j--;                                                       /* L25 */
      }                                                            /* L26 */
      msgEncrypt[length] = '\0';                                   /* L27 */
      printf("\nEncrypted Message: %s", msgEncrypt);               /* L28 */
   }                                                               /* L29 */
                                                                   /* BL  */
   void decryptMsg()                                               /* L30 */
   {                                                               /* L31 */
      int i, j;                                                    /* L32 */
      fflush(stdin);                                               /* L33 */
      printf("Enter the Message to be Decrypted (upto 100 characters): \n"); /* L34 */
      gets(msgEncrypt);                                            /* L35 */
      length = strlen(msgEncrypt);                                 /* L36 */
      j = length - 1;                                              /* L37 */
      for (i = 0; i < length; i++) {                               /* L38 */
        msgDecrypt[j] = msgEncrypt[i] ;                            /* L39 */
        j--;                                                       /* L40 */
      }                                                            /* L41 */
      msgDecrypt[length] = '\0';                                   /* L42 */
      printf("\nDecrypted Message: %s", msgDecrypt);               /* L43 */
   }                                                               /* L44 */
                                                                   /* BL  */
   void main()                                                     /* L45 */
   {                                                               /* L46 */
      do {                                                         /* L47 */
        menu();                                                    /* L48 */
        switch (intChoice) {                                       /* L49 */
          case 1:                                                  /* L50 */
                  encryptMsg();                                    /* L51 */
                  break;                                           /* L52 */
          case 2:                                                  /* L53 */
                  decryptMsg();                                    /* L54 */
                  break;                                           /* L55 */
          default:                                                 /* L56 */
                  printf("\nThank you.\n");                        /* L57 */
                  exit(0);                                         /* L58 */
```

```
    }                                                      /* L59 */
  } while (1);                                             /* L60 */
}                                                          /* L61 */
```

编译并执行此程序。此程序的一次运行结果如下：

```
Enter 1 to Encrypt a Message.
Enter 2 to Decrypt an Encrypted Message.
Enter 3 to Stop the Execution of Program.
Now Enter Your Choice (1, 2, or 3) and Strike Enter Key: 1  ↵
Enter the Message to be Encrypted (upto 100 characters):
C and Cryptography is very powerful combination.  ↵

Encrypted Message: .noitanibmoc lufrewop yrev si yhpargotpyrC dna C
Enter 1 to Encrypt a Message.
Enter 2 to Decrypt an Encrypted Message.
Enter 3 to Stop the Execution of Program.
Now Enter Your Choice (1, 2, or 3) and Strike Enter Key: 2  ↵
Enter the Message to be Decrypted (upto 100 characters):
.noitanibmoc lufrewop yrev si yhpargotpyrC dna C  ↵

Decrypted Message: C and Cryptography is very powerful combination.
Enter 1 to Encrypt a Message.
Enter 2 to Decrypt an Encrypted Message.
Enter 3 to Stop the Execution of Program.
Now Enter Your Choice (1, 2, or 3) and Strike Enter Key: 3  ↵
Thank you.
```

工作原理

反向密码是一种加密明文的简单方法。在该方法中，简单地反转要加密的明文。例如，如果明文是"computer"，则根据反向密码的加密文本是"retupmoc"。该方法可以使用递归来实现。但是，在此程序中避免了递归，以保持逻辑简单。

在 LOC 3~5 中，声明了 3 个 char 类型数组，即 msgOriginal、msgEncrypt 和 msgDecrypt。LOC 7~14 由函数 menu() 的定义组成。此函数在屏幕上显示用户菜单，以便用户方便地使用此程序中的各种选项。LOC 9~12 要求用户输入适当的选项，并描述用户可用的各种选项。LOC 13 读取用户输入的选项并将该选项存储在 int 变量 intChoice 中。

LOC 15~29 包含函数 encryptMsg() 的定义。此函数只是反转明文并将加密文本存储在数组 msgEncrypt 中。LOC 19 要求用户输入明文。用户输入的明文存储在变量 msgOriginal 中。LOC 23~26 包含一个 for 循环，它反转存储在 msgOriginal 中的明文，处理后的文本存储在变量 msgEncrypt 中。

LOC 30~44 包括函数 decryptMsg() 的定义。此函数再次反转存储在数组 msgEncrypt 中的密文，并将处理后的文本存储在数组 msgDecrypt 中。

LOC 45~61 包含函数 main() 的定义。LOC 47~61 由一个 do-while 循环组成。这似乎是一个无限循环，但是，LOC 58 中的函数 exit() 有效地停止了这个循环的执行。LOC 48 调用函数 menu()，在屏幕上显示用户的菜单。用户输入的选项存储在 int 变量 intChoice 中。

LOC 49～59 由 switch 语句组成。存储在 intChoice 中的值将传递给此语句。如果 intChoice 的值为 1，则调用函数 encryptMsg()。如果 intChoice 的值为 2，则调用函数 decryptMsg()。如果 intChoice 的值为其他，则调用函数 exit()，该函数终止 do-while 循环的执行，并终止此程序的执行。

10.2 使用恺撒密码方法

问题

你希望使用恺撒密码方法实现加密系统。

优点：

❑ 基于简单的逻辑

❑ 在历史上重要

❑ 可以修改以使密文的解密变得困难

❑ 实现成本低

缺点：

❑ 密文可以使用暴力破解进行破译

❑ 未经修改，不得在高级应用程序中使用

❑ 难以安全地传输密钥

解决方案

使用恺撒密码方法编写实现加密系统的 C 程序，它具有以下规格说明：

❑ 程序定义函数：(a)menu() 在屏幕上显示用户的菜单，(b)encryptMsg() 加密明文，(c) decryptMsg() 解密密文。

❑ 假设 KEY 的值合适。函数 encryptMsg() 只需将 KEY 添加到字母的 ASCII 值即可加密明文。函数 decryptMsg() 仅通过从字母的 ASCII 值中减去 KEY 来解密密文。

❑ 程序还定义 char 类型数组 msgOriginal、msgEncrypt 和 msgDecrypt 来存储消息。数组应该包含 100 个字符。

代码

用这些规格说明编写的 C 程序代码如下。在文本编辑器中键入以下 C 程序并将其保存在文件夹 C:\Code 中，文件名为 crypt2.c：

```
/* 此程序使用恺撒密码方法实现加密系统。*/
                                              /* BL */
#include <stdio.h>                            /* L1 */
#include <string.h>                           /* L2 */
                                              /* BL */
#define  KEY  5                               /* L3 */
                                              /* BL */
char msgOriginal[100];                        /* L4 */
```

```
char msgEncrypt[100];                                          /* L5 */
char msgDecrypt[100];                                          /* L6 */
int intChoice, length;                                        /* L7 */
                                                              /* BL */
void menu()                                                   /* L8 */
{                                                             /* L9 */
  printf("\nEnter 1 to Encrypt a Message.");                  /* L10 */
  printf("\nEnter 2 to Decrypt an Encrypted Message.");       /* L11 */
  printf("\nEnter 3 to Stop the Execution of Program.");      /* L12 */
  printf("\nNow Enter Your Choice (1, 2 or 3) and Strike Enter Key: ");  /* L13 */
  scanf("%d", &intChoice);                                    /* L14 */
}                                                             /* L15 */
                                                              /* BL */
void encryptMsg()                                             /* L16 */
{                                                             /* L17 */
  int i, ch;                                                  /* L18 */
  fflush(stdin);                                              /* L19 */
  printf("Enter the Message to Encrypt, Do Not Include Spaces and \n");  /* L20 */
  printf("Punctuation Symbols (upto 100 alphabets): \n");     /* L21 */
  gets(msgOriginal);                                          /* L22 */
  length = strlen(msgOriginal);                               /* L23 */
    for(i = 0; i < length; i++) {                             /* L24 */
      ch = msgOriginal[i];                                    /* L25 */
      if(ch >= 'a' && ch <= 'z') {                            /* L26 */
        ch = ch + KEY;                                        /* L27 */
        if(ch > 'z')                                          /* L28 */
          ch = ch - 'z' + 'a' - 1;                            /* L29 */
         msgEncrypt[i] = ch;                                  /* L30 */
      }                                                       /* L31 */
      else if(ch >= 'A' && ch <= 'Z'){                        /* L32 */
        ch = ch + KEY;                                        /* L33 */
        if(ch > 'Z')                                          /* L34 */
          ch = ch - 'Z' + 'A' - 1;                            /* L35 */
        msgEncrypt[i] = ch;                                   /* L36 */
      }                                                       /* L37 */
    }                                                         /* L38 */
  msgEncrypt[length] = '\0';                                  /* L39 */
  printf("\nEncrypted Message: %s", msgEncrypt);              /* L40 */
}                                                             /* L41 */
                                                              /* BL */
void decryptMsg()                                             /* L42 */
{                                                             /* L43 */
  int i, ch;                                                  /* L44 */
  fflush(stdin);                                              /* L45 */
  printf("Enter the Message to Decrypt (upto 100 alphabets):\n");  /* L46 */
  gets(msgEncrypt);                                           /* L47 */
  length = strlen(msgEncrypt);                                /* L48 */
  for(i = 0; i < length; i++) {                               /* L49 */
    ch = msgEncrypt[i];                                       /* L50 */
    if(ch >= 'a' && ch <= 'z') {                              /* L51 */
      ch = ch - KEY;                                          /* L52 */
      if(ch < 'a')                                            /* L53 */
        ch = ch + 'z' - 'a' + 1;                              /* L54 */
```

```
        msgDecrypt[i] = ch;                              /* L55 */
      }                                                  /* L56 */
    else if(ch >= 'A' && ch <= 'Z'){                     /* L57 */
      ch = ch - KEY;                                     /* L58 */
      if(ch < 'A')                                       /* L59 */
        ch = ch + 'Z' - 'A' + 1;                         /* L60 */
      msgDecrypt[i] = ch;                                /* L61 */
      }                                                  /* L62 */
    }                                                    /* L63 */
  msgDecrypt[length] = '\0';                             /* L64 */
  printf("\nDecrypted Message: %s", msgDecrypt);         /* L65 */
}                                                        /* L66 */
                                                         /* BL  */
void main()                                              /* L67 */
{                                                        /* L68 */
  do {                                                   /* L69 */
    menu();                                              /* L70 */
    switch (intChoice) {                                 /* L71 */
      case 1:                                            /* L72 */
              encryptMsg();                              /* L73 */
              break;                                     /* L74 */
      case 2:                                            /* L75 */
              decryptMsg();                              /* L76 */
              break;                                     /* L77 */
      default:                                           /* L78 */
              printf("\nThank you.\n");                  /* L79 */
              exit(0);                                   /* L80 */
    }                                                    /* L81 */
  } while (1);                                           /* L82 */
}                                                        /* L83 */
```

编译并执行此程序。此程序的一次运行结果如下：

```
Enter 1 to Encrypt a Message.
Enter 2 to Decrypt an Encrypted Message.
Enter 3 to Stop the Execution of Program.
Now Enter Your Choice (1, 2, or 3) and Strike Enter Key: 1  ⏎
Enter the Message to Encrypt, Do Not Include Spaces and
Punctuation Symbols (upto 100 alphabets):
CandCryptographyIsVeryPowerfulCombination  ⏎

Encrypted Message: HfsiHwduytlwfumdNxAjwdUtbjwkzqHtrgnfynts
Enter 1 to Encrypt a Message.
Enter 2 to Decrypt an Encrypted Message.
Enter 3 to Stop the Execution of Program.
Now Enter Your Choice (1, 2, or 3) and Strike Enter Key: 2  ⏎
Enter the Message to Decrypt (upto 100 alphabets):
HfsiHwduytlwfumdNxAjwdUtbjwkzqHtrgnfynts  ⏎

Decrypted Message: CandCryptographyIsVeryPowerfulCombination
Enter 1 to Encrypt a Message.
Enter 2 to Decrypt an Encrypted Message.
Enter 3 to Stop the Execution of Program.
Now Enter Your Choice (1, 2, or 3) and Strike Enter Key: 3  ⏎
Thank you.
```

工作原理

恺撒密码是由朱利叶斯·恺撒发明的。该密码中，在加密期间将密钥加到明文字母的 ASCII 值中以便获得密文。此外，在解密期间，从密文字母的 ASCII 值中减去密钥以便获得明文。

例如，如果密钥的值是 3，在加密期间 A 将被加密为 D，B 将被加密为 E，…，W 将被加密为 Z，X 将被加密为 A，Y 将被加密为 B，而 Z 将被加密为 C。小写字母的加密方法同上。在解密期间，该过程被反转。

在 LOC 3 中，KEY 的值设置为 5。在 LOC 4～6 中，声明了三个 char 类型数组，即 msgOriginal、msgEncrypt 和 msgDecrypt。LOC 8～15 包含函数 menu() 的定义。此函数在屏幕上显示用户菜单，以便用户方便地使用此程序中的各种选项。LOC 10～13 要求用户输入适当的选项，并描述用户可用的各种选项。LOC 14 读取用户输入的选项并将该选项存储在 int 变量 intChoice 中。

LOC 16～41 由函数 encryptMsg() 的定义组成。此函数将明文转换为密文。LOC 20～21 要求用户输入明文。LOC 22 读取此明文并将其存储在变量 msgOriginal 中。LOC 24～38 由 for 循环组成。在此 for 循环中，使用恺撒密码方法将明文转换为密文。密文存储在变量 msgEncrypt 中。LOC 40 在屏幕上显示密文。

LOC 42～66 包括函数 decryptMsg() 的定义。该函数从密文中获得明文。LOC 46 要求用户输入密文。用户输入的密文被读取并存储在 LOC 47 中的变量 msgEncrypt 里。LOC 49～63 由 for 循环组成。在这个 for 循环中，密文被解密成明文并存储在变量 msgDecrypt 中。LOC 65 在屏幕上显示此解密文本。

LOC 67～83 包含函数 main() 的定义。LOC 69～82 由一个 do-while 循环组成。这似乎是一个无限循环，但是，LOC 80 中的函数 exit() 有效地停止了这个循环的执行。LOC 70 调用函数 menu()，在屏幕上显示用户的菜单。用户输入的选项存储在 int 变量 intChoice 中。LOC 71～81 由 switch 语句组成。存储在 intChoice 中的值将传递给此语句。如果 intChoice 的值为 1，则调用函数 encryptMsg()。如果 intChoice 的值为 2，则调用函数 decryptMsg()。如果 intChoice 的值为其他，则调用函数 exit()，该函数终止 do-while 循环的执行，并终止此程序的执行。

10.3　使用转置密码方法

问题

你希望使用转置密码方法实现加密系统。

优点：

❑ 与恺撒密码相比更安全

❑ 可以修改以使密文的解密变得困难

❑ 提供了不同版本的转置密码，我们可以选择最适用的方法来解决某个问题

缺点：

❑ 逻辑并不简单，因此程序有些难以调试

❑ 提供的安全级别适中

❑ 对于短消息不是很有效

❑ 难以安全地传输密钥

解决方案

使用转置密码方法编写实现加密系统的 C 程序，它具有以下规格说明：

❑ 程序定义函数：(a)menu() 在屏幕上显示用户的菜单，(b)encryptMsg() 加密明文，(c) decryptMsg() 解密密文。

❑ 程序还定义 char 类型的数组 msgOriginal、msgEncrypt 和 msgDecrypt 来存储消息。数组应该包含 100 个字符。

代码

用这些规格说明编写的 C 程序代码如下。在文本编辑器中键入以下 C 程序并将其保存在文件夹 C:\Code 中，文件名为 crypt3.c：

```
/* 此程序使用转置密码方法实现加密系统。*/
                                                          /* BL */
#include <stdio.h>                                        /* L1 */
#include <string.h>                                       /* L2 */
                                                          /* BL */
#define   KEY   7                                         /* L3 */
                                                          /* BL */
char msgToEncrypt[110];                                   /* L4 */
char msgToDecrypt[110];                                   /* L5 */
char msgEncrypt[20][KEY];                                 /* L6 */
char msgDecrypt[20][KEY];                                 /* L7 */
int intChoice, length;                                    /* L8 */
                                                          /* BL */
void menu()                                               /* L9 */
{                                                         /* L10 */
  printf("\nEnter 1 to Encrypt a Message.");              /* L11 */
  printf("\nEnter 2 to Decrypt an Encrypted Message.");   /* L12 */
  printf("\nEnter 3 to Stop the Execution of Program.");  /* L13 */
  printf("\nNow Enter Your Choice (1, 2 or 3) and Strike Enter Key: "); /* L14 */
  scanf("%d", &intChoice);                                /* L15 */
}                                                         /* L16 */
                                                          /* BL */
void encryptMsg()                                         /* L17 */
{                                                         /* L18 */
  int row, col, rows, cilr, length, k = 0;                /* L19 */
  printf("Enter the Message (20 to 110 letters) to be Encrypted: \n"); /* L20 */
  fflush(stdin);                                          /* L21 */
  gets(msgToEncrypt);                                     /* L22 */
  length = strlen(msgToEncrypt);                          /* L23 */
  rows = (length/KEY) + 1 ;                               /* L24 */
```

```
  cilr = length % KEY; /* cilr - characters in last row */    /* L25 */
  for(row = 0; row < rows; row++) {                           /* L26 */
   for(col = 0; col < KEY; col++) {                           /* L27 */
     msgEncrypt[row][col] = msgToEncrypt[k++];                /* L28 */
     if (k == length) break;                                  /* L29 */
   }                                                          /* L30 */
  }                                                           /* L31 */
 printf("\nEncrypted Message: \n");                           /* L32 */
  for(col = 0; col < KEY; col++) {                            /* L33 */
   for(row = 0; row < rows; row++) {                          /* L34 */
     if ((col >= cilr) && (row == (rows-1)))                  /* L35 */
       continue;                                              /* L36 */
     printf("%c", msgEncrypt[row][col]);                      /* L37 */
   }                                                          /* L38 */
  }                                                           /* L39 */
}                                                             /* L41 */
                                                              /* BL  */
void decryptMsg()                                             /* L42 */
{                                                             /* L43 */
  int row, col, rows, cilr, length, k = 0;                    /* L44 */
  printf("Enter the Message (20 to 110 letters) to be Decrypted: \n"); /* L45 */
  fflush(stdin);                                              /* L46 */
  gets(msgToDecrypt);                                         /* L47 */
  length = strlen(msgToDecrypt);                              /* L48 */
  rows = (length/KEY) + 1 ;                                   /* L49 */
  cilr = length % KEY;      /* cilr - characters in last row */ /* L50 */
  for(col = 0; col < KEY; col++) {                            /* L51 */
   for(row = 0; row < rows; row++) {                          /* L52 */
     if ((col >= cilr) && (row == (rows-1)))                  /* L53 */
       continue;                                              /* L54 */
     msgDecrypt[row][col] = msgToDecrypt[k++];                /* L55 */
     if (k == length) break;                                  /* L56 */
   }                                                          /* L57 */
  }                                                           /* L58 */
  printf("\nDecrypted Message: \n");                          /* L59 */
  for(row = 0; row < rows; row++) {                           /* L60 */
   for(col = 0; col < KEY; col++) {                           /* L61 */
     printf("%c", msgDecrypt[row][col]);                      /* L62 */
   }                                                          /* L63 */
  }                                                           /* L64 */
}                                                             /* L65 */
                                                              /* BL  */
void main()                                                   /* L66 */
{                                                             /* L67 */
  do {                                                        /* L68 */
    menu();                                                   /* L69 */
    switch (intChoice) {                                      /* L70 */
      case 1:                                                 /* L71 */
              encryptMsg();                                   /* L72 */
              break;                                          /* L73 */
      case 2:                                                 /* L74 */
              decryptMsg();                                   /* L75 */
              break;                                          /* L76 */
```

```
    default:                                            /* L77 */
            printf("\nThank you.\n");                   /* L78 */
            exit(0);                                    /* L79 */
    }                                                   /* L80 */
  } while (1);                                          /* L81 */
}                                                       /* L82 */
```

编译并执行此程序。此程序的一次运行结果如下：

```
Enter 1 to Encrypt a Message.
Enter 2 to Decrypt an Encrypted Message.
Enter 3 to Stop the Execution of Program.
Now Enter Your Choice (1, 2, or 3) and Strike Enter Key: 1  ↵
Enter the Message (20 to 110 letters) to be Encrypted:
C and Cryptography is very powerful combination.  ↵

Encrypted Message:
Cra o a ypvwctapheeointyrrmodo yfbn gi ui.Crspln
Enter 1 to Encrypt a Message.
Enter 2 to Decrypt an Encrypted Message.
Enter 3 to Stop the Execution of Program.
Now Enter Your Choice (1, 2, or 3) and Strike Enter Key: 2  ↵
Enter the Message (20 to 110 letters) to be Decrypted:
Cra o a ypvwctapheeointyrrmodo yfbn gi ui.Crspln  ↵

Decrypted Message:
C and Cryptography is very powerful combination.
Enter 1 to Encrypt a Message.
Enter 2 to Decrypt an Encrypted Message.
Enter 3 to Stop the Execution of Program.
Now Enter Your Choice (1, 2, or 3) and Strike Enter Key: 3  ↵
Thank you.
```

工作原理

首先，让我们讨论转置密码的工作原理。转置密码如图 10-1 所示。绘制如图所示的表格。此表中的列数应等于密钥。这里，密钥是 7，因此列数也是 7。现在在此表中写明文如下：在第一行（即第 0 行）中写入前 7 个（因为密钥为 7）字符，然后在第二行中写入接下来的 7 个字符（即第 1 行），以此类推。最后一行中的最后一个单元格未被占用，因此显示为阴影。现在明文的加密过程如下：首先，在第一列（即 col 0）中写入字符，然后在第二列（即 col 1）中写入字符，以此类推。通过这种方式，你可以获得加密文本。解密只是加密的逆转。

现在让我们讨论一下这个程序的工作原理。在 LOC 3 中，KEY 的值设置为 7。LOC 4~8 由变量声明组成。在 LOC 4~5 中，声明了两个一维 char 类型数组，即 msgToEncrypt 和 msgToDecrypt。在 LOC 6~7 中，声明了两个二维 char 类型数组，即 msgEncrypt 和 msgDecrypt。

LOC 9~16 包含函数 menu() 的定义。此函数在屏幕上显示用户菜单，以便用户方便地使用此程序中的各种选项。LOC 11~14 要求用户输入适当的选项，并描述用户可用的各种选项。LOC 15 读取用户输入的选项并将该选项存储在 int 变量 intChoice 中。

　　LOC 17～41 由函数 encryptMsg() 的定义组成。此函数将明文转换为密文。LOC 20 要求用户输入明文。LOC 22 读取此明文并将其存储在变量 msgToEncrypt 中。LOC 24 计算存储消息所需的行数。LOC 25 计算 cilr，即最后一行中的字符数。这里，cilr 为 6，因此最后一行中的一个单元格为空，并显示为阴影。LOC 26～31 由嵌套的 for 循环组成。在这个嵌套的 for 循环中，消息被加密并存储在变量 msgEncrypt 中。LOC 32～39 在屏幕上显示加密的消息。

　　LOC 42～65 由函数 decryptMsg() 的定义组成。该函数从密文中获得明文。LOC 45 要求用户输入密文。用户输入的密文被读取并存储在 LOC 47 中的变量 msgToDecrypt 中。LOC 49 计算所需的行数。LOC 50 计算 cilr，即最后一行中的字符数。LOC 51～58 由嵌套的 for 循环组成。这些嵌套循环从密文中获得明文。LOC 59～64 在屏幕上显示解密的消息。

　　LOC 66～82 包含函数 main() 的定义。LOC 68～81 由一个 do-while 循环组成。这似乎是一个无限循环，但是，LOC 79 中的函数 exit() 有效地停止了这个循环的执行。LOC 69 调用函数 menu()，在屏幕上显示用户的菜单。用户输入的选项存储在 int 变量 intChoice 中。LOC 70～80 由 switch 语句组成。存储在 intChoice 中的值将传递给此语句。如果 intChoice 的值为 1，则调用函数 encryptMsg()。如果 intChoice 的值为 2，则调用函数 decryptMsg()。如果 intChoice 的值为其他，则调用函数 exit()，该函数终止 do-while 循环的执行，并终止此程序的执行。

10.4　使用乘法密码方法

问题
你希望使用乘法密码方法实现加密系统。

优点：

❑ 提供的安全级别很高

❑ 系统要求不是很高

缺点：

❑ 逻辑并不简单，因此程序有点难以实现和调试

❑ 明文中的字母 A 始终加密为 A

❑ 密文可以使用暴力和非常高速的计算机进行解密

❑ 难以安全地传输密钥

解决方案
使用 Multiplicative cipher 方法编写实现加密系统的 C 程序，它具有以下规格说明：

❑ 程序定义了函数：(a)menu() 显示屏幕上用户的菜单，(b)encryptMsg() 加密明文，(c)decryptMsg() 解密密文。

❑ 程序还定义了 char 类型的数组 msgOriginal、msgEncrypt 和 msgDecrypt 来存储消息。数组应该包含 100 个字符。

代码

用这些规格说明编写的 C 程序代码如下。在文本编辑器中键入以下 C 程序并将其保存在文件夹 C:\Code 中，文件名为 crypt4.c：

```
/* 此程序使用乘法密码方法实现加密系统。*/
                                                              /* BL */
#include <stdio.h>                                            /* L1 */
#include <string.h>                                           /* L2 */
                                                              /* BL */
char msgOriginal[100];                                        /* L3 */
char msgEncrypt[100];                                         /* L4 */
char msgDecrypt[100];                                         /* L5 */
int length, intChoice, a = 3;      /* a is the KEY */         /* L6 */
                                                              /* BL */
void menu()                                                   /* L7 */
{                                                             /* L8 */
  printf("\nEnter 1 to Encrypt a Message.");                  /* L9 */
  printf("\nEnter 2 to Decrypt an Encrypted Message.");       /* L10 */
  printf("\nEnter 3 to Stop the Execution of Program.");      /* L11 */
  printf("\nNow Enter Your Choice (1, 2 or 3) and Strike Enter Key:"); /* L12 */
  scanf("%d", &intChoice);                                    /* L13 */
}                                                             /* L14 */
                                                              /* BL */
void encryptMsg()                                             /* L15 */
{                                                             /* L16 */
  int i ;                                                     /* L17 */
  printf("Enter the Message to Encrypt in FULL CAPS, Do Not Include \n"); /* L18 */
  printf("Spaces and Punctuation Symbols (upto 100 characters): \n"); /* L19 */
  fflush(stdin);                                              /* L20 */
  gets(msgOriginal);                                          /* L21 */
  length = strlen(msgOriginal);                               /* L22 */
  for (i = 0; i < length; i++)                                /* L23 */
    msgEncrypt[i] = (((a * msgOriginal[i]) % 26) + 65);       /* L24 */
  msgEncrypt[length] = '\0';                                  /* L25 */
  printf("\nEncrypted Message: %s", msgEncrypt);              /* L26 */
}                                                             /* L27 */
                                                              /* BL */
void decryptMsg()                                             /* L28 */
{                                                             /* L29 */
  int i;                                                      /* L30 */
  int aInv = 0;                                               /* L31 */
  int flag = 0;                                               /* L32 */
  printf("Enter the Message to Decrypt (upto 100 characters): \n"); /* L33 */
  fflush(stdin);                                              /* L34 */
  gets(msgEncrypt);                                           /* L35 */
  length = strlen(msgEncrypt);                                /* L36 */
  for (i = 0; i < 26; i++) {                                  /* L37 */
    flag = (a * i) % 26;                                      /* L38 */
        if (flag == 1)                                        /* L39 */
```

```
            aInv = i;                                          /* L40 */
    }                                                          /* L41 */
    for (i = 0; i < length; i++)                               /* L42 */
        msgDecrypt[i] = (((aInv * msgEncrypt[i]) % 26) + 65);  /* L43 */
    msgDecrypt[length] = '\0';                                 /* L44 */
    printf("\nDecrypted Message: %s", msgDecrypt);             /* L45 */
}                                                              /* L46 */
                                                               /* BL  */
void main()                                                    /* L47 */
{                                                              /* L48 */
  do {                                                         /* L49 */
    menu();                                                    /* L50 */
    switch (intChoice) {                                       /* L51 */
      case 1:                                                  /* L52 */
            encryptMsg();                                      /* L53 */
            break;                                             /* L54 */
      case 2:                                                  /* L55 */
            decryptMsg();                                      /* L56 */
            break;                                             /* L57 */
      default:                                                 /* L58 */
            printf("\nThank you.\n");                          /* L59 */
            exit(0);                                           /* L60 */
    }                                                          /* L61 */
  } while (1);                                                 /* L62 */
}                                                              /* L63 */
```

编译并执行此程序。此程序的一次运行结果如下：

```
Enter 1 to Encrypt a Message.
Enter 2 to Decrypt an Encrypted Message.
Enter 3 to Stop the Execution of Program.
Now Enter Your Choice (1, 2, or 3) and Strike Enter Key: 1  ↵
Enter the Message to Encryptin FULL CAPS, Do Not Include
Spaces and Punctuation Symbols (upto 100 characters):
CANDCRYPTOGRAPHYISVERYPOWERFULCOMBINATION  ↵

Encrypted Message: TNAWTMHGSDFMNGIHLPYZMHGDBZMCVUTDXQLANSLDA
Enter 1 to Encrypt a Message.
Enter 2 to Decrypt an Encrypted Message.
Enter 3 to Stop the Execution of Program.
Now Enter Your Choice (1, 2, or 3) and Strike Enter Key: 2  ↵
Enter the Message to Decrypt (upto 100 characters):
TNAWTMHGSDFMNGIHLPYZMHGDBZMCVUTDXQLANSLDA  ↵

Decrypted Message: CANDCRYPTOGRAPHYISVERYPOWERFULCOMBINATION
Enter 1 to Encrypt a Message.
Enter 2 to Decrypt an Encrypted Message.
Enter 3 to Stop the Execution of Program.
Now Enter Your Choice (1, 2, or 3) and Strike Enter Key: 3  ↵
Thank you.
```

工作原理

首先，让我们讨论乘法密码的工作原理。在恺撒密码中，密钥被加到明文中的字母的序列号中。在乘法密码中，密钥乘以明文中的字母序列号以实现加密。在解密期间，密文中的字母序列号乘以密钥的反函数以获得明文。为了简单起见，让我们只考虑大写字母。因此，符号集仅包含 26 个字符。大写字母的序列号如下：A→0，B→1，C→2，…，I→8，…，K→10，…，U→20，…，X→23，Y→24，Z→25。假设密钥为 3。使用此密钥，字母 A（序列号为 0）将按如下方式加密：

A 将被加密为→（A 的序列号 × 密钥）=0×3=0=A

使用相同的密钥，字母 B（序列号为 1）将按如下方式加密：

B 将被加密为→（B 的序列号 × 密钥）=1×3=3=D

使用相同的密钥，字母 C（序列号为 2）将按如下方式加密：

C 将被加密为→（C 的序列号 × 密钥）=2×3=6=G

使用相同的密钥，字母 K（其序列号为 10）将按如下方式加密：

K 将被加密为→（K 的序列号 × 密钥）=10×3=30=30-26=4=E

使用相同的密钥，字母 U（序列号为 20）将按如下方式加密：

U 将被加密为→（U 的序列号 × 密钥）=20×3=60=60-26-26=8=I

如果乘积（序列号 × 密钥）超过 25，我们反复从中减去 26，直到结果小于 26。在程序中，这是使用取模运算符 % 完成的。注意下面给出的 LOC 24：

```
msgEncrypt[i] = (((a * msgOriginal[i]) % 26) + 65);        /* L24 */
```

在这个 LOC 中，a 是密钥，其值在 LOC 6 中设置为 3。msgOriginal [i] 是明文中第（i + 1）个字母的 ASCII 值。另外，为了将字母的序列号转换为 ASCII 值，添加了 65，因为字母 A 的 ASCII 值为 65。

LOC 43 主要负责密文的解密，下面转载它以供你快速参考：

```
msgDecrypt[i] = (((aInv * msgEncrypt[i]) % 26) + 65);      /* L43 */
```

这里，aInv 是 (a % 26) 的模逆，msgEncrypt [i] 只是密文中第（i+1）个字母的 ASCII 值。另外，26 是符号集的大小。只有大写字母用于形成明文，因此符号集仅包含 26 个字符。使用以下公式计算模逆。设 i 是 (a % m) 的模逆，那么下述关系成立：

```
(a * i) % m = 1
```

LOC 37～41 由 for 循环组成，它计算 aInv 以及（a % 26）的模逆，其中 a 是密钥，26 是符号集的大小。

在这个程序中，密钥是 7。一般来说，密钥要保持非常大，以使暴力破解变得非常困难。具有 7 或 8 位数的密钥在乘法密码中并不罕见。但与恺撒密码不同，不是任何整数都可以作为乘法密码的密钥。例如，如果你选择的密钥 =8，那么 B 和 O 都会被加密为相同的字母 I。此外，C 和 P 都被加密为相同的字母 Q。当然，这个密钥是没用的。理想情况下，字母 A 到 Z 中的每个字母都必须加密为字母 A 到 Z 中的唯一一字母，否则密码将无效。使用以下公式选择乘法密码中的有用密钥：

■**注意** 密钥与符号集的大小必须互质。当数字 m 和 n 的 gcd（"最大公约数"也称为
"最大公因数"）为 1 时，数字 m 和 n 互质。

欧几里得算法可以找到两个正数 m 和 n 的 gcd，如下所示：

步骤 1：将 m 除以 n，r 为余数。

步骤 2：如果 r 为 0，则 n 为答案，如果 r 不为 0，请转到步骤 3。

步骤 3：设置 m=n 和 n=r。回到第 1 步。

在这个程序中，密钥是 3，符号集的大小是 26。因为这些数字很小，所以很明显它们的 gcd 是 1，这些数字是互质的。但是，如果数字很大，那么你需要使用欧几里得算法来验证密钥的有用性。

现在让我们讨论一下这个程序的工作原理。LOC 3~6 由变量声明组成。在 LOC 3~5 中，声明了三个 char 类型数组，即 msgOriginal、msgEncrypt 和 msgDecrypt。在 LOC 6 中，将变量 a 的值设置为 3。

LOC 7~14 由函数 menu() 的定义组成。此函数在屏幕上显示用户菜单，以便用户方便地使用此程序中的各种选项。LOC 9~12 要求用户输入适当的选项，并描述用户可用的各种选项。LOC 13 读取用户输入的选项并将该选项存储在 int 变量 intChoice 中。

LOC 15~27 包含函数 encryptMsg() 的定义。此函数将明文转换为密文。LOC 18~19 要求用户输入明文。LOC 21 读取此明文并将其存储在变量 msgOriginal 中。LOC 23~24 由 for 循环组成。在此 for 循环中，根据乘法密码逻辑将明文转换为密文。LOC 26 在屏幕上显示加密的消息。

LOC 28~46 包括函数 decryptMsg() 的定义。该函数从密文中获得明文。LOC 33 要求用户输入密文。用户输入的密文被读取并存储在 LOC 35 中的变量 msgEncrypt 中。LOC 37~43 由两个循环组成。在这些 for 循环中，从密文中获得明文。在 LOC 45 中，解密的消息在屏幕上显示。

LOC 47~63 包含函数 main() 的定义。LOC 49~62 由一个 do-while 循环组成。这似乎是一个无限循环，但是，LOC 60 中的函数 exit() 有效地停止了这个循环的执行。LOC 50 调用函数 menu()，在屏幕上显示用户的菜单。用户输入的选项存储在 int 变量 intChoice 中。LOC 51~61 由 switch 语句组成。存储在 intChoice 中的值将传递给此语句。如果 intChoice 的值为 1，则调用函数 encryptMsg()。如果 intChoice 的值为 2，则调用函数 decryptMsg()。如果 intChoice 的值为其他，则调用函数 exit()，该函数终止 do-while 循环的执行，并终止此程序的执行。

10.5 使用仿射密码方法

问题

你希望使用仿射密码方法实现加密系统。

优点：

- ❏ 提供的安全级别优于乘法密码
- ❏ 系统要求不是很高
- ❏ 利用了恺撒密码和乘法密码的优点

缺点：

- ❏ 逻辑并不简单，因此程序有点难以实现和调试
- ❏ 使用暴力和非常高速的计算机可以解密密文
- ❏ 难以安全地传输密钥

解决方案

使用仿射密码方法编写实现加密系统的 C 程序，它具有以下规格说明：

- ❏ 程序定义了函数：（a）menu() 显示屏幕上用户的菜单，（b）encryptMsg() 加密明文，（c）decryptMsg() 解密密文。
- ❏ 程序还定义了 char 类型的数组 msgOriginal、msgEncrypt 和 msgDecrypt 来存储消息。数组应该包含 100 个字符。

代码

用这些规格说明编写的 C 程序代码如下。在文本编辑器中键入以下 C 程序并将其保存在文件夹 C:\Code 中，文件名为 crypt5.c：

```
/* 此程序使用仿射密码方法实现加密系统。*/
                                                          /* BL */
#include <stdio.h>                                        /* L1 */
#include <string.h>                                       /* L2 */
                                                          /* BL */
char msgOriginal[100];                                    /* L3 */
char msgEncrypt[100];                                     /* L4 */
char msgDecrypt[100];                                     /* L5 */
int intChoice, length, a = 3, b = 5;                      /* L6 */
                                                          /* BL */
void menu()                                               /* L7 */
{                                                         /* L8 */
  printf("\nEnter 1 to Encrypt a Message.");              /* L9 */
  printf("\nEnter 2 to Decrypt an Encrypted Message.");   /* L10 */
  printf("\nEnter 3 to Stop the Execution of Program.");  /* L11 */
  printf("\nNow Enter Your Choice (1, 2 or 3) and Strike Enter Key: "); /* L12 */
  scanf("%d", &intChoice);                                /* L13 */
}                                                         /* L14 */
                                                          /* BL */
void encryptMsg()                                         /* L15 */
{                                                         /* L16 */
  int i;                                                  /* L17 */
  printf("Enter the Message to Encrypt in FULL CAPS, Do Not Include \n"); /* L18 */
  printf("Spaces and Punctuation Symbols (upto 100 characters): \n"); /* L19 */
  fflush(stdin);                                          /* L20 */
  gets(msgOriginal);                                      /* L21 */
  length = strlen(msgOriginal);                           /* L22 */
```

```
    for (i = 0; i < length; i++)                                /* L23 */
        msgEncrypt[i] = ((((a * msgOriginal[i]) + b) % 26) + 65);  /* L24 */
    msgEncrypt[length] = '\0';                                  /* L25 */
    printf("\nEncrypted Message: %s", msgEncrypt);              /* L26 */
}                                                               /* L27 */
                                                                /* BL */
void decryptMsg()                                               /* L28 */
{                                                               /* L29 */
 int i;                                                         /* L30 */
  int aInv = 0;                                                 /* L31 */
  int flag = 0;                                                 /* L32 */
  printf("Enter the Message to Decrypt (upto 100 chars): \n"); /* L33 */
  fflush(stdin);                                                /* L34 */
  gets(msgEncrypt);                                             /* L35 */
  length = strlen(msgEncrypt);                                  /* L36 */
  for (i = 0; i < 26; i++) {                                    /* L37 */
    flag = (a * i) % 26;                                        /* L38 */
    if (flag == 1)                                              /* L39 */
        aInv = i;                                               /* L40 */
  }                                                             /* L41 */
    for (i = 0; i < length; i++)                                /* L42 */
        msgDecrypt[i] = (((aInv * ((msgEncrypt[i] - b)) % 26)) + 65); /* L43 */
    msgDecrypt[length] = '\0';                                  /* L44 */
    printf("\nDecrypted Message: %s", msgDecrypt);              /* L45 */
}                                                               /* L46 */
                                                                /* BL */
void main()                                                     /* L47 */
{                                                               /* L48 */
  do {                                                          /* L49 */
    menu();                                                     /* L50 */
    switch (intChoice) {                                        /* L51 */
      case 1:                                                   /* L52 */
              encryptMsg();                                     /* L53 */
              break;                                            /* L54 */
      case 2:                                                   /* L55 */
              decryptMsg();                                     /* L56 */
              break;                                            /* L57 */
      default:                                                  /* L58 */
              printf("\nThank you.\n");                         /* L59 */
              exit(0);                                          /* L60 */
    }                                                           /* L61 */
  } while (1);                                                  /* L62 */
}                                                               /* L63 */
```

编译并执行此程序。此程序的一次运行结果如下：

```
Enter 1 to Encrypt a Message.
Enter 2 to Decrypt an Encrypted Message.
Enter 3 to Stop the Execution of Program.
Now Enter Your Choice (1, 2, or 3) and Strike Enter Key: 1  ↵
Enter the Message to Encrypt in FULL CAPS, Do Not Include
Spaces and Punctuation Symbols (upto 100 characters):
CANDCRYPTOGRAPHYISVERYPOWERFULCOMBINATION  ↵
```

```
Encrypted Message: YSFBYRMLXIKRSLNMQUDERMLIGERHAZYICVQFSXQIF
Enter 1 to Encrypt a Message.
Enter 2 to Decrypt an Encrypted Message.
Enter 3 to Stop the Execution of Program.
Now Enter Your Choice (1, 2, or 3) and Strike Enter Key: 2    ↵
Enter the Message to Decrypt (upto 100 characters):
YSFBYRMLXIKRSLNMQUDERMLIGERHAZYICVQFSXQIF    ↵

Decrypted Message: CANDCRYPTOGRAPHYISVERYPOWERFULCOMBINATION
Enter 1 to Encrypt a Message.
Enter 2 to Decrypt an Encrypted Message.
Enter 3 to Stop the Execution of Program.
Now Enter Your Choice (1, 2, or 3) and Strike Enter Key: 3    ↵
Thank you.
```

工作原理

首先，让我们讨论一下仿射密码的工作原理。乘法密码的一个明显缺点是明文中的字母 A 总是加密为 A。这是一种循环漏洞。为了解决这个缺点，乘法密码被修改为仿射密码。仿射密码是乘法密码和恺撒密码的组合。因此，仿射密码中有两个密钥，即 key_A 和 key_B，在这个程序中，这些键分别由变量 a 和 b 表示。此外，它们的值在 LOC 6 中被设置为 3（对于 a）和 5（对于 b）。第一个密钥 key_A 用于仿射密码的乘法分量，而第二个密钥 key_B 用于仿射密码的恺撒分量。在仿射密码中对 key_A 的选择的限制与在乘法密码中的限制相同。与恺撒密码一样，选择 key_B 几乎没有限制。

LOC 24 主要将明文加密成密文，下面转载它以供你快速参考：

```
msgEncrypt[i] = (((( a * msgOriginal[i]) + b) % 26) + 65);        /* L24 */
```

这里，msgOriginal[i] 表示明文中第（i+1）个字符的 ASCII 值。而且，a 和 b 分别是第一和第二键。键 a 用于乘法组件，键 b 用于恺撒组件。26 是符号集的大小，因为只有大写字母 A···Z 用于形成明文。最后，整数 65 是字母 A 的 ASCII 值。

LOC 43 主要解密密文以获得明文，下面转载它以供你快速参考：

```
msgDecrypt[i] = (((aInv * ((msgEncrypt[i] - b)) % 26)) + 65);      /* L43 */
```

这里，aInv 是 (a % 26) 的模逆，b 是恺撒分量的第二个密钥，msgEncrypt [i] 是密文中第（i+1）个字符的 ASCII 值，26 是符号集的大小，65 是 A 的 ASCII 值。

现在让我们讨论一下这个程序的工作原理。LOC 3~6 由变量声明组成。在 LOC 3~5 中，声明了 3 个 char 类型的数组，即 msgOriginal、msgEncrypt 和 msgDecrypt。在 LOC 6 中，变量 a 的值设置为 3，变量 b 的值设置为 5。

LOC 7~14 由函数 menu() 的定义组成。此函数在屏幕上显示用户菜单，以便用户方便地使用此程序中的各种选项。LOC 9~12 要求用户输入适当的选项，并描述用户可用的各种选项。LOC 13 读取用户输入的选项并将该选项存储在 int 变量 intChoice 中。

LOC 15~27 包含函数 encryptMsg() 的定义。此函数将明文转换为密文。LOC 18~19

要求用户输入明文。LOC 21 读取此明文并将其存储在变量 msgOriginal 中。LOC 23～24 由 for 循环组成。在此 for 循环中，根据仿射密码逻辑将明文转换为密文。LOC 26 在屏幕上显示加密的消息。

LOC 28～46 包括函数 decryptMsg() 的定义。该函数从密文中获得明文。LOC 33 要求用户输入密文。用户输入的密文被读取并存储在 LOC 35 中的变量 msgEncrypt 中。LOC 37～43 由两个 for 循环组成。在这些 for 循环中，从密文中获得明文。在 LOC 45 中，解密的消息在屏幕上显示。

LOC 47～63 包含函数 main() 的定义。LOC 49～62 由一个 do-while 循环组成。这似乎是一个无限循环，但是，LOC 60 中的函数 exit() 有效地停止了这个循环的执行。LOC 50 调用函数 menu()，在屏幕上显示用户的菜单。用户输入的选项存储在 int 变量 intChoice 中。LOC 51～61 由 switch 语句组成。存储在 intChoice 中的值将传递给此语句。如果 intChoice 的值为 1，则调用函数 encryptMsg()。如果 intChoice 的值为 2，则调用函数 decryptMsg()。如果 intChoice 的值为其他，则调用函数 exit()，该函数终止 do-while 循环的执行，并终止此程序的执行。

10.6 使用简单替换密码方法

问题
你希望使用简单替换密码方法实现加密系统。

优点：
- 提供的安全级别很高
- 系统要求不是很高
- 使用的逻辑很容易实现

缺点：
- 程序的执行速度不是很快
- 使用暴力和非常高速的计算机可以解密密文
- 难以安全地传输密钥

解决方案
使用简单替换密码方法编写实现加密系统的 C 程序，它具有以下规格说明：
- 程序定义了函数：（a）generateKey() 生成加密密钥和解密密钥，（b）menu() 在屏幕上显示用户的菜单，（c）encryptMsg() 加密明文，（d）decryptMsg() 解密密文。
- 程序还定义了 char 类型数组 msgOriginal、msgEncrypt 和 msgDecrypt 来存储消息。数组应该包含 100 个字符。

代码
用这些规格说明编写的 C 程序代码如下。在文本编辑器中键入以下 C 程序并将其保存在文件夹 C:\Code 中，文件名为 crypt6.c：

```
/* 此程序使用简单替换密码方法实现 */
/* 加密系统。*/
                                                          /* BL */
#include <stdio.h>                                        /* L1 */
#include <stdlib.h>                                       /* L2 */
#include <string.h>                                       /* L3 */
                                                          /* BL */
char msgOriginal[100];                                    /* L4 */
char msgEncrypt[100];                                     /* L5 */
char msgDecrypt[100];                                     /* L6 */
int intEncryptKey[26], intDecryptKey[26];                 /* L7 */
int intChoice, i, j, seed, length, randNum, num, flag = 1, tag = 0;  /* L8 */
                                                          /* BL */
void generateKey()                                        /* L9 */
{                                                         /* L10 */
  printf("\nEnter seed S (1 <= S <= 30000): ");           /* L11 */
  scanf("%d", &seed);                                     /* L12 */
  srand(seed);                                            /* L13 */
  for(i=0; i < 26; i++)                                   /* L14 */
    intEncryptKey[i] = -1;                                /* L15 */
  for(i=0; i < 26; i++) {                                 /* L16 */
    do {                                                  /* L17 */
      randNum = rand();                                   /* L18 */
      num = randNum % 26;                                 /* L19 */
      flag = 1;                                           /* L20 */
      for(j = 0; j < 26; j++)                             /* L21 */
        if (intEncryptKey[j] == num)                      /* L22 */
          flag = 0;                                       /* L23 */
        if (flag == 1){                                   /* L24 */
          intEncryptKey[i] = num;                         /* L25 */
          tag = tag + 1;                                  /* L26 */
        }                                                 /* L27 */
    } while ((!flag) && (tag < 26 ));                     /* L28 */
  }                                                       /* L29 */
  printf("\nEncryption KEY = ");                          /* L30 */
  for(i=0; i < 26; i++)                                   /* L31 */
    printf("%c", intEncryptKey[i] + 65);                  /* L32 */
  for(i = 0; i < 26; i++) {                               /* L33 */
    for(j = 0; j < 26; j++) {                             /* L34 */
      if(i  == intEncryptKey[j]) {                        /* L35 */
        intDecryptKey[i] = j ;                            /* L36 */
        break;                                            /* L37 */
      }                                                   /* L38 */
    }                                                     /* L39 */
  }                                                       /* L40 */
  printf("\nDecryption KEY = ");                          /* L41 */
  for(i=0; i < 26; i++)                                   /* L42 */
    printf("%c", intDecryptKey[i] + 65);                  /* L43 */
}                                                         /* L44 */
                                                          /* BL */
void menu()                                               /* L45 */
```

```
{                                                          /* L46 */
  printf("\nEnter 1 to Encrypt a Message.");               /* L47 */
  printf("\nEnter 2 to Decrypt an Encrypted Message.");    /* L48 */
  printf("\nEnter 3 to Stop the Execution of Program.");   /* L49 */
  printf("\nNow Enter Your Choice (1, 2 or 3) and Strike Enter Key: "); /* L50 */
  scanf("%d", &intChoice);                                 /* L51 */
}                                                          /* L52 */
                                                           /* BL  */
void encryptMsg()                                          /* L53 */
{                                                          /* L54 */
  printf("Enter the Message to Encrypt in FULL CAPS, Do Not Include \n"); /* L55 */
  printf("Spaces and Punctuation Symbols (upto 100 characters): \n"); /* L56 */
  fflush(stdin);                                           /* L57 */
  gets(msgOriginal);                                       /* L58 */
  length = strlen(msgOriginal);                            /* L59 */
  for (i = 0; i < length; i++)                             /* L60 */
    msgEncrypt[i] = (intEncryptKey[(msgOriginal[i]) - 65]) + 65; /* L61 */
  msgEncrypt[length] = '\0';                               /* L62 */
  printf("\nEncrypted Message: %s", msgEncrypt);           /* L63 */
}                                                          /* L64 */
                                                           /* BL  */
void decryptMsg()                                          /* L65 */
{                                                          /* L66 */
  printf("Enter the Message to Decrypt (upto 100 chars): \n"); /* L67 */
  fflush(stdin);                                           /* L68 */
  gets(msgEncrypt);                                        /* L69 */
  length = strlen(msgEncrypt);                             /* L70 */
  for (i = 0; i < length; i++)                             /* L71 */
   msgDecrypt[i] = (intDecryptKey[(msgEncrypt[i]) - 65]) + 65; /* L72 */
  msgDecrypt[length] = '\0';                               /* L73 */
  printf("\nDecrypted Message: %s", msgDecrypt);           /* L74 */
}                                                          /* L75 */
                                                           /* BL  */
void main()                                                /* L76 */
{                                                          /* L77 */
  generateKey();                                           /* L78 */
  do {                                                     /* L79 */
    menu();                                                /* L80 */
    switch (intChoice) {                                   /* L81 */
      case 1:                                              /* L82 */
              encryptMsg();                                /* L83 */
              break;                                       /* L84 */
      case 2:                                              /* L85 */
              decryptMsg();                                /* L86 */
              break;                                       /* L87 */
      default:                                             /* L88 */
              printf("\nThank you.\n");                    /* L89 */
              exit(0);                                     /* L90 */
    }                                                      /* L91 */
  } while (1);                                             /* L92 */
}                                                          /* L93 */
```

编译并执行此程序。此程序的一次运行结果如下：

```
Enter seed S (1 <= S <= 30000): 2000   ↵

Encryption KEY = KJVWBAIZRUHNFXGDMTLPOQSCEY
Decryption KEY = FEXPYMOKGBASQLUTVIWRJCDNZH

Enter 1 to Encrypt a Message.
Enter 2 to Decrypt an Encrypted Message.
Enter 3 to Stop the Execution of Program.
Now Enter Your Choice (1, 2, or 3) and Strike Enter Key: 1   ↵
Enter the Message to Encrypt in FULL CAPS, Do Not Include
Spaces and Punctuation Symbols (upto 100 characters):
CANDCRYPTOGRAPHYISVERYPOWERFULCOMBINATION   ↵

Encrypted Message: VKXWVTEDPGITKDDZERLQBTEDGSBTAONVGFJRXKPRGX
Enter 1 to Encrypt a Message.
Enter 2 to Decrypt an Encrypted Message.
Enter 3 to Stop the Execution of Program.
Now Enter Your Choice (1, 2, or 3) and Strike Enter Key: 2   ↵
Enter the Message to Decrypt (upto 100 characters):
VKXWVTEDPGITKDDZERLQBTEDGSBTAONVGFJRXKPRGX   ↵

Decrypted Message: CANDCRYPTOGRAPHYISVERYPOWERFULCOMBINATION
Enter 1 to Encrypt a Message.
Enter 2 to Decrypt an Encrypted Message.
Enter 3 to Stop the Execution of Program.
Now Enter Your Choice (1, 2, or 3) and Strike Enter Key: 3   ↵
Thank you.
```

工作原理

首先，让我们讨论简单替换密码的工作原理。在简单替换密码中，加密和解密密钥长度均为 26 个字母。在这里，为了简单起见，明文将仅使用大写字母 A…Z 形成。为了创建加密密钥，只需将所有 26 个大写字母按随机顺序逐个放置，即可获得加密密钥。下面给出了在此程序的示例运行中生成的加密密钥：

加密密钥 = KJVWBAIZRUHNFXGDMTLPOQSCEY

简单替换密码可能有多达 403 291 461 126 605 635 584 000 000 个加密密钥。这消除了破解在简单替换密码下创建的密文的可能性。即使你使用的计算机每秒可以尝试十亿个密钥，也需要大约 120 亿年才能尝试所有可能的密钥。

假设你的明文是 CAT。我们来对它加密。加密密钥在下面与标准字母表一起转载，以便快速比较：

标准字母 = ABCDEFGHIJKLMNOPQRSTUVWXYZ

加密密钥 = KJVWBAIZRUHNFXGDMTLPOQSCEY

字母 C（标准字母表中的第三个字母）将加密为字母 V，因为加密密钥中的第三个字母是 V。字母 A（标准字母表中的第一个字母）将加密为字母 K，因为加密密钥中的第一个字母是 K。字母 T（标准字母表中的第二十个字母）将加密为字母 P，因为加密密钥中的第二十个字母是 P。因此密文是 VKP。

现在让我们解密这个密文。下面给出了与此加密密钥对应的解密密钥以及标准字母表，以便快速比较：

标准字母 = ABCDEFGHIJKLMNOPQRSTUVWXYZ
解密密钥 = FEXPYMOKGBASQLUTVIWRJCDNZH

密文是 VKP。字母 V 将解密为字母 C，因为解密密钥中的第二个字母是 C。字母 K 将解密为字母 A，因为解密密钥中的第十一个字母是 A。字母 P 将解密为字母 T，因为解密密钥中的第十六个字母是 T。正如预期的那样，从密文中获得的明文是 CAT。

通过逐个放置 26 个字母来生成加密密钥。但是，解密密钥的生成取决于加密密钥。让我们看看如何生成上面给出的解密密钥。

解密密钥中的第一个字母是 F，因为在加密密钥 A 中是第六个字母，标准字母表中的第六个字母是 F。解密密钥中的第二个字母是 E，因为在加密密钥 B 中是第五个字母，标准字母表中的第五个字母是 E。解密密钥中的第三个字母是 X，因为加密密钥 C 是第 24 个字母，标准字母表中的第 24 个字母是 X。以此类推。

在此程序中生成加密密钥时，使用函数 rand() 生成随机数。计算机中的随机数生成并不是真正随机的。然而，在此程序中，规定输入"种子"（整数），其可以使计算机中的随机数生成接近真正的随机数生成。用户每次运行程序时都可以键入不同的种子，并获得不同的加密密钥。

现在让我们讨论一下这个程序的工作原理。LOC 4～8 由变量声明组成。在 LOC 4～6 中声明了三个 char 类型数组，即 msgOriginal、msgEncrypt 和 msgDecrypt。这些 char 数组的大小为 100。在 LOC 7 中，声明了两个 int 类型数组，即 intEncryptKey 和 intDecryptKey。这些 int 数组的大小为 26。在 LOC 8 中，声明了几个 int 类型变量。

LOC 9～44 包含函数 generateKey() 的定义。此函数生成两个密钥，即加密密钥和解密密钥。LOC 11 要求用户输入"种子"，该种子是 1 到 30 000 范围内的整数。用户输入的"种子"被读取并存储在 LOC 12 中的变量 seed 中。该"种子"用于生成随机数。LOC 14～15 由一个 for 循环组成，它将数字 –1 放在数组 intEncryptKey 的每个单元格中。任何单元格中的数字 –1 表示尚未在该单元格中放置正确的密钥。LOC 16～29 包含 for 循环。在此 for 循环中生成加密密钥，即随机地在数组 intEncryptKey 中填充 26 个大写字母。在 LOC 30～32 把加密密钥显示屏幕上。LOC 31～40 再次由 for 循环组成。在此 for 循环中生成解密密钥。然而，该解密取决于加密密钥，在 LOC 41～43 把它显示在屏幕上。

LOC 45～52 包含函数 menu() 的定义。此函数在屏幕上显示用户菜单，以便用户方便地使用此程序中的各种选项。LOC 47～50 要求用户输入适当的选项，并描述用户可用的各种选项。LOC 51 读取用户输入的选项并将该选项存储在 int 变量 intChoice 中。

LOC 53～64 由函数 encryptMsg() 的定义组成。此函数将明文转换为密文。LOC 55～56 要求用户输入明文。LOC 58 读取此明文并将其存储在变量 msgOriginal 中。LOC 60～61 由 for 循环组成。在此 for 循环中，根据简单的替换密码逻辑将明文转换为密文。LOC 63 在屏幕上显示加密的消息。

LOC 65～75 由函数 decryptMsg() 的定义组成。该函数从密文中获得明文。LOC 67 要求用户输入密文。用户输入的密文被读取并存储在 LOC 69 中的变量 msgEncrypt 中。LOC 71～72 由 for 循环组成，它从密文中获得明文并将其存储在 msgDecrypt 中。在 LOC 74 中，将解密的消息显示在屏幕上。

LOC 76～93 包含函数 main() 的定义。LOC 78 包含对函数 generateKey() 的调用。LOC 79～92 由一个 do-while 循环组成。这似乎是一个无限循环，但是 LOC 90 中的函数 exit() 有效地停止了这个循环的执行。LOC 80 调用函数 menu()，在屏幕上显示用户的菜单。用户输入的选项存储在 int 变量 intChoice 中。LOC 81～91 由 switch 语句组成。存储在 intChoice 中的值将传递给此语句。如果 intChoice 的值为 1，则调用函数 encryptMsg()。如果 intChoice 的值为 2，则调用函数 decryptMsg()。如果 intChoice 的值为其他，则调用函数 exit()，该函数终止 do-while 循环的执行，并终止此程序的执行。

10.7　使用 Vigenère 密码方法

问题

你希望使用 Vigenère 密码方法实现加密系统。

优点：

❏ 提供的安全级别优于恺撒密码方法。大约 300 年来，这种密码被认为是牢不可破的，然而，Charles Babbage 和 Friedrich Kasiski 在十九世纪中期独立发明了一种破解它的方法

❏ 实现和调试并不困难

❏ 结合恺撒密码方法和多个密钥的优点

缺点：

❏ 使用的逻辑不是很简单

❏ 使用暴力和非常高速的计算机可以解密密文

❏ 难以安全地传输密钥

解决方案

使用 Vigenère 密码方法编写实现加密系统的 C 程序，它具有以下规格说明：

❏ 程序定义了函数：（a）getKey() 接受用户的文本密钥，（b）menu() 在屏幕上显示用户的菜单，（c）encryptMsg() 加密明文，（d）decryptMsg() 解密密文。

❏ 程序还定义了 char 类型数组 msgOriginal、msgEncrypt 和 msgDecrypt 来存储消息。数组应该包含 100 个字符。

代码

用这些规格说明编写的 C 程序代码如下。在文本编辑器中键入以下 C 程序并将其保存在文件夹 C:\Code 中，文件名为 crypt7.c：

```
/* 此程序使用Vigenere密码方法实现加密系统。*/
                                                                  /* BL */
#include<stdio.h>                                                 /* L1 */
#include <string.h>                                               /* L2 */
                                                                  /* BL */
char msgOriginal[100];                                            /* L3 */
char msgEncrypt[100];                                             /* L4 */
char msgDecrypt[100];                                             /* L5 */
char msgKey[15];                                                  /* L6 */
int intChoice, lenKey, lenMsg, intKey[15];                        /* L7 */
                                                                  /* BL */
void getKey()                                                     /* L8 */
{                                                                 /* L9 */
  int i, j;                                                       /* L10 */
  fflush(stdin);                                                  /* L11 */
  printf("\nEnter TEXT KEY in FULL CAPS, Do Not Include Spaces and \n"); /* L12 */
  printf("Punctuation Symbols (upto 15 characters): \n");         /* L13 */
  gets(msgKey);                                                   /* L14 */
  lenKey = strlen(msgKey);                                        /* L15 */
  for(i = 0; i < lenKey; i++)                                     /* L16 */
      intKey[i] = msgKey[i] - 65;                                 /* L17 */
}                                                                 /* L18 */
                                                                  /* BL */
void menu()                                                       /* L19 */
{                                                                 /* L20 */
  printf("\nEnter 1 to Encrypt a Message.");                      /* L21 */
  printf("\nEnter 2 to Decrypt an Encrypted Message.");           /* L22 */
  printf("\nEnter 3 to Stop the Execution of Program.");          /* L23 */
  printf("\nNow Enter Your Choice (1, 2 or 3) and Strike Enter Key: "); /* L24 */
  scanf("%d", &intChoice);                                        /* L25 */
}                                                                 /* L26 */
                                                                  /* BL */
void encryptMsg()                                                 /* L27 */
{                                                                 /* L28 */
  int i, j, ch;                                                   /* L29 */
  fflush(stdin);                                                  /* L30 */
  printf("Enter the Message to be Encrypted (upto 100 alphabets), "); /* L31 */
  printf("do not include \nspaces and punctuation symbols:\n");   /* L32 */
  gets(msgOriginal);                                              /* L33 */
  lenMsg = strlen(msgOriginal);                                   /* L34 */
    for(i = 0; i < lenMsg; i++) {                                 /* L35 */
      j = i % lenKey;                                             /* L36 */
      ch = msgOriginal[i];                                        /* L37 */
      if(ch >= 'a' && ch <= 'z') {                                /* L38 */
        ch = ch + intKey[j];                                      /* L39 */
        if(ch > 'z')                                              /* L40 */
          ch = ch - 'z' + 'a' - 1;                                /* L41 */
        msgEncrypt[i] = ch;                                       /* L42 */
      }                                                           /* L43 */
      else if(ch >= 'A' && ch <= 'Z'){                            /* L44 */
        ch = ch + intKey[j];                                      /* L45 */
        if(ch > 'Z')                                              /* L46 */
          ch = ch - 'Z' + 'A' - 1;                                /* L47 */
```

```
        msgEncrypt[i] = ch;                                            /* L48 */
      }                                                                /* L49 */
    }                                                                  /* L50 */
  msgEncrypt[lenMsg] = '\0';                                           /* L51 */
  printf("\nEncrypted Message: %s", msgEncrypt);                       /* L52 */
}                                                                      /* L53 */
                                                                       /* BL */
void decryptMsg()                                                      /* L54 */
{                                                                      /* L55 */
  int i, j, ch;                                                        /* L56 */
  fflush(stdin);                                                       /* L57 */
  printf("Enter the Message to be Decrypted (upto 100 alphabets):\n"); /* L58 */
  gets(msgEncrypt);                                                    /* L59 */
  lenMsg = strlen(msgEncrypt);                                         /* L60 */
  for(i = 0; i < lenMsg; i++) {                                        /* L61 */
    j = i % lenKey;                                                    /* L62 */
    ch = msgEncrypt[i];                                                /* L63 */
    if(ch >= 'a' && ch <= 'z') {                                       /* L64 */
      ch = ch - intKey[j];                                             /* L65 */
      if(ch < 'a')                                                     /* L66 */
        ch = ch + 'z' - 'a' + 1;                                       /* L67 */
      msgDecrypt[i] = ch;                                              /* L68 */
    }                                                                  /* L69 */
    else if(ch >= 'A' && ch <= 'Z'){                                   /* L70 */
      ch = ch - intKey[j];                                             /* L71 */
      if(ch < 'A')                                                     /* L72 */
        ch = ch + 'Z' - 'A' + 1;                                       /* L73 */
      msgDecrypt[i] = ch;                                              /* L74 */
    }                                                                  /* L75 */
  }                                                                    /* L76 */
  msgDecrypt[lenMsg] = '\0';                                           /* L77 */
  printf("\nDecrypted Message: %s", msgDecrypt);                       /* L78 */
}                                                                      /* L79 */
                                                                       /* BL */
void main()                                                            /* L80 */
{                                                                      /* L81 */
  getKey();                                                            /* L82 */
  do {                                                                 /* L83 */
    menu();                                                            /* L84 */
    switch (intChoice) {                                               /* L85 */
      case 1:                                                          /* L86 */
              encryptMsg();                                            /* L87 */
              break;                                                   /* L88 */
      case 2:                                                          /* L89 */
              decryptMsg();                                            /* L90 */
              break;                                                   /* L91 */
      default:                                                         /* L92 */
              printf("\nThank you.\n");                                /* L93 */
              exit(0);                                                 /* L94 */
    }                                                                  /* L95 */
  } while (1);                                                         /* L96 */
}                                                                      /* L97 */
```

编译并执行此程序。此程序的一次运行结果如下：

```
Enter TEXT KEY in FULL CAPS, Do Not Include Spaces and
Punctuation Symbols (upto 15 characters):
WORLDPEACE  ⏎

Enter 1 to Encrypt a Message.
Enter 2 to Decrypt an Encrypted Message.
Enter 3 to Stop the Execution of Program.
Now Enter Your Choice (1, 2, or 3) and Strike Enter Key: 1  ⏎
Enter the Message to be Encrypted (upto 100 alphabets), do not include
Spaces and punctuation symbols:
CandCryptographyIsVeryPowerfulCombination  ⏎

Encrypted Message: YoeoFgcpvscfraknMsXinmGzztvfwpYcdmlcetksj
Enter 1 to Encrypt a Message.
Enter 2 to Decrypt an Encrypted Message.
Enter 3 to Stop the Execution of Program.
Now Enter Your Choice (1, 2, or 3) and Strike Enter Key: 2  ⏎
Enter the Message to be Decrypted (upto 100 alphabets):
YoeoFgcpvscfraknMsXinmGzztvfwpYcdmlcetksj  ⏎

Decrypted Message: CandCryptographyIsVeryPowerfulCombination
Enter 1 to Encrypt a Message.
Enter 2 to Decrypt an Encrypted Message.
Enter 3 to Stop the Execution of Program.
Now Enter Your Choice (1, 2, or 3) and Strike Enter Key: 3  ⏎
Thank you.
```

工作原理

首先，让我们讨论 Vigenère 密码的工作原理。Vigenère 密码只不过是带有多个密钥的恺撒密码。它的名字取自意大利密码学家 Blaise de Vigenère。然而最有可能的是，它是由另一位意大利密码学家 Giovan Battista Bellaso 发明的。由于它使用多个密钥，因此也被称为多码替换密码。设 CAT 这个词为 Vigenère 密码密钥。A 到 Z 中的字母分别按 0 到 25 顺序编号，如图 10-2 所示。这里，字母 C 表示密钥是 2，字母 A 表示密钥 0，字母 T 表示密钥是 19。在加密和解密期间，这些密钥以循环方式顺序使用。在加密期间，使用密钥 =2 加密明文中的第一个字母，使用密钥 =0 加密明文中的第二个字母，使用密钥 =19 加密明文中的第三个字母，使用密钥 =2 加密明文中的第四个字母，等等。在解密期间，这些密钥也以相同的顺序使用。

为简单起见，让我们仅使用大写字母组成一个示例明文。但是，在程序中规定了大写和小写字母。假设明文是 COMPUTER，让我们使用密钥 CAT 对其进行加密。密钥将按以下顺序使用：

明文 =	C	O	M	P	U	T	E	R
密钥 =	2	0	19	2	0	19	2	0
密文 =	E	O	F	R	U	M	G	R

明文中的第一个字母是 C，其序列号是 2，密钥是 2，因此它加密为（C 的序列号 + 密钥 =2+2=4=）E。明文中的第二个字母是 O，其序列号是 14，也是 0，因此它加密为（O 的序列号 + 密钥 =14+0=14=）O。明文中的第三个字母是 M，它的序列号是 12，键也是 19，因此它加密为（M 的序列号 + 密钥 =12+19=31=31-26=5=）F。明文中的第四个字母是 P，其序列号是 15，密钥是 2，因此加密为（P 的序列号 + 密钥 =15+2=17=）R。以这种方式进行，我们得到密文 EOFRUMGR。你可以以相反的方式继续从密文中获得明文。

现在让我们讨论一下这个程序的工作原理。LOC 3～7 由变量声明组成。在 LOC 3～6 中声明了四个 char 类型数组，即 msgOriginal、msgEncrypt，msgDecrypt 和 msgKey。前三个 char 数组的大小为 100，第四个数组的大小为 15。在 LOC 7 中，声明了一个大小为 15 的 int 类型数组 intKey。此外，在 LOC 7 中，声明了很少的 int 类型变量。

LOC 8～18 包含函数 getKey() 的定义。此函数接受来自用户的文本密钥。LOC 12～13 要求用户以大写形式输入文本密钥。用户输入的文本密钥在 LOC 14 中读取并存储在变量 msgKey 中。LOC 16～17 由 for 循环组成，在此循环中，msgKey 中的字母序列号被填充在数组 intKey 中。

LOC 19～26 包含函数 menu() 的定义。此函数在屏幕上显示用户菜单，以便用户方便地使用此程序中的各种选项。LOC 21～24 要求用户输入适当的选项，并描述用户可用的各种选项。LOC 25 读取用户输入的选项，并将此选项存储在 int 变量 intChoice 中。

LOC 27～53 包括函数 encryptMsg() 的定义。此函数将明文转换为密文。LOC 31～32 要求用户输入明文。LOC 33 读取此明文并将其存储在变量 msgOriginal 中。LOC 35～50 由 for 循环组成。在此 for 循环中，根据 Vigenere 密码逻辑将明文转换为密文。LOC 52 在屏幕上显示加密的消息。

LOC 54～79 包括函数 decryptMsg() 的定义。该函数从密文中获得明文。LOC 58 要求用户输入密文。用户输入的密文被读取并存储在 LOC 59 中的变量 msgEncrypt 中。LOC 61～76 由 for 循环组成，它从密文中获得明文并将其存储在 msgDecrypt 中。在 LOC 78 中，将解密的消息显示在屏幕上。

LOC 80～97 包含函数 main() 的定义。LOC 82 包含对函数 getKey() 的调用。LOC 83～96 由一个 do-while 循环组成。这似乎是一个无限循环，但是，LOC 94 中的函数 exit() 有效地停止了这个循环的执行。LOC 84 调用函数 menu()，在屏幕上显示用户的菜单。用户输入的选项存储在 int 变量 intChoice 中。LOC 85～95 由 switch 语句组成。存储在 intChoice 中的值将传递给此语句。如果 intChoice 的值为 1，则调用函数 encryptMsg()。如果 intChoice 的值为 2，则调用函数 decryptMsg()。如果 intChoice 的值为其他，则调用函数 exit()，该函数终止 do-while 循环的执行，并终止此程序的执行。

10.8 使用一次性密钥密码方法

问题

你希望使用一次性密钥密码方法实现加密系统。

优点：

❑ 几乎牢不可破的密码，只有在密钥泄露的情况下才会被破解，否则它就是牢不可破的

❑ 基于简单的逻辑

❑ 系统要求不是很高

缺点：

❑ 密钥与明文一样长，因此如果消息很长，密钥的生成是耗时的

❑ 需要在"用后即弃"的基础上生成密钥

❑ 由于密钥大小异常，密钥的处理和存放很麻烦

❑ 与其他方法相比，密钥的安全传输非常困难

解决方案

使用一次性密钥密码方法编写实现加密系统的 C 程序，它具有以下规格说明：

❑ 程序定义了函数：（a）generateKey() 生成密钥，（b）menu() 显示屏幕上用户的菜单，（c）encryptMsg() 加密明文，（d）decryptMsg() 解密密文。

❑ 程序还定义了 char 类型数组 msgOriginal、msgEncrypt 和 msgDecrypt 来存储消息。数组应该包含 100 个字符。

代码

用这些规格说明编写的 C 程序代码如下。在文本编辑器中键入以下 C 程序并将其保存在文件夹 C:\Code 中，文件名为 crypt8.c：

```
/* 此程序使用一次性密钥密码方法实现加密系统。*/
                                                        /* BL */
#include <stdio.h>                                       /* L1 */
#include<string.h>                                       /* L2 */
                                                        /* BL */
char msgOriginal[100];                                   /* L3 */
char msgEncrypt[100];                                    /* L4 */
char msgDecrypt[100];                                    /* L5 */
char msgKey[100];                                        /* L6 */
int intChoice, lenKey, lenMsg, intKey[100];              /* L7 */
                                                        /* BL */
void generateKey()                                       /* L8 */
{                                                        /* L9 */
  int i, randNum, num, seed;                             /* L10 */
  lenKey = lenMsg;                                       /* L11 */
  printf("\nEnter seed S (1 <= S <= 30000): ");          /* L12 */
  scanf("%d", &seed);                                    /* L13 */
  srand(seed);                                           /* L14 */
  for(i = 0; i < lenKey; i++) {                          /* L15 */
      randNum = rand();                                  /* L16 */
```

```
      num = randNum % 26;                                         /* L17 */
      msgKey[i] = num + 65;                                       /* L18 */
      intKey[i] = num;                                            /* L19 */
    }                                                             /* L20 */
  msgKey[lenKey] = '\0';                                          /* L21 */
  printf("\nKey: %s", msgKey);                                    /* L22 */
}                                                                 /* L23 */
                                                                  /* BL  */
void menu()                                                       /* L24 */
{                                                                 /* L25 */
  printf("\nEnter 1 to Encrypt a Message.");                      /* L26 */
  printf("\nEnter 2 to Stop the Execution of Program.");          /* L27 */
  printf("\nNow Enter Your Choice (1 or 2) and Strike Enter Key: "); /* L28 */
  scanf("%d", &intChoice);                                        /* L29 */
}                                                                 /* L30 */
                                                                  /* BL  */
void encryptMsg()                                                 /* L31 */
{                                                                 /* L32 */
  int i, j, ch;                                                   /* L33 */
  fflush(stdin);                                                  /* L34 */
  printf("Enter the Message to be Encrypted (upto 100 alphabets), "); /* L35 */
  printf("Do Not Include \nSpaces and Punctuation Symbols:\n");   /* L36 */
  gets(msgOriginal);                                              /* L37 */
  lenMsg = strlen(msgOriginal);                                   /* L38 */
  generateKey();                                                  /* L39 */
    for(i = 0; i < lenMsg; i++) {                                 /* L40 */
      ch = msgOriginal[i];                                        /* L41 */
      if(ch >= 'a' && ch <= 'z') {                                /* L42 */
        ch = ch + intKey[i];                                      /* L43 */
        if(ch > 'z')                                              /* L44 */
          ch = ch - 'z' + 'a' - 1;                                /* L45 */
        msgEncrypt[i] = ch;                                       /* L46 */
      }                                                           /* L47 */
      else if(ch >= 'A' && ch <= 'Z'){                            /* L48 */
        ch = ch + intKey[i];                                      /* L49 */
        if(ch > 'Z')                                              /* L50 */
          ch = ch - 'Z' + 'A' - 1;                                /* L51 */
        msgEncrypt[i] = ch;                                       /* L52 */
      }                                                           /* L53 */
    }                                                             /* L54 */
  msgEncrypt[lenMsg] = '\0';                                      /* L55 */
  printf("\nEncrypted Message: %s", msgEncrypt);                  /* L56 */
}                                                                 /* L57 */
                                                                  /* BL  */
void decryptMsg()                                                 /* L58 */
{                                                                 /* L59 */
  int i, j, ch;                                                   /* L60 */
  fflush(stdin);                                                  /* L61 */
  printf("\nEnter the Message to be Decrypted (upto 100 alphabets):\n"); /* L62 */
  gets(msgEncrypt);                                               /* L63 */
  lenMsg = strlen(msgEncrypt);                                    /* L64 */
  for(i = 0; i < lenMsg; i++) {                                   /* L65 */
    ch = msgEncrypt[i];                                           /* L66 */
    if(ch >= 'a' && ch <= 'z') {                                  /* L67 */
```

```
      ch = ch - intKey[i];                          /* L68 */
      if(ch < 'a')                                  /* L69 */
        ch = ch + 'z' - 'a' + 1;                    /* L70 */
      msgDecrypt[i] = ch;                           /* L71 */
    }                                               /* L72 */
    else if(ch >= 'A' && ch <= 'Z'){                /* L73 */
      ch = ch - intKey[i];                          /* L74 */
      if(ch < 'A')                                  /* L75 */
        ch = ch + 'Z' - 'A' + 1;                    /* L76 */
      msgDecrypt[i] = ch;                           /* L77 */
    }                                               /* L78 */
  }                                                 /* L79 */
  msgDecrypt[lenMsg] = '\0';                        /* L80 */
  printf("\nDecrypted Message: %s", msgDecrypt);    /* L81 */
}                                                   /* L82 */
                                                    /* BL  */
void main()                                         /* L83 */
{                                                   /* L84 */
  do {                                              /* L85 */
    menu();                                         /* L86 */
    switch (intChoice) {                            /* L87 */
      case 1:                                       /* L88 */
              encryptMsg();                         /* L89 */
              decryptMsg();                         /* L90 */
              break;                                /* L91 */
      default:                                      /* L92 */
              printf("\nThank you.\n");             /* L93 */
              exit(0);                              /* L94 */
    }                                               /* L95 */
  } while (1);                                      /* L96 */
}                                                   /* L97 */
```

编译并执行此程序。此程序的一次运行结果如下 :

```
Enter 1 to Encrypt a Message.
Enter 2 to Stop the Execution of Program.
Now Enter Your Choice (1 or 2) and Strike Enter Key: 1   ↵
Enter the Message to be Encrypted (upto 100 alphabets), Do Not Include
Spaces and Punctuation Symbols:
CandCryptographyIsVeryPowerfulCombination   ↵

Enter seed S (1 <= S <= 30000): 2000

Key: KJVWBAIZRUHRKNAFFHRBXNKUGHDMJHTDKLRWTZVMZ
Encrypted Message: MjizDrgokinikchdNzMfolZiclurdsVrwmzjtsdam

Enter the Message to be Decrypted (upto 100 alphabets):
MjizDrgokinikchdNzMfolZiclurdsVrwmzjtsdam   ↵

Decrypted Message: CandCryptographyIsVeryPowerfulCombination
Enter 1 to Encrypt a Message.
Enter 2 to Stop the Execution of Program.
Now Enter Your Choice (1 or 2) and Strike Enter Key: 2   ↵
Thank you.
```

工作原理

首先，让我们讨论一次性密钥密码的工作原理。一次性密钥密码是不可能破解的。它是一个 Vigenère 密码，具有以下修改：

- ❑ 文本密钥与明文完全等长。
- ❑ 只需逐个放置随机选取的字符即可制作文本密钥。
- ❑ 文本密钥在"用后即弃"的基础上生成。曾经使用的密钥永远不会再使用。

假设明文是 COMPUTER。现在要加密这个明文，你需要生成八个字符长的密钥，它由随机选择的字符组成。设文本密钥为 BDLVACFX。下面给出了与这些字母对应的密钥（另请参见图 10-2 ）：

文本密钥中的字母 = B D L V A C F X

密钥 = 1 3 11 21 0 2 5 23

使用这些密钥，明文 COMPUTER 加密如下：

明文 = C O M P U T E R

密钥 = 1 3 11 21 0 2 5 23

密文 = D R X K U V J O

明文 COMPUTER 被加密为 DRXKUVJO。解密只是加密的逆转。

现在让我们讨论一下这个程序的工作原理。LOC 3~7 由变量声明组成。在 LOC 3~6 中，声明了四个 char 类型数组，每个数组大小为 100，即 msgOriginal、msgEncrypt、msgDecrypt 和 msgKey。在 LOC 7 中，声明了一个大小为 100 的 int 类型数组 intKey。此外，在 LOC 7 中，声明了几个 int 类型变量。

LOC 8~23 包含函数 generateKey() 的定义。此函数生成密钥。密钥的长度与明文的长度相同，即 msgOriginal。LOC 12 要求用户输入"种子"，该种子只是 1 到 30 000 范围内的整数。用户输入的"种子"在 LOC 13 中读取并存储在 int 变量 seed 中。LOC 15~20 由一个 for 循环组成，其中生成密钥并存储在变量 msgKey 中。密钥只包含大写字母。LOC 22 在屏幕上显示密钥。

LOC 24~30 包括函数 menu() 的定义。此函数在屏幕上显示用户菜单，以便用户方便地使用此程序中的各种选项。LOC 26~28 要求用户输入适当的选项，并描述用户可用的各种选项。LOC 29 读取用户输入的选项，并将此选项存储在 int 变量 intChoice 中。

LOC 31~57 包括函数 encryptMsg() 的定义。此函数将明文转换为密文。LOC 35~36 要求用户输入明文。LOC 37 读取此明文并将其存储在变量 msgOriginal 中。LOC 38 计算 msgOriginal 的长度。LOC 39 调用函数 generateKey()。LOC 40~54 由 for 循环组成。在此 for 循环中，根据一次性密钥密码逻辑将明文转换为密文。LOC 56 在屏幕上显示加密的消息。

LOC 58~82 包括函数 decryptMsg() 的定义。该函数从密文中获得明文。LOC 62 要求用户输入密文。用户输入的密文被读取并存储在 LOC 63 中的变量 msgEncrypt 中。LOC

65～79 由 for 循环组成，它从密文中获得明文并将其存储在 msgDecrypt 中。在 LOC 81 中，解密的消息在屏幕上显示。

LOC 83～97 包含函数 main() 的定义。LOC 85～96 由 do-while 循环组成。这似乎是一个无限循环，但是，LOC 94 中的函数 exit() 有效地停止了这个循环的执行。LOC 86 调用函数 menu()，在屏幕上显示用户的菜单。用户输入的选项存储在 int 变量 intChoice 中。LOC 87～95 由 switch 语句组成。存储在 intChoice 中的值将传递给此语句。如果 intChoice 的值为 1，则激活 case 1 并连续调用函数 encryptMsg() 和 decryptMsg()。如果 intChoice 的值为其他，则调用函数 exit()，该函数终止 do-while 循环的执行，并终止此程序的执行。

10.9 使用 RSA 密码方法

问题

你希望使用 RSA 密码方法实现加密系统。

优点：

❑ 几乎牢不可破的密码

❑ 作为公钥加密系统，安全密钥的传输问题被消除

❑ 此密码（或任何公钥密码）提供无法抵赖的数字签名

缺点：

❑ 使用复杂的算术，因此难以实现和调试

❑ 系统要求很高

❑ 实现此密码可能不经济

❑ 程序执行缓慢

解决方案

使用 RSA 密码方法编写实现加密系统的 C 程序，它具有以下规格说明：

❑ 程序定义了函数 prime()、findPrime()、computeKeys()、cd()、encryptMsg() 和 decryptMsg()。函数 prime() 检测给定的整数是否为质数。函数 findPrime() 查找第 n 个质数。函数 cd() 和 computeKeys() 一起找到 d 和 e 的允许值。函数 encryptMsg() 将明文转换为密文。函数 decryptMsg() 从密文中获得明文。

❑ 程序定义 char 类型数组 msgOriginal，以及 int 类型数组 d、e、temp、msgEncrypt 和 msgDecrypt。所有数组的大小应为 100。

代码

用这些规格说明编写的 C 程序代码如下。在文本编辑器中键入以下 C 程序并将其保存在文件夹 C:\Code 中，文件名为 crypt9.c：

```
/* 此程序使用RSA密码方法实现加密系统。*/
```

```
                                                            /* BL */
#include <stdio.h>                                          /* L1 */
#include <math.h>                                           /* L2 */
#include <string.h>                                         /* L3 */
                                                            /* BL */
long int i, j, p, q, n, t, flag;                            /* L4 */
long int e[100], d[100], temp[100], msgDecrypt[100], msgEncrypt[100]; /* L5 */
char msgOriginal[100];                                      /* L6 */
int prime(long int);                                        /* L7 */
int findPrime(long int s);                                  /* L8 */
void computeKeys();                                         /* L9 */
long int cd(long int);                                      /* L10 */
void encryptMsg();                                          /* L11 */
void decryptMsg();                                          /* L12 */
                                                            /* BL */
void main() {                                               /* L13 */
  long int s;                                               /* L14 */
  do{                                                       /* L15 */
    printf("Enter the serial number S of 1st prime number (10 <= S <= 40): "); /* L16 */
    scanf("%ld", &s) ;                                      /* L17 */
  } while ((s < 10) || (s > 40));                           /* L18 */
  p = findPrime(s);                                         /* L19 */
  printf("First prime number p is: %d \n", p) ;            /* L20 */
  do{                                                       /* L21 */
    printf("Enter the serial number S of 2nd prime number (10 <= S <= 40):"); /* L22 */
    scanf("%ld", &s) ;                                      /* L23 */
  } while ((s < 10) || (s > 40));                           /* L24 */
  q = findPrime(s);                                         /* L25 */
  printf("Second prime number q is: %d \n", q) ;           /* L26 */
  printf("\nEnter the Message to be Encrypted, Do Not Include Spaces:\n"); /* L27 */
  fflush(stdin);                                            /* L28 */
  scanf("%s",msgOriginal);                                  /* L29 */
  for (i = 0; msgOriginal[i] != NULL; i++)                  /* L30 */
    msgDecrypt[i] = msgOriginal[i];                         /* L31 */
  n = p * q;                                                /* L32 */
  t = (p - 1) * (q - 1);                                    /* L33 */
  computeKeys();                                            /* L34 */
  printf("\nPossible Values of e and d Are:\n");            /* L35 */
  for (i = 0; i < j - 1; i++)                               /* L36 */
    printf("\n %ld \t %ld", e[i], d[i]);                    /* L37 */
  printf("\nSample Public Key: (%ld,  %ld)", n, e[i-1]);    /* L38 */
  printf("\nSample Private Key: (%ld,  %ld)", n, d[i-1]);   /* L39 */
  encryptMsg();                                             /* L40 */
  decryptMsg();                                             /* L41 */
}                                                           /* L42 */
                                                            /* BL */
int findPrime(long int s)                                   /* L43 */
{                                                           /* L44 */
  int f, d, tag;                                            /* L45 */
  f = 2;                                                    /* L46 */
  i = 1;                                                    /* L47 */
  while(i <= s){                                            /* L48 */
    tag = 1;                                                /* L49 */
```

```
    for(d = 2 ; d <= f-1 ; d++){            /* L50 */
       if(f % d == 0) {                     /* L51 */
          tag = 0;                          /* L52 */
          break ;                           /* L53 */
       }                                    /* L54 */
    }                                       /* L55 */
    if(tag == 1) {                          /* L56 */
       if (i == s)                          /* L57 */
          return(f);                        /* L58 */
       i++ ;                                /* L59 */
    }                                       /* L60 */
    f++ ;                                   /* L61 */
  }                                         /* L62 */
  return(0);                                /* L63 */
}                                           /* L64 */
                                            /* BL  */
int prime(long int pr)                      /* L65 */
{                                           /* L66 */
  int i;                                    /* L67 */
  j=sqrt(pr);                               /* L68 */
  for (i = 2; i <= j; i++) {                /* L69 */
    if(pr % i == 0)                         /* L70 */
       return 0;                            /* L71 */
  }                                         /* L72 */
  return 1;                                 /* L73 */
}                                           /* L74 */
                                            /* BL  */
void computeKeys()                          /* L75 */
{                                           /* L76 */
  int k;                                    /* L77 */
  k = 0;                                    /* L78 */
  for (i = 2; i < t; i++) {                 /* L79 */
    if(t % i == 0)                          /* L80 */
       continue;                            /* L81 */
    flag = prime(i);                        /* L82 */
    if(flag == 1 && i != p && i != q) {     /* L83 */
       e[k] = i;                            /* L84 */
       flag = cd(e[k]);                     /* L85 */
         if(flag > 0) {                     /* L86 */
            d[k] = flag;                    /* L87 */
            k++;                            /* L88 */
         }                                  /* L89 */
         if(k == 99)                        /* L90 */
            break;                          /* L91 */
    }                                       /* L92 */
  }                                         /* L93 */
}                                           /* L94 */
                                            /* BL  */
long int cd(long int x)                     /* L95 */
{                                           /* L96 */
  long int k = 1;                           /* L97 */
  while(1) {                                /* L98 */
    k = k + t;                              /* L99 */
```

```
    if(k % x == 0)                                 /* L100 */
      return(k/x);                                 /* L101 */
  }                                                /* L102 */
}                                                  /* L103 */
                                                   /* BL   */
void encryptMsg()                                  /* L104 */
{                                                  /* L105 */
  long int pt, ct, key = e[0], k, length;          /* L106 */
  i = 0;                                           /* L107 */
  length = strlen(msgOriginal);                    /* L108 */
  while(i != length) {                             /* L109 */
    pt = msgDecrypt[i];                            /* L110 */
    pt = pt-96;                                    /* L111 */
    k = 1;                                         /* L112 */
    for (j = 0; j < key; j++) {                    /* L113 */
      k = k * pt;                                  /* L114 */
      k = k % n;                                   /* L115 */
    }                                              /* L116 */
    temp[i] = k;                                   /* L117 */
    ct = k + 96;                                   /* L118 */
    msgEncrypt[i] = ct;                            /* L119 */
    i++;                                           /* L120 */
  }                                                /* L121 */
  msgEncrypt[i] =- 1;                              /* L122 */
  printf("\nThe Encrypted Message:\n");            /* L123 */
  for (i = 0; msgEncrypt[i] != -1; i++)            /* L124 */
    printf("%c", msgEncrypt[i]);                   /* L125 */
}                                                  /* L126 */
                                                   /* BL   */
void decryptMsg()                                  /* L127 */
{                                                  /* L128 */
  long int pt, ct, key = d[0], k;                  /* L129 */
  i = 0;                                           /* L130 */
  while(msgEncrypt[i] != -1) {                     /* L131 */
    ct = temp[i];                                  /* L132 */
    k = 1;                                         /* L133 */
    for (j = 0; j < key; j++) {                    /* L134 */
      k = k * ct;                                  /* L135 */
      k = k % n;                                   /* L136 */
    }                                              /* L137 */
    pt = k + 96;                                   /* L138 */
    msgDecrypt[i] = pt;                            /* L139 */
    i++;                                           /* L140 */
  }                                                /* L141 */
  msgDecrypt[i] =- 1;                              /* L142 */
  printf("\nThe Decrypted Message:\n");            /* L143 */
  for (i = 0; msgDecrypt[i] != -1; i++)            /* L144 */
    printf("%c", msgDecrypt[i]);                   /* L145 */
  printf("\nThank you. \n ");                      /* L146 */
}                                                  /* L147 */
```

编译并执行此程序。此程序的运行如图 10-3 所示。

```
Enter the serial number S of 1st prime number (10 <= S <= 40): 12
First prime number p is: 37
Enter the serial number S of 2nd prime number (10 <= S <= 40): 34
Second prime number q is: 139

Enter the Message to be Encrypted, Do Not Include Spaces:
CandCryptographyIsVeryPowerfulCombination!!!

Possible Values of e and d Are:
  89      2177
  97      3073
 101      4181
Sample Public Key: (5143,  101)
Sample Private Key: (5143, 4181)
The Encrypted Message:
aδ` ç⁴#~z⊺ça#ₙ⁴║luòs⁴5ọ̀g⌐ậᵔ zEÇ9δa~9zδ↓↓↓
The Decrypted Message:
CandCryptographyIsVeryPowerfulCombination!!!
Thank you.
```

图 10-3　程序 crypt9 的示例运行。输出的一部分被裁剪以节省空间

工作原理

　　首先，让我们讨论 RSA 密码的工作原理。所有前面介绍的加密系统都称为私钥加密系统。在私钥密码学中，你需要向消息接收者发送以下消息：(a) 密文和 (b) 密钥。但是当你一起发送密文和密钥时，就是对加密的挑战。因为任何拥有密钥的人都可以解密密文。在实践中，当双方（发送方和接收方）同意使用私钥密码时，他们亲自会面以共享密钥，然后只有密文被不时地发送给接收方。

　　共享密钥的问题由公钥密码系统解决。第一个这样的系统称为 RSA 密码。它也是最流行的加密系统。它最初由 Ron Rivest，Adi Shamir 和 Leonard Adleman 于 1977 年描述，因此命名为 RSA（R 代表 Ron，S 代表 Shamir，A 代表 Adleman）。

　　公钥密码有两个密钥，一个用于加密，另一个用于解密。私钥密码只有一个密钥用于加密和解密。所有前面介绍的加密系统都是私钥加密系统。在前面的一些程序中提到了两个密钥，一个用于加密，另一个用于解密（例如技巧 10.6 中的简单替换密码）。但实际上只有一个密钥，解密密钥只是另一种适当形式的加密密钥。

　　私钥密码也称为对称密码，公钥密码也称为非对称密码。在公钥密码中，加密密钥称为公钥，解密密钥称为私钥。公共密钥与所有人共享，但私钥是秘密的，并且它只被（消息的）接收者拥有。因此，公钥用于加密，私钥用于解密。

　　在 RSA 密码中，加密和解密的通用过程如下：

❑ 随机创建两个非常大的质数。这些数字称为 p 和 q。

❑ 将 p 乘以 q，结果称为 n。因此，$n=p*q$。

❑ 计算乘积 $(p-1)*(q-1)$ 并称其为 t。因此，$t=(p-1)*(q-1)$。

❑ 创建一个随机数 e，使得 e 与 t 互质。此外，$1<e<t$。

❑ 计算 $(e\%t)$ 的模逆，并称其为 d。这意味着找到了值 d 使得 $(d*e)\%t=1$。同样 $d<t$。

- ❑ 公钥为 (e, n)，私钥为 (d, n)。
- ❑ 将明文中的字母 M 加密为字母 C。按如下方式进行：$C = M^e \% n$。
- ❑ 来自密文的字母 C 被解密回 M。按如下方式进行：$M = C^d \% n$。

RSA 密码的强度来自如下事实：如果将两个大质数相乘，那么得到的数字很难分解。

现在让我们讨论一下这个程序的工作原理。LOC 4~6 由变量声明组成。LOC 4 声明了几个 long int 类型变量。LOC 5 声明了五个 long int 类型数组。LOC 6 声明了一个 char 类型数组 msgOriginal。所有数组的大小为 100。LOC 7~12 由六个函数原型组成。

LOC 13~42 由函数 main() 的定义组成。LOC 15~18 包含一个 do-while 循环。该循环要求用户输入第一个质数的序列号 S，其中 S 是 10~40 范围内的整数。用户输入的数字在 LOC 17 中读取并存储在变量 s 中。在 LOC 19 中，调用函数 findPrime() 并将 s 作为输入参数传递给它。函数 findPrime() 查找第 s 个质数并返回它，并将返回值赋给变量 p。在 LOC 20 中，第一个质数 p 的值显示在屏幕上。LOC 21~26 包含与 LOC 15~20 中的代码类似的代码。唯一的区别在于 LOC 15~20 中的代码与第一个质数 p 相关，并且 LOC 21~26 中的代码与第二个质数 q 相关。LOC 27 要求用户输入明文。用户输入的明文在 LOC 28 中读取并分配给变量 msgOriginal。LOC 30~31 包含一个 for 循环，它将数组 msgOriginal 复制到数组 msgDecrypt。这样做是为了便于函数 encryptMsg() 中的一些计算。但是，在函数 decryptMsg() 中，将覆盖 msgDecrypt 的内容。

在 LOC 32 中，计算 n 的值。在 LOC 33 中，计算 t 的值。在 LOC 34 中，调用函数 computeKeys()。在 LOC 35~37 中将允许的 e 和 d 值在屏幕上显示。在 LOC 38~39 中将样本公钥和样本私钥显示到屏幕上。在 LOC 40 中，调用函数 encryptMsg() 将明文转换为密文。在 LOC 41 中，调用函数 decryptMsg() 从密文中获得明文。

LOC 43~64 包含函数 findPrime() 的定义。此函数查找第 s 个质数，并将 s 作为输入参数传递给它。第一个质数是 2，第二个质数是 3，第三个质数是 5，以此类推。此函数以整数 2 开始（参见 LOC 46，变量 f 用于此整数），然后检查每个下一个整数的素性。如果该整数是质数并且其序列号是 s，则返回它（参见 LOC 58）。

LOC 65~74 包含函数 prime() 的定义。长整数变量 pr 作为输入参数传递给此函数。该函数检查 pr 是否为质数，如果 pr 是质数，那么它返回 1（见 LOC 73），否则返回 0（见 LOC 71）。

LOC 75~94 由函数 computeKeys() 的定义组成。LOC 95~103 包含函数 cd() 的定义。这两个函数一起使用 RSA 密码方法中的标准公式计算 d 和 e 的允许值。

LOC 104~126 包括函数 encryptMsg() 的定义。此函数将明文转换为密文。在此函数中，使用 RSA 密码方法中的标准公式将明文转换为密文。密文存储在变量 msgEncrypt 中。在 LOC 123~125 中将加密消息显示在屏幕上。

LOC 127~147 包括函数 decryptMsg() 的定义。此函数使用 RSA 密码方法中的标准公式从密文中获得明文。获得的明文（即解密的消息）存储在变量 msgDecrypt 中。在 LOC 143~145 中将解密的消息显示在屏幕上。

数 值 方 法

我们使用数值方法来求解不可能得到精确解的方程和积分。使用数值方法，我们求出了这些问题的近似解。大多数现实生活中的问题都属于这一类。在使用数值方法解决问题时，人们必须手动执行大量计算。幸运的是，计算机是用于数值计算的机器，因此自计算机问世以来，这项任务主要由计算机完成。本章在 C 编程的环境下讨论下面列出的几种数值方法。

- ❏ 方程求根的对分法（Bisection）。
- ❏ 方程求根的试位法（Regula Falsi）。
- ❏ 方程求根的穆勒法（Muller）。
- ❏ 方程求根的牛顿拉夫森迭代法（Newton Raphson）。
- ❏ 用于构造新的数据点的牛顿（Newton）的前向插值方法。
- ❏ 用于构造新的数据点的牛顿（Newton）的后向插值方法。
- ❏ 用于构造新的数据点的高斯（Gauss）的前向插值方法。
- ❏ 用于构造新的数据点的高斯（Gauss）的后向插值方法。
- ❏ 用于构造新的数据点的斯特林（Stirling）的插值方法。
- ❏ 用于构造新的数据点的贝塞尔（Bessel）的插值方法。
- ❏ 用于构造新的数据点的拉普拉斯 – 埃弗雷特（Laplace Everett）的插值方法。
- ❏ 用于构造新的数据点的拉格朗日（Lagrange）的插值方法。
- ❏ 计算积分值的梯形法。
- ❏ 计算积分值的辛普森（Simpson）的 3/8 方法。
- ❏ 计算积分值的辛普森（Simpson）的 1/3 方法。
- ❏ 求解微分方程的修正的欧拉（Modified Euler）方法。

❑ 求解微分方程的龙格—库塔（Runge Kutta）方法。

11.1 用对分法求方程的根

问题

你想使用对分法求方程的根。

优点：

它总是收敛的。

每次迭代时，可以保证根的闭区间减半。

缺点：

收敛缓慢。

如果其中一个初始猜测接近根，则收敛速度较慢。

解决方案

编写一个 C 程序，使用对分法求方程的根，具有以下规格说明：

程序定义函数 bisect()，它计算方程的根。

将 EPS（epsilon）的值设置为 0.00001。

代码

用这些规格说明编写的 C 程序代码如下。在文本编辑器中键入以下 C 程序并将它保存在文件夹 C:\Code 中，文件名为 numrc1.c：

```
/* 这个程序实现了用对分法求一个方程的根。*/
                                                          /* BL */
#include <stdio.h>                                        /* L1 */
#include <math.h>                                         /* L2 */
                                                          /* BL */
#define EPS 0.00001                                       /* L3 */
#define F(x) (5*x*x) * log10(x) - 5.3                     /* L4 */
                                                          /* BL */
void bisect();                                            /* L5 */
                                                          /* BL */
int kount = 1, intN;                                      /* L6 */
float root = 1;                                           /* L7 */
                                                          /* BL */
void main()                                               /* L8 */
{                                                         /* L9 */
  printf("\nSolution of Equation by Bisection Method. "); /* L10 */
  printf("\nEquation: ");                                 /* L11 */
  printf("   (5*x*x) * log10(x) - 5.3 = 0");              /* L12 */
  printf("\nEnter the number of iterations: ");           /* L13 */
  scanf("%d", &intN);                                     /* L14 */
  bisect();                                               /* L15 */
}                                                         /* L16 */
                                                          /* BL */
void bisect()                                             /* L17 */
```

```
{                                                        /* L18 */
  float x1, x2, x3, func1, func2, func3;                 /* L19 */
  x3 = 1;                                                /* L20 */
  do{                                                    /* L21 */
    func3 = F(x3);                                       /* L22 */
    if (func3 > 0) {                                     /* L23 */
      break;                                             /* L24 */
    }                                                    /* L25 */
    x3++;                                                /* L26 */
  } while(1);                                            /* L27 */
  x2 = x3 - 1;                                           /* L28 */
  do{                                                    /* L29 */
    func2 = F(x2);                                       /* L30 */
    if(func2 < 0) {                                      /* L31 */
      break;                                             /* L32 */
    }                                                    /* L33 */
    x3--;                                                /* L34 */
  } while(1);                                            /* L35 */
  while (kount <= intN) {                                /* L36 */
    x1 = (x2 + x3) / 2.0;                                /* L37 */
    func1 = F(x1);                                       /* L38 */
    if(func1 == 0) {                                     /* L39 */
      root = x1;                                         /* L40 */
    }                                                    /* L41 */
    if(func1 * func2  <0) {                              /* L42 */
      x3 = x1;                                           /* L43 */
    }                                                    /* L44 */
    else {                                               /* L45 */
      x2 = x1;                                           /* L46 */
      func2 = func1;                                     /* L47 */
    }                                                    /* L48 */
    printf("\nIteration No. %d", kount);                 /* L49 */
    printf("   :     Root, x = %f",x1);                  /* L50 */
    if(fabs((x2 - x3) / x2) < EPS) {                     /* L51 */
      printf("\n\nTotal No. of Iterations:  %d", kount); /* L52 */
      printf("\nRoot, x = %f", x1);                      /* L53 */
      printf("\n\nThank you.\n");                        /* L54 */
      exit(0) ;                                          /* L55 */
    }                                                    /* L56 */
    kount++;                                             /* L57 */
  }                                                      /* L58 */
  printf("\n\nTotal No. of Iterations = %d", kount-1);   /* L59 */
  printf("\nRoot, x = %8.6f", x1);                       /* L60 */
  printf("\n\nThank you.\n");                            /* L61 */
}                                                        /* L62 */
```

编译并执行此程序。此程序的一次运行结果如下：

```
Solution of Equation by Bisection Method.
Equation:  (5*x*x) * log10(x) - 5.3 = 0
Enter the number of iterations: 40  ⏎

Iteration No. 1    :     Root, x = 1.500000
```

```
Iteration No. 2      :      Root, x = 1.750000
---------------------------------------------
---------------------------------------------
Iteration No. 15     :      Root, x = 1.928131
Iteration No. 16     :      Root, x = 1.928116

Total No. of Iterations:  16
Root, x = 1.928116
Thank you.
```

工作原理

设曲线方程为 $y=f(x)$。问题是要找到使 y 为 0 的 x 值，x 的这个值称为根。在对分法中，重复应用取中间值的属性，直至找到根。设 $f(x)$ 为 a 和 b 之间的连续函数，其中 a 和 b 定义 x 的边界值。要找到使得 y 为零的 x 的值。设 $f(a)$ 和 $f(b)$ 分别为 $x=a$ 和 $x=b$ 时的 y 值。确切地说，让我们假设 $f(a)$ 是负的，$f(b)$ 是正的。如果 $f(a)$ 和 $f(b)$ 都是正数或负数，那么在 a 到 b 的区间内，根不存在。

现在对根的第一个近似是 $x_1 = 1/2$ $(a+b)$。接下来，有如下三种情况：

情况（a）：如果 $f(x_1)=0$ 则 x_1 是根。

情况（b）：如果 $f(x_1)$ 为正，则根位于 a 和 x_1 之间。

情况（c）：如果 $f(x_1)$ 为负，则根位于 x_1 和 b 之间。

如果情况（a）发生，那么我们用新的边界 a 和 x_1 重复这个过程（将间隔对半分）。如果情况（b）发生，那么我们用新的边界 x_1 和 b 重复这个过程（将间隔对半分）。并且重复该过程直至找到根。对分法的好处是在迭代过程中收敛是保证的。对分法的收敛阶数为 0.5。

在 LOC 3~4 中，定义了 EPS 和 F(x) 的值。在 LOC 5 中，声明了函数 bisect()。在 LOC 6~7 中，声明的变量很少。LOC 8~16 包含 main() 函数的定义。LOC 17~62 由 bisect() 函数的定义组成。

在 main() 函数中，LOC 10~12 显示等式。在 LOC 13 中，要求用户输入迭代次数。在 LOC 14 中读取用户输入的数字并将它存储在 int 变量 intN 中。在 LOC 16 中，函数 bisect() 被调用。该函数使用上述过程计算给定方程的根。LOC 49~54 和 LOC 59~61 在屏幕上显示结果。

11.2　用试位法求方程的根

问题

你想使用试位法（假位置）求方程的根。

优点：

像对分法一样必定收敛。

随着间隔变小，内部点通常变得更接近根。

比对分法的收敛更快。

缺点：

它无法预测达到给定精度的迭代次数。

它可能不如对分法精确。没有严格的精度保证。

解决方案

编写一个 C 程序，使用试位法（假位置）求方程的根，具有以下规格说明：

程序定义函数 falsePosition()，它计算方程的根。

将 EPS 的值设置为 0.00001。

代码

用这些规格说明编写的 C 程序代码如下。在文本编辑器中键入以下 C 程序并将它保存在文件夹 C:\Code 中，文件名为 numrc2.c：

```
/* 这个程序实现了试位法求方程的根。*/
                                                         /* BL */
#include<stdio.h>                                        /* L1 */
#include<math.h>                                         /* L2 */
                                                         /* BL */
#define EPS 0.00001                                      /* L3 */
#define f(x) 3*x*x*x + 5*x*x + 4*cos(x) - 2*exp(x)       /* L4 */
                                                         /* BL */
void falsePosition();                                    /* L5 */
                                                         /* BL */
void main()                                              /* L6 */
{                                                        /* L7 */
  printf("\nSolution of Equation by False Position Method\n");  /* L8 */
  printf("\nEquation :    ");                            /* L9 */
  printf("3*x*x*x + 5*x*x + 4*cos(x) - 2*exp(x) = 0");   /* L10 */
  falsePosition();                                       /* L11 */
}                                                        /* L12 */
                                                         /* BL */
void falsePosition()                                     /* L13 */
{                                                        /* L14 */
  float fun1, fun2, fun3;                                /* L15 */
  float x1, x2, x3;                                      /* L16 */
  int iterations;                                        /* L17 */
  int i;                                                 /* L18 */
  printf("\nEnter the Number of Iterations: ");          /* L19 */
  scanf("%d", &iterations);                              /* L20 */
  x2 = 0.0;                                              /* L21 */
  do {                                                   /* L22 */
    fun2 = f(x2);                                        /* L23 */
    if(fun2 > 0) {                                       /* L24 */
      break;                                             /* L25 */
    }                                                    /* L26 */
    else {                                               /* L27 */
      x2 = x2 + 0.1;                                     /* L28 */
    }                                                    /* L29 */
  } while(1);                                            /* L30 */
```

```
    x1 = x2 - 0.1;                                              /* L31 */
    fun1 = f(x1);                                               /* L32 */
    printf("\nIteration No.\t\tx\t\tF(x)\n");                   /* L33 */
    i = 0;                                                      /* L34 */
    while (i < iterations) {                                    /* L35 */
      x3 = x1 - ((x2 - x1) / (fun2 - fun1)) * fun1;             /* L36 */
      fun3 = f(x3);                                             /* L37 */
      if(fun1 * fun3 > 0) {                                     /* L38 */
        x2 = x3;                                                /* L39 */
        fun2 = fun3;                                            /* L40 */
      }                                                         /* L41 */
      else {                                                    /* L42 */
        x1 = x3;                                                /* L43 */
        fun1 = fun3;                                            /* L44 */
      }                                                         /* L45 */
      printf("\n%d\t\t\t%f\t%f\n", i+1, x3, fun3);              /* L46 */
      if (fabs(fun3) <= EPS)                                    /* L47 */
        break;                                                  /* L48 */
      i++;                                                      /* L49 */
    }                                                           /* L50 */
    printf("\n\nTotal No. of Iterations:  %d", i+1);            /* L51 */
    printf("\nRoot, x = %8.6f \n", x3);                         /* L52 */
    printf("\nThank you.\n");                                   /* L53 */
}                                                               /* L54 */
```

编译并执行此程序。此程序的一次运行结果如下：

```
Solution by False Position Method

Equation :    3*x*x*x + 5*x*x + 4*cos(x) - 2*exp(x) = 0
Enter the Number of Iterations: 30 ↵

Iteration No.               x           F(x)
1                      0.920209      3.974567
2                     -1.387344      1.843082
--------------------------------------------
--------------------------------------------
12                    -1.599190      0.000014
13                    -1.599192     -0.000004

Total No. of Iterations: 15
Root, x = -1.599192

Thank you.
```

工作原理

设曲线方程为 $y=f(x)$。问题是要找到使 y 为 0 的 x 值，x 的这个值称为根。前面讨论了对分法。对分法中的收敛过程非常缓慢。这取决于边界 a 和 b 的选择。设 a 和 b 的中点为 c。那么 $f(x)$ 在确定点 c 时没有起作用。试位法代表了在这个问题上对于对分法的改进。

设 a 和 b 为初始间隔的边界。设 $f(a)$ 为正，$f(b)$ 为负。设 $(a, f(a))$ 为 A 点，$(b, f(b))$ 为 B 点。图 $y=f(x)$ 实际上是 A 点和 B 点之间的曲线，它在点 a 和 b 之间某处切割 X 轴。这

种方法的本质是考虑弦 AB 而不是曲线 AB，然后将弦与 X 轴的交点作为根的近似。弦方程由以下表达式给出：

$$y-f(a)=(f(b)-f(a))*(x-a)/(b-a)$$

在这个表达式中令 y=0，我们就得到了弦切割 X 轴的点，这个点代表了根的第一个近似值。设 c 为该点的 x 坐标，由下式给出：

$$c=a-((b-a)*f(a))/(f(b)-f(a))$$

可以通过检查 f(a)*f(b) 的值来获得包含根的下一个较小间隔。现在这三种情况如下：

情况（a）：如果 f(a)*f(b)=0 则 c 是根。

情况（b）：如果 f(a)*f(b) 为负，则根位于 a 和 c 之间。

情况（c）：如果 f(a)*f(b) 为正，则根位于 b 和 c 之间。

并且重复该过程直至找到根。对分法的好处是在迭代过程中是保证收敛的。试位法的收敛阶数是 1.618。

在 LOC 3～4 中，定义了 EPS 和 f(x) 的值。在 LOC 5 中，声明了函数 falsePosition()。LOC 6～12 包含 main() 函数的定义。LOC 13～54 包含 falsePosition() 函数的定义。

在 main() 函数内，LOC 8～10 显示等式。LOC 11 调用函数 falsePosition()。

在 falsePosition() 函数内部，在 LOC 15～18 中声明了几个变量。LOC 19 要求用户输入迭代次数。在 LOC 20 中读取用户输入的数字并将它存储在 int 变量 iterations 中。使用上述试位法的标准公式计算结果。LOC 33,46,51～53 在屏幕上显示结果。

11.3　用穆勒法求方程的根

问题

你想使用穆勒法求方程的根。

优点：

这种方法可以找到虚根。

在该方法中，不需要使用导数。

缺点：

冗长的计算。实现和调试麻烦。

可以找到外来的根。

解决方案

编写一个 C 程序，使用穆勒法求方程的根，具有以下规格说明：

程序定义计算方程值的函数 f()。

将 EPS 的值设置为 0.00001。

代码

用这些规格说明编写的 C 程序代码如下。在文本编辑器中键入以下 C 程序并将它保存在文件夹 C:\Code 中，文件名为 numrc3.c：

```
/* 这个程序实现了用穆勒法求方程的根。*/
                                                              /* BL */
#include<stdio.h>                                             /* L1 */
#include<math.h>                                              /* L2 */
                                                              /* BL */
#define EPS  0.00001                                          /* L3 */
                                                              /* BL */
float f(float x)                                              /* L4 */
{                                                             /* L5 */
  return (x*x*x)-(2*x)-5;                                     /* L6 */
}                                                             /* L7 */
                                                              /* BL */
main ()                                                       /* L8 */
{                                                             /* L9 */
  int i, itr, maxItr;                                         /* L10 *
  float x[4], m, n, p, q, r;                                  /* L11 */
  printf("\nSolution of Equation by Muller's Method.");       /* L12 */
  printf("\nEquation: x*x*x - 2*x - 5 = 0  \n");              /* L13 */
  printf("\n\n Enter the first initial guess: ");             /* L14 */
  scanf("%f", &x[0]);                                         /* L15 */
  printf("\nEnter the second initial guess: ");               /* L16 */
  scanf("%f", &x[1]);                                         /* L17 */
  printf("\nEnter the third initial guess: ");                /* L18 */
  scanf("%f", &x[2]) ;                                        /* L19 */
  printf("\nEnter the maximum number of iterations: ");       /* L20 */
  scanf("%d", &maxItr);                                       /* L21 */
  for (itr = 1; itr <= maxItr; itr++)    {                    /* L22 */
   m = (x[2] - x[1]) / (x[1] - x[0]);                         /* L23 */
   n = (x[2] - x[0]) / (x[1] - x[0]);                         /* L24 */
   p = f(x[0])*m*m - f(x[1])*n*n + f(x[2])*(n+m);             /* L25 */
   q = sqrt ((p*p - 4*f(x[2])*n*m*(f(x[0])*m - f(x[1])*n + f(x[2])))); /* L26 */
   if (p < 0)                                                 /* L27 */
     r = (2*f(x[2])*n)/(-p+q);                                /* L28 */
   else                                                       /* L29 */
     r = (2*f(x[2])*n)/(-p-q);                                /* L30 */
   x[3] = x[2] + r*(x[2] - x[1]);                             /* L31 */
   printf("Iteration No. : %d,      x = %8.6f\n", itr, x[3]); /* L32 */
   if (fabs (x[3] - x[2]) < EPS) {                            /* L33 */
     printf("\nTotal No. of Iterations: %d\n", itr);          /* L34 */
     printf("\Root, x = %8.6f\n", x[3]);                      /* L35 */
     printf("Thank you.\n");                                  /* L36 */
     return 0;                                                /* L37 */
   }                                                          /* L38 */
      for (i=0; i<3; i++)                                     /* L39 */
          x[i] = x[i+1];                                      /* L40 */
  }                                                           /* L41 */
  printf("\nSolution Doesn't Converge or Iterations are Insufficient.\n"); /* L42 */
  printf("Thank you.\n");                                     /* L43 */
  return(1);                                                  /* L44 */
}                                                             /* L45 */
```

编译并执行此程序。此程序的一次运行结果如下：

```
Solution of Equation by Muller's Method.
Equation:  x*x*x - 2*x - 5 = 0
Enter the first initial guess: 1     ↵
Enter the second initial guess: 2    ↵
Enter the third initial guess: 3     ↵
Enter the maximum number of iterations: 30    ↵
Iteration No. : 1,      x = 2.086800
Iteration No. : 2,      x = 2.094492
Iteration No. : 3,      x = 2.094552
Iteration No. : 4,      x = 2.094552
Total No. of Iterations: 4
Root, x = 2.094552
Thank you.
```

工作原理

设曲线方程为 $y=f(x)$。问题是要找到使 y 为 0 的 x 值，x 的这个值称为根。穆勒法基于割线方法。在割线方法中，挑选曲线 $y=f(x)$ 上的两个点作为根的初始近似值，它们既可以包括也可以不包括根。但是，这些近似值应该合理地接近根。通过这两点构造弦。然后在每次迭代时，下一个近似值移近根。

在穆勒法中，不是选择两个点，而是选择曲线 $y=f(x)$ 上的三个点作为根的初始近似值。然后，通过这三个点构造抛物线而不是弦。接下来，将该抛物线与 X 轴的交点作为下一个近似值。

令 (x_1, y_1)，(x_2, y_2) 和 (x_3, y_3) 是作为根的初始近似的三个不同点。下一个点 x_4 的近似值由以下表达式给出：

$$x_4 - x_3 = \frac{-B \pm \sqrt{B^2 - 4 \times A \times y_3}}{2 \times A}$$

这里，A 和 B 由以下表达式给出：

$$A = \frac{(x_1-x_3)\ (y_2-y_3)\ (x_2-x_3)\ (y_1-y_3)}{(x_2-x_1)\ (x_2-x_2)\ (x_1-x_3)}$$

和

$$B = \frac{(x_1-x_3)^2\ (y_2-y_3) - (x_2-x_3)^2\ (y_1-y_3)}{(x_1-x_2)\ (x_2-x_3)\ (x_1-x_3)}$$

穆勒法的收敛阶数约为 1.84。

在 LOC 3 中定义了 EPS 的值。LOC 4～7 定义了函数 f()。LOC 8～45 定义了函数 main()。在 main() 函数内，LOC 10～11 中声明了几个变量。LOC 13 显示方程。LOC 14、16 和 18 要求用户分别输入第一、第二和第三个初始猜测值。用户输入的猜测值存储在数组 x 中。

LOC 20 要求用户输入最大迭代次数。用户输入的编号存储在变量 maxItr 中。LOC 22～41 由 for 循环组成，并且使用上述穆勒法的标准公式在此 for 循环中计算结果。LOC 34～35 和 42～43 在屏幕上显示结果。

11.4　用牛顿拉夫森迭代法求方程的根

问题

你想使用牛顿拉夫森迭代法求方程的根。

优点：

对根最快的收敛之一。

在根的二次方上进行收敛。

易于转换为多个维度。

缺点：

需要函数 $f(x)$ 的导数。

全局收敛性差。

计算取决于初始猜测值。

解决方案

编写一个 C 程序，使用牛顿拉夫森迭代法求方程的根，具有以下规格说明：

程序定义函数 newtonRaphson()，它计算方程的根。

将 EPS 的值设置为 0.00001。

代码

用这些规格说明编写的 C 程序代码如下。在文本编辑器中键入以下 C 程序并将它保存在文件夹 C:\Code 中，文件名为 numrc4.c：

```
/* 这个程序实现Newton Raphson方法来求方程的根。*/
                                                          /* BL */
#include<stdio.h>                                         /* L1 */
#include<math.h>                                          /* L2 */
                                                          /* BL */
#define EPS  0.00001                                      /* L3 */
#define f(x) 17*x*x*x - 13*x*x - 7*x - 2973               /* L4 */
#define df(x) 51*x*x - 26*x - 7                           /* L5 */
                                                          /* BL */
void newtonRaphson();                                     /* L6 */
                                                          /* BL */
void main()                                               /* L7 */
{                                                         /* L8 */
  printf ("\nSolution of Equation by Newton Raphson method.\n"); /* L9 */
  printf ("\nEquation is: 17*x*x*x - 13*x*x - 7*x - 2973 = 0 \n\n"); /* L10 */
  newtonRaphson();                                        /* L11 */
}                                                         /* L12 */
                                                          /* BL */
void newtonRaphson()                                      /* L13 */
{                                                         /* L14 */
  long float x1, x2, f1, f2, df;                          /* L15 */
  int i=1, iterations;                                    /* L16 */
  float error;                                            /* L17 */
  x2 = 0;                                                 /* L18 */
  do {                                                    /* L19 */
```

```
    f2 = f(x2);                                                /* L20 */
    if (f2 > 0)                                                /* L21 */
      break;                                                   /* L22 */
    x2 += 0.01;                                                /* L23 */
  } while (1);                                                 /* L24 */
  x1 = x2 - 0.01;                                              /* L25 */
  f1 = f(x1);                                                  /* L26 */
  printf("Enter the number of iterations: ");                 /* L27 */
  scanf(" %d",&iterations);                                    /* L28 */
  x1 = (x1 + x2) / 2;                                          /* L29 */
  while (i <= iterations) {                                    /* L30 */
    f1 = f(x1);                                                /* L31 */
    df = df(x1);                                               /* L32 */
    x2 = x1 - (f1/df);                                         /* L33 */
    printf("\nThe %d th approximation, x = %f", i, x2);        /* L34 */
    error = fabs(x2 - x1);                                     /* L35 */
    if(error < EPS)                                            /* L36 */
      break;                                                   /* L37 */
    x1 = x2;                                                   /* L38 */
    i++;                                                       /* L39 */
  }                                                            /* L40 */
  if(error > EPS)                                              /* L41 */
    printf("Solution Doesn't Converge or No.of Iterations Insufficient."); /* L42 */
  printf("\nRoot,   x = %8.6f ", x2);                          /* L43 */
  printf("\nThank you.\n");                                    /* L44 */
}                                                              /* L45 */
```

编译并执行此程序。此程序的一次运行结果如下：

```
Solution of Equation by Newton Raphson Method.
Equation is: 17*x*x*x - 13*x*x - 7*x - 2973 = 0

Enter the number of iterations: 10    ↵

The 1 th approximation, x = 5.884717
The 2 th approximation, x = 5.884717
Root, x = 5.884717
Thank you.
```

工作原理

设曲线方程为 $y=f(x)$。问题是要找到使 y 为 0 的 x 值，x 的这个值称为根。在牛顿拉夫森迭代法中，选择单个点（例如，x_0，y_0）作为根的初始近似值。在点 (x_0, y_0) 处绘制曲线的切线。该切线与 X 轴相交的点表示比 x_0 更好的根估计。设这一点是 $(x_1, 0)$。在 (x_1, y_1) 处绘制曲线的切线。设该切线在点 x_2 处与 X 轴相交。现在，x_2 表示比 x_1 更好的根估计。在（x_2，y_2）处绘制曲线的切线，以此类推。需要重复此过程，直至找到根。如果 x_n 已知，那么 x 的下一个值，比如 $x(n+1)$，可以使用以下公式计算：

$$x(n+1)=x_n-f(x_n)/f'(x_n)$$

其中 $f'(x_n)$ 是 $f(x_n)$ 的导数。牛顿拉夫森迭代法的收敛阶数为 2。但是，在牛顿拉夫森迭代法的情况下，不能保证收敛。

在 LOC 3 中定义了 EPS 的值。在 LOC 4 中，定义了等式 f(x)。在 LOC 5 中，定义了 f(x) 的导数 df(x)。LOC 6 包含函数 newtonRaphson() 的声明。LOC 7~12 包含函数 main() 的定义。LOC 13~45 由函数 newtonRaphson() 的定义组成。在 main() 函数内，在 LOC 9~10 中，屏幕上显示等式 f(x)= 0。在 LOC 11 中，函数 newtonRaphson() 被调用。

在函数 newtonRaphson() 内部，LOC 15~17 中声明了几个变量。在 LOC 27 中，要求用户输入迭代次数。在 LOC 28 中读取用户输入的数字并将它存储在变量 iterations 中。

使用上述牛顿拉斐逊方法的标准程序和公式在该函数中计算结果。最后，结果显示在 LOC 34,42~44 的屏幕上。

11.5　用牛顿前向插值法构造新的数据点

问题
你想使用牛顿前向插值法构造新的数据点。

优点：

特别适用于在给定值的集合的开头附近内插 *f(x)* 的值。

牛顿前向插值法比拉格朗日插值方法更有效，并且易于实现。

缺点：

方法有一个约束，即函数 *f(x)* 必须是连续的和可微的。

解决方案
使用牛顿前向插值法编写一个构建新数据点的 C 程序，具有以下规格说明：

项数最多为 20。

接受的 x 的值最高精确到小数点后 2 位。

接受的 y 的值最高精确到小数点后 4 位。

代码
用这些规格说明编写的 C 程序代码如下。在文本编辑器中键入以下 C 程序并将它保存在文件夹 C:\Code 中，文件名为 numrc5.c：

```
/* 这个程序实现了牛顿前向插值法。*/
                                                        /* BL */
#include<stdio.h>                                       /* L1 */
                                                        /* BL */
#define MAX 20                                          /* L2 */
                                                        /* BL */
void main()                                             /* L3 */
{                                                       /* L4 */
  float ax[MAX], ay[MAX], diff[MAX][5];                 /* L5 */
  float nr = 1.0, dr=1.0, x, p, h, yp;                  /* L6 */
  int terms, i, j, k;                                   /* L7 */
  printf("\nInterpolation by Newton's Forward Method.");/* L8 */
  printf("\nEnter the number of terms (Maximum 20): "); /* L9 */
```

```
  scanf("%d", &terms);                                      /* L10 */
  printf("\nEnter the values of x upto 2 decimal points.\n");   /* L11 */
  for (i=0; i<terms; i++) {                                  /* L12 */
    printf("Enter the value of x%d: ", i+1);                 /* L13 */
    scanf("%f",&ax[i]);                                      /* L14 */
  }                                                          /* L15 */
  printf("\nNow enter the values of y upto 4 decimal points.\n"); /* L16 */
  for (i=0; i<terms; i++) {                                  /* L17 */
    printf("Enter the value of y%d: ", i+1);                 /* L18 */
    scanf("%f", &ay[i]);                                     /* L19 */
  }                                                          /* L20 */
  printf("\nEnter the value of x for which the value of y is wanted: "); /* L21 */
  scanf("%f", &x);                                           /* L22 */
  h = ax[1] - ax[0];                                         /* L23 */
  for (i = 0; i < terms-1; i++)                              /* L24 */
    diff[i][1] = ay[i+1] - ay[i];                            /* L25 */
  for (j=2; j<=4; j++)                                       /* L26 */
    for(i=0; i<=terms-j; i++)                                /* L27 */
      diff[i][j] = diff[i+1][j-1] - diff[i][j-1];            /* L28 */
  i=0;                                                       /* L29 */
  do {                                                       /* L30 */
    i++;                                                     /* L31 */
  } while (ax[i] < x);                                       /* L32 */
  i--;                                                       /* L33 */
  p = (x - ax[i]) / h;                                       /* L34 */
  yp = ay[i];                                                /* L35 */
  for (k=1; k <= 4; k++)      {                              /* L36 */
    nr *= p - k + 1;                                         /* L37 */
    dr *= k;                                                 /* L38 */
    yp += (nr/dr) * diff[i][k];                              /* L39 */
  }                                                          /* L40 */
  printf("\nFor x = %6.2f,     y = %6.4f",x,yp);             /* L41 */
  printf("\nThank you.\n");                                  /* L42 */
}                                                            /* L43 */
```

编译并执行此程序。此程序的一次运行结果如下：

```
Interpolation by Newton's Forward Method.
Enter the number of terms (Maximum 20): 5  ↵

Enter the values of x upto 2 decimal points.
Enter the value of x1: 10.11  ↵
Enter the value of x2: 20.22  ↵
Enter the value of x3: 30.33  ↵
Enter the value of x4: 40.44  ↵
Enter the value of x5: 50.55  ↵

Now enter the values of y upto 4 decimal points.
Enter the value of y1: 35.3535  ↵
Enter the value of y2: 45.4545  ↵
Enter the value of y3: 55.5555  ↵
Enter the value of y4: 65.6565  ↵
Enter the value of y5: 75.7575  ↵
```

```
Enter the value of x for which the value of y is wanted: 36.67

For x = 36.67,   y = 61.3494
Thank you.
```

工作原理

在插值中，不是提供 $y=f(x)$ 类型的方程，而是提供一个少量数据点组成的集合，并且你需要使用该集合构造新的数据点。假设提供以下五个数据点：$(x_1,y_1),(x_2,y_2),(x_3,y_3),(x_4,y_4)$ 和 (x_5,y_5)。使用这些数据点，你需要创建新的数据点 (x_i,y_i)，使得（ $x_1<x_i<x_5$ ）且（ $y_1<y_i<y_5$ ）。

在牛顿前向插值法中，图 11-1 中所示的公式用于构造新的数据点。这里 $f(x)$ 是第 n 度的多项式。当在数据点表的开头附近需要 $f(x)$ 时，该公式特别有用。

$$f(a+hu)=f(a)+u\Delta f(a)+\frac{u(u-1)}{2!}\Delta^2 f(a)+\cdots+\frac{u(u-1)(u-2)...(u-n+1)}{n!}\Delta^n f(a)$$

这里 $y=f(x)$ 是一个 x 的函数，它假定 $f(a), f(a+h), f(a+2h),\cdots,f(a+nh)$ 这 $(n+1)$ 个值等于独立变量 x 取值为等距离的 $a,a+h,\cdots,a+nh$ 时的函数值，并且 $f(a+h)-f(a)=\Delta f(a)$ 且 $u=(x-a)/h$。

图 11-1　牛顿前向插值法的公式

LOC 2 定义符号常量 MAX，其值为 20。LOC 3～43 定义了函数 main()。在 LOC 5～7 中，声明了几个变量。LOC 9 要求用户输入项数。在 LOC 10 中读取用户输入的数字，并存储在变量 terms 中。LOC 11 要求用户输入 x 的值。用户输入的值在跨越 LOC 12～15 的 for 循环中读取。LOC 16 要求用户输入 y 的值。用户输入的值将在跨越 LOC 17～20 的 for 循环中读取。

LOC 21 要求用户输入需要求 y 值的 x 值。在 LOC 22 中读取用户输入的浮点数值并存储在变量 x 中。在 LOC 23～40 中，计算对应的 y 值。因此 (x, y) 表示新构造的数据点。在 LOC 41 中将结果显示在屏幕上。

11.6　用牛顿后向插值法构造新的数据点

问题

你想使用牛顿后向插值法构造新的数据点。

优点：

特别适用于在给定值集的末尾内插 $f(x)$ 的值。

牛顿后向插值法比拉格朗日插值方法更高效，并且易于实现。

缺点：

方法有一个约束，即函数 $f(x)$ 必须是连续且可微的。

解决方案

使用牛顿后向插值法编写一个构建新数据点的 C 程序，具有以下规格说明：

项数最多为 20。

接受的 x 的值最高精确到小数点后 2 位。

接受的 y 的值最高精确到小数点后 4 位。

代码

用这些规格说明编写的 C 程序代码如下。在文本编辑器中键入以下 C 程序并将它保存在文件夹 C:\Code 中，文件名为 numrc6.c：

```
/* 这个程序实现了牛顿后向插值法。*/
                                                        /* BL */
# include <stdio.h>                                     /* L1 */
# include <ma th.h>                                     /* L2 */
                                                        /* BL */
# define MA X 20                                        /* L3 */
                                                        /* BL */
void main ()                                            /* L4 */
{                                                       /* L5 */
  int i, j, k, terms;                                   /* L6 */
  float ax[MAX], ay[MAX], x, x0 = 0, y0, sum, h, store, p;   /* L7 */
  float diff[MAX][5], y1, y2, y3, y4;                   /* L8 */
  printf("\nInterpolation by Newton's Backward Method.");   /* L9 */
  printf("\nEnter the number of terms (Maximum 20): ");   /* L10 */
  scanf("%d", &terms) ;                                 /* L11 */
  printf("\nEnter the values of x upto 2 decimal points.\n");   /* L12 */
  for (i=0; i<terms; i++) {                             /* L13 */
    printf("Enter the value of x%d: ", i+1);            /* L14 */
    scanf("%f",&ax[i]);                                 /* L15 */
  }                                                     /* L16 */
  printf("\nNow enter the values of y upto 4 decimal points.\n"); /* L17 */
  for (i=0; i < terms; i++) {                           /* L18 */
    printf("Enter the value of y%d: ", i+1);            /* L19 */
    scanf("%f", &ay[i]);                                /* L20 */
  }                                                     /* L21 */
  printf("\nEnter the value of x for which the value of y is wanted:"); /* L22 */
  scanf("%f", &x);                                      /* L23 */
  h = ax[1] - ax[0];                                    /* L24 */
  for(i=0; i < terms-1; i++) {                          /* L25 */
    diff[i][1] = ay[i+1] - ay[i];                       /* L26 */
  }                                                     /* L27 */
  for (j=2; j<=4; j++) {                                /* L28 */
    for (i=0; i<terms-j; i++) {                         /* L29 */
      diff[i][j] = diff[i+1][j-1] - diff[i][j-1];       /* L30 */
    }                                                   /* L31 */
  }                                                     /* L32 */
  i=0;                                                  /* L33 */
  while(!ax[i] > x) {                                   /* L34 */
    i++;                                                /* L35 */
  }                                                     /* L36 */
```

```
        x0 = ax[i];                                          /* L37 */
        sum = 0;                                             /* L38 */
        y0 = ay[i];                                          /* L39 */
        store = 1;                                           /* L40 */
        p = (x - x0) / h;                                    /* L41 */
        sum = y0;                                            /* L42 */
        for (k=1; k <= 4; k++) {                             /* L43 */
          store = (store * (p-(k-1)))/k;                     /* L44 */
          sum = sum + store * diff[i][k];                    /* L45 */
        }                                                    /* L46 */
        printf ("\nFor x = %6.2f,    y = %6.4f", x, sum);    /* L47 */
        printf("\nThank you.\n");                            /* L48 */
}                                                            /* L50 */
```

编译并执行此程序。此程序的一次运行结果如下：

```
Interpolation by Newton's Backward Method.
Enter the number of terms (Maximum 20): 5  ↵
Enter the values of x upto 2 decimal points.
Enter the value of x1: 10.11  ↵
Enter the value of x2: 20.22  ↵
Enter the value of x3: 30.33  ↵
Enter the value of x4: 40.44  ↵
Enter the value of x5: 50.55  ↵

Now enter the values of y upto 4 decimal points.
Enter the value of y1: 35.3535  ↵
Enter the value of y2: 45.4545  ↵
Enter the value of y3: 55.5555  ↵
Enter the value of y4: 65.6565  ↵
Enter the value of y5: 75.7575  ↵

Enter the value of x for which the value of y is wanted: 46.82

For x = 46.82,    y = 72.0308
Thank you.
```

工作原理

在插值中，不是提供 $y=f(x)$ 类型的方程，而是提供一个少量数据点组成的集合，并且你需要使用该集合构造新的数据点。假设提供以下五个数据点：$(x_1,y_1),(x_2,y_2),(x_3,y_3),(x_4,y_4)$ 和 (x_5,y_5)。使用这些数据点，你需要创建新的数据点 (x_i,y_i)，使得 $(x_1<x_i<x_5)$ 且 $(y_1<y_i<y_5)$。

在牛顿后向插值法中，使用图 11-2 中所示的公式来构造新的数据点。这里 $f(x)$ 是第 n 度的多项式。当在表的末尾附近需要 $f(x)$ 时，该公式特别有用。

LOC 3 定义符号常量 MAX，其值为 20。LOC 4～50 定义了函数 main()。在 LOC 6～8 中，声明了几个变量。LOC 10 要求用户输入项数。用户输入的数字在 LOC 11 中读取，并存储在变量 terms 中。LOC 12 要求用户输入 x 的值。用户输入的值在跨越 LOC 13～16 的 for 循环中读取。LOC 17 要求用户输入 y 的值。用户输入的值在跨越 LOC 18～21 的 for 循环中读取。

$$f(a+nh+uh)=f(a+nh)+u\Delta f(a+nh)+\frac{u(u+1)}{2!}\Delta^2 f(a+nh)+\cdots+\frac{u(u+1)\cdots(u+n-1)}{n!}\Delta^n f(a+nh)$$

这里 $y=f(x)$ 是一个 x 的函数，它假定 $f(a)$, $f(a+h)$, $f(a+2h)$, $\cdots$, $f(a+nh)$ 这 $(n+1)$ 个值等于独立变量 x 取值为等距离的 $a, a+h, \cdots, a+nh$ 时的函数值，并且 $f(a+h)-f(a)=\Delta f(a)$ 且 $u=(x-a)/h$。

图 11-2 牛顿后向插值法的公式

LOC 22 要求用户输入需要求 y 值的 x 值。在 LOC 23 中读取用户输入的浮点数值并存储在变量 x 中。在 LOC 24～46 中，使用上述牛顿后向插值法的标准公式计算 y 的对应值。因此 (x, y) 表示新构造的数据点。在 LOC 47 中将结果显示在屏幕上。

11.7　用高斯前向插值法构造新的数据点

问题

你希望使用高斯前向插值法构建新数据点。

优点：

当 u 介于 0 和 0.5 之间时，此公式特别有用。

此公式适用于在给定值集合的中间附近进行插值。

缺点：

冗长的计算。实现和调试麻烦。

当 u 小于零或大于 0.5 时，没有多大用处。

解决方案

编写一个 C 程序，使用高斯前向插值法构造新的数据点，具有以下规格说明：

项数最多为 20。

接受的 x 的值最高精确到小数点后 2 位。

接受的 y 的值最高精确到小数点后 4 位。

代码

用这些规格说明编写的 C 程序代码如下。在文本编辑器中键入以下 C 程序并将它保存在文件夹 C:\Code 中，文件名为 numrc7.c：

```
/* 这个程序实现了高斯前向插值法。*/               /* BL */
                                              /* L1 */
# include <stdio.h>                            /* BL */
                                              /* L2 */
# define MAX 20                                /* BL */
                                              /* L3 */
void main()                                    /* L4 */
{                                              /* L5 */
  int i, j, terms;
```

```
float ax[MAX], ay[MAX], x, y = 0, h, p;                              /* L6 */
float diff[MAX][5], y1, y2, y3, y4;                                  /* L7 */
printf("\nInterpolation by Gauss's Forward Method.");               /* L8 */
printf("\nEnter the number of terms (Maximum 20): ");              /* L9 */
scanf("%d", &terms);                                                /* L10 */
printf("\nEnter the values of x upto 2 decimal points.\n");        /* L11 */
for (i=0; i<terms; i++) {                                           /* L12 */
  printf("Enter the value of x%d: ", i+1);                          /* L13 */
  scanf("%f",&ax[i]);                                               /* L14 */
}                                                                   /* L15 */
printf("\nNow enter the values of y upto 4 decimal points.\n");    /* L16 */
for (i=0; i < terms; i++) {                                         /* L17 */
  printf("Enter the value of y%d: ", i+1);                          /* L18 */
  scanf("%f", &ay[i]);                                              /* L19 */
}                                                                   /* L20 */
printf("\nEnter the value of x for which the value of y is wanted:"); /* L21 */
scanf("%f", &x);                                                    /* L22 */
h = ax[1] - ax[0];                                                  /* L23 */
for(i=0; i < terms-1; i++)                                          /* L24 */
  diff[i][1] = ay[i+1] - ay[i];                                     /* L25 */
for(j=2; j <= 4; j++)                                               /* L26 */
  for(i=0; i < terms-j; i++)                                        /* L27 */
    diff[i][j] = diff[i+1][j-1] - diff[i][j-1];                     /* L28 */
i = 0;                                                              /* L29 */
do {                                                                /* L30 */
  i++;                                                              /* L31 */
} while(ax[i] < x);                                                 /* L32 */
i--;                                                                /* L33 */
p = (x - ax[i]) / h;                                                /* L34 */
y1 = p * diff[i][1] ;                                               /* L35 */
y2 = p * (p - 1) * diff[i - 1][2] / 2;                              /* L36 */
y3 = (p + 1) * p * (p - 1) * diff[i - 2][3] / 6;                    /* L37 */
y4 = (p + 1) * p * (p - 1) * (p - 2) * diff[i - 3][4] / 24;         /* L38 */
y = ay[i] + y1 + y2 + y3 + y4;                                      /* L39 */
printf("\nFor x = %6.2f,    y = %6.4f ", x, y);                     /* L40 */
printf("\nThank you.\n");                                           /* L41 */
}                                                                   /* L42 */
```

编译并执行此程序。此程序的一次运行结果如下：

```
Interpolation by Gauss's Forward Method.
Enter the number of terms (Maximum 20): 7    ↵

Enter the values of x upto 2 decimal points.
Enter the value of x1: 1.22    ↵
Enter the value of x2: 2.33    ↵
Enter the value of x3: 3.44    ↵
Enter the value of x4: 4.55    ↵
Enter the value of x5: 5.66    ↵
Enter the value of x6: 6.77    ↵
Enter the value of x7: 7.88    ↵

Now enter the values of y upto 4 decimal points.
```

```
Enter the value of y1: 100.1111  ↵
Enter the value of y2: 200.2222  ↵
Enter the value of y3: 300.3333  ↵
Enter the value of y4: 400.4444  ↵
Enter the value of y5: 500.5555  ↵
Enter the value of y6: 600.6666  ↵
Enter the value of y7: 700.7777  ↵

Enter the value of x for which the value of y is wanted: 6.12

For x = 6.12,   y = 542.0430
Thank you.
```

工作原理

在插值中，不是提供 $y=f(x)$ 类型的方程，而是提供一个少量数据点组成的集合，并且你需要使用该集合构造新的数据点。假设提供以下五个数据点：$(x_1,y_1),(x_2,y_2),(x_3,y_3),(x_4,y_4)$ 和 (x_5,y_5)。使用这些数据点，你需要创建新的数据点 (x_i,y_i)，使得 $(x_1<x_i<x_5)$ 且 $(y_1<y_i<y_5)$。

在高斯的前向插值法中，使用图 11-3 中所示的公式来构造新的数据点。这里 $f(x)$ 是第 n 度的多项式。当 u 介于 0 和 1/2 之间时，此公式非常有用。

$$f(u)=f(0)+u\,\Delta f(0)+\frac{u(u-1)}{2!}\,\Delta^2 f(-1)+\frac{(u+1)u(u-1)}{n!}\,\Delta^3 f(-1)+\frac{(u+1)u(u-1)(u-2)}{4!}\,\Delta^4 f(-2)+\cdots$$

这里 $y=f(x)$ 是一个 x 的函数，它假定 $f(a),f(a+h),f(a+2h),\cdots,f(a+nh)$ 这 $(n+1)$ 个值等于独立变量 x 取值为等距离的 $a,a+h,\cdots,a+nh$ 时的函数值，并且 $f(a+h)-f(a)=\Delta f(a)$ 且 $u=(x-a)/h$。

图 11-3　高斯前向插值法的公式

LOC 2 定义符号常量 MAX，其值为 20。LOC 3～42 定义了函数 main()。在 LOC 5～7 中，声明了几个变量。LOC 9 要求用户输入项数。在 LOC 10 中读取用户输入的数字，并存储在变量 terms 中。LOC 11 要求用户输入 x 的值。用户输入的值在跨越 LOC 12～15 的 for 循环中读取。LOC 16 要求用户输入 y 的值。用户输入的值将在跨越 LOC 17～20 的 for 循环中读取。

LOC 21 要求用户输入需要对应 y 值的 x 值。在 LOC 22 中读取用户输入的浮点数值并将它存储在变量 x 中。在 LOC 23～39 中，使用上述高斯正向插值法的标准公式计算 y 的对应值。因此 (x, y) 表示新构造的数据点。在 LOC 40 中将结果显示在屏幕上。

11.8　用高斯后向插值法构造新的数据点

问题

你希望使用高斯后向插值法构造新的数据点。

优点：

当 u 位于 −0.5 和 0 之间时，此公式特别有用。

此公式适用于在给定值集合的中间附近进行插值。

缺点：

冗长的计算。实现和调试麻烦。

当 u 小于 −0.5 或大于零时，没有太大用处。

解决方案

使用高斯后向插值法编写一个构建新数据点的 C 程序，具有以下规格说明：

项数最多为 20。

接受的 x 的值最高精确到小数点后 2 位。

接受的 y 的值最高精确到小数点后 4 位。

代码

用这些规格说明编写的 C 程序代码如下。在文本编辑器中键入以下 C 程序并将它保存在文件夹 C:\Code 中，文件名为 numrc8.c：

```
/* 这个程序实现了高斯后向插值法。*/
                                                                    /* BL */
# include <stdio.h>                                                 /* L1 */
                                                                    /* BL */
# define MAX 20                                                     /* L2 */
                                                                    /* BL */
void main()                                                         /* L3 */
{                                                                   /* L4 */
  int i, j, terms;                                                  /* L5 */
  float ax[MAX], ay[MAX], x, y = 0, h, p;                           /* L6 */
  float diff[MAX][5], y1, y2, y3, y4;                               /* L7 */
  printf("\nInterpolation by Gauss's Backward Method.");            /* L8 */
  printf("\nEnter the number of terms (Maximum 20): ");             /* L9 */
  scanf("%d", &terms);                                              /* L10 */
  printf("\nEnter the values of x upto 2 decimal points.\n");       /* L11 */
  for (i=0; i<terms; i++) {                                         /* L12 */
    printf("Enter the value of x%d: ", i+1);                        /* L13 */
    scanf("%f",&ax[i]);                                             /* L14 */
  }                                                                 /* L15 */
  printf("\nNow enter the values of y upto 4 decimal points.\n");   /* L16 */
  for (i=0; i < terms; i++) {                                       /* L17 */
    printf("Enter the value of y%d: ", i+1);                        /* L18 */
    scanf("%f", &ay[i]);                                            /* L19 */
  }                                                                 /* L20 */
  printf("\nEnter the value of x for which the value of y is wanted:"); /* L21 */
  scanf("%f", &x);                                                  /* L22 */
  h = ax[1] - ax[0];                                                /* L23 */
  for(i=0; i < terms-1; i++)                                        /* L24 */
    diff[i][1] = ay[i+1] - ay[i];                                   /* L25 */
  for(j=2; j <= 4; j++)                                             /* L26 */
    for(i=0; i < terms-j; i++)                                      /* L27 */
```

```
    diff[i][j] = diff[i+1][j-1] - diff[i][j-1];          /* L28 */
  i = 0;                                                   /* L29 */
  do {                                                     /* L30 */
    i++;                                                   /* L31 */
  } while (ax[i] < x);                                     /* L32 */
  i--;                                                     /* L33 */
  p = (x - ax[i]) / h;                                     /* L34 */
  y1 = p * diff[i-1][1];                                   /* L35 */
  y2 = p *(p+1) * diff[i-1][2]/2;                          /* L36 */
  y3 = (p+1) * p * (p-1) * diff[i-2][3]/6;                 /* L37 */
  y4 = (p+2) * (p+1) * p * (p-1) * diff[i-3][4]/24;        /* L38 */
  y = ay[i] + y1 + y2 + y3 + y4;                           /* L39 */
  printf("\nFor x = %6.2f,      y = %6.4f ", x, y);        /* L40 */
  printf("\nThank you.\n");                                /* L41 */
}                                                          /* L42 */
```

编译并执行此程序。此程序的一次运行结果如下：

```
Interpolation by Gauss's Backward Method.
Enter the number of terms (Maximum 20): 7  ↵

Enter the values of x upto 2 decimal points.
Enter the value of x1: 1.22  ↵
Enter the value of x2: 2.33  ↵
Enter the value of x3: 3.44  ↵
Enter the value of x4: 4.55  ↵
Enter the value of x5: 5.66  ↵
Enter the value of x6: 6.77  ↵
Enter the value of x7: 7.88  ↵


Now enter the values of y upto 4 decimal points.
Enter the value of y1: 100.1111  ↵
Enter the value of y2: 200.2222  ↵
Enter the value of y3: 300.3333  ↵
Enter the value of y4: 400.4444  ↵
Enter the value of y5: 500.5555  ↵
Enter the value of y6: 600.6666  ↵
Enter the value of y7: 700.7777  ↵

Enter the value of x for which the value of y is wanted: 7.16

For x = 7.16,   y = 635.8408
Thank you.
```

工作原理

在插值中，不是提供 $y=f(x)$ 类型的方程，而是提供一个少量数据点组成的集合，并且你需要使用该集合构造新的数据点。假设提供以下五个数据点：$(x_1, y_1), (x_2, y_2), (x_3, y_3), (x_4, y_4)$ 和 (x_5, y_5)。使用这些数据点，你需要创建新的数据点 (x_i, y_i)，使得 $(x_1 < x_i < x_5)$ 且 $(y_1 < y_i < y_5)$。

在高斯的后向插值方法中，图 11-4 中所示的公式用于构造新的数据点。这里 $f(x)$ 是第 n 度的多项式。当 u 介于 $-1/2$ 和 0 之间时，此公式非常有用。

$$f(u)=f(0)+u\,\Delta f(-1)+\frac{(u+1)u}{2!}\,\Delta^2 f(-1)+\frac{(u+1)u(u-1)}{3!}\,\Delta^3 f(-2)+\frac{(u+2)(u+1)(u-1)}{4!}\,\Delta^4 f(-2)+\cdots$$

这里 $y=f(x)$ 是一个 x 的函数，它假定 $f(a)$, $f(a+h)$, $f(a+2h)$, $\cdots$, $f(a+nh)$ 这 $(n+1)$ 个值等于独立变量 x 取值为等距离的 $a,a+h,\cdots,a+nh$ 时的函数值，并且 $f(a+h)-f(a)=\Delta f(a)$ 且 $u=(x-a)/h$。

图 11-4　高斯后向插值法的公式

LOC 2 定义符号常量 MAX，其值为 20。LOC 3～42 定义了函数 main()。在 LOC 5～7 中声明了几个变量。LOC 9 要求用户输入项数。在 LOC 10 中读取用户输入的数字，并将它存储在变量 terms 中。LOC 11 要求用户输入 x 的值。用户输入的值在跨越 LOC 12～15 的 for 循环中读取。LOC 16 要求用户输入 y 的值。用户输入的值将在跨越 LOC 17～20 的 for 循环中读取。

LOC 21 要求用户输入需要求 y 值的 x 值。在 LOC 22 中读取用户输入的浮点数值并把它存储在变量 x 中。在 LOC 23～39 中，使用上述高斯后向插值法的标准公式计算 y 的对应值。因此 (x, y) 表示新构造的数据点。在 LOC 40 中将结果显示在屏幕上。

11.9　用斯特林插值法构造新的数据点

问题
你想使用斯特林插值法构建新的数据点。

优点：

前向或后向差分公式使用函数的单侧信息，而斯特林公式使用 $f(x)$ 两侧的函数值。

当 $-0.25<u<0.25$ 时给出最佳估计

缺点：

当 u 小于 -0.5 或大于 0.5 时，公式没有多大用处。

解决方案
使用斯特林插值法编写一个构建新数据点的 C 程序，具有以下规格说明：

项数最多为 20。

接受的 x 的值最高精确到小数点后 2 位。

接受的 y 的值最高精确到小数点后 4 位。

代码
用这些规格说明编写的 C 程序代码如下。在文本编辑器中键入以下 C 程序并将它保存在文件夹 C:\Code 中，文件名为 numrc9.c：

```
/* 这个程序实现了斯特林插值法。*/

                                                    /* BL */
#include<stdio.h>                                   /* L1 */
```

```
                                                         /* BL */
# define MAX 20                                          /* L2 */
                                                         /* BL */
void main()                                              /* L3 */
{                                                        /* L4 */
  int i, j, terms;                                       /* L5 */
  float ax[MAX], ay[MAX], x, y, h, p;                    /* L6 */
  float diff[MAX][5], y1, y2, y3, y4;                    /* L7 */
  printf("\nInterpolation by Stirling Method.");         /* L8 */
  printf("\nEnter the number of terms (Maximum 20): ");  /* L9 */
  scanf("%d", &terms);                                   /* L10 */
  printf("\nEnter the values of x upto 2 decimal points.\n");  /* L11 */
  for (i=0; i<terms; i++) {                              /* L12 */
    printf("Enter the value of x%d: ", i+1);             /* L13 */
    scanf("%f",&ax[i]);                                  /* L14 */
  }                                                      /* L15 */
  printf("\nNow enter the values of y upto 4 decimal points.\n"); /* L16 */
  for (i=0; i < terms; i++) {                            /* L17 */
    printf("Enter the value of y%d: ", i+1);             /* L18 */
    scanf("%f", &ay[i]);                                 /* L19 */
  }                                                      /* L20 */
  printf("\nEnter the value of x for which the value of y is wanted: "); /* L21 */
  scanf("%f", &x);                                       /* L22 */
  h = ax[1] - ax[0];                                     /* L23 */
  for(i=0; i < terms-1; i++)                             /* L24 */
    diff[i][1] = ay[i+1] - ay[i];                        /* L25 */
  for(j=2; j <= 4; j++)                                  /* L26 */
    for(i=0; i < terms-j; i++)                           /* L27 */
      diff[i][j] = diff[i+1][j-1] - diff[i][j-1];        /* L28 */
  i = 0;                                                 /* L29 */
  do {                                                   /* L30 */
    i++;                                                 /* L31 */
  } while(ax[i] < x);                                    /* L32 */
  i--;                                                   /* L33 */
  p = (x - ax[i])/h;                                     /* L34 */
  y1 = p * (diff[i][1] + diff[i-1][1])/2;                /* L35 */
  y2 = p * p * diff[i-1][2]/2;                           /* L36 */
  y3 = p * (p*p-1) * (diff[i-1][3] + diff[i-2][3])/6;    /* L37 */
  y4 = p * p * (p*p-1) * diff[i-2][4]/24;                /* L38 */
  y = ay[i] + y1 + y2 + y3 + y4;                         /* L39 */
  printf("\n\nFor x = %6.2f,     y = %6.4f", x, y);      /* L40 */
  printf("\nThank you. \n);                              /* L41 */
}                                                        /* L42 */
```

编译并执行此程序。此程序的一次运行结果如下：

```
Interpolation by Stirling Method.
Enter the number of terms (Maximum 20): 5  ↵

Enter the values of x upto 2 decimal points.
Enter the value of x1: 1.22  ↵
Enter the value of x2: 2.33  ↵
Enter the value of x3: 3.44  ↵
Enter the value of x4: 4.55  ↵
```

```
Enter the value of x5: 5.66  ↵

Now enter the values of y upto 4 decimal points.
Enter the value of y1: 100.1111  ↵
Enter the value of y2: 200.2222  ↵
Enter the value of y3: 300.3333  ↵
Enter the value of y4: 400.4444  ↵
Enter the value of y5: 500.5555  ↵

Enter the value of x for which the value of y is wanted: 3.87

For x = 3.87,   y = 339.1151
Thank you.
```

工作原理

在插值中，不是提供 $y=f(x)$ 类型的方程，而是提供一个少量数据点组成的集合，并且你需要使用该集合构造新的数据点。假设提供以下五个数据点：$(x_1,y_1),(x_2,y_2),(x_3,y_3),(x_4,y_4)$ 和 (x_5,y_5)。使用这些数据点，你需要创建新的数据点 (x_i,y_i)，使得 $(x_1<x_i<x_5)$ 且 $(y_1<y_i<y_5)$。

在斯特林的插值方法中，使用图 11-5 中所示的公式来构造新的数据点。这里 $f(x)$ 是第 n 度的多项式。当 $-0.5<u<0.5$ 时，该公式很有用。当 $-0.25<u<0.25$ 时，它给出非常准确的结果。

$$f(u)=f(0)+u\left\{\frac{\Delta f(0)+\Delta f(-1)}{2}\right\}\frac{u^2}{2!}\Delta^2 f(-1)+\frac{(u+1)u(u-1)}{3!}\left\{\frac{\Delta^3 f(-1)+\Delta^3 f(-2)}{2}\right\}+\frac{u^2(u^2-1)}{4!}\Delta^4 f(-2)+\cdots$$

这里 $y=f(x)$ 是一个 x 的函数，它假定 $f(a),f(a+h),f(a+2h),\cdots,f(a+nh)$ 这 $(n+1)$ 个值等于独立变量 x 取值为等距离的 $a,a+h,\cdots,a+nh$ 时的函数值，并且 $f(a+h)-f(a)=\Delta f(a)$ 且 $u=(x-a)/h$。

图 11-5　斯特林插值方法的公式

LOC 2 定义符号常量 MAX，其值为 20。LOC 3～41 定义了函数 main()。在 LOC 5～7 中，声明了几个变量。LOC 9 要求用户输入项数。在 LOC 10 中读取用户输入的数字并将它存储在变量 terms 中。LOC 11 要求用户输入 x 的值。用户输入的值在跨越 LOC 12～15 的 for 循环中读取。LOC 16 要求用户输入 y 的值。用户输入的值将在跨越 LOC 17～20 的 for 循环中读取。

LOC 21 要求用户输入需要的 y 值对应的 x 值。在 LOC 22 中读取用户输入的浮点数值并将它存储在变量 x 中。在 LOC 23～39 中，使用上述高斯后向插值法的标准公式计算 y 的对应值。因此 (x, y) 表示新构造的数据点。在 LOC 40 中将结果显示在屏幕上。

11.10　用贝塞尔插值法构造新的数据点

问题

你想使用贝塞尔插值法构建新的数据点。

优点：

当 u=0.5 时，它最有用。

它主要用于计算 0 到 1 之间任何参数的条目。

缺点：

当 u 小于 0.25 或大于 0.75 时，没有多大用处。

解决方案

编写一个使用贝塞尔插值法构建新数据点的 C 程序，具有以下规格说明：

项数最多为 20。

接受的 x 的值最高精确到小数点后 2 位。

接受的 y 的值最高精确到小数点后 4 位。

代码

用这些规格说明编写的 C 程序代码如下。在文本编辑器中键入以下 C 程序并将它保存在文件夹 C:\Code 中，文件名为 numrc10.c：

```c
/* 这个程序实现了贝塞尔插值法。*/
                                                          /* BL */
#include<stdio.h>                                         /* L1 */
                                                          /* BL */
# define MAX 20                                           /* L2 */
                                                          /* BL */
void main()                                               /* L3 */
{                                                         /* L4 */
  int i, j, terms;                                        /* L5 */
  float ax[MAX], ay[MAX], x, y, h, p;                     /* L6 */
  float diff[MAX][5], y1, y2, y3, y4;                     /* L7 */
  printf("\nImplementation of Interpolation by Bessel's Method.");  /* L8 */
  printf("\nEnter the number of terms (Maximum 20): ");   /* L9 */
  scanf("%d", &terms);                                    /* L10 */
  printf("\nEnter the values of x upto 2 decimal points.\n");  /* L11 */
  for (i=0; i<terms; i++) {                               /* L12 */
    printf("Enter the value of x%d: ", i+1);              /* L13 */
    scanf("%f",&ax[i]);                                   /* L14 */
  }                                                       /* L15 */
  printf("\nNow enter the values of y upto 4 decimal points.\n");  /* L16 */
  for (i=0; i < terms; i++) {                             /* L17 */
    printf("Enter the value of y%d: ", i+1);              /* L18 */
    scanf("%f", &ay[i]);                                  /* L19 */
  }                                                       /* L20 */
  printf("\nEnter the value of x for which the value of y is wanted:");  /* L21 */
  scanf("%f", &x);                                        /* L22 */
  h = ax[1] - ax[0];                                      /* L23 */
  for(i=0; i < terms-1; i++)                              /* L24 */
    diff[i][1] = ay[i+1] - ay[i];                         /* L25 */
  for(j=2; j <= 4; j++)                                   /* L26 */
    for(i=0; i < terms-j; i++)                            /* L27 */
      diff[i][j] = diff[i+1][j-1] - diff[i][j-1];         /* L28 */
  i = 0;                                                  /* L29 */
```

```
  do {                                                      /* L30 */
    i++;                                                    /* L31 */
  } while (ax[i] < x);                                      /* L32 */
  i--;                                                      /* L33 */
  p = (x-ax[i])/h;                                          /* L34 */
  y1 = p * (diff[i][1]);                                    /* L35 */
  y2 = p * (p-1) * (diff[i][2] + diff[i-1][2])/4;           /* L36 */
  y3 = p * (p-1) * (p-0.5) * (diff[i-1][3])/6;              /* L37 */
  y4 = (p+1) * p * (p-1) * (p-2) * (diff[i-2][4] + diff[i-1][4])/48;  /* L38 */
  y = ay[i] + y1 + y2 + y3 + y4;                            /* L39 */
  printf("\For x = %6.2f,     y = %6.4f ", x, y);           /* L40 */
  printf("\nThank you.\n");                                 /* L41 */
}                                                           /* L42 */
```

编译并执行此程序。此程序的一次运行结果如下：

```
Implementation of Interpolation by Bessel's Method.
Enter the number of terms (Maximum 20): 5  ↵

Enter the values of x upto 2 decimal points.
Enter the value of x1: 1.22  ↵
Enter the value of x2: 2.33  ↵
Enter the value of x3: 3.44  ↵
Enter the value of x4: 4.55  ↵
Enter the value of x5: 5.66  ↵

Now enter the values of y upto 4 decimal points.
Enter the value of y1: 100.1111  ↵
Enter the value of y2: 200.2222  ↵
Enter the value of y3: 300.3333  ↵
Enter the value of y4: 400.4444  ↵
Enter the value of y5: 500.5555  ↵

Enter the value of x for which the value of y is wanted: 4.87

For x = 4.87,   y = 429.3052
Thank you.
```

工作原理

在插值中，不是提供 $y=f(x)$ 类型的方程，而是提供一个少量数据点组成的集合，并且你需要使用该集合构造新的数据点。假设提供以下五个数据点：$(x_1,y_1),(x_2,y_2),(x_3,y_3),(x_4,y_4)$ 和 (x_5,y_5)。使用这些数据点，你需要创建新的数据点 (x_i,y_i)，使得（$x_1<x_i<x_5$）且（$y_1<y_i<y_5$）。

在贝塞尔插值法中，图 11-6 中所示的公式用于构造新的数据点。这里 $f(x)$ 是第 n 度的多项式。当 $u=0.5$ 时，该公式最有用。当 $0.25<u<0.75$ 时，它给出了非常准确的结果。

$$f(u) = \left\{ \frac{f(0)+f(1)}{2} \right\} + (u-0.5)\,\Delta f(0) + \frac{u(u-1)}{2!} \left\{ \frac{\Delta^2 f(-1)+\Delta^2 f(0)}{2} \right\} + \frac{(u-1)(u-0.5)u}{3!}\,\Delta^3 f(-1) +$$
$$\frac{(u+1)u(u-1)(u-2)}{4!} \left\{ \frac{\Delta^4 f(-2)+\Delta^4 f(-1)}{2} \right\} + \cdots$$

这里 $y=f(x)$ 是一个 x 的函数，它假定 $f(a), f(a+h), f(a+2h), \cdots, f(a+nh)$ 这 $(n+1)$ 个值等于独立变量 x 取值为等距离的 $a, a+h, \cdots, a+nh$ 时的函数值，并且 $f(a+h)-f(a)=\Delta f(a)$ 且 $u=(x-a)/h$。

图 11-6　贝塞尔插值法的公式

　　LOC 2 定义符号常量 MAX，其值为 20。LOC 3~42 定义了函数 main()。在 LOC 5~7 中，声明了几个变量。LOC 9 要求用户输入项数。在 LOC 10 中读取用户输入的数字，并将它存储在变量 terms 中。LOC 11 要求用户输入 x 的值。用户输入的值在跨越 LOC 12~15 的 for 循环中读取。LOC 16 要求用户输入 y 的值。用户输入的值将在跨越 LOC 17~20 的 for 循环中读取。

　　LOC 21 要求用户输入需要的 y 值对应的 x 值。在 LOC 22 中读取用户输入的浮点数值并将它存储在变量 x 中。在 LOC 23~39 中，使用上述贝塞尔插值方法的标准公式计算 y 的对应值。因此 (x, y) 表示新构造的数据点。在 LOC 40 中将结果显示在屏幕上。

11.11　用拉普拉斯 – 埃弗雷特插值法构造新的数据点

问题

你想使用拉普拉斯 – 埃弗雷特插值法构建新的数据点。

优点：

当 $u>0.5$ 时，它给出了很好的估计。

它用于计算 0 到 1 之间任何参数的任何条目。

当需要在连续间隔中插入值时，它很有用。

缺点：

当 u 小于 0.5 时，没什么用处。

解决方案

使用拉普拉斯 – 埃弗雷特插值法编写一个构建新数据点的 C 程序，具有以下规格说明：

项数最多为 20。

接受的 x 的值最高精确到小数点后 2 位。

接受的 y 的值最高精确到小数点后 4 位。

代码

用这些规格说明编写的 C 程序代码如下。在文本编辑器中键入以下 C 程序，并将它保存在文件夹 C:\Code 中，文件名为 numrc11.c：

```
/* 这个程序实现了拉普拉斯–埃弗雷特插值法。*/
                                                                  /* BL */
# include <stdio.h>                                               /* L1 */
                                                                  /* BL */
# define MAX 20                                                   /* L2 */
                                                                  /* BL */
void main()                                                       /* L3 */
{                                                                 /* L4 */
  int i, j, terms;                                                /* L5 */
  float ax[MAX], ay[MAX], x, y = 0, h, p, q;                      /* L6 */
  float diff[MAX][5], y1, y2, y3, y4, py1, py2, py3, py4;         /* L7 */
  printf("\nInterpolation by Laplace Everett's Method.");         /* L8 */
  printf("\nEnter the number of terms (Maximum 20): ");           /* L9 */
  scanf("%d", &terms);                                            /* L10 */
  printf("\nEnter the values of x upto 2 decimal points.\n");     /* L11 */
  for (i=0; i<terms; i++) {                                       /* L12 */
    printf("Enter the value of x%d: ", i+1);                      /* L13 */
    scanf("%f",&ax[i]);                                           /* L14 */
  }                                                               /* L15 */
  printf("\nNow enter the values of y upto 4 decimal points.\n"); /* L16 */
  for (i=0; i < terms; i++) {                                     /* L17 */
    printf("Enter the value of y%d: ", i+1);                      /* L18 */
    scanf("%f", &ay[i]);                                          /* L19 */
  }                                                               /* L20 */
  printf("\nEnter the value of x for which the value of y is wanted: "); /* L21 */
  scanf("%f", &x);                                                /* L22 */
  h = ax[1] - ax[0];                                              /* L23 */
  for(i=0; i < terms-1; i++)                                      /* L24 */
    diff[i][1] = ay[i+1] - ay[i];                                 /* L25 */
  for(j=2; j <= 4; j++)                                           /* L26 */
    for(i=0; i < terms-j; i++)                                    /* L27 */
      diff[i][j] = diff[i+1][j-1] - diff[i][j-1];                 /* L28 */
  i = 0;                                                          /* L29 */
  do {                                                            /* L30 */
    i++;                                                          /* L31 */
  } while(ax[i] < x);                                             /* L32 */
  i--;                                                            /* L33 */
  p = (x - ax[i])/h;                                              /* L34 */
  q = 1 - p;                                                      /* L35 */
  y1 = q * (ay[i]);                                               /* L36 */
  y2 = q * (q*q-1) * diff[i-1][2]/6;                              /* L37 */
  y3 = q * (q*q-1) * (q*q-4) * (diff[i-2][4])/120;                /* L38 */
  py1 = p * ay[i+1];                                              /* L39 */
  py2 = p * (p*p-1) * diff[i][2]/6;                               /* L40 */
  py3 = p * (p*p-1) * (p*p-4) * (diff[i-1][4])/120;               /* L41 */
  y = y1 + y2 + y3 + y4 + py1 + py2 + py3;                        /* L42 */
  printf("\nFor x = %6.2f,      y = %6.4f ", x, y);               /* L43 */
  printf("\nThank you.\n");                                       /* L44 */
}                                                                 /* L45 */
```

编译并执行此程序。此程序的一次运行结果如下:

```
Interpolation by Laplace Everett's Method.
Enter the number of terms (Maximum 20): 5    ↵

Enter the values of x upto 2 decimal points.
Enter the value of x1: 1.22    ↵
Enter the value of x2: 2.33    ↵
Enter the value of x3: 3.44    ↵
Enter the value of x4: 4.55    ↵
Enter the value of x5: 5.66    ↵

Now enter the values of y upto 4 decimal points.
Enter the value of y1: 100.1111    ↵
Enter the value of y2: 200.2222    ↵
Enter the value of y3: 300.3333    ↵
Enter the value of y4: 400.4444    ↵
Enter the value of y5: 500.5555    ↵

Enter the value of x for which the value of y is wanted: 3.89

For x = 3.89,    y = 340.9189
Thank you.
```

工作原理

在插值中，不是提供 $y=f(x)$ 类型的方程，而是提供一个少量数据点组成的集合，并且你需要使用该集合构造新的数据点。假设提供以下五个数据点：$(x_1,y_1),(x_2,y_2),(x_3,y_3),(x_4,y_4)$ 和 (x_5,y_5)。使用这些数据点，你需要创建新的数据点 (x_i,y_i)，使得 $(x_1<x_i<x_5)$ 且 $(y_1<y_i<y_5)$。

在拉普拉斯 – 埃弗雷特插值法中，使用图 11-7 中所示的公式来构造新的数据点。这里 $f(x)$ 是第 n 度的多项式。当 $u>0.5$ 时，它给出了非常准确的结果。

$$f(u)=\left\{uf(1)+\frac{(u+1)u(u-1)}{3!}\Delta^2 f(0)+\frac{(u+2)(u+1)u(u-1)(u-2)}{5!}\Delta^4 f(-1)+\cdots\right\}+$$
$$\left\{wf(0)+\frac{(w+1)w(w-1)}{3!}\Delta^2 f(-1)+\frac{(w+2)(w+1)w(w-1)(w-2)}{5!}\Delta^4 f(-2)+\cdots\right\}$$

这里 $y=f(x)$ 是一个 x 的函数，它假定 $f(a), f(a+h), f(a+2h),\cdots, f(a+nh)$ 这 $(n+1)$ 个值等于独立变量 x 取值为等距离的 $a,a+h,\cdots,a+nh$ 时的函数值，并且 $f(a+h)-f(a)=\Delta f(a)$ 且 $u=(x-a)/h$ 且 $w=1-u$。

图 11-7　拉普拉斯 – 埃弗雷特插值法的公式

LOC 2 定义符号常量 MAX，其值为 20。LOC 3～45 定义了函数 main()。在 LOC 5～7 中，声明了几个变量。LOC 9 要求用户输入项数。在 LOC 10 中读取用户输入的数字，并将它存储在变量 terms 中。LOC 11 要求用户输入 x 的值。用户输入的值在跨越 LOC 12～15 的 for 循环中读取。LOC 16 要求用户输入 y 的值。用户输入的值将在跨越 LOC 17～20 的 for 循环中读取。

LOC 21 要求用户输入需要的 y 值对应的 x 值。在 LOC 22 中读取用户输入的浮点数值并将它存储在变量 x 中。在 LOC 23～42 中，使用上述拉普拉斯 – 埃弗雷特插值法的标准公式计算 y 的对应值。因此 (x, y) 表示新构造的数据点。在 LOC 43 中将结果显示在屏幕上。

11.12   用拉格朗日插值法构造新的数据点

问题
你想使用拉格朗日插值法构建新的数据点。

优点：

不需要等间隔的函数值。

缺点：

必须在开始时选择近似多项式的次数。

解决方案
使用拉格朗日插值法编写一个构建新数据点的 C 程序，具有以下规格说明：

最多条款数为 20。

接受的 x 的值最多 2 位小数点准确。

接受的 y 的值高达 4 小数点准确。

代码
用这些规格说明编写的 C 程序代码如下。在文本编辑器中键入以下 C 程序并将它保存在文件夹 C:\Code 中，文件名为 numrc12.c：

```
/* 这个程序实现了拉格朗日插值法。*/
                                                            /* BL */
#include<stdio.h>                                           /* L1 */
                                                            /* BL */
# define MAX 20                                             /* L2 */
                                                            /* BL */
void main()                                                 /* L3 */
{                                                           /* L4 */
  int i, j, terms;                                          /* L5 */
  float ax[MAX], ay[MAX], nr, dr, x, y = 0;                 /* L6 */
  printf("\nImplementation of Interpolation by Lagrange's Method."); /* L7 */
  printf("\nEnter the number of terms (Maximum 20): ");     /* L8 */
  scanf("%d", &terms);                                      /* L9 */
  printf("\nEnter the values of x upto 2 decimal points.\n"); /* L10 */
  for (i=0; i < terms; i++) {                               /* L11 */
    printf("Enter the value of x%d: ", i+1);                /* L12 */
    scanf("%f", &ax[i]);                                    /* L13 */
  }                                                         /* L14 */
  printf("\nNow enter the values of y upto 4 decimal points.\n"); /* L15 */
  for (i=0; i < terms; i++) {                               /* L16 */
```

```
    printf("Enter the value of y%d: ", i+1);              /* L17 */
    scanf("%f", &ay[i]);                                  /* L18 */
  }                                                       /* L19 */
  printf("\nEnter the value of x for which the value of y is wanted: "); /* L20 */
  scanf("%f", &x);                                        /* L21 */
  for(i=0; i < terms; i++) {                              /* L22 */
    nr = 1;                                               /* L23 */
    dr = 1;                                               /* L24 */
    for(j=0; j < terms; j++) {                            /* L25 */
      if(j != i) {                                        /* L26 */
        nr = nr * (x - ax[j]);                            /* L27 */
        dr = dr * (ax[i] - ax[j]);                        /* L28 */
      }                                                   /* L29 */
    }                                                     /* L30 */
    y = y + ((nr/dr) * ay[i]);                            /* L31 */
  }                                                       /* L32 */
  printf("\nFor x = %6.2f,    y = %6.4f", x, y);          /* L33 */
  printf("\nThank you.\n");                               /* L34 */
}                                                         /* L35 */
```

编译并执行此程序。此程序的一次运行结果如下：

```
Interpolation by Lagrange's Method.
Enter the number of terms (Maximum 20): 5  ↵

Enter the values of x upto 2 decimal points.
Enter the value of x1: 1.22   ↵
Enter the value of x2: 2.33   ↵
Enter the value of x3: 3.44   ↵
Enter the value of x4: 4.55   ↵
Enter the value of x5: 5.66   ↵

Now enter the values of y upto 4 decimal points.
Enter the value of y1: 100.1111   ↵
Enter the value of y2: 200.2222   ↵
Enter the value of y3: 300.3333   ↵
Enter the value of y4: 400.4444   ↵
Enter the value of y5: 500.5555   ↵

Enter the value of x for which the value of y is wanted: 1.98

For x = 1.98,    y = 168.6557
Thank you.
```

工作原理

在插值中，不是提供 $y=f(x)$ 类型的方程，而是提供一个少量数据点组成的集合，并且你需要使用该集合构造新的数据点。假设提供以下五个数据点：$(x_1,y_1),(x_2,y_2),(x_3,y_3),(x_4,y_4)$ 和 (x_5,y_5)。使用这些数据点，你需要创建新的数据点 (x_i,y_i)，使得 $(x_1<x_i<x_5)$ 且 $(y_1<y_i<y_5)$。

在拉格朗日插值法中，使用图 11-8 中所示的公式来构造新的数据点。这里 $f(x)$ 是第 n 度的多项式。

$$f(x) = \frac{(x-x_1)(x-x_2)\cdots(x-x_n)}{(x_0-x_1)(x_0-x_2)\cdots(x_0-x_n)}f(x_0) + \frac{(x-x_0)(x-x_2)\cdots(x-x_n)}{(x_1-x_0)(x_1-x_2)\cdots(x_1-x_n)}f(x_1) + \cdots + \frac{(x-x_0)(x-x_1)\cdots(x-x_{n-1})}{(x_n-x_0)(x_n-x_1)\cdots(x_n-x_{n-1})}f(x_n)$$

这里 $f(x_0), f(x_1), \cdots, f(x_n)$ 是函数 $y=f(x)$ 的 $(n+1)$ 个条目，其中 $f(x)$ 是对应于参数 $x_1, x_2, \cdots, x_n$ 的多项式。

图 11-8　拉格朗日插值法的公式

LOC 2 定义符号常量 MAX，其值为 20。LOC 3～35 定义了函数 main()。LOC 5～6 中声明了几个变量。LOC 8 要求用户输入项数。在 LOC 9 中读取用户输入的数字，并将它存储在变量 terms 中。LOC 10 要求用户输入 x 的值。用户输入的值在跨越 LOC 11～14 的 for 循环中读取。LOC 15 要求用户输入 y 的值。用户输入的值在跨越 LOC 16～19 的 for 循环中读取。

LOC 20 要求用户输入需要 y 值的 x 值。在 LOC 21 中读取用户输入的浮点数值并将它存储在变量 x 中。LOC 22～32 由 for 循环组成。在此 for 循环中，使用上述拉格朗日插值方法的标准公式计算 y 的对应值。因此 (x, y) 表示新构造的数据点。在 LOC 33 中将结果显示在屏幕上。

11.13　用梯形数值积分法计算积分值

问题
你想使用梯形数值积分方法计算积分值。

优点：

基于简单的逻辑。易于实现。

为分段线性函数提供准确的结果。

缺点：

当底层函数平滑时，不如辛普森的方法准确。

与辛普森的方法相比，收敛速度很慢。

解决方案
编写一个 C 程序，使用梯形数值积分方法计算积分值，具有以下规格说明：

程序定义了函数 trapezoid()，它计算 $f(x)$ 的值。

梯形的宽度应使得最大子间隔数为 50。

代码
用这些规格说明编写的 C 程序代码如下。在文本编辑器中键入以下 C 程序并将它保存在文件夹 C:\Code 中，文件名为 numrc13.c：

```
/* 此程序实现了梯形数值积分方法。*/
```

```
                                                              /* BL */
                                                              /* L1 */
#include<stdio.h>                                             /* BL */
                                                              /* L2 */
# define MAX 50                                               /* BL */
                                                              /* L3 */
float trapezoid(float x)                                      /* L4 */
{                                                             /* L5 */
    return (1/(1+x*x));                                       /* L6 */
}                                                             /* BL */
                                                              /* L7 */
void main()                                                   /* L8 */
{                                                             /* L9 */
  int i, num;                                                 /* L10 */
  float a, b, h, x[MAX], y[MAX], sumOdd, sumEven, result;     /* L11 */
  printf("\nTrapezoidal Method of Numerical Integration.");   /* L12 */
  printf("\nIntegrand:  f(x) = 1/(1+x*x) \n");                /* L13 */
  printf("\nEnter the lower limit of integration, a :  ");    /* L14 */
  scanf("%f", &a);                                            /* L15 */
  printf("Enter the upper limit of integration, b :  ");      /* L16 */
  scanf("%f", &b);                                            /* L17 */
  printf("Enter the width of trapezium, h :  ");              /* L18 */
  scanf("%f", &h);                                            /* L19 */
  num = (b - a) / h;                                          /* L20 */
  if(num%2 == 1)                                              /* L21 */
    num = num + 1;                                            /* L22 */
  h = (b - a) / num;                                          /* L23 */
  printf("Refined value of h, the width of trapezium : %5.3f", h);      /* L24 */
  printf("\nRefined value of num, the number of trapaziums : %d\n", num); /* L25 */
  for(i=0; i <= num; i++) {                                   /* L26 */
    x[i] = a + i * h;                                         /* L27 */
    y[i] = trapezoid(x[i]);                                   /* L28 */
  }                                                           /* L29 */
  sumOdd = 0;                                                 /* L30 */
  sumEven = 0;                                                /* L31 */
  for(i=1; i < num; i++) {                                    /* L32 */
    if(i%2 == 1)                                              /* L33 */
      sumOdd = sumOdd + y[i];                                 /* L34 */
    else                                                      /* L35 */
      sumEven = sumEven + y[i];                               /* L36 */
  }                                                           /* L37 */
  result = h / 3 * (y[0] + y[num] + 4 * sumOdd + 2 * sumEven); /* L38 */
  printf("\nValue of Integration : %5.3f", result);          /* L39 */
  printf("\nThank you.\n");                                   /* L40 */
}
```

编译并执行此程序。此程序的一次运行结果如下：

```
Trapezoidal Method of Numerical Integration.
Integrand:  f(x) = a/(1+x*x)

Enter the lower limit of integration, a : 1   ↵
Enter the upper limit of integration, b : 4   ↵
Enter the width of trapezium, h : 0.1   ↵
```

```
Refined value of h, the width of trapezium : 0.100
Refined value of num, the number of trapeziums : 30

Value of Integration : 0.540
Thank you.
```

工作原理

在数值积分中，给定一组被积函数 $f(x)$ 的列表值，而你需要计算 $\int f(x)dx$ 的值。在几何上，积分可以表示为包围在曲线 $y=f(x)$，X 轴和直线 $x=a$ 和 $x=b$ 之间的区域，其中 a 和 b 分别是积分的下限和上限。该区域分为 n 个平行于 Y 轴的条带，每个条带的宽度为 h。图 11-9 显示了梯形数值积分方法的公式。

$$\int_{x_0}^{x_0+nh} f(x)dx = \frac{h}{2}\left[(y_0+y_n)+2(y_1+y_2+\cdots+y_{n-1})\right]$$

积分的上下限 a 和 b 通常写作 $a=x_0$ 且 $b=x_0+nh$。h 表示条带的宽度，n 表示条带的数目。第一个条带的面积是 x_1*y_1，第二个条带的面积是 x_2*y_2，$\cdots$，而第 n 个条带的面积是 x_n*y_n，并且 $x_1=x_0+h, x_2=x_0+2h, \cdots, x_n=x_0+nh$。

图 11-9　梯形数值积分方法的公式

在 LOC 2 中，符号常量 MAX 定义为值 50。LOC 3～6 由函数 trapezoid() 的定义组成。LOC 7～40 包含函数 main() 的定义。在 LOC 9～10 中，声明了几个变量。LOC 13 要求用户输入积分的下限。用户输入的数字存储在 LOC 14 中的浮点变量 a 中。LOC 15 要求用户输入积分的上限。用户输入的数字存储在 LOC 16 中的浮点变量 b 中。

LOC 17 要求用户输入梯形的宽度。用户输入的数字存储在 LOC 18 中的浮点变量 h 中。在 LOC 19～37 中，使用上面描述的梯形数值积分方法的标准公式计算结果。LOC 38 在屏幕上显示结果。

11.14　用辛普森的 3/8 数值积分法计算积分值

问题

你想使用辛普森的 3/8 数值积分方法计算积分值。

优点：

与其他方法相比，准确性很好。

缺点：

必须服从将给定的积分间隔分成 3 的倍数个子间隔的约束。

解决方案

编写一个 C 程序，使用辛普森的 3/8 数值积分法计算积分值，具有以下规格说明：

程序定义了函数 simpson()，它计算 $f(x)$ 的值。

设最大子间隔数为 50。

代码

用这些规格说明编写的 C 程序代码如下。在文本编辑器中键入以下 C 程序并将它保存在文件夹 C:\Code 中，文件名为 numrc14.c：

```c
/* 此程序实现了辛普森的3/8数值积分方法。*/                        /* BL */
#include<stdio.h>                                            /* L1 */
                                                            /* BL */
# define MAX 50                                              /* L2 */
                                                            /* BL */
float simpson(float x)                                       /* L3 */
{                                                           /* L4 */
    return (1/(1+x*x));                                     /* L5 */
}                                                           /* L6 */
                                                            /* BL */
void main()                                                 /* L7 */
{                                                           /* L8 */
  int i, j, num;                                            /* L9 */
  float a, b, h, x[MAX], y[MAX], sum, result = 1;           /* L10 */
  printf("\nSimpson's 3/8th Method of Computation of Integral."); /* L11 */
  printf("\nIntegrand:  f(x) = 1/(1+x*x) \n");              /* L12 */
  printf("\nEnter the lower limit of integration, a :  ");  /* L13 */
  scanf("%f", &a);                                          /* L14 */
  printf("Enter the upper limit of integration, b :  ");    /* L15 */
  scanf("%f", &b);                                          /* L16 */
  printf("Enter the number of subintervals, num :  ");      /* L17 */
  scanf("%d" ,&num);                                        /* L18 */
  h = (b - a)/num;                                          /* L19 */
  sum = 0;                                                  /* L20 */
  sum = simpson(a) + simpson(b);                            /* L21 */
  for(i=1; i < num; i++) {                                  /* L22 */
    if(i%3 == 0) {                                          /* L23 */
      sum += 2*simpson(a + i*h);                            /* L24 */
    }                                                       /* L25 */
    else {                                                  /* L26 */
      sum += 3*simpson(a + i*h);                            /* L27 */
    }                                                       /* L28 */
  }                                                         /* L29 */
  result = sum * 3 * h / 8;                                 /* L30 */
  printf("\nValue of Integration : %5.3f", result);         /* L31 */
  printf("\nThank you.\n");                                 /* L32 */
}                                                           /* L33 */
```

编译并执行此程序。此程序的一次运行结果如下：

```
Simpson's 3/8th Method of Computation of Integral.
Integrand:  f(x) = 1/(1+x*x)

Enter the lower limit of integration, a : 1     ↵
Enter the upper limit of integration, b : 4     ↵
Enter the number of subintervals, num : 50      ↵

Value of Integration : 0.540
Thank you.
```

工作原理

在数值积分中，给定一组被积函数 $f(x)$ 的列表值，并且你需要计算 $\int f(x)dx$ 的值。在几何上，积分可以表示为包围在曲线 $y=f(x)$，X 轴和直线 $x=a$ 和 $x=b$ 之间的区域，其中 a 和 b 分别是积分的下限和上限。该区域分为 n 个平行于 Y 轴的条带，每个条带的宽度为 h。图 11-10 显示了辛普森的 3/8 数值积分方法的公式。

$$\int_{x_0}^{x_0+nh} f(x)dx = \frac{3h}{8}[(y_0+y_n)+3(y_1+y_2+y_4+y_5+\cdots+y_{n-2}+y_{n-1})+2y_3+y_6+\cdots+y_{n-3})]$$

积分的上下限 a 和 b 通常写作 $a=x_0$ 且 $b=x_0+nh$。h 表示条带的宽度，n 表示条带的数目。第一个条带的面积是 x_1*y_1，第二个条带面积是 x_2*y_2，…，而第 n 个条带的面积是 x_n*y_n，并且 $x_1=x_0+h, x_2=x_0+2h, \cdots, x_n=x_0+nh$。

图 11-10　辛普森的 3/8 数值积分方法的公式

在 LOC 2 中，符号常量 MAX 定义为值 50。LOC 3～6 由函数 simpson() 的定义组成。LOC 7～33 包含函数 main() 的定义。在 LOC 9～10 中，声明了几个变量。LOC 13 要求用户输入集成的下限。用户输入的数字存储在 LOC 14 中的浮点变量 a 中。LOC 15 要求用户输入积分的上限。用户输入的数字存储在 LOC 16 中的浮点变量 b 中。

LOC 17 要求用户输入子间隔的数量。用户输入的数字存储在 LOC 18 中的 int 变量 num 中。在 LOC 19～30 中，使用上述的辛普森的 3/8 数值积分方法的标准公式计算结果。LOC 31 在屏幕上显示结果。

11.15　用辛普森的 1/3 数值积分法计算积分值

问题

你想使用辛普森的 1/3 数值积分法计算积分值。

优点：

与其他方法相比，计算不那么麻烦。

缺点：

必须服从给定的积分间隔被划分为偶数个子间隔的约束。

解决方案

编写一个 C 程序，使用辛普森的 1/3 数值积分法计算积分值，具有以下规格说明：

程序定义了函数 simpson()，它计算 $f(x)$ 的值。

设最大子间隔数为 50。

代码

用这些规格说明编写的 C 程序代码如下。在文本编辑器中键入以下 C 程序并将它保存在文件夹 C:\Code 中，文件名为 numrc15.c：

```
/* 此程序实现了辛普森的1/3数值积分法。*/
```

```
                                                             /* BL */
#include<stdio.h>                                            /* L1 */
                                                             /* BL */
# define MAX 50                                              /* L2 */
                                                             /* BL */
float simpson(float x)                                       /* L3 */
{                                                            /* L4 */
    return (1/(1+x*x));                                      /* L5 */
}                                                            /* L6 */
                                                             /* BL */
void main()                                                  /* L7 */
{                                                            /* L8 */
  int i, j, num;                                             /* L9 */
  float a, b, h, x[MAX], y[MAX], sum, result = 1;            /* L10 */
  printf("\nSimpson's 1/3rd Method of Computation of Integral."); /* L11 */
  printf("\nIntegrand:  f(x) = 1/(1+x*x) \n");               /* L12 */
  printf("\nEnter the lower limit of integration, a :  ");   /* L13 */
  scanf("%f", &a);                                           /* L14 */
  printf("Enter the upper limit of integration, b :  ");     /* L15 */
  scanf("%f", &b);                                           /* L16 */
  printf("Enter the number of subintervals, num :  ");       /* L17 */
  scanf("%d" ,&num);                                         /* L18 */
  h = (b - a)/num;                                           /* L19 */
  sum = 0;                                                   /* L20 */
  sum = simpson(a) + 4 * simpson(a + h) + simpson(b);        /* L21 */
  for(i=3; i < num; i+=2) {                                  /* L22 */
    sum += 2 * simpson(a + (i-1) * h) + 4 * simpson(a + i * h); /* L23 */
  }                                                          /* L24 */
  result = sum * h / 3;                                      /* L25 */
  printf("\nValue of Integration : %5.3f", result);          /* L26 */
  printf("\nThank you.\n");                                  /* L27 */
}                                                            /* L28 */
```

编译并执行此程序。此程序的一次运行结果如下：

```
Simpson's 1/3rd Method of Computation of Integral.
Integrand:  f(x) = 1/(1+x*x)

Enter the lower limit of integration, a : 1     ⏎
Enter the upper limit of integration, b : 4     ⏎
Enter the number of subintervals, num : 50      ⏎

Value of Integration : 0.540
Thank you.
```

工作原理

在数值积分中，给定一组被积函数 $f(x)$ 的列表值，并且你需要计算 $\int f(x)\mathrm{d}x$ 的值。在几何上，积分可以表示为包围在曲线 $y=f(x)$，X 轴和线 $x=a$ 和 $x=b$ 之间的区域，其中 a 和 b 分别是积分的下限和上限。该区域分为 n 个平行于 Y 轴的条带，每个条带的宽度为 h。图 11-11 显示了辛普森的 1/3 数值积分法的公式。

$$\int_{x_0}^{x_0+nh} f(x)\mathrm{d}x = \frac{h}{3}\,[(y_0+y_n)+4(y_1+y_3+\cdots+y_{n-1})+2(y_2+y_4+\cdots+y_{n-2})]$$

积分的上下限 a 和 b 通常写作 $a=x_0$ 且 $b=x_0+nh$。h 表示条带的宽度，n 表示条带的数目。第一个条带的面积是 x_1*y_1，第二个条带的面积是 x_2*y_2，而第 n 个条带的面积是 x_n*y_n，并且 $x_1=x_0+h,x_2=x_0+2h,\cdots,x_n=x_0+nh$。

图 11-11　辛普森的 1/3 数值积分法的公式

在 LOC 2 中，符号常量 MAX 定义为值 50。LOC 3~6 由函数 simpson() 的定义组成。LOC 7~28 包含函数 main() 的定义。在 LOC 9~10 中，声明了几个变量。LOC 13 要求用户输入积分的下限。用户输入的数字存储在 LOC 14 中的浮点变量 a 中。LOC 15 要求用户输入积分的上限。用户输入的数字存储在 LOC 16 中的浮点变量 b 中。

LOC 17 要求用户输入子间隔的数量。用户输入的数字存储在 LOC 18 中的 int 变量 num 中。在 LOC 19~25 中，使用上述辛普森的 1/3 数值积分法的标准公式计算结果。LOC 26 在屏幕上显示结果。

11.16　用修正的欧拉方法求解微分方程

问题
你想使用修正的欧拉方法求解微分方程。

优点：

提高准确性。误差的阶为 $h*3$。

缺点：

与其他方法相比，需要执行更多计算。

解决方案
编写一个 C 程序，使用修正的欧拉方法求解微分方程，具有以下规格说明：

子区间的值应该是最大子区间数，并且为 50。

结果应包含至少三对 x 和 y 值。

代码
用这些规格说明编写的 C 程序代码如下。在文本编辑器中键入以下 C 程序并将它保存在文件夹 C:\Code 中，文件名为 numrc16.c：

```
/* 此程序实现了修正的欧拉方法来求解微分方程。*/
                                                    /* BL */
#include<stdio.h>                                   /* L1 */
                                                    /* BL */
# define MAX 50                                      /* L2 */
                                                    /* BL */
float euler(float p, float q)                       /* L3 */
{                                                   /* L4 */
  float r;                                          /* L5 */
```

```
  r = p * p + q;                                          /* L6 */
  return(r);                                              /* L7 */
}                                                         /* L8 */
                                                          /* BL */
void main()                                              /* L9 */
{                                                         /* L10 */
  int i = 1, j, k;                                        /* L11 */
  float x[MAX], y[MAX], store1[MAX], store2[MAX];         /* L12 */
  float b, h, u, v, w;                                    /* L13 */
  printf("\nModified Euler's Method to Solve a Differential Equation. "); /* L14 */
  printf("\nFunction for calculation of slope: y' = x * x + y\n"); /* L15 */
  printf("Enter the initial value of the variable x, x0: "); /* L16 */
  scanf("%f", &x[0]);                                     /* L17 */
  printf("Enter the final value of the variable x, xn: "); /* L18 */
  scanf("%f", &b);                                        /* L19 */
  printf("Enter the initial value of the variable y, y0: "); /* L20 */
  scanf("%f", &y[0]);                                     /* L21 */
  printf("Enter the value of subinterval, h: ");          /* L22 */
  scanf("%f", &h);                                        /* L23 */
  store2[0] = y[0];                                       /* L24 */
  while(x[i-1] < b) {                                     /* L25 */
    w = 100.0;                                            /* L26 */
    x[i] = x[i-1] + h;                                    /* L27 */
    store1[i] = euler(x[i-1], y[i-1]);                    /* L28 */
    k = 0;                                                /* L29 */
    while(w > 0.0001) {                                   /* L30 */
      u = euler(x[i], store2[k]);                         /* L31 */
      v = (store1[i] + u)/2;                              /* L32 */
      store2[k+1] = y[i-1] + v * h;                       /* L33 */
      w = store2[k] - store2[k+1];                        /* L34 */
      w = fabs(w);                                        /* L35 */
      k = k + 1;                                          /* L36 */
    }                                                     /* L37 */
    y[i] = store2[k];                                     /* L38 */
    i = i + 1;                                            /* L39 */
  }                                                       /* L40 */
  printf("\nThe Values of X and Y are: \n");              /* L41 */
  printf("\nX-values        Y-values\n");                 /* L42 */
  for(j=0; j < i; j++) {                                  /* L43 */
    printf("%f          %f\n", x[j], y[j]);               /* L44 */
  }                                                       /* L45 */
  printf("\nThank you.\n");                               /* L46 */
}                                                         /* L47 */
```

编译并执行此程序。此程序的一次运行结果如下：

```
Modified Euler's Method to Solve a Differential Equation.
Function for calculation of slope: y' = x * x + y
Enter the initial value of the variable x, x0: 0
Enter the final value of the variable x, xn: 0.1
Enter the initial value of the variable y, y0: 1
Enter the value of subinterval, h: 0.025

The Values of X and Y are:
```

```
X-values        Y-values
0.000000        1.000000
0.025000        1.025008
0.050000        1.050359
0.075000        1.076091
0.100000        1.102237

Thank you.
```

工作原理

修正的欧拉方法的公式如下：

$$y(x+h)=y(x)+h*f(x+h/2, y+hf/2)$$

其中，

$$dy/dx=f(x,y)$$

是边界条件下要求解的微分方程：

$$y(x_0)=y_0$$

而且，h 只是 x 中的小增量。在这个技巧中，要求解的微分方程是：

$$dy/dx=x*x+y$$

在 LOC 2 中，符号常量 MAX 定义为值 50。LOC 3～8 由函数 euler() 的定义组成。LOC 9～47 包含函数 main() 的定义。在 LOC 11～13 中，声明了几个变量。

LOC 16 要求用户输入 x 的起始值。用户输入的数字存储在浮点型数组 x 的第一个单元格中，即在 LOC 17 中的 x[0] 中。LOC 18 要求用户输入 x 的终止值。用户输入的数字存储在 LOC 19 中的浮点变量 b 中。在 LOC 20 中，要求用户输入 y 的初始值。用户输入的数字存储在浮点类型数组 y 的第一个单元格中，即在 LOC 21 中的 y [0] 中。LOC 22 要求用户输入子区间的值。用户输入的数字存储在 LOC 23 中的浮点变量 h 中。

在 LOC 24～40 中，使用用于求解微分方程的修正欧拉方法的标准公式来计算结果。在 LOC 41～45 中，把结果显示在屏幕上。

11.17 用龙格 – 库塔方法求解微分方程

问题

你想用龙格 – 库塔方法求解微分方程。

优点：

一步法。全局误差与局部误差的阶相同。

不需要对 $f(x)$ 求导数。

缺点：

方法本身不包含任何用于估计误差或检测计算误差的简单方法。

每个步骤都需要 4 个微分方程式。对于复杂的方程，这需要过多的计算量。

解决方案

编写一个 C 程序，使用龙格－库塔方法解微分方程，具有以下规格说明：

子区间的值应精确到小数后 2 位。

结果应包含至少三对 x 和 y 值。

代码

用这些规格说明编写的 C 程序代码如下。在文本编辑器中键入以下 C 程序并将它保存在文件夹 C:\Code 中，文件名为 numrc17.c：

```
/* 此程序实现龙格－库塔方法来求解微分方程。*/
                                                        /* BL */
#include<stdio.h>                                       /* L1 */
                                                        /* BL */
#define F(x,y) (2*x-y)/(x+y)                             /* L2 */
                                                        /* BL */
void main()                                             /* L3 */
{                                                       /* L4 */
  int i, n;                                             /* L5 */
  float x0, y0, h, xn, k1, k2, k3, k4, x, y, k;         /* L6 */
  printf("\nRunge Kutta Method to Solve a Differential Equation."); /* L7 */
  printf("\nEquation: y' = (2*x-y)/(x+y) ");            /* L8 */
  printf("\nEnter initial value of the variable x, x0: "); /* L9 */
  scanf("%f", &x0);                                     /* L10 */
  printf("Enter initial value of the variable y, y0: "); /* L11 */
  scanf("%f", &y0);                                     /* L12 */
  printf("Enter final value of the variable x, xn: ");  /* L13 */
  scanf("%f", &xn);                                     /* L14 */
  printf("Enter the subinterval, h: ");                 /* L15 */
  scanf("%f", &h);                                      /* L16 */
  n = (xn - x0)/h;                                      /* L17 */
  x = x0;                                               /* L18 */
  y = y0;                                               /* L19 */
  i = 0;                                                /* L20 */
  while (i <= n) {                                      /* L21 */
    k1 = h * F(x,y);                                    /* L22 */
    k2 = h * F(x+h/2.0, y+k1/2.0);                      /* L23 */
    k3 = h * F(x+h/2.0, y+k2/2.0);                      /* L24 */
    k4 = h * F(x+h, y+k3);                              /* L25 */
    k = (k1 + (k2+k3) * 2.0 + k4) / 6.0;                /* L26 */
    printf("\nX = %f   Y = %f", x, y);                  /* L27 */
    x = x + h;                                          /* L28 */
    y = y + k;                                          /* L29 */
    i = i + 1;                                          /* L30 */
  }                                                     /* L31 */
  printf("\n\nThank you.\n");                           /* L32 */
}                                                       /* L33 */
```

编译并执行此程序。此程序的一次运行结果如下：

```
Runge Kutta Method to Solve a Differential Equation.
```

```
Equation: y' = (2*x-y)/(x+y)
Enter initial value of x, x0: 0      ↵
Enter initial value of y, y0: 1      ↵
Enter final value of x, xn: 0.25     ↵
Enter the subinterval, h: 0.05       ↵

X = 0.000000   Y = 1.000000
X = 0.050000   Y = 0.950000
X = 0.100000   Y = 0.907856
X = 0.150000   Y = 0.873379
X = 0.200000   Y = 0.846212

Thank you.
```

工作原理

龙格 – 库塔方法的公式如下：

$$y(x+h)=y(x)+h*f(x, y)$$

其中，

$$dy/dx=f(x,y)$$

是边界条件下要求解的微分方程：

$$y(x_0)=y_0$$

而且，h 只是 x 中的小增量。在这个技巧中，要求解的微分方程是：

$$dy/dx=(2*x-y)/(x+y)$$

LOC 2 定义符号常数 F(x, y)。LOC 3～33 包含函数 main() 的定义。在 LOC 5～6 中，声明了几个变量。LOC 9 要求用户输入 x 的初始值。用户输入的数字存储在 LOC 10 中的浮点变量 x_0 中。LOC 11 要求用户输入 y 的初始值。用户输入的数字存储在 LOC 12 中的浮点变量 y 中。LOC 13 要求用户输入 x 的最终值。用户输入的数字存储在 LOC 14 中的浮点变量 xn 中。

LOC 15 要求用户输入子区间的值。用户输入的数字存储在 LOC 16 中的浮点变量 h 中。结果在 LOC 17～31 中使用龙格 – 库塔方法的标准公式计算，以求解微分方程。结果显示在 LOC 27 的屏幕上。

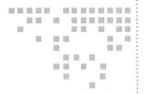

参 考 表

表 A-1 C 中的转义序列

字　符	转 义 序 列	ASCII 值
响铃（警报）	\a	007
退格符	\b	008
制表符	\t	009
换行符	\n	010
换页符	\f	012
回车	\r	013
双引号	\"	034
单引号	\'	039
问号	\?	063
反斜杠	\\	092
空值	\0	000

表 A-2 C 中的基本数据类型

基本数据类型	位　数	取 值 范 围
char	8	$-128 \sim 127$
int	16	$-32\ 768 \sim 32\ 767$
float	32	$-3.4\mathrm{e}{-38} \sim -3.4\mathrm{e}{+38},\ 0,\ 3.4\mathrm{e}{-38} \sim 3.4\mathrm{e}{+38}$
double	64	$-1.7\mathrm{e}{-307} \sim -1.7\mathrm{e}{+308},\ 0,\ 1.7\mathrm{e}{-307} \sim 1.7\mathrm{e}{+308}$

表 A-3 C 中的限定基本数据类型

基本数据类型	位　数	取 值 范 围
signed char	8	−128～127
unsigned char	8	0～255
signed int	16	−32 768～32 767
unsigned int	16	0～65 535
short int 或 signed short int	8	−128～127
unsigned short int	8	0～255
long int 或 signed long int	32	−2 147 483 648～2 147 483 647
unsigned long int	32	0～4 294 967 295
long double	80	−3.4e−4932～−1.1e+4932, 0, 3.4e−4932～1.1e+4932

表 A-4 C 中的补充基本数据类型

基本数据类型	位　数	取 值 范 围
void	0	无值
enum	16	−32 768～32 767

表 A-5 各种数制中的数码个数和数码

数　制	数码个数	数　码
二进制	2	0, 1
八进制	8	0, 1, 2, 3, 4, 5, 6, 7
十进制	10	0, 1, 2, 3, 4, 5, 6, 7, 8, 9
十六进制	16	0, 1, 2, 3, 4, 5, 6, 7, 8, 9, A, B, C, D, E, F

表 A-6 根据匈牙利命名惯例的 C 中变量名称的前缀

数据类型 / 限定符	前　缀
char	chr
int	int
float	flt
double	dbl
unsigned	un
signed	sgn
short	sht
long	lng

表 A-7 C 语言中的算术运算符

编 号	运 算 符	含 义	举 例	结 果
1	+	加法	5+3	8
2	−	1）减法	5−3	2
		2）一元相反数	−(6)	−6
			−(−8)	8
3	*	乘法	5*3	15
4	/	1）整数除法	5/3	1
		2）浮点除法	5.0/3.0	1.67
5	%	取模	5%3	2

表 A-8 C 语言中运算符的优先级和关联性

运 算 符	关 联 性
( ) [ ] -> .	左到右
! ~ ++ -- + - * & (type) sizeof	右到左
* / %	左到右
+ -	左到右
<< >>	左到右
< <= > >=	左到右
== !=	左到右
&	左到右
^	左到右
|	左到右
&&	左到右
||	左到右
?:	右到左
= += -= *= /= %= &= ^= |= <<= >>=	右到左
,	左到右

表 A-9 C 语言中的关系和比较运算符

运 算 符	名 称	举 例	结 果	含 义
>	大于	9>1	1	True
		2>9	0	false
>=	大于或等于	8>=8	1	True
		6>=1	1	true
		2>=9	0	false

（续）

运 算 符	名 称	举 例	结 果	含 义
<	小于	1<9	1	True
		8<3	0	false
<=	小于或等于	1<=1	1	true
		2<=9	1	true
		7<=2	0	false
==	等于	4==4	1	true
		5==9	0	false
!=	不等于	3!=8	1	true
		7!=7	0	false

表 A-10　C 中的逻辑运算符

运 算 符	名 称	举 例	结 果	含 义
&&	逻辑 AND	1 && 1	1	True
		1 && 0	0	False
		0 && 1	0	False
		0 && 0	0	False
||	逻辑 OR	1 || 1	1	True
		1 || 0	1	true
		0 || 1	1	true
		0 || 0	0	false
!	逻辑 NOT	!1	0	false
		!0	1	true

表 A-11　逻辑真值表

运 算	结 果
true AND true	true
true AND false	false
false AND true	false
false AND false	false
true OR true	true
true OR false	true
false OR true	true
false OR false	false
NOT true	false
NOT false	true

表 A-12   C 中的位操作

运 算 符	名 称	描 述
~	按位一元 NOT	它反转某位的值
&	按位 AND	如果两个位都为 1,则结果为 1,否则结果为 0
|	按位 OR	如果两个位都为 0,则结果为 0,否则结果为 1
^	按位 XOR	如果一位为 1 而其他位为 0,则结果为 1,否则结果为 0
<<	左移	将位移到左边并用 0 填充空出的位
>>	右移	将位移到右边并且:(a) 在无符号数的情况下用 0 填充空出的位,(b) 在有符号数的情况下,在某些机器上用 0(逻辑移位)填充空出的位,在其他机器上使用符号位填充空出的位(算术移位)

表 A-13   使用运算符 ~、&、\| 和 ^ 的按位运算

M	N	~M	M & N	M | N	M ^ N
1	1	0	1	1	0
0	0	1	0	0	0
1	0	0	0	1	1
0	1	1	0	1	1

表 A-14   C 中的赋值运算符

运 算 符	举 例	扩充版本
=	var = expr	无扩充
+=	var += expr	var = var + expr
-=	var -= expr	var = var - expr
*=	var *= expr	var = var * expr
/=	var /= expr	var = var / expr
%=	var %= expr	var = var % expr
&=	var &= expr	var = var & expr
|=	var |= expr	var = var | expr
^=	var ^= expr	var = var ^ expr
>>=	var >>= expr	var = var >> expr
<<=	var <<= expr	var = var << expr

表 A-15   各种基本类型的一维数组的允许大小⊖

类 型	范 围
char	$1 \leqslant N \leqslant 65535$

⊖ 该大小同时受堆、栈、代码段大小以及编译器的限制,就编译器来说 32 位编译器的允许大小范围比表中列出的更大。——译者注

（续）

类　　型	范　　围
int	$1 \leqslant N \leqslant 32767$
float	$1 \leqslant N \leqslant 16383$
double	$1 \leqslant N \leqslant 8191$

表 A-16　标准输入和输出函数表

函　　数	有格式 / 无格式	用　　途
scanf()	有格式	所有类型的输入
printf()	有格式	所有类型的输出
getchar()	无格式	用于 char 类型输入
gets()	无格式	用于字符串输入
putchar()	无格式	用于 char 类型输出
puts()	无格式	用于字符串输出

表 A-17　scanf() 函数的转换规格说明 (C.S.)

C. S.	输入数据和支持的类型
%c	字符。输入字段的默认宽度为 1。空格字符也被此转换规格说明视为数据。类型：char
%d	十进制整数。类型：short int，int，signed int，signed short int，unsigned short int
%hd	十进制整数。类型：short int，signed short int，unsigned short int
%ld	十进制整数。类型：long int，signed long int
%i	整数。整数可以是八进制（前导 0）或十六进制（前导 0x 或 0X）。类型：short int，int，signed int，signed short int，unsigned short int
%li	整数。整数可以是八进制（前导 0）或十六进制（前导 0x 或 0X）。类型：long int，signed long int
%o	八进制整数，带或不带前导零。类型：unsigned short int，unsigned int
%lo	八进制整数，带或不带前导零。类型：unsigned long int
%u	无符号整数。类型：unsigned int
%lu	十进制整数。类型：unsigned long int
%x	十六进制整数，带或不带前导 0x 或 0X。unsigned short int，unsigned int
%lx	十六进制整数，带或不带前导 0x 或 0X。unsigned long int
%s	非空格字符串，不是用双引号分隔的
%f	浮点数。接受标准格式的数字。类型：float
%e	浮点数。接受指数形式的数字。类型：float
%g	浮点数。接受指数形式的数字。类型：float
%lf	浮点数。接受标准格式的数字。类型：double
%le	浮点数。接受指数形式的数字。类型：double
%lg	浮点数。接受指数形式的数字。类型：double

（续）

C. S.	输入数据和支持的类型
%Lf	浮点数。接受标准格式的数字。类型：long double
%Le	浮点数。接受指数形式的数字。类型：long double
%Lg	浮点数。接受指数形式的数字。类型：long double
%p	如同 printf("%p") 打印的指针值
%n	向参数写入此调用到目前为止读取的字符数
%[…]	从输入字符中匹配属于方括号内的集合的最长的非空字符串
%[^…]	从输入字符中匹配不属于方括号中的集合的最长的非空字符串

表 A-18　printf() 函数的转换规格说明 (C.S.)

C. S.	输出数据和支持的类型
%c	字符。类型：char
%d	十进制整数。类型：short int，int，signed int，signed short int，unsigned short int
%hd	十进制整数。类型：short int，signed short int，unsigned short int
%ld	十进制整数。类型：long int，signed long int
%i	八进制、十六进制或十进制整数。类型：short int，int，signed int，signed short int，unsigned short int
%li	八进制，十六进制或十进制整数。类型：long int，signed long int
%o	八进制整数。类型：unsigned short int，unsigned int
%lo	八进制整数。类型：unsigned long int
%u	无符号十进制整数。类型：unsigned int
%lu	十进制整数。类型：unsigned long int
%x	十六进制整数。unsigned short int，unsigned int
%lx	十六进制整数。unsigned long int
%s	无空格字符串，不用双引号分隔
%f	浮点数。以标准形式显示数字。类型：float
%e	浮点数。以指数形式显示数字。类型：float
%g	浮点数。以指数形式显示数字。在小数点后清除尾随零。类型：float
%lf	浮点数。以标准形式显示数字。类型：double
%le	浮点数。以指数形式显示数字。类型：double
%lg	浮点数。以指数形式显示数字。在小数点后清除尾随零。类型：double
%Lf	浮点数。以标准形式显示数字。类型：long double
%Le	浮点数。以指数形式显示数字。类型：long double
%Lg	浮点数。以指数形式显示数字。在小数点后清除尾随零。类型：long double

表 A-19 printf() 函数中的转换规格说明中使用的标志

Flag	Meaning
–（连字符）	它会使显示的数据在其字段中左对齐。空格作为数据后缀
+	它会使数字数据以正号或负号为前缀。如果没有此标志，则只有负数据以符号为前缀
0（零）	它会以前导零而不是前导空格填充额外空间。仅适用于右对齐的数字数据
''（空格）	它会使空格作为正数字数据的前缀。如果 + 和空格两个标志都存在，则空格标志被 + 标志覆盖
#	当与转换规格说明 %o 和 %x 一起使用时，它会导致八进制和十六进制数据分别以 0 和 0x 开头
#	当与转换规格说明 %f、%e 和 %g 一起使用时，它会导致所有浮点数据中都存在小数点，即使数据是整数。它还可以防止在转换符号 %g 中截断小数点后尾随零

表 A-20 C 中的各种文件打开模式

模式字符串	描 述
"r"	打开现有文本文件以供读取。如果指定的文本文件不存在，则报告错误
"rb"	打开现有二进制文件以供读取。如果指定的二进制文件不存在，则报告错误
"rt"	与 "r" 相同
"r+"	打开现有文本文件以进行读取和写入。如果指定的文本文件不存在，则报告错误
"r+b"	打开现有二进制文件以进行读取和写入。如果指定的二进制文件不存在，则报告错误
"r+t"	与 "r+" 相同
"w"	删除指定文本文件的内容，然后打开以进行写入。如果指定的文本文件不存在，则创建它
"wb"	删除指定二进制文件的内容，然后打开以进行写入。如果指定的二进制文件不存在，则创建它
"wt"	与 "w" 相同
"w+"	删除指定文本文件的内容，然后打开以进行写入和读取。如果指定的文本文件不存在，则创建它
"w+b"	删除指定二进制文件的内容，然后打开以进行写入和读取。如果指定的二进制文件不存在，则创建它
"w+t"	与 "w+" 相同
"a"	打开指定的文本文件，以便在文件末尾写入（即附加）。如果指定的文本文件不存在，则创建它
"ab"	打开指定的二进制文件，以便在文件末尾写入（即附加）。如果指定的二进制文件不存在，则创建它
"at"	与模式 "a" 相同
"a+"	打开指定的文本文件以便在文件末尾进行读取和写入（即附加）。如果指定的文本文件不存在，则创建它
"a+b"	打开指定的二进制文件以便在文件末尾进行读取和写入（即附加）。如果指定的二进制文件不存在，则创建它
"a+t"	与 "a+" 相同

表 A-21 C 中用于设备文件的预定义 FILE 指针常量

FILE 指针常量	设 备 文 件
stdin	键盘

（续）

FILE 指针常量	设 备 文 件
stdout	显示器
stderr	显示器

表 A-22 C 中的三字母组合序列和等价字符表

三字母组合序列	等 价 字 符
??=	#
??/	\
??'	^
??(	[
??)	]
??!	|
??<	{
??>	}
??-	~

注意头文件 <stdio.h> 包含 FILE 结构的声明，如下所示：

```
typedef struct  {
        int            level;        /* fill/empty level of buffer */
        unsigned       flags;        /* File status flags          */
        char           fd;           /* File descriptor            */
        unsigned char  hold;         /* Ungetc char if no buffer   */
        int            bsize;        /* Buffer size                */
        unsigned char  *buffer;      /* Data transfer buffer       */
        unsigned char  *curp;        /* Current active pointer      */
        unsigned       istemp;       /* Temporary file indicator   */
        short          token;        /* Used for validity checking */
}       FILE;                        /* This is the FILE object    */
```

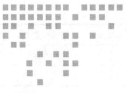

库 函 数

在本附录中，我们包含了分类别的库函数：

- ❑ 字符测试与处理函数
- ❑ 字符串处理函数
- ❑ 数学函数
- ❑ 实用程序函数

B.1　字符测试与处理函数

要使用这些函数中的任何一个，你都需要 #include 文件 <ctype.h>。对于每个函数，参数为 int，返回类型也为 int。参数表示字符或 EOF，如果满足基本条件，则函数返回非零（true）值，否则返回零（false）值。下面列出了这些函数的名称和基本条件：

函　数　名	基　本　条　件
isupper(ch)	ch 应代表大写字母
islower(ch)	ch 应表示小写字母
isalpha(ch)	ch 应表示大写或小写字母
isdigit(ch)	ch 应表示十进制数字（0,1,2,4,5,6,7,8 或 9）
isalnum(ch)	ch 应代表大写字母、小写字母或十进制数字
iscntrl(ch)	ch 应表示一个控制字符。请注意，ASCII 值为 0 到 31 的字符被视为控制字符
isgraph(ch)	ch 应表示除空格外的打印字符
isprint(ch)	ch 应该表示包括空格的打印字符
ispunct(ch)	ch 应表示除空格、字母或数字之外的打印字符

（续）

函 数 名	基 本 条 件
isspace(ch)	ch 应表示空格、换页、换行、回车、制表符或垂直制表符
isxdigit(ch)	ch 应表示十六进制数字

此外，还有两个字符处理函数可以转换字母大小写，如下所示：

函 数 名	基 本 条 件
int tolower(int ch)	如果 ch 表示大写字母，则将转换为小写，否则返回时不做任何更改
int toupper(int ch)	如果 ch 表示小写字母，则将转换为大写，否则返回时不做任何更改

B.2 字符串处理函数

下面列出了字符串处理函数及其描述。要使用这些函数，你需要 #include 头文件 <string.h>。假设 s 和 t 是 char * 类型，cs 和 ct 的类型为 const char *，n 的类型为 int，并且 c 的类型为 int，但是当它作为参数传递给函数时它被转换为 char。

函 数 名	说 明
char *strcpy (s, ct)	字符串 ct 被复制到字符串 s，包括终止空字符。返回值是 s
char *strncpy (s, ct, n)	从字符串 ct 复制最多 n 个字符到字符串 s。返回值是 s
char *strcat (s, ct)	字符串 ct 被附加（连接）到字符串 s。返回值是 s
char *strncat (s, ct, n)	从字符串 ct 最多附加（连接）n 个字符到字符串 s。返回值是 s
int strcmp (cs, ct)	将字符串 cs 与字符串 ct 进行比较。如果 cs<ct，则返回值为负，如果 cs == ct，则返回值为零，如果 cs>ct，则返回值为正
int strncmp (cs, ct, n)	将字符串 ct 中最多 n 个字符与字符串 cs 进行比较。如果 cs<ct，则返回值为负，如果 cs == ct，则返回值为零，如果 cs>ct，则返回值为正
char *strchr (cs, c)	搜索字符串 cs 以查找 c 的出现。返回值是指向 cs 中第一次出现 c 的位置的指针，如果在 cs 中找不到 c，则返回 NULL 值
char *strrchr (cs, c)	搜索字符串 cs 以查找 c 的出现。如果在 cs 中找不到 c，则返回值是指向 cs 中最后一次出现 c 的位置的指针或 NULL 值
int strspn (cs, ct)	搜索字符串 cs 以查找字符串 ct 中不存在的任何字符。返回值是 cs 中第一个不在 ct 中的字符的索引
int strcspn (cs, ct)	搜索字符串 cs 以查找字符串 ct 中任何字符的出现。返回值是 cs 中第一个也可以在 ct 中找到的字符的索引
char *strpbrk (cs, ct)	搜索字符串 cs 以查找字符串 ct 中任何字符的出现。返回值是指向 cs 中第一次出现 ct 字符的位置的指针，如果在 cs 中找不到 ct 字符，则返回 NULL
char *strstr (cs, ct)	搜索字符串 cs 以查找字符串 ct 的出现。返回值是指向 cs 中第一次出现 ct 的位置的指针，如果在 cs 中找不到 ct，则返回 NULL
int strlen (cs)	计算字符串 cs 的长度并返回

B.3 数学函数

下面列出了数学函数及其描述。头文件 <math.h> 包含数学函数和宏的声明，并且在源代码中需要 #include 它。为了捕获错误，也应该 #include 头文件 <errno.h>。这些函数中出现两种类型的错误：（a）域错误和（b）范围错误。如果参数超出范围，则会发生域错误。如果函数的结果不能表示为 double 类型值，则会发生范围错误。宏 EDOM 和 ERANGE 分别用于发信号通知域和范围错误。如果结果溢出，则返回值为 HUGE_VAL，并带有适当的符号。如果结果下溢，则返回值为零。HUGE_VAL 是一个宏，它代表一个正 double 值。

假设 u 和 v 是求值为 double 类型常量的表达式，m 是求值为 int 类型常量的表达式。所有这些函数的返回类型都是 double。角度的单位是弧度。

函 数 名	说　　明
sin(u)	计算 u 的正弦并返回。这里 u 是弧度表示的角度
cos(u)	计算 u 的余弦并返回。这里 u 是弧度表示的角度
tan(u)	计算 u 的正切并返回。这里 u 是弧度表示的角度
asin(u)	计算 u 的反正弦并返回。这里 u 是 –1.0 和 +1.0 之间的正弦值。返回值是 $-\pi/2$ 和 $+\pi/2$ 弧度之间的角度。如果检测到域错误，则返回值 0.0。
acos(u)	计算 u 的反余弦并返回。这里，u 是 –1.0 和 +1.0 之间的余弦值。返回值是 0 到 π 弧度之间的角度。如果检测到域错误，则返回值 0.0
atan(u)	计算 u 的反正切值并返回。这里，u 是有符号切线值。返回值是 $-\pi/2$ 和 $+\pi/2$ 弧度之间的角度
atan2(u, v)	计算 u/v 的反正切值并返回。这里，u 和 v 代表任何带符号的值。返回值是 $-\pi$ 和 $+\pi$ 弧度之间的角度，其正切值为 u/v
sinh(u)	计算 u 的双曲正弦并返回。这里，u 是弧度表示的角度。如果发生溢出，则返回 ±（HUGE_VAL）的值
cosh(u)	计算 u 的双曲余弦并返回。这里，u 是弧度表示的角度。如果发生溢出，则返回 ±（HUGE_VAL）的值
tanh(u)	计算 u 的双曲正切并返回。这里，u 是弧度表示的角度。如果发生溢出，则返回 ±（HUGE_VAL）的值
exp(u)	计算 e^u，其中 e = 2.7182818。它被称为指数函数。这里 u 代表任何有符号的值。返回值是 e 的 u 次幂。如果发生下溢，则返回值 0.0。如果发生溢出，则返回值 HUGE_VAL
log(u)	计算 u 的自然对数。这里 u 表示正浮点值。返回值是 u 的自然或以 e 为底的对数。如果参数 u 为零或负数，则返回值 –（HUGE_VAL）
log10(u)	计算 u 的以 10 为底的对数。这里 u 表示正浮点值。返回值是 u 的以 10 为底的对数。如果参数 u 为零或负数，则返回值 –（HUGE_VAL）
pow(u, v)	计算 u 的 v 次幂。如果 u==0 且 v<=0，或者如果 u<0 且 v 不是整数，则会发生域错误。这里 u 表示非零浮点值，并且 v 表示 u 的有符号浮点幂，最大为 264。返回值是 u^v。如果 u 和 v 都是 0.0，则返回值也是 0.0。如果 u 非零且 v 为 0.0，则返回 1.0。如果 u 为负且 v 不是整数，则返回 0.0。如果 u 为 0.0 且 v 为负，则返回 0.0。如果发生溢出，则返回值 ±（HUGE_VAL）
sqrt(u)	计算 u 的平方根。这里 u 是非负数（u>=0）。返回值是 u 的平方根。如果 u 为负数，则返回零
ceil(u)	计算大于或等于 u 的最小整数。返回值是大于或等于 u 的最小整数

（续）

函 数 名	说 明
floor(u)	计算小于或等于 u 的最大整数。返回值是小于或等于 u 的最大整数
fabs(u)	计算 u 的绝对值，即 |u|。返回值是 u 的绝对值
ldexp(u, m)	计算 u×2^m。这里，u 是任何有符号值（通常在 0.5 和 1.0 之间）。如前所述，m 是一个计算结果为 int 类型常量的表达式。返回值为 u×2^m，其类型为 double。如果发生溢出，则返回值为 ±（HUGE_VAL）
fmod(u, v)	计算 u/v 的余数。返回值是 u/v 的余数。如果值 v 为 0.0，则返回值也为 0.0

B.4 实用程序函数

下面列出了 C 中可用的各种实用程序函数及其说明。头文件 <stdlib.h> 包含这些实用程序函数的声明，并且需要在源代码中 #include 它。

函 数 名	说 明
double atof (const char *str)	将字符串 str 转换为 double 类型的数字并返回。例如，字符串"24.36"将转换为数字 24.36，然后返回此数字
int atoi (const char *str)	将字符串 str 转换为 int 类型的数字并返回。例如，字符串"2537"将转换为数字 2537，然后返回此数字
long atol (const char *str)	将字符串 str 转换为 long 类型的数字并返回。例如，字符串"123456"将转换为数字 123456，然后返回此数字
int rand (void)	返回 0 到 RAND_MAX 范围内的伪随机整数。常数 RAND_MAX 的值至少为 32 767
void srand (unsigned int seed)	使用 seed（此 seed 只是一个整数）作为种子，用于通过函数 rand() 生成新的随机数
void abort (void)	导致程序异常终止
void exit (int status)	导致程序正常终止。给此函数传递整数 status 以指示程序的状态。例如，传递整数 0 以指示程序的成功终止。预定义的常量 EXIT_SUCCESS 和 EXIT_FAILURE 也传递给该函数，分别表示程序的成功和失败
int abs (int num)	返回 int 参数 num 的绝对值，即 |num|
long labs (long num)	返回 long 参数 num 的绝对值，即 |num|

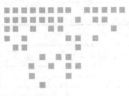

Appendix C | 附录 C

C 习惯用法

C 中的一些语句在程序员中非常流行，并且被称为 C 习惯用法。在本附录中，你将找到很多 C 习惯用法的集合。

C 习惯用法 1。如下 C 习惯用法把输入复制到输出：

```
int ch;
ch = getchar();
while(ch != EOF) {
  putchar(ch);
  ch = getchar();
}
```

C 习惯用法 2。如下 C 习惯用法也把输入复制到输出：

```
int ch;
while((ch = getchar()) != EOF)
    putchar(ch);
```

C 习惯用法 3。如下 C 习惯用法计算输入中的字符数：

```
long count = 0;
while(getchar() != EOF)
    ++count;
printf("%ld\n", count);
```

C 习惯用法 4。如下 C 习惯用法也计算输入中的字符数：

```
double count;
for(count = 0; getchar() != EOF; ++count)
    ;                                           /* null statement */
printf("%.0f\n", count);
```

C 习惯用法 5。如下 C 习惯用法计算输入中的行数：

```
int ch, count = 0;
while((ch = getchar()) != EOF)
   if(ch == '\n')
      ++count;
printf("%d\n", count);
```

C 习惯用法 6。如下 C 习惯用法计算输入中的行数、单词个数、字符数：

```
define IN  1                        /* inside a word */
define OUT 0                        /* outside a word */
int ch, lines, words, chars, state;
state = OUT;
lines = words = chars = 0;
while ((ch = getchar()) != EOF) {
  ++chars;
  if (ch == '\n')
    ++lines;
  if (ch == ' ' || ch == '\n' || ch == '\t')
    state = OUT;
  else if (state == OUT) {
    state = IN;
    ++words;
  }
}
printf("%d %d %d\n", lines, words, chars);
```

C 习惯用法 7。如下 C 习惯用法表示计算 base 的 n 次幂的函数，其中 n 大于或等于零：

```
int power(int base, int n)
{
  int po;
  for(po = 1; n > 0; --n)
    po = po * base;
  return(po);
}
```

C 习惯用法 8。如下 C 习惯用法表示将一行文本读入 char 数组 q 并返回其长度的函数：

```
int getline(char q[], int limit)
{
 int ch, j;
 for(j=0; j<limit-1 && (ch=getchar())!=EOF && ch!='\n'; ++j)
   q[j] = ch;
 if(ch == '\n'){
   q[j] = ch;
   ++j;
 }
 q[j] = '\0';
 return j;
}
```

C 习惯用法 9。如下 C 习惯用法表示将 char 数组 source 复制到 char 数组 target 的函数：

```
void copy(char target[], char source[])
{
  int j = 0;
  while((target[j] source[j]) != '\0')
    ++j;
}
```

C 习惯用法 10。如下 C 习惯用法表示返回字符串 str 长度的函数：

```
int strlen(char str[])
{
  int j = 0;
  while(str[j] != '\0')
    ++j;
  return j;
}
```

C 习惯用法 11。如下 C 习惯用法表示把数字字符串 str 转换为等价整数的函数：

```
int atoi(char str[])
{
  int j, n = 0;
  for(j=0; str[j] >= '0' && str[j] <= '9'; ++j)
    n = 10 * n + (str[j] - '0');
  return n;
}
```

C 习惯用法 12。如下 C 习惯用法表示将大写字母转换为小写，而对小写字母不做任何更改的函数：

```
int lower(int ch)
{
  if (ch >= 'A' && ch <= 'Z')
    return ch + 'a' - 'A';
  else
    return ch;
}
```

C 习惯用法 13。如下 C 习惯用法表示从字符串 str 中删除所有出现的字符 ch 的函数：

```
void remove(char str[], int ch)
{
  int j, k;
  for(j = k = 0; str[j] != '\0'; j++)
    if(str[j] != ch)
        str[k++] = str[j];
  str[k] = '\0';
}
```

C 习惯用法 14。如下 C 习惯用法表示将字符串 str2 连接到字符串 str1 的结尾的函数。字符串 str1 必须足够大且能容纳字符串 str2：

```
void strcat(char str1[], str2[])
{
  int j = k = 0;
  while(str1[j] != '\0')                   /* find end of str1 */
    j++;
  while((str1[j++] = str2[k++]) != '\0')   /* copy str2 to str1 */
    ;                                      /* null statement */
}
```

C 习惯用法 15。如下 C 习惯用法表示计算其整数参数二进制位中的 1 的个数的函数：

```
int bitcounter(unsigned int y)
{
  int g;
  for(g = 0; y != 0; y >>= 1)
    if(y & 01)
      g++;
  return g;
}
```

C 习惯用法 16。如下 C 习惯用法表示在 int 数组 w 中执行二分搜索查找整数 y 的函数，数组元素由 int 值组成，并且已按递增顺序排序：

```
int binsearch(int y, int w[], int p)
{
  int low = 0, high, mid;
  high = p - 1;
  while(low <= high){
    mid = (low + high) / 2;
    if(y < w[mid])
      high = mid - 1;
    else if (y > w[mid])
      low = mid + 1;
    else
      return mid;
  }
  return -1;
}
```

C 习惯用法 17。如下 C 习惯用法表示将一个数字字符串 str 转换为等效整数的函数。此版本比 C 习惯用法 11 通用性更好，因为现在考虑了可选的空格和可选的 + 或 - 符号。你还需要 #include 文件 <cype.h>：

```
int atoi(char str[])
{
  int j, p, sign;
  for(j = 0; isspace(str[j]); j++)
```

```
      ;                                                /* null statement */
    sign = (str[j] == '-') ? -1 : 1;
    if(str[j] == '+' || str[j] == '-')
      j++;
    for(p = 0; isdigit(str[j]); j++)
      p = 10 * p + (str[j] - '0');
    return sign * p;
}
```

C 习惯用法 18。如下 C 习惯用法表示将 int 数组按递增顺序排序的函数。这种方法称为希尔排序，因为它是由 D.L.Shell 于 1959 年发明的：

```
void shellsort(int w[], int p)
{
  int gap, j, k, temp;
  for(gap = p/2; gap > 0; gap /= 2)
    for(j = gap; j < p; j++)
      for(k = j - gap; k >= 0 && w[k] > w[k + gap]; k -= gap) {
        temp = w[k];
        w[k] = w[k + gap];
        w[k + gap] = temp;
      }
}
```

C 习惯用法 19。如下 C 习惯用法表示反转字符串 str 的内容的函数。

```
void reverse(char str[])
{
  int ch, j, k;
  for(j = 0, k = strlen(str) - 1; j < k; j++, k--){
    ch = str[j];
    str[j] = str[k];
    str[k] = ch;
  }
}
```

C 习惯用法 20。如下 C 习惯用法也表示反转字符串 str 的内容的函数。你需要 #include 头文件 <string.h>。

```
void reverse(char str[])
{
  int ch, j, k;
  for(j = 0, k = strlen(str) - 1; j < k; j++, k--)
    ch = str[j], str[j] = str[k], str[k] = ch;
}
```

C 习惯用法 21。如下 C 习惯用法表示将整数转换为数字字符串的函数：

```
void itoa(int p, char str[])
{
  int j, sign;
  if((sign = p) < 0)
```

```
      p = -p;
    j = 0;
    do{
      str[j++] = p % 10 + '0';
    }while((p /= 10) > 0);
    if(sign < 0)
      str[j++] = '-';
    str[j] = '\0';
    reverse(str);
}
```

C 习惯用法 22。如下 C 习惯用法表示为从字符串 str 中删除尾随空格、制表符和换行符的函数：

```
int trim(char str[])
{
    int p;
    for(p = strlen(str) - 1; p >= 0; p--)
      if(str[p] != ' ' && str[p] != '\t' && str[p] != '\n')
        break;
    str[p + 1] = '\0';
    return p;
}
```

C 习惯用法 23。如下 C 习惯用法表示返回字符串 s1 中字符串 s2 的索引的函数，如果在 s1 中没有找到子字符串 s2，则返回 −1。

```
int strindex(char s1[], char s2[])
{
    int j, k, m;
    for(j = 0; s1[j] != '\0'; j++){
      for(k = j, m = 0; s2[m] != '\0' && s1[k] == s1[m]; k++, m++)
        ;                                    /* null statement */
      if(m > 0 && s2[m] == '\0')
        return j;
    }
    return -1;
}
```

C 习惯用法 24。如下 C 习惯用法表示将一个数字字符串转换为 double 类型数字的函数，你需要 #include 头文件 <ctype.h>：

```
double atof(char str[])
{
    double value, power;
    int j, sign;
    for(j = 0; isspace(str[j]); j++)
      ;                                    /* null statement */
    sign = (str[j] == '-') ? -1 : 1;
    if(str[j] == '+' || str[j] == '-')
      j++;
```

```
    for(value = 0.0; isdigit(str[j]); j++)
      value = 10.0 * value + (str[j] - '0');
    if(str[j] == '.')
      j++;
    for(power = 1.0; isdigit(str[j]); j++){
      value = 10.0 * value + (str[j] - '0');
      power = power * 10.0;
    }
    return sign * value / power;
}
```

C 习惯用法 25。如下 C 习惯用法表示使用 C.A.R.Hoare 于 1962 年发明的方法 quicksort 将 int 数组排序为递增顺序的函数：

```
void qsort(int w[], int left, int right)
{
  int j, last;
  void swap(int w[], int j, int k);
  if(left >= right)
    return;
  swap(w, left, (left + right)/2);
  last = left;
  for(j = left + 1; j <= right; j++)
    if(w[j] < w[left])
      swap(w, ++last, j);
  swap(w, left, last);
  qsort(w, left, last - 1);
  qsort(w, last+1, right);
}
void swap(int w[], int j, int k)
{
  int temp;
  temp = w[j];
  w[j] = w[k];
  w[k] = temp;
}
```

C 习惯用法 26。如下 C 习惯用法表示计算字符串 str 的长度的函数。这是基于指针的版本：

```
int strlen(char *str)
{
  int p;
  for(p = 0; *str != '\0'; str++)
    p++;
  return p;
}
```

C 习惯用法 27。如下 C 习惯用法表示将字符串 source 复制到字符串 target 的函数，这是一个基于数组下标的版本：

```
void strcpy(char *target, char *source)
{
  int j = 0;
  while((target[j] = source[j]) != '\0')
    j++;
}
```

C 习惯用法 28。如下 C 习惯用法也表示将字符串 source 复制到字符串 target 的函数，这是基于指针的版本：

```
void strcpy(char *target, char *source)
{
  while((*target = *source) != '\0'){
    target++;
    source++;
  }
}
```

C 习惯用法 29。如下 C 习惯用法也表示将字符串 source 复制到字符串 target 的函数。这是基于指针的另一个版本：

```
void strcpy(char *target, char *source)
{
  while((*target++ = *source++) != '\0')
    ;                                              /* null statement */
}
```

C 习惯用法 30。如下 C 习惯用法也表示将字符串 source 复制到字符串 target 的函数。这又是基于指针的另一个版本：

```
void strcpy(char *target, char *source)
{
  while(*target++ = *source++)
    ;                                              /* null statement */
}
```

C 习惯用法 31。如下 C 习惯用法表示按字典顺序比较字符串 str1 和 str2 的函数，如果 str1 小于、等于或大于 str2，则分别返回负数、零或正数：

```
int strcomp(char *str1, char *str2)
{
  int j;
  for(j = 0; str1[j] == str2[j]; j++)
    if(str1[j] == '\0')
      return 0;
  return str1[j] - str2[j];
}
```

C 习惯用法 32。如下 C 习惯用法也表示按字典顺序比较字符串 str1 和 str2 的函数，如果 str1 小于、等于或大于 str2，则分别返回负数、零或正数。这是基于指针的版本：

```
int strcomp(char *str1, char *str2)
{
  for( ; *str1 == *str2; str1++, str2++)
    if(*str1 == *str2)
        return 0;
  return *str1 - *str2;
}
```

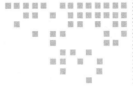

术 语 表

Activity diagram（活动图）：根据统一建模语言的规格说明绘制的流程图。

Address operator（地址运算符）：用于获取变量的地址。用 & 表示。

Array（数组）：具有相同数据类型和名称但具有不同下标或索引的项目列表。派生数据类型之一。

Argument（实际参数）：通过函数调用传递给函数的数据。

Assembler（汇编程序）：汇编程序是将汇编语言程序转换为机器语言程序的程序或软件。

Assembly language（汇编语言）：汇编语言是一种比机器语言高一级的低级计算机语言。在汇编语言中，短语（例如 ADD，SUB，MUL 等）被提供为 1 和 0 的序列的同义词（例如 10101,10001 等）。汇编语言中的典型指令可能如下所示：

```
ADD NUM1, NUM2
```

Assignment operator（赋值运算符）：赋值表达式中使用的运算符。它用 = 表示。

Associativity of operator（运算符的关联性）：运算符的关联性是从左到右或从右到左。运算符的关联性决定了给定表达式的计算方向——无论是从左到右还是从右到左。

Automatic type conversion（自动类型转换）：参见 Implicit type conversion。

Automatic variable（自动变量）：在块内声明的变量，没有任何存储类说明符或存储类说明符为 auto。

Basic type（基本类型）：一种基本的类型。C 中的基本类型是：char、int、enum、float、double 和 void。

Batch program（批处理程序）：在批处理程序中，用户在执行期间不会干扰程序。批处理程序从头到尾执行，而不期待用户的任何干预。

Binary operator（二元运算符）：对两个操作数进行操作的运算符称为二元运算符。

Bit-field（位字段）：单个存储单元中的一组相邻位。

Bitwise logical operator（按位逻辑运算符）：对单个位进行操作并以给定数量执行逻辑运算的运算符。

Bitwise shift operator（按位移位运算符）：这个运算符将给定数字中的各个位左移或右移。

Block（块）：在一对花括号内组合在一起的一组语句。块可以包含另一个块。

Called function（被调用函数）：如果函数 A 调用函数 B，则函数 B 称为被调用函数。

Caller function（调用者函数）：如果函数 A 调用函数 B，则函数 A 是调用者函数。

Cast（强制转换运算符）：用于强制转换的运算符。

Casting（强制转换）：显式类型转换。

Code（编码）：程序。编码意味着编写程序。编码是根据某种设计编写程序的过程。

Coercion（强制转换）：强制转换只不过是明确的类型转换。

Compiler（编译器）：编译器是将高级语言程序转换为机器语言程序的程序或软件。

Compound statement（复合语句）：参见 Block。

Computer（计算机）：计算机是一种接受输入数据，对其进行处理，然后将处理过的数据作为输出返回的设备。

Constant（常量）：常量是一个命名项，它在程序执行过程中保留一致值，常量与变量相对，后者可以在程序执行期间更改其值。

Constant expression（常量表达式）：仅为常量组合的表达式。变量不能包含在常量表达式中。常量表达式在编译时计算。

Control string for function printf()（函数 printf() 的控制字符串）：传递给函数 printf() 的字符串，它可能包含普通字符、转义序列和转换规格说明。

Control string for function scanf()（函数 scanf() 的控制字符串）：传递给函数 scanf() 的字符串，它可能包含空格、普通字符和转换规格说明。

Conversion specification for function printf()（函数 printf() 的转换规格说明）：它包含一个百分号 %，后跟一个可选标志，后跟一个可选的最小字段宽度说明符（一个无符号整数），后跟一个点号，后跟一个可选的精度说明符（一个无符号整数），后跟一个可选的目标宽度说明符，后跟一个转换字符。

Conversion specification for function scanf()（函数 scanf() 的转换规格说明）：它包含一个百分号 %，后跟一个可选的赋值抑制字符 *，后跟一个可选的最大字段宽度说明符（一个无符号整数），后跟一个可选的目标宽度说明符（h、l 或 L），后跟转换字符。

C's model of a file（C 的文件模型）：文件是把字符流（或字节）发送到中央处理单元的发送器，或接收来自中央处理单元的字符流（或字节）的接收器。

Decrement operator（递减运算符）：将数值变量值减 1 的运算符。用 -- 表示。

Dereferencing operator（解除引用运算符）：参见 Indirection operator。

Derived type（派生类型）：从基本类型派生的类型。C 中的派生类型是：数组、函数、指针、结构和联合。

Destination type（目标类型）：在类型转换中，左值的类型称为目标类型。

Device-file（设备文件）：键盘和显示器是设备文件。

Disk-file（磁盘文件）：在辅助存储上命名并保存的数据集合。

Documentation（文档）：文档是有组织的并被存储的记录的集合，用于描述程序的目的、用途、结构、详细信息和操作要求，以便用户获取这些信息。

Dynamic memory allocation（动态内存分配）：在程序运行时分配连续内存块以进行数据存储的过程。

Explicit type conversion（显式类型转换）：使用强制转换运算符执行类型转换时，它称为显式类型转换，也称为强制类型转换。

Expression（表达式）：变量和常量的任意组合，在为变量指定合适的值之后，表达式被计算为常量。

Expression statement（表达式语句）：后缀为分号的表达式。

External variable（外部变量）：在任何函数之外定义且没有任何存储类说明符的变量。

False value（假（false）值）：如果关系表达式的结果为 0，则将其视为假值。

File（文件）：参见 Disk-file、Device-file 和 C's model of file。

Flowchart（流程图）：计算机控制的所有可能路径的图形表示。

Function（函数）：由大括号分隔的子程序。

Function-definition（函数定义）：返回类型、函数名、逗号分隔的参数列表以及函数体构成的函数定义。

Function-prototype（函数原型）：一个放在 main() 函数之前的语句，它通知编译器此函数的定义包含在此程序中。

Global variable（全局变量）：参见 External variable。

GUI（GUI）：GUI 代表图形用户界面。它是一种自由使用图形的操作系统。

Hardware（硬件）：计算机的物理、有形和永久组件。

Header file（头文件）：它包含函数原型、宏定义和类型定义。它带有扩展名 .h。

High-level language（高级语言）：每种指令或语句对应于多种机器语言指令的语言。例如，FORTRAN、Pascal、C、C++ 和 Java 是高级语言。

Identifier（标识符）：标识符只是一个名称。

Implicit type conversion（隐式类型转换）：当类型转换自动发生时（即不使用强制转换），它被称为隐式类型转换。

Increment operator（递增运算符）：将数值变量的值增加 1 的运算符。用 ++ 表示。

Indirection operator（间接运算符）：在声明指针变量时以及获取指针变量指向的变量值时需要用到的运算符。用 * 表示。

Infinite loop（无限循环）：无限迭代的循环，因为没有循环终止的规定。

Initializer（初始化程序）：用于初始化变量的数据。

Interactive program（交互式程序）：在交互式程序中，在执行前者时期望用户的干预。

Internal variable（内部变量）：在某个函数内创建的变量。一般而言，内部变量表示自动变量、寄存器变量或静态自动变量。一些作者仅将内部变量与自动变量等同起来。

Interpreter（解释器）：解释器是一个程序或软件，它在转到下一个源程序语句之前翻译并执行每个源程序语句。

Iteration statement（迭代语句）：用于以有限次数重复执行一组语句的语句。

Jump statement（跳转语句）：用于通过覆盖计算机控制的顺序流来从一个语句跳转到另一个语句的语句。

Keyword（关键字）：关键字是具有一些预定义含义的保留字。由于它是保留字，因此不能用作用户定义的标识符。

l value（左值）：左值定义为在赋值语句中左侧显示的项。

Labelled statement（带标签的语句）：已命名的语句。

Library function（库函数）：编译器附带的预编译函数。有标准和非标准的库函数。

Lifetime of a Variable（变量的生命周期）：指的是在程序执行期间变量从创建到销毁的时间段。

Literal：Literal 是一个在程序中使用的值，它表示为自身而不是变量的值或表达式的结果。

LOC：代码行。源程序中的单行代码。

Local variable（局部变量）：参见 Automatic variable。

Logical expression（逻辑表达式）：涉及三种逻辑运算符之一的表达式，逻辑运算符是 &&（与）、||（或）和 !（否）。

Low-level language（低级语言）：低级语言是一种计算机语言，由直接对应于机器语言指令的助记符组成。例如，汇编语言是一种低级语言。

Machine language（机器语言）：机器语言是仅由两个字母（0 和 1）组成的语言。此外，计算机可以很容易地执行机器语言的程序。机器语言中的典型指令可能为：11001101010101001。

Macro（宏）：参见 Macro name。

Macro name（宏名）：宏扩展指令中出现的用户定义标识符，宏扩展指令又以预处理程序指令 #define 开头。

Main function（主函数）：名为 main 的函数。它由用户编写。每个 C 程序都包含一个且只有一个主函数。执行 C 程序只不过是执行主函数。

Maintenance（维护）：程序维护意味着：（i）在程序生命周期内修复程序中的错误；（ii）修改程序以扩展其功能。

Narrowing type conversion（缩小类型转换）：如果目标类型的范围比源类型的范围窄，则此类型转换称为缩小类型转换。

Non-standard library function（非标准库函数）：ANSI 或 ISO 标准不支持的库函数。

Operating system（操作系统）：操作系统是一组程序，它负责处理计算机的组件，以便用户可以有效地使用计算机。也称为执行系统或监控系统。

Parameter（形式参数）：它出现在函数定义中，并告知函数调用中将传递给函数的数据。

Pdl：参见 Program design language。

Platform（平台）：装有某种操作系统的机器称为平台。如果有两台 IBM PC，一台装有 LINUX，另一台装有 Windows，那么你就有两个不同的平台。

Pointer variable（指针变量）：一种存储普通变量的地址的变量。指针变量被称为指向它所存储的地址的普通变量。

Population sequence（种群序列）：种群序列以 1 和 2 开始，每个连续的术语是前两个术语的乘积。根据定义，第一项为 1，第二项为 2，第三项为 2，第四项为 4，第五项为 8，以此类推。

Portability（可移植性）：可移植性是计算机程序在不同平台上运行的属性。

Precedence of operator（运算符的优先级）：优先级（precedence）和优先级（priority）是同义词。运算符的优先级告诉我们首先执行给定表达式中的哪个操作以及之后执行哪个操作。假设给定表达式由两个运算符组成：运算符 A 的优先级为 1，运算符 B 的优先级为 2，则应首先执行涉及运算符 A 的运算，以此类推。

Preprocessor（预处理器）：预处理器将扩展名为 .c（例如 hello.c）的源代码文件转换为扩展名为 .i（例如 hello.i）的中间文件，然后将其输入编译器，将其转换为具有扩展

名 .exe 的可执行文件（例如 hello.exe）。

Priority of operator（运算符优先级）：参见 Precedence of operator。

Program（程序）：程序（即计算机程序）是一组指令，告诉计算机做什么。Niklaus Wirth 对程序的定义如下：

$$算法 + 数据结构 = 程序$$

（在本书中，我们使用术语"程序"作为"计算机程序"的同义词。）

Program design language（程序设计语言）：一种用于设计编程系统的语言。它是简单的英语和标准控制结构的混合。

Programmer（程序员）：编写程序的人。

Programming language（编程语言）：程序员用来为计算机编写程序的语言。

r value（右值）：右值定义为赋值语句中右侧出现的项。

Recursion（递归）：函数直接或间接通过其他函数调用自身的过程。

Register variable（寄存器变量）：在某个块内部，使用存储类说明符 register 声明的变量。

Relational expression（关系表达式）：涉及 6 个关系运算符之一的表达式，关系运算符即 >（大于）、>=（大于或等于）、<（小于）、<=（小于或等于）、==（等于）和 !=（不等于）。

Scope of variable（变量作用域）：它指的是程序中可以访问该变量的部分。

Selection statement（选择语句）：用于选择几个计算机控制流之一的语句。

Self-referential structure（自引用结构）：一种结构，其中一个成员是指向该结构本身的指针。

Software（软件）：

$$软件 = 程序 + 可移植性 + 文档 + 维护$$

Joseph Fox 将软件定义为一组彼此交互的程序。

Source program（源程序）：源程序是程序员在纸上编写的程序。可以使用合适的文本编辑器将其输入计算机。

Source type（源类型）：在类型转换中，右值的类型称为源类型。

Standard input device（标准输入设备）：键盘。

Standard output device（标准输出设备）：显示器。

Standard library function（标准库函数）：ANSI 或 ISO 标准支持的库函数。

Static variable（静态变量）：使用存储类说明符 static 声明的变量。

Static external variable（静态外部变量）：参见 Static global variable。

Static global variable（静态全局变量）：在任何函数外部声明且存储类说明符为 static 的变量。

Static automatic variable（静态自动变量）：参见 Static local variable。

Static internal variable（静态内部变量）：参见 Static local variable。

Static local variable（静态局部变量）：在某个块内部声明并且存储类说明符为 static 的变量。

Storage class（存储类）：变量（或函数）的一个属性，它决定变量（或函数）的作用域和生命周期。

String constant（字符串常量）：以 null 字符 '\0' 结尾的 char 类型数组。

Strongly typed language（强类型语言）：不允许混合不同类型的语言称为强类型语言或具有强类型的语言。

Structure（结构）：一般情况下，不同数据类型的一个或多个变量的集合在单个名称下组合在一起以方便处理。派生数据类型之一。

Ternary operator（三元运算符）：对三个操作数进行操作的运算符称为三元运算符。

Token（标志）：标志是程序的基本元素。标志对于一个程序，就像砖对于墙。

True value（真值）：如果关系表达式的结果为 1，则将其解释为真值。

Two's complement（补码）：某些机器中用于表示负数的方法。

Type checking（类型检查）：当编译器编译赋值语句时，它检查赋值语句两侧的类型是否相同。编译器的这种任务称为类型检查。

Type conversion（类型转换）：如果右值和左值的类型不相同，则在赋值语句中进行类型转换。在类型转换中，右侧的值的类型在赋值之前改变为左侧的值的类型。

UML（UML）：参见 Unified Modeling Language。

Unary operator（一元运算符）：仅对一个操作数进行操作的运算符称为一元运算符。

Unified Modelling Language（统一建模语言）：由计算机科学家（主要是 Grady Booch、James Rumbaugh 和 Ivar Jacobson）开发的一种语言，用于构建编程系统模型。

Union（联合）：类似于结构的派生数据类型，但是与结构不同，联合的所有成员共享相同的内存段。

User-defined function（用户定义的函数）：由用户编写和命名的函数（这里用户指的是程序员）。

User-defined identifier（用户定义的标识符）：用户定义的标识符只是用于表示变量名称、常量名称、函数名称或标签名称的特定术语，前提是这些项目（例如变量、常量、标签等）是由用户（程序员）创建的。

Variable（变量）：变量只是内存中已命名的位置，当你为该变量赋值时，该值存储在此内存位置。

Variable declaration（变量声明）：在内部变量（即自动、寄存器和静态局部）的上下文中，变量声明包括创建变量。在外部和静态全局变量的上下文中，变量声明包含声明此变量存在且在其他地方定义的声明。

Variable definition（变量定义）：在内部变量（即自动、寄存器和静态局部）的上下文中，不使用该术语。在外部变量的上下文中，变量声明包括创建变量。

Weakly typed language（弱类型语言）：允许不受限制地混合不同类型的语言称为弱类型语言或具有弱类型的语言。

Widening type conversion（扩展类型转换）：如果目标类型的范围比源类型的范围宽，则此类型转换称为扩展类型转换。

推荐阅读

并行程序设计导论

作者: Peter Pacheco ISBN: 978-7-111-39284-2 定价: 49.00元

高性能科学与工程计算

作者: Georg Hager 等 ISBN: 978-7-111-46652-9 定价: 69.00元

并行编程模式

作者: Timothy G. Mattson 等 ISBN: 978-7-111-49018-0 定价: 75.00元

高性能嵌入式计算（原书第2版）

作者: Marilyn Wolf ISBN: 978-7-111-54051-9 定价: 89.00元